电机工程经典书系

电机及其驱动：基本原理、类型与应用

（原书第5版）

［英］奥斯汀·休斯（Austin Hughes） 著
比尔·德鲁里（Bill Drury）

刘 晓 译

机械工业出版社

本书全面介绍了电机及其驱动系统的相关内容，主要包括各类电机（直流电机、感应电机、同步电机、开关磁阻电机和步进电机）及其驱动系统的基本工作原理、运行特性的分析与计算，由各类电机所组成的驱动系统的调速、起动和制动方法，各类电机驱动器的典型拓扑结构与控制策略，电机及其驱动器的选用方法等。本书内容通俗易懂、深入浅出，强调物理概念，文字简练流畅，且各章均包含有简介和习题，以方便读者阅读和加深理解。

本书可作为电气工程专业本科生和研究生的专业基础教材，也可作为相关专业在电机及其驱动领域的入门性教材，还可作为相关专业技术人员的参考用书。

译 者 序

本书为 Austin Hughes 教授于 1990 年所著,是一本深受广大电机行业从业者认可的电气工程领域参考书籍。作为英国利兹大学创新电机及其驱动器研究团队的核心成员,Austin Hughes 教授长期耕耘于电机及其驱动领域,研究工作颇有建树。原著凝聚了作者多年的工作和教学经验,在一些复杂问题的解释上有其独到之处。此译本为 2019 年出版的该书第 5 版。

本书涵盖了所有重要的电机和驱动器类型,包括直流电机、感应电机、同步电机、开关磁阻电机以及步进电机等,并尽可能地对各类电机及其驱动器的工作原理、运行特性和控制方法等进行了通俗易懂的介绍。本书填补了专业教材和工程技术手册之间的空白,是当前电机及其驱动领域较为知名的参考图书之一。

本书由刘晓翻译,谢浩然、肖勇、陆东培、庄少令、胡纯福、卜凡、张经历也为本书的翻译出版付出了辛勤的劳动。感谢机械工业出版社的各位编辑,他们对译稿进行了认真的编辑工作。

在本书的翻译过程中,译者力求忠实于原著,但由于水平有限,译文中难免存在不妥或疏漏之处,恳请读者批评指正。

译者

前　　言

本书第 5 版和之前的版本一样，主要用于帮助非专业人士或学生学习电机及其驱动系统。不过，我们也很高兴地得知本书得到了很多学者和工业界专家的认可，认为本书在帮助读者清晰地理解相关基本原理方面具有一定的价值。

通常，专业教材对于普通读者而言过于学术和理论化，而乏味的工程手册虽然能提供更多详细的信息，但却没有机会提出作者任何真正的见解，本书的目标就是弥合专业教材和工程手册之间的鸿沟。我们打算继续延续这种成功的方法，尽量使读者了解每种电机及驱动器的工作方式，因为我们一直认为读者只有知道了可能发生什么（及其原因），才能做出明智的判断和合理的比较。

鉴于本书是面向各个不同学科的读者，本书的各个章节都有专门的介绍性内容。其中，第 1 章和第 2 章分别对电磁能量转换和电力电子进行了入门性的介绍。这两章中的许多基本思想将贯穿于整本书中，实际上也是故意多次重复以强调其重要性。除非读者已经熟练掌握了这些基础知识，否则，明智的做法是先认真学习前两章，然后再学习本书后面的内容。在本书后续不同章节中，还包含了更多教学性的内容，例如在第 8 章中，将揭示磁场定向控制的奥秘。

本书涵盖了所有重要的电机和驱动器类型，包括传统直流电机和无刷直流电机、感应电机、各种类型的同步电机（包括同步磁阻电机和凸极永磁电机）、开关磁阻电机和步进电机等。其中，将重点关注感应电机、同步电机及其驱动器，这也反映了这两种电机在数量上已经占据了市场主导地位。尽管传统直流电机及其驱动器的重要性已大大降低，本书还是有意从直流电机入手，一部分原因是直流电机相对容易理解，更主要的原因是直流电机所涉及的基本原理将同样适用于其他类型的电机。经验表明，掌握了直流电机驱动系统原理的读者将发现，这些知识在帮助他们学习其他更有难度的电机时具有非常重要的价值。

本书第 5 版的内容经过重新修订、更新和增补。现在的版本对第 2 章进行了适度的修改，能够将所有重要的功率变换器拓扑结构都涵盖在内，逆变器部分则补充了更多关于脉宽调制波形的详细内容。关于直流电机、感应电机及其驱动器的基本原理部分仅增加了少量内容，而对第 8 章和第 9 章的内容则进行了重大修改和补充。

第 5 版第 8 章专门讨论磁场定向控制，这反映了它在感应电机和同步电机驱动控制中的重要性日益提高。本书对电机控制原理以一种基于物理的独特方式进行了解释，该方法建立在对本书前面章节所介绍的关于电机运行特性的理解的基础上，我们认为大量非数学方法的运用将有助于拨开一些复杂问题的神秘面纱。

在第 5 版第 9 章中，对同步电机、永磁电机、磁阻电机及其驱动器的内容进行了较大程度的增补。自本书第 4 版发行以来，该领域出现了重大创新，尤其是在汽车、飞机和工业领域，一些新的电机拓扑结构不断涌现，包括结合了永磁和磁阻效应的混合式电机。本书介绍了相关的物理基础知识，以便读者理解和计算这些新型电机的转矩，并利用一些简单的图表阐明优化转矩所需的控制条件。

应读者要求，我们在每章最后部分都提供了一些习题以及完整答案，旨在引导读者通过合理的方法来解决问题，从而加深对知识的理解。

年轻的读者可能不了解过去 60 年来发生的根本变化，这里占用几个段落对当前进展情况进行简要剖析。过去的一个多世纪，许多不同类型的电机被开发出来，每种电机都与特定的应用紧密相关。例如，串励直流电机被视为牵引电机的不二选择，而并励直流电机虽然在外观上和串励直流电机并没有区别，但被认为非常不适合用作牵引电机。笼型感应电机一直是数量最多的一种电机，但该电机被认为仅适用于恒速运行的场合。电机类型过多的原因是，没有简单的可以改变电源电压和（或）频率的方法，从而对电机进行速度控制。因此，设计师只能被迫寻找通过电机自身内部结构变化来实现速度控制的方法。各种新颖的绕组排布和连接方式被发明出来，但即使是最好的电机，其调速范围也很有限，而且都需要笨重的电机控制装置。

从 20 世纪 60 年代初开始，随着电力电子器件的影响力逐步增大，一切都发生了改变。晶闸管是第一个重大突破，它为直流电机提供了一种相对便宜、紧凑且易于控制的变速驱动器。20 世纪 70 年代，电力电子变频器的发展是第二个重大突破，它为笼型感应电机提供了三相变频电源，从而可以控制其转速。这些重大的发展导致许多特殊电机不复存在，只留下少数几种类型的电机得到广泛应用。从模拟控制到数字控制的转变代表了巨大的进步，但是价格便宜的数字处理器的出现才引发了最近的飞跃。现在，实时建模和仿真已作为标准配置集成到感应电机和同步电机的驱动器中，从而使这些电机能够获得高水平的动态性能，而在此之前的很长一段时间里这被认为是不可能实现的。

本书的这种非正式的写作风格反映了我们的理念，即不应掩盖在掌握新思想的过程中所面临的困难。本书第 5 版的内容根据读者对先前版本的反馈意见进行了修改，这些反馈也支持了我们的观点。我们认为以描述为主并配合物理解释的方法是最有效的，同时尽量减少繁琐的数学推导以帮助读者理解。一些重要的概念（例如电机中固有的感应电动势，变频器开关策略，以及储能的重要性），被反复重申以加强理解，但对于那些已经"了解"了这些概念的读者来说，不会显得过于乏味。我们故意没有给出任何计算得到的磁场分布图，也没有给出任何可用电机仿真程序获得的结果。这是因为经验表明，简化的图表实际上更适合作为学习工具。

在撰写本书时，由汽车、飞机电气化和第四次工业革命"工业 4.0"推动的价值 1500 亿美元的电驱动行业市场正在发生惊人的创新和增长，所有这些都将由电机及其驱动器实现。在如此激动人心的时刻，重要的是理解相关专业的基本技术原理，这就是本书的任务。

最后，欢迎您通过出版商或以下电子邮箱地址提出反馈意见。

Bill Drury （w. drury@btinternet. com）
Austin Hughes （a. hughes@leeds. ac. uk）

目　　录

译者序
前言
第1章　电机基础知识 ………………………………………………………………… 1
　　1.1　简介 ………………………………………………………………………………… 1
　　1.2　旋转运动的产生 …………………………………………………………………… 1
　　　　1.2.1　磁场和磁通 …………………………………………………………………… 2
　　　　1.2.2　磁通密度 ……………………………………………………………………… 3
　　　　1.2.3　导体受力 ……………………………………………………………………… 4
　　1.3　磁路 ………………………………………………………………………………… 5
　　　　1.3.1　磁动势 ………………………………………………………………………… 7
　　　　1.3.2　磁路与电路类比 ……………………………………………………………… 7
　　　　1.3.3　气隙 …………………………………………………………………………… 8
　　　　1.3.4　磁阻和气隙磁通密度 ………………………………………………………… 9
　　　　1.3.5　饱和 …………………………………………………………………………… 10
　　　　1.3.6　电机的磁路 …………………………………………………………………… 11
　　1.4　转矩的产生 ………………………………………………………………………… 12
　　　　1.4.1　转矩的大小 …………………………………………………………………… 13
　　　　1.4.2　开槽的作用 …………………………………………………………………… 14
　　1.5　转矩和电机体积 …………………………………………………………………… 15
　　　　1.5.1　单位电磁负荷 ………………………………………………………………… 15
　　　　1.5.2　转矩和转子体积 ……………………………………………………………… 16
　　　　1.5.3　输出功率——转速的重要性 ………………………………………………… 17
　　　　1.5.4　功率密度（单位体积输出功率） …………………………………………… 18
　　1.6　能量转换——运动电动势 ………………………………………………………… 18
　　　　1.6.1　原型电机——静止状态 ……………………………………………………… 19
　　　　1.6.2　功率——导体以恒定速度运动 ……………………………………………… 20
　　1.7　等效电路 …………………………………………………………………………… 22
　　　　1.7.1　电动机运行和发电机运行 …………………………………………………… 22
　　1.8　恒定电压状态运行 ………………………………………………………………… 23

1.8.1 空载特性 ·· 23
1.8.2 负载特性 ·· 25
1.8.3 输入电压与感应电动势和效率的关系 ········ 26
1.8.4 原型电机的分析——结论 ······················ 27
1.9 电机的一般特性 ·· 28
1.9.1 工作温度与冷却 ································ 28
1.9.2 转矩密度（单位体积转矩） ··················· 28
1.9.3 功率密度和效率——速度的重要性 ··········· 29
1.9.4 尺寸影响——比转矩和效率 ··················· 29
1.9.5 额定电压 ·· 29
1.9.6 短时过载 ·· 29
1.10 习题 ··· 30

第2章 电机驱动用电力电子变换器 ···················· 31
2.1 简介 ·· 31
2.1.1 电机驱动系统的总体架构 ······················ 32
2.2 电压控制——直流供电、直流输出 ················· 33
2.2.1 开关控制 ·· 34
2.2.2 晶体管斩波器 ···································· 35
2.2.3 感性负载斩波器——过电压保护 ············· 37
2.2.4 升压变换器 ····································· 39
2.3 可控整流——交流供电、直流输出 ················· 41
2.3.1 晶闸管 ·· 41
2.3.2 单脉冲整流器 ···································· 42
2.3.3 单相全控整流器——输出电压及控制 ········ 43
2.3.4 三相全控整流器 ································· 47
2.3.5 输出电压范围 ···································· 48
2.3.6 触发电路 ·· 49
2.4 逆变器——直流供电、交流输出 ····················· 49
2.4.1 单相逆变器 ······································ 49
2.4.2 输出电压控制 ···································· 51
2.4.3 三相逆变器 ······································ 56
2.4.4 多电平逆变器 ···································· 58
2.4.5 制动 ··· 60
2.4.6 有源前端 ·· 60
2.5 交-交变频 ·· 61
2.5.1 交-交变频器 ····································· 61
2.5.2 矩阵变换器 ······································ 63
2.6 逆变器开关器件 ·· 64

目 录 IX

    2.6.1 双极结型晶体管（BJT） 65
    2.6.2 金属-氧化物-半导体场效应晶体管（MOSFET） 65
    2.6.3 绝缘栅双极型晶体管（IGBT） 66
  2.7 变频器的波形、噪声和冷却 66
    2.7.1 开关器件的冷却——热阻 66
    2.7.2 散热器和强制风冷 67
  2.8 习题 68

第3章 直流电机 70
  3.1 简介 70
  3.2 转矩产生机理 72
    3.2.1 换向器的作用 73
    3.2.2 换向器的工作原理 74
  3.3 运动电动势 76
    3.3.1 等效电路 78
  3.4 直流电机的稳态性能 79
    3.4.1 空载转速 79
    3.4.2 性能计算示例 80
    3.4.3 负载运行 81
    3.4.4 额定转速和弱磁 85
    3.4.5 电枢反应 87
    3.4.6 最大输出功率 87
  3.5 瞬态过程 88
    3.5.1 动态响应和时间常数 89
  3.6 四象限运行和再生制动 91
    3.6.1 全速再生制动 93
    3.6.2 能耗制动 95
  3.7 并励和串励直流电机 95
    3.7.1 并励直流电机稳态性能 96
    3.7.2 串励直流电机稳态性能 97
    3.7.3 通用电机 99
  3.8 自励直流电机 99
  3.9 微型电机 101
  3.10 习题 102

第4章 直流电机传动系统 105
  4.1 简介 105
  4.2 晶闸管直流驱动器概述 105
    4.2.1 变换器驱动电机运行 107
    4.2.2 直流电机的电流波形 107

X 电机及其驱动：基本原理、类型与应用（原书第5版）

- 4.2.3 断续电流 ·· 109
- 4.2.4 变换器输出阻抗与重叠角 ························ 111
- 4.2.5 四象限运行和逆变 ·································· 112
- 4.2.6 单变换器反向驱动运行 ··························· 113
- 4.2.7 双变换器反向驱动运行 ··························· 114
- 4.2.8 功率因数和电源影响 ······························· 115
- 4.3 直流传动控制系统 ··· 115
  - 4.3.1 电流限制和保护 ····································· 117
  - 4.3.2 转矩控制 ·· 118
  - 4.3.3 转速控制 ·· 119
  - 4.3.4 全速域运行 ·· 120
  - 4.3.5 电枢电压反馈和 IR 补偿 ························ 121
  - 4.3.6 电流开环控制 ·· 121
- 4.4 斩波式直流电机驱动装置 ································ 121
  - 4.4.1 直流斩波驱动器的性能 ··························· 122
  - 4.4.2 转矩-转速特性和控制方法 ····················· 124
- 4.5 直流伺服驱动系统 ··· 124
  - 4.5.1 伺服电机 ·· 124
  - 4.5.2 位置控制 ·· 125
- 4.6 数控驱动系统 ·· 127
- 4.7 习题 ··· 127

第5章 感应电机的旋转磁场、转差率和转矩 ············· 129

- 5.1 简介 ··· 129
  - 5.1.1 方法概述 ·· 130
- 5.2 旋转磁场 ·· 130
  - 5.2.1 旋转磁场的产生 ····································· 132
  - 5.2.2 每相绕组磁场 ·· 133
  - 5.2.3 三相合成磁场 ·· 135
  - 5.2.4 旋转方向 ·· 137
  - 5.2.5 主（气隙）磁通和漏磁通 ······················ 137
  - 5.2.6 旋转磁通幅值 ·· 138
  - 5.2.7 励磁功率和视在功率 ······························· 140
  - 5.2.8 小结 ··· 141
- 5.3 转矩产生机理 ·· 141
  - 5.3.1 转子结构 ·· 141
  - 5.3.2 转差率 ·· 143
  - 5.3.3 转子感应电动势和电流 ··························· 143
  - 5.3.4 转矩 ··· 144

5.3.5	转子电流和转矩——低转差率	145
5.3.6	转子电流和转矩——高转差率	146
5.3.7	发电运行——负转差率	148
5.4	转子电流对磁通的影响	148
5.4.1	转子电流对磁通的削弱	149
5.5	定子电流的转速特性	150
5.6	习题	152

第6章 感应电机在50/60Hz电源下运行 ······ 154

6.1	简介	154
6.2	笼型感应电机的起动方法	154
6.2.1	直接起动	154
6.2.2	星形/三角形起动	157
6.2.3	自耦变压器起动	157
6.2.4	串电阻或电抗起动	158
6.2.5	固态软起动	158
6.2.6	变频器起动	159
6.3	加速和稳定运行	160
6.3.1	谐波效应——转子斜槽	161
6.3.2	大惯量负载——过热	162
6.3.3	稳态转子损耗和效率	163
6.3.4	稳态稳定性——失步转矩和失速	163
6.4	转矩-转速曲线——转子参数的影响	164
6.4.1	笼型转子	164
6.4.2	双笼型和深槽型转子	165
6.4.3	绕线转子感应电机的起动和加速	167
6.5	供电电压对转矩-转速曲线的影响	167
6.6	发电运行	169
6.6.1	发电运行区域	169
6.6.2	自励感应发电机	170
6.6.3	风力发电用双馈感应电机	172
6.7	制动	174
6.7.1	反接和反接制动	174
6.7.2	能耗制动	175
6.8	转速控制（不改变定子供电频率）	175
6.8.1	变极电机	176
6.8.2	高电阻笼型感应电机的调压调速	176
6.8.3	绕线转子感应电机的转速控制	177
6.8.4	转差能量的回馈	177

- 6.9 功率因数控制和能量优化 ········ 178
- 6.10 单相感应电机 ········ 179
  - 6.10.1 运行原理 ········ 179
  - 6.10.2 电容型单相电机 ········ 180
  - 6.10.3 分相电机 ········ 180
  - 6.10.4 罩极电机 ········ 181
- 6.11 功率范围 ········ 182
  - 6.11.1 缩比——励磁问题 ········ 182
- 6.12 习题 ········ 183

第7章 感应电机的变频运行 ········ 185
- 7.1 简介 ········ 185
- 7.2 变频运行 ········ 186
  - 7.2.1 稳态运行——最大磁通的重要性 ········ 187
  - 7.2.2 转矩-转速特性 ········ 189
  - 7.2.3 变频器限制——恒转矩和恒功率区域 ········ 190
  - 7.2.4 电机限制 ········ 191
  - 7.2.5 四象限运行能力 ········ 192
- 7.3 变频器供电驱动系统的实际问题 ········ 194
  - 7.3.1 PWM 电压源型逆变器 ········ 194
  - 7.3.2 电流源型逆变器 ········ 196
  - 7.3.3 变频器供电驱动系统的性能 ········ 197
- 7.4 变频器对感应电机的影响 ········ 200
  - 7.4.1 噪声 ········ 200
  - 7.4.2 电机绝缘及长电缆线的影响 ········ 201
  - 7.4.3 损耗及其对电机额定值的影响 ········ 201
  - 7.4.4 轴电流 ········ 203
  - 7.4.5 "变频器专用"感应电机 ········ 203
- 7.5 对公共电源的影响 ········ 204
  - 7.5.1 谐波电流 ········ 204
  - 7.5.2 功率因数 ········ 207
- 7.6 变频器和电机保护 ········ 208
- 7.7 习题 ········ 209

第8章 感应电机的磁场定向控制 ········ 210
- 8.1 简介 ········ 210
- 8.2 基本方法 ········ 211
  - 8.2.1 磁动势空间相量 ········ 211
  - 8.2.2 坐标变换 ········ 213
  - 8.2.3 瞬态和稳态电路 ········ 214

8.3 感应电机的电路模型 ·· 216
　　8.3.1 耦合电路、感应电动势和磁链 ··· 216
　　8.3.2 自感和互感 ·· 217
　　8.3.3 由电路模型推导转矩 ··· 218
　　8.3.4 转子电流推导 ·· 218
8.4 电流源供电条件下的电机稳态转矩 ·· 219
　　8.4.1 转矩与转差率——定子电流恒定 ·· 221
　　8.4.2 转矩与转差率——转子磁链恒定 ·· 222
　　8.4.3 定子电流的磁通分量和转矩分量 ·· 224
8.5 动态转矩控制 ·· 224
　　8.5.1 强耦合电路的特性 ·· 225
　　8.5.2 建立转子磁通 ·· 228
　　8.5.3 转矩控制机理 ·· 229
8.6 磁场定向控制的实现 ·· 231
　　8.6.1 PWM 控制器/矢量调制器 ·· 231
　　8.6.2 转矩控制方案 ·· 234
　　8.6.3 瞬态运行 ·· 237
　　8.6.4 从静止状态起动 ··· 237
　　8.6.5 推导转子磁通角 ··· 239
8.7 直接转矩控制 ·· 241
　　8.7.1 控制原理 ·· 242
　　8.7.2 定子磁通控制和转矩控制 ·· 243
8.8 习题 ·· 245

第9章 同步电机、永磁电机和磁阻电机及其驱动系统 ································ 247
9.1 简介 ·· 247
9.2 同步电机类型 ·· 248
　　9.2.1 转子电励磁电机 ··· 250
　　9.2.2 永磁电机 ·· 250
　　9.2.3 磁阻电机 ·· 251
　　9.2.4 磁滞电机 ·· 252
9.3 转矩产生机理 ·· 252
　　9.3.1 转子电励磁电机 ··· 253
　　9.3.2 永磁电机 ·· 256
　　9.3.3 磁阻电机 ·· 257
　　9.3.4 凸极转子电励磁同步电机 ·· 262
　　9.3.5 凸极永磁磁阻电机 ·· 263
9.4 同步电机的恒压恒频运行 ·· 265
　　9.4.1 转子电励磁电机 ··· 266

9.4.2 永磁电机 270
9.4.3 磁阻电机 271
9.4.4 凸极转子电励磁同步电机 273
9.4.5 工频起动 274
9.5 同步电机的变频运行 275
9.5.1 永磁电机相量图 276
9.5.2 调速和负载情况 278
9.6 同步电机驱动器 281
9.6.1 简介 281
9.6.2 转子电励磁电机 283
9.6.3 永磁电机 289
9.6.4 磁阻电机 290
9.6.5 凸极永磁电机 292
9.7 永磁电机的性能 292
9.7.1 永磁电机的优势 292
9.7.2 工业永磁电机 293
9.7.3 性能特点总结 294
9.7.4 无刷永磁电机的运行范围 296
9.7.5 无刷永磁发电机 297
9.8 永磁电机的新兴发展 297
9.8.1 多极永磁电机的优点 298
9.8.2 分段定子铁心和集中绕组 299
9.8.3 分数槽绕组 299
9.9 习题 301

第10章 步进电机和开关磁阻电机 303
10.1 简介 303
10.2 步进电机 304
10.2.1 开环位置控制 304
10.2.2 脉冲指令信号的产生及电机响应 305
10.2.3 高速运行 306
10.3 步进电机的工作原理 308
10.3.1 可变磁阻型步进电机 308
10.3.2 混合型步进电机 309
10.3.3 小结 312
10.4 步进电机特性 312
10.4.1 静态转矩特性曲线 312
10.4.2 单步运行 314
10.4.3 定位误差和保持转矩 314

10.4.4　半步运行 ······ 315
　　10.4.5　细分运行——微步进 ······ 316
10.5　稳态特性——理想（恒流）驱动电路 ······ 317
　　10.5.1　驱动器的要求 ······ 317
　　10.5.2　恒定电流下的失步转矩 ······ 318
10.6　驱动电路和失步转矩-速度曲线 ······ 320
　　10.6.1　恒压驱动器 ······ 321
　　10.6.2　电流限制型驱动器 ······ 322
　　10.6.3　恒流斩波型驱动器 ······ 323
　　10.6.4　共振和不稳定性 ······ 325
10.7　瞬态性能 ······ 326
　　10.7.1　阶跃响应 ······ 326
　　10.7.2　起动 ······ 326
　　10.7.3　加速过程优化和闭环控制 ······ 327
10.8　开关磁阻电机驱动系统 ······ 328
　　10.8.1　工作原理 ······ 329
　　10.8.2　转矩预测和转矩控制 ······ 330
　　10.8.3　功率变换器和驱动系统特性 ······ 331
10.9　习题 ······ 332

第11章　电机/驱动器的选择 ······ 334
11.1　简介 ······ 334
11.2　额定功率和功能 ······ 334
11.3　驱动系统特性 ······ 338
　　11.3.1　最高转速和转速范围 ······ 339
11.4　负载要求——转矩-转速特性 ······ 340
　　11.4.1　恒转矩负载 ······ 340
　　11.4.2　惯量匹配 ······ 344
　　11.4.3　风机和水泵类负载 ······ 344
11.5　一般应用注意事项 ······ 345
　　11.5.1　再生运行和制动 ······ 345
　　11.5.2　工作制和额定功率 ······ 345
　　11.5.3　防护和冷却 ······ 346
　　11.5.4　尺寸标准 ······ 347
　　11.5.5　电源干扰和谐波 ······ 347
11.6　习题 ······ 348

附录　习题答案 ······ 350

第 1 章

电机基础知识

1.1 简介

电机在生活中十分常见,以至于我们很少对其进行仔细的思考。例如,当使用一个老旧的电钻时,我们很自然地认为它能很快达到期望的转速,而从未思考为何它知道运行转速应该是多少,也没有去思考为什么它从电源吸收了足够能量并完成加速后,能耗就会降到很低。当电钻工作时,它会消耗更多功率,而当工作完成时,它从电源汲取的功率会自动降低,而这整个过程无需人为干预。

电机仅仅由一些铜质线圈和硅钢片组成,却是一个巧妙的能量转换装置,值得我们认真思考。通过了解电机的基本工作原理,我们能够认清其潜力与局限性,在后面的章节中我们将分析如何通过增加外部控制器来显著提升其本已非常出色的性能。

绝大多数的电机都是旋转电机,也有一些直线电机在小范围内获得特殊应用。尽管直线电机看起来与旋转电机完全不同,但其实它们的运行原理是相同的。

本章将介绍电机运行的基本原理,已经熟知磁通、磁路和电路、转矩和旋转电动势的读者可以略过其中的大部分内容。但是,在本章的介绍过程中,会给出一些十分重要的基本原理和基本准则,这些原理和准则将普遍适用于所有类型的电机,具体可以参见 1.9 节。经验表明,能够正确理解这些基本原理的读者都可以很好地分析不同类型电机的优缺点。因此,希望所有读者在阅读本书的其他章节之前应当先掌握好这些基本内容。

1.2 旋转运动的产生

几乎所有的电机都是利用载流导体在磁场中受力的原理来运行的。这种力可以通过在一段载流导线旁放置一块磁铁来进行验证(见图 1.1),但是所有尝试这个实验的人都会感到失望,因为他们会发现这个力十分微弱。人们不禁要问,怎样才能利用这样一种看起来毫无前景的"力"制造出实际有效的电机呢？

为了充分利用这种电磁力的产生机理，我们需要准备一个非常强的磁场，并让磁场与许多导体相互作用，而且还要保证每根导体都要流过尽可能大的电流。稍后我们还将了解到，虽然磁场（或"励磁"）对电机的运行至关重要，但实际上它只是起到了催化剂的作用，而所有输出的机械功率都源于向导体内输入的电功率以及导体所受的力。

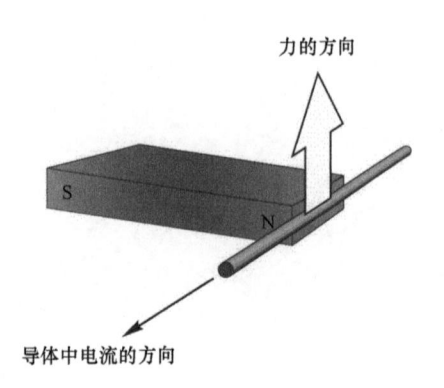

图 1.1　载流导线在磁场中的受力

后面我们还会发现，对于一些不同类型的电机，负责励磁和能量转换的部分是不同的。例如，在直流电机中，励磁是由永磁体或者由绕制在定子磁极上的线圈实现的，而产生电磁力的导体则放置在转子上，通过滑动触点（电刷）进行供电。而在许多其他类型的电机中，"励磁"部分和"能量转换"部分之间并没有如此明显的区分，一般由一个静止绕组同时实现这两个目的。无论如何，我们会发现识别和区分励磁和能量转换的部分总是有助于我们理解所有类型电机的运行机理和运行特性。

回到单个导体受力的问题，在介绍电机产生旋转运动的机理之前，我们首先来分析什么决定了电磁力的大小和方向。我们必须探究"磁路"这个概念，因为这是理解电机结构形状的关键。在介绍磁路之前，我们先简要介绍磁场、磁通、磁通密度等概念，以供不熟悉的读者学习。

1.2.1　磁场和磁通

当载流导体放置于磁场中时，会受到电磁力的作用。实验表明，电磁力的大小直接取决于导线中的电流和磁场强度的大小，当磁场方向垂直于导体时，导体所受的电磁力最大。

在图 1.1 所示的装置中，"磁场源"是一根条形磁铁，其产生的磁场如图 1.2 所示。

磁体周围的"磁场"是一个抽象的概念，可以帮助我们理解关于"磁"的神秘现象：它不仅提供了一种方便的可视化方式来描绘磁场方向，还能够量化磁场的"强度"，从而帮助我们分析磁场产生的各种作用。

图 1.2 中的虚线被称为磁力线。磁力线的方向表示为铁屑（或小钢针）放在条形磁铁磁场中时所指向的方向。铁屑本身没有磁性，所以没有理由铁屑的某一端会指向条形磁铁的特定磁极方向。

但是，当我们将指南针（本身就是一个永磁体）放入磁场中时，它们的指向将如图1.2所示。在图1.2的上半部分，菱形指南针的S端停在靠近磁铁N极的位置；而在图1.2的下半部分，指南针的N端则靠近磁铁的S极。这表明磁力线是有方向的，其方向如图1.2中磁力线上的箭头方向所示，通常认为磁力线正方向是从条形磁铁的N极指向S极的。

图1.2表明在条形磁铁的顶部附近或许有一个"磁源"，磁力线从该"磁源"中发散出来，然后回到磁铁底部。但是，如果观察磁铁内部的磁力线，会发现磁力线是连续的，也就是"无头无尾"的（为使图1.2看起来更清晰，省略了磁铁内部的磁力线，图1.7展示了由直流圆形线圈所产生的类似磁场，清晰表明了磁场的连续性）。正如我们将看到的，磁力线总是形成闭合路径，正如电路中电流总是连续的。（磁通一定是有"源"的，对于永磁体来说，这通常被描绘为来源于永磁材料内原子级的环流。但是，就本书而言，我们并不需要在原子级物理层面讨论磁现象。）

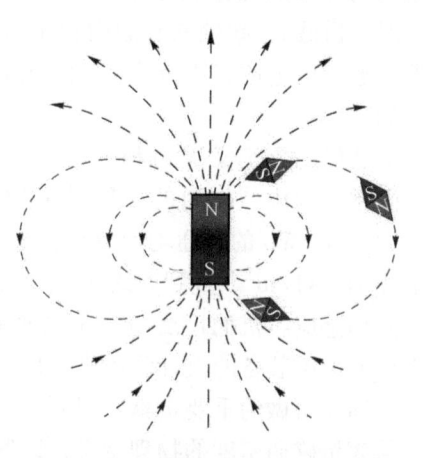

图1.2 条形磁铁磁场磁力线分布

1.2.2 磁通密度

除了显示方向外，磁力线图还可以传达有关磁场强度的信息。为此，我们引入了一个概念，即在每一对磁力线（相同的纸面深度）之间的磁通相同。有些读者理解这样的概念没有困难，而对于另一些读者来说，量化这些抽象的物理概念是很难的。无论这种方法是否显而易见，不可否认的是，量化"磁通"这一"神秘"概念是具有实用价值的，因为它将引出磁通密度（B）这个十分重要的概念。

当磁力线彼此聚拢时，磁通的"通路"被挤压在较小的空间内；而当磁力线彼此分散时，磁通通路将分布在更大的空间上。磁通密度（B）等于"通路"中的磁通（Φ）除以通路的截面积（A），即

$$B = \frac{\Phi}{A} \tag{1.1}$$

磁通密度是一个矢量，因此通常用黑体表示，其大小可根据式（1.1）计算，方向为所在位置磁力线的方向。例如，在图1.2中磁铁顶部附近的位置，磁通密度较大（因为磁通被压缩到一个很小的区域），并且指向上方；而在磁铁中

部离磁铁较远的位置，磁通密度较小并指向下方。

后面我们将看到，为了在电机中产生更高的磁通密度，磁通将主要分布在经过精心设计的由铁或钢制成的"磁路"中。在磁路中，磁通均匀分布以充分利用空间。如图 1.3 所示的情况，横截面 bb′处铁心的面积是 aa′处的两倍，但磁通是恒定的，因此 bb′处的磁通密度是 aa′处的一半。

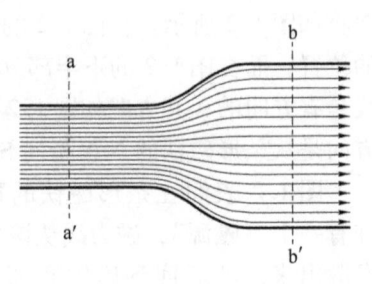

图 1.3 铁磁材料内部磁力线分布

我们还要定义磁通和磁通密度的单位。在国际单位制中，磁通的单位是韦伯（Wb）。如果大小为 1Wb 的磁通均匀分布在垂直于磁通方向的 $1m^2$ 面积区域内，磁通密度显然为 $1Wb/m^2$。直到大约 60 年前，Wb/m^2 都是磁通密度 B 的单位，为了纪念因发明感应电机而广受赞誉的特斯拉，决定将 $1Wb/m^2$ 定义为 1 特斯拉（T）。在所有电磁装备的设计阶段中会广泛使用 B（单位为 T），意味着我们将一直铭记特斯拉所做的重要贡献。但同时必须承认之前的单位确实有一个优点，它能够直接表示磁通密度的物理意义，即磁通除以面积。

1kW 电机中的磁通可能只有几十毫韦伯，而一块小的条形磁铁可能只会产生几微韦伯的磁通。另一方面，大多数电机（无论其类型和额定功率）的磁通密度通常约为 1T。这反映了一个事实，尽管 1kW 电机的磁通很小，但磁通的分布范围也很小。

1.2.3 导体受力

现在，我们将对磁场中载流导线的受力情况进行分析，可参见图 1.1 所示情况。

如图 1.1 所示，电磁力与电流和磁通密度的方向都正交，其方向可以用弗莱明左手定则判断。我们想象将拇指、食指、中指摆成互相垂直的姿势，食指指向磁场或磁通密度（B）方向，中指指向电流（I）方向，那么拇指就指向电磁力方向，如图 1.4 所示。

显然，如果磁场或电流反向，那么电磁力方向就会变为向下；而如果磁场和电流都反向，电磁力的方向将保持不变。

图 1.4 采用弗莱明左手定则判断电磁力方向

通过实验我们发现，如果将电流或磁通密度加倍，则电磁力会加倍，如果两者都加倍，那么电磁力会增大为原来的 4 倍。那么，应该如何对电磁力进行定量计算呢？我们将电磁力表示为电流和磁通密度乘积的形式，当使用国际单位制时，这种表示方法是非常直观的。

导线长度为 l，承载电流为 I，均匀磁场的磁通密度为 B，则电磁力 F 的计算公式为

$$F = BIl \tag{1.2}$$

式（1.2）中，当 B 的单位是 T、I 的单位是 A、l 的单位是 m 时，则 F 的单位是 N。

这是一个令人愉快的简单公式，可能让一些读者感到惊讶，这个公式中没有任何比例系数。这不是巧合，而是因为事实上电流的单位（A）是根据力来定义的。

式（1.2）仅在电流方向和磁场方向垂直时适用。如果不满足该条件，作用在导体上的电磁力会减小。在极端情况下，如果电流方向与磁场方向相同，电磁力将减小为零。但是，每个电机设计人员都知道，想要获得最大的电磁力，磁场必须垂直于导体，因此可以在随后的介绍中假定 B 总是垂直于电流的。在本书后续章节中，将假定磁通密度和电流是互相垂直的，这就是为什么虽然 B 是矢量（通常用黑体表示），但我们却把它表示成一个标量，因为磁通密度方向是隐含的已知条件，我们只需考虑磁通密度的大小。

式（1.2）可以解释为什么条形磁铁产生的电磁力很小。要获得较大的电磁力，必须有较大的磁通密度与电流。条形磁铁端部的磁通密度是很低的，大约为 0.1T，所以载有 1A 电流的每米导线受到的电磁力仅有 0.1N（约 10g wt）。由于磁通密度仅分布在磁铁端面约 1cm 长的范围内，因此导线所受电磁力只有 0.1g wt。这个电磁力小到几乎无法检测，也无法被正常的电机利用。那么如何获得更大的电磁力呢？

首先是要获得尽可能高的磁通密度。这可以通过设计一个"良好"的磁路来实现，我们将在下面讨论。其次，要在磁场范围内放置尽可能多的导体，并且在保证安全温升的前提下，每根导体必须承载尽可能大的电流。只有这样，一个尺寸适中的电机才能产生较大的力，任何企图抓住电钻卡盘使其停止的人都可以证明这一点。

1.3 磁路

到目前为止，我们一直假设"磁场源"是永磁体。这是一个简单的假设，因为我们对永磁体都很熟悉。但是，在大多数电机中，磁场是由通电线圈产生的，因此，我们应该分析如何布置线圈及相应的"磁路"以产生较强的磁场，以及该磁场如何与其他载流导体相互作用以产生电磁力和旋转运动。

首先，分析一种最简单的情况：单根通有恒定电流的长直导线周围的磁场（见图 1.5）。图中 + 号表示电流流入纸面，而圆点表示电流流出纸面。可以通过箭或飞镖来记忆这些符号，十字形是箭的后视图，而点是箭的前视图。磁力线形成一系列以导线为圆心的同心圆，越靠近导线磁场越强。和预期的一样，空间上任意一点的磁场强度都与电流成正比。确定磁场方向的惯例为，右手拇指指向电流方向，则弯曲的四指指向磁场的螺旋方向。

图 1.5 从某种程度上说是不准确的，因为电流只能在闭合的回路中流动，所以电流流通的电路必须是闭合回路。那么想象这是一个由平行的"流出"和"流入"侧导线构成的完整电路，"流出"侧正电流产生的磁场和"流入"侧负电流产生的磁场相互叠加得到总磁场，如图 1.6 所示。

图 1.5　长直载流导线产生的磁力线　　图 1.6　并行导线中电流产生的磁力线

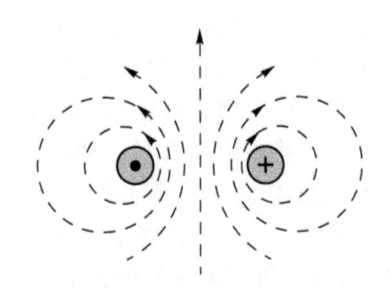

两根导体之间的区域中磁场是如何叠加的，以及两根导体外侧区域磁场是怎么削弱的？严格来说，图 1.6 仅适用于一对无限长的直导线，但它也可以用于单匝矩形、正方形或圆形线圈产生的磁场，它们都与图 1.6 中描绘的磁场非常相似。这使我们能够分析电机中多匝线圈在空气中产生的磁力线分布图，如图 1.7 所示。

图 1.7 中线圈在左侧，而其产生的磁力线分布图在右侧。线圈中的每一匝导线都会产生一个磁场，当把每个单匝线圈产生的磁场分量叠加在一起时，我们发现线圈内部磁场得到大大增强，与之前看过的条形磁铁形成的那些闭合磁路非常相似。"磁场源"周围的空气为磁通提供了均匀同质的路径，因此磁通被激发出来后，可以均匀地散布到整个周围空间。回顾一下每对磁力线之间磁通相等的准则，由于磁力线在离开线圈边界时散开，所以磁通密度在外侧比内侧低得多：例如，如果 b 是 a 的 4 倍，那么磁通密度 B_b 仅为 B_a 的 1/4。

尽管线圈内部的磁通密度高于外部，但发现其磁通密度仍然太低而无法达到电机的要求。为解决该问题，首先需要找到一种提高磁通密度的方法，其次是需要找到集中磁通并防止其扩散到周围空间中的方法。

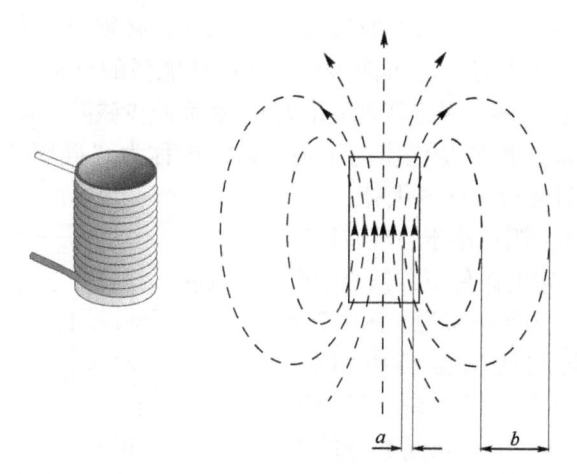

图 1.7 多匝圆柱线圈产生的磁力线分布图（右图中仅显示了线圈的轮廓）

1.3.1 磁动势

最简单提高磁通密度的方法是加大电流或增加线圈匝数。如果将电流或者匝数加倍，磁通也将会加倍，从而使空间各处的磁通密度都增大一倍。

用磁动势（m.m.f.）来量化线圈产生磁通的能力。磁动势可以定义为线圈匝数（N）与电流（I）的乘积，因此可以用安匝数表示。对于给定大小的磁动势，既可以由很多承载小电流的细导线来获得，也可以由几匝承载大电流的粗导线获得，只要乘积 NI 相同，磁动势就是一样的。

1.3.2 磁路与电路类比

已经明确了磁通与磁动势成正比，电流（单位为 A）与电动势成正比（单位为 V），因此，磁路与电路是类似的。

在电路中，电流和电动势的关系可以用欧姆定律来表示：

$$I = \frac{V}{R} \tag{1.3}$$

对于大小一定的电动势（V），电流与电阻成反比，因此要得到更大的电流，就必须减小电路的电阻。

我们可以通过引入磁阻（$\mathcal{R}$）的概念，等效得到"磁路欧姆定律"。磁阻可以用来衡量磁通在磁路中流通时所受到的阻力，就像电阻可以表示电流在电路中所遇到阻力一样。

磁路欧姆定律为

$$\Phi = \frac{NI}{\mathcal{R}} \tag{1.4}$$

由式（1.4）可知，给定磁动势，如增加磁通，必须减少磁阻。在图1.7所示的情况中，这意味着必须尽可能多地用导磁性能强的材料替换空气（空气是一种"差"的导磁材料，因此其磁阻很大），从而减少磁阻，增大磁通。

导磁材料通常选择的是优质电工钢，通常被称为"硅钢片"。如图1.8所示，使用这种材料会带来许多优势。

首先，铁心的磁阻远小于空气磁路的磁阻，在磁动势一定的条件下，铁心中产生的磁通也更大。（严格来说，图1.7与图1.8中磁动势与线圈截面积相同，图1.8中应该有更多条磁力线，但为了清晰起见，两幅图中用了相同数量的磁力线。）其次，几乎所有磁通都被限制在铁心内，而不是散布到周围的空气中。因此，可以将磁路中铁心部分设计成如图1.8所示的形状，将磁通限制在特定空间内。最后，在铁心内部，横截面上磁通密度保持恒定，因为磁阻非常小，所以磁通不会出现明显的分布不均匀的情况。

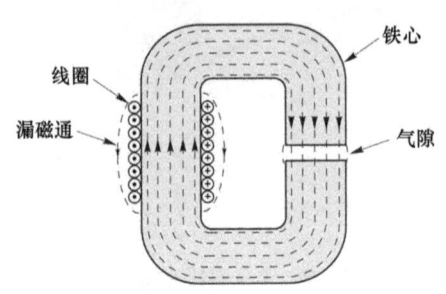

图1.8　低磁阻磁路（有气隙）内的磁力线分布

在继续讨论气隙之前，有两个经常被问起的问题需要考虑，是否有必要把线圈紧密缠绕在磁路上？对于多层绕组，位于外侧的线圈和内侧的线圈作用是不是一样有效呢？由于总磁动势仅由匝数和电流决定，因此，每一匝线圈对总磁动势的贡献是相同的，与其绕制得紧或松没有关系。而实际中线圈尽可能绕制得比较紧，是因为不仅可以最大限度地减少线圈的电阻（从而降低铜耗），还可以将产生的热量更容易地传导到电机机座上。

1.3.3　气隙

电机往往通过提高磁通密度，使载流导体上产生更大的力，从而完成特定的工作。我们已经知道如何在磁路中产生较高的磁通密度，但是将载流线圈放入铁心内是不可能的。如图1.8所示，在磁路中设置了一个气隙。如图1.12所示，产生力的导体将被安放在气隙区域。所以，尽管从磁路的角度分析，不希望存在磁阻较大的气隙，但是电机中必须要有机械间隙以允许转子旋转。

如同电机一样，如果气隙相对较小，磁通会穿越气隙部分，如图1.8所示，磁通几乎不会散布到周围的空气中。大多数磁力线直接穿过气隙，气隙区域的磁通密度将与铁心中的磁通密度一样。

大多数的磁路中都有一个或者多个气隙，铁心的磁阻远远小于气隙的磁阻，但气隙的长度却远小于铁心的长度。事实上，气隙磁阻在总磁阻中所占比例很大，这也说明了，与铁相比，空气的导磁性能不好。为了进行比较，设置两条相同长度和截面积的磁路，一条由铁构成，另一条由空气构成，计算这两条磁路的磁阻，空气磁路的磁阻将会是铁心磁路磁阻的 1000 多倍。

与电路相类比，铁心在磁路中的作用可以比作电路中铜线的作用。两者对磁通与电流的阻力都很小（在导磁或导电过程中所消耗的磁动势或电动势可以忽略不计），并且两者都可以调整形状以将磁通或者电流传导至合适的地方。但是，两者有一个重要的区别。在电路闭合之前是没有电流的，而所有的电流也都限制在导线内。而对于铁心中的磁路来说，磁通在安装铁心之前就可以流动（在周围空气中）。虽然大多数的磁通都会在铁心中传导，但是也有些磁通会漏到空气中，如图 1.8 所示。尽管后面会看到漏磁通有时也很重要，但在本章中不考虑漏磁通。

1.3.4 磁阻和气隙磁通密度

如果忽略磁路中铁心部分的磁阻，那么估算气隙中的磁通密度是十分方便的。考虑到铁心材料是磁通的"完美导体"，磁通流过铁心不需要消耗磁动势（NI），全部磁动势都消耗在磁通穿过气隙时。这时，图 1.8 所描述的情况可以简化为如图 1.9 所示，磁动势（NI）直接加在长度为 g 的气隙两端。

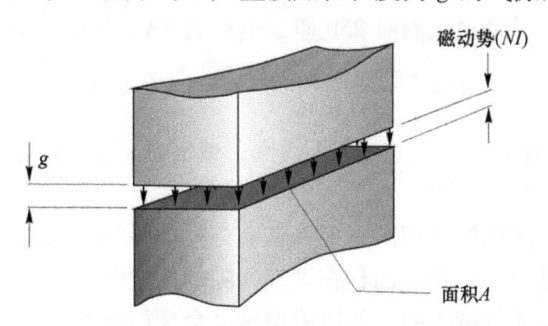

图 1.9 一对磁极下气隙内的磁动势

为了确定有多少磁通穿越气隙，需要知道气隙的磁阻。任意部分磁路的磁阻大小取决于磁路的尺寸和材料的导磁特性，一段截面积为 A、长度为 g 的长方形气隙的磁阻为

$$\mathcal{R}_g = \frac{g}{A\mu_0} \tag{1.5}$$

式中，μ_0 称为"真空磁导率"。严格来说，正如它的名称一样，μ_0 量化了真空的导磁性能，但在工程应用中认为空气的磁导率也为 μ_0。在国际单位制下，μ_0 的值为 $4\pi \times 10^{-7} \mathrm{H/m}$，但磁阻的单位名称并没有被广泛使用。

（注：如果在计算磁路磁阻时考虑铁心部分时，其磁阻可由下式给出：

$$\mathcal{R}_{\text{iron}} = \frac{l_{\text{iron}}}{A\mu_{\text{iron}}}$$

磁路的总磁阻等于上述铁心磁阻加上气隙磁阻。但是，如前所述，铁的磁导率远大于 μ_0，尽管铁心路径长度 l_{iron} 比气隙长很多，但铁心的磁阻比气隙磁阻小得多。)

式（1.5）解释了为什么当气隙长度加倍时，气隙磁阻加倍（磁通需要经过的路径长度翻倍），而当气隙的截面积增加一倍时，磁阻会减半（此时磁通有两条相同的路径相并联）。可以利用磁路欧姆定律［式（1.4）］，计算磁通 Φ，即

$$\Phi = \frac{\text{mmf}}{\mathcal{R}}, \quad \Phi = \frac{NIA\mu_0}{g} \tag{1.6}$$

通常更关注磁通密度，而不是总磁通，因此代入式（1.1）得

$$B = \frac{\Phi}{A} = \frac{\mu_0 NI}{g} \tag{1.7}$$

式（1.7）非常简单，只需要知道磁动势（NI）和气隙长度（g）就可以计算出气隙磁通密度。要计算磁通密度，只要知道线圈匝数与电流的乘积，而不需要知道线圈-绕组的具体参数，也不需要知道磁路的截面积［除非需要计算总磁通，参见式（1.6）］。

举例说明，假设励磁线圈有 250 匝、电流为 2A、气隙为 1mm。磁通密度为

$$B = \frac{4\pi \times 10^{-7} \times 250 \times 2}{1 \times 10^{-3}}\text{T} = 0.63\text{T}$$

（也可使用载有 10A 电流的 50 匝线圈，或者任何其他匝数和电流组合可以产生 500 安匝磁动势的线圈。）

如果铁心的截面积处处相同，那么铁心各处的磁通密度将都是 0.63T。上文也曾提到，有些时候，铁心截面积在远离气隙的位置会减小，如图 1.3 所示。因为磁通在面积小的部分被压缩，所以磁通密度会变得更大。在图 1.3 中，如果在气隙处和交界面处磁通密度大小为 0.63T，那么在截面 aa′（面积仅为气隙处的一半）处的磁通密度为 1.26T。

1.3.5 饱和

基于以上分析提出问题：铁心工作时的磁通密度是否存在限制？可以确定的是一定存在一个极限，否则就可以将所有磁通压缩进一个极小的截面里，而事实上，铁心中磁通密度的大小是有极限的，尽管没有一个非常明确的界定。

之前，注意到铁几乎没有磁阻，至少其与空气相比可以忽略不计。然而铁只在磁通密度低于 1.6~1.8T 时才能保持这种良好的导磁性能，具体的数值取决于材料；当铁工作的磁通密度升高时，铁的磁阻会增大，不再是理想的导磁材料。

磁通密度较高的地方，很大一部分磁动势用于驱动磁通流过铁心。这种情况是不可取的，因为剩下来驱动通过气隙的磁动势变少了。所以，正如在电路中一般不使用高阻电源驱动负载一样，在磁路中也必须避免使磁路中铁心部分饱和。

图 1.10 定性地说明了铁磁材料的磁阻随磁通密度的增大而显著增加的现象。当磁阻增加明显时，称铁磁材料开始"饱和"。"饱和"这个词是很形象的，因为如果继续增加磁动势或减少铁心的截面积，最终得到的磁通密度几乎是个常数，通常大约为 2T。为了避免饱和的不良影响，一般要合理设计铁心的尺寸，使磁通密度不超过 1.5T。在这种级别的磁通密度下，铁的磁阻将远小于气隙磁阻。

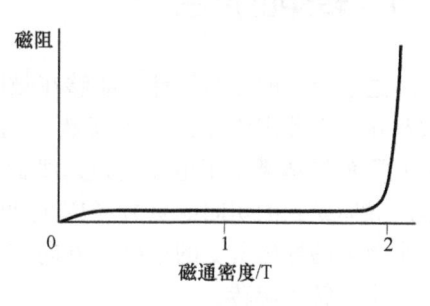

图 1.10 铁磁材料的磁阻

1.3.6 电机的磁路

为什么把如此多的注意力集中在带有气隙的 C 形磁路上，而它似乎与电机中的磁路没有多少相似之处。但是只需简单几步就能将 C 形铁心转换为典型的电机磁路，它们之间并没有本质的差别。

图 1.11 显示了从 C 形带气隙铁心到电机的几何形状演变过程，它与传统直流电机的结构相对应。

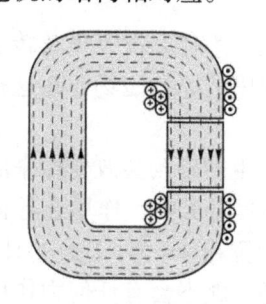

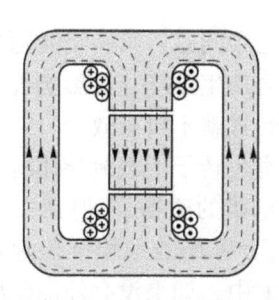

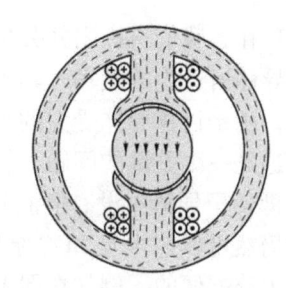

图 1.11 从 C 形带气隙铁心到直流电机的磁路演变

首先，变化的第一阶段（图 1.11 的左图）将原来长度为 g 的单气隙分割成长度为 $g/2$ 的两个气隙，这样就满足了转子转动的要求。同时将一个励磁线圈分成两部分，以保持对称。（改变励磁线圈位置对于磁路来说是没有影响的，就像电池可以安置在电路中的任一位置上。）其次（图 1.11 的中图）将单磁路分割成两个并联磁路，每条磁路截面积为原来的一半，通过的磁通也为原来的一半。最后（图 1.11 的右图）将磁路和磁极面弯曲以匹配圆柱形转子。线圈采用分层的形式以适应电机空间，这对磁动势没有负面的影响。气隙仍然很小，磁通仍可以沿径向穿过转子。

1.4 转矩的产生

通过合理的磁路设计，能够在磁极下获得较大的气隙磁通密度，必须加以高效利用。因此需要在转子上安装一组导体，如图 1.12 所示，并确保 N 极（左边）下的导体携带正电流（进入纸面），而 S 极下的导体携带负电流。所有带正电的导体受到的切向电磁力（Bll）[见式（1.2）]方向向下（向页面底部方向），而带负电的导体所受的电磁力方向向上（向页面顶部方向）。因此，线圈产生转矩，带动转子旋转。

（细心的读者会发现图中一些导体没有电流，这将会在第 3 章中进行解释。）

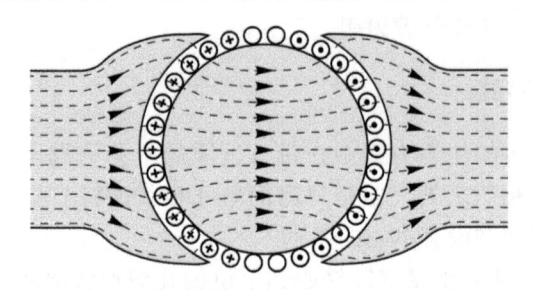

图 1.12 最大转矩情况下转子载流导体电流分布［未显示磁力线（带箭头）的来源］

现在，我们将提出并分析三个问题。第一个问题是，为什么没有提及转子上载流导体所产生的磁场？其也会产生磁场，会影响气隙中的原始磁场，在这种情况下，用于计算导体受力的表达式就不再有效。

这是一个关键的问题，答案是转子上载流导体所产生的磁场会改变原来的磁场（即转子导体中没有电流时电机的磁场）。但在大多数电机中，作用在导体上的力仍然可以由电流和"原始"磁场的乘积准确地计算出来。对于力的计算，这是十分方便的。例如在图 1.1 中，如果没有外加磁场，就不会有任何力作用于载流导体，因为导体中的电流会产生自己的磁场（一侧导体产生的磁场向上，而另一侧向下）。所以只考虑外部磁场产生的力是正确的，所有的电磁力都是由这个外部磁场单独作用产生的。（在第 3 章中将阐述由转子导体产生的磁场被称为"电枢反应"，特别是当磁路饱和时，其不良影响可以通过安装额外的绕组来抵消。）

当考虑作用和反作用原理时，第二个问题就产生了。当转子上有转矩时，定子上有一个大小相等、方向相反的转矩；因此定子转矩的产生机理是否可以用转子转矩产生的机理来解释呢？答案是肯定的，在定子上总是有一个大小相等、方向相反的转矩，这就是为什么要固定定子的原因。对于一些电机（如感应电机），很容易看到，定子转矩由气隙磁通密度和定子电流相互作用产生，以完全相同的方式，磁通密度与转子电流相互作用产生转子转矩。在其他电机（如一直在讨论的直流电机）中，没办法通过简单的物理推导来计算定子转矩，但它与转子转矩大小相等且方向相反。

最后一个问题与图1.11所示的装置有关，如在废铁场中用来提起报废车辆的电磁铁；我们知道提升磁铁能产生巨大的吸力，那么在电机定子磁极和转子铁心之间是否会产生一个很大的径向力？如果有，怎样才能防止转子被定子吸过去呢？

能够确定的是，由于磁场的吸引作用，在电机的定子和转子之间的确会产生一个径向力，正如在提升磁铁或继电器中的吸力一样。但是，磁场靠近铁或钢时产生拉力的机理与我们到目前为止介绍的电磁力"Bll"产生机理是不同的。

磁极表面单位面积产生的吸力与径向磁通密度的二次方成正比，在电机气隙磁通密度1T情况下，转子表面单位面积上的吸力大约为40N/cm^2。这说明总径向力可以非常大：例如，在一个只有5cm×10cm的磁极面上，吸力会达到2000N，或者说约200kg。这个力对电机的转矩没有任何贡献，只是当利用"Bll"原理在转子导体中产生切向力的同时会产生一个不期望的副作用。

在大多数电机中，径向磁拉力实际上比转子导体上的切向电磁力大得多，而正如上述问题所提到的，这个力倾向于把转子吸到定子上。然而，大多数电机都是由偶数个定子磁极构成的，这些磁极沿转子圆周均匀分布，并且每个磁极的磁通密度都是相同的，理论上整个转子上总的径向磁拉力为零。实际上，即使是很小的偏心，也会使气隙较小处磁极下的磁场得到增强，这将导致产生不平衡磁拉力，并引起运行噪声和轴承的快速磨损。

对于大多数电机，可以通过"Bll"原理来定量计算转矩。磁通密度B的来源可以是如图1.11所示的绕组，也可以是永磁体。"磁场源"（或励磁）既可以放在定子上（见图1.12），也可以放在转子上。如果"磁场源"在定子上，则产生力的载流导体就要装在转子上；反之，如果"磁场源"在转子上，则载流导体要置于定子上。无论哪种情况，那个很大的径向磁拉力都是不希望产生的副产品。

然而，定子和转子的几何结构的设计通常使一些通过气隙到转子的磁通直接在转子铁心上产生切向力（从而产生转矩），而转子不需要通电流。在后面的章节中，我们将看到，对于一部分这种"磁阻"电机，仍然可以采用"Bll"方法计算转矩，而对于另外一些磁阻电机，必须使用其他替代方法来计算切向力。

1.4.1 转矩的大小

最初的介绍中，每根导体受力可由式（1.2）计算，总切向力F取决于励磁绕组产生的磁通密度、转子导体的匝数、导体中电流的大小以及导体的长度。所

产生的转矩（T）还取决于转子的半径（r），即

$$T = Fr \tag{1.8}$$

在分析完转子开槽的优点后，我们将继续讨论转矩的大小。

1.4.2 开槽的作用

如果导体安装在转子铁心表面时，如图 1.12 所示，气隙大小至少等于导线直径，而且导体必须被固定在转子上以便将切向力传递给转子。最早的电机就是这样制造的，用绳子或胶带把导线固定在转子上。

而大气隙会使磁路磁阻变大，所以励磁绕组需要更多的匝数和更大的电流才能在气隙中产生所需要的磁通密度。这意味着励磁绕组要很大，消耗很大的能量。为了减小气隙，早期（19 世纪）的设计者们很快就想到了将转子上的部分导体放入与轴平行的槽中，从而减小励磁线圈的尺寸。这种想法十分有效，因为它同时也为转子导体提供了一个更合适的安装位置，从而使转子导体所受的力能更直接地传递到转子上。随后导体开始被嵌放在越来越深的槽中，直到现代电机（见图 1.13），全部导体都不再安放于转子表面。在满足定、转子之间的机械间隙需求的前提下，气隙可以被做得尽可能小。这种新的"开槽"电机工作性能非常好，但并没有广泛的应用。

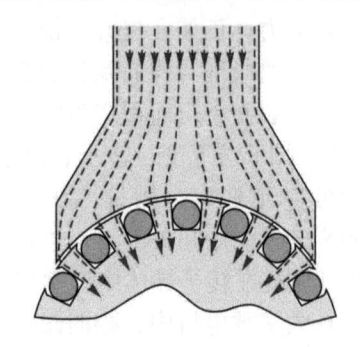

图 1.13 转子开槽对磁通路径的影响

当时的设计者虽然认为把线圈嵌放在槽里可以减小气隙，但他们认为，如图 1.13 所示，转子开槽后的电机，几乎所有的磁通都从磁阻很小的齿部通过，线圈所在的槽部仅有磁通密度很低的一点漏磁。他们认为，由于导体所处磁场的磁通密度很低，导体上只会产生很小的甚至几乎为零的电磁力。

怀疑者认为磁通主要通过齿部的想法是正确的；但如果转子表面的平均磁通密度相同，有槽和无槽转子电机的转矩也是相同的。那么如何解释这种现象呢？

在开槽电机普遍应用后，一些研究者致力于寻求上述问题的原因。但最终表明，有槽电机转子总体受力与无槽电机相同，只是现在几乎所有的切向力都作用于转子齿部，而不是导体本身。

这是一个非常好的发现。通过将导体放置在槽中，可以使磁路的磁阻减小，同时将力从导体本身转移到坚固的齿部并很好地传递到转轴上。另一个好处是导体周围的绝缘部分不再需要把切向力传递给转子，因此绝缘材料的机械性能不再那么重要。很少有像开槽这样的试探性设计能在电机其他各个相关方面都产生有益的作用。

然而，开槽电机在设计时也有一些问题。为了使转矩最大化，希望转子导体中流过尽可能多的电流。尽量使铜线工作在临界最大电流密度（通常在 2～8A/mm² 之间)，同时也希望尽可能增大槽的截面积以容纳尽可能多的铜线。这都倾向于把槽设计得更宽，而把齿设计得较窄。但是磁通沿径向穿过齿部，如果把齿部设计得太窄，齿部将会饱和，这会增加主磁路磁阻。另外也可增加槽的深度，但这不能做得太深，否则从一个磁极输送到另一个磁极的转子铁心中心区域的磁通将被耗尽，从而饱和。最后，开槽会增加电机的摩擦阻力和噪声，往往通过填补槽开口的方法使转子表面变得光滑，从而减小其负面影响。

1.5 转矩和电机体积

在本节中将分析对于给定尺寸转子所能获得转矩的决定因素，并讨论速度如何在决定功率输出中起到关键作用。

电机普遍采用开槽来容纳导体，这意味着在关键的气隙区域不可避免地会出现妥协，设计师必须在磁通（径向）和电流（轴向）对空间的冲突需求之间实现最佳平衡。

与大多数工程设计一样，对于特定尺寸和类型的电机可以实现目标，但也要有指导原则。电机设计者通常根据两个参数进行设计，即特定的磁负荷和电负荷。这些参数很少提供给用户，但是，它们和转子体积一起决定了可以产生的转矩，因此对电机设计十分重要。对这两个参数的折中设计有助于用户解决实际中的工程问题。

1.5.1 单位电磁负荷

单位磁负荷（$\overline{B}$）是整个转子表面上径向磁通密度的平均值。因为开槽的原因，平均磁通密度总是小于齿部的磁通密度，但为了计算磁负荷，假设转子表面是光滑的，用每个"磁极"总的径向磁通除以磁极面积来计算平均磁通密度。

单位电负荷（通常用符号 $\overline{A}$ 表示，$\overline{A}$ 代表安培）是转子圆周每米长度上的轴向电流。在转子开槽的电机中，轴向电流集中在每个槽内的导体内，但为了计算 $\overline{A}$，可以假设总电流是沿转子圆周均匀分布的（与图 1.13 所示的方式类似，但每个磁极下的单根导体都由均匀分布的"电流片"代替）。例如，磁极径向宽度为 10cm，开有 5 个槽，每个槽内的电流为 40A，电负荷为

$$\frac{5 \times 40\text{A}}{0.1\text{m}} = 2000\text{A/m}$$

1.4 节曾讨论过磁通和电流是两个相互矛盾的要求，所以如果希望增加电负荷，比如通过扩大槽面积来容纳更多的铜线，但这样会使磁负荷减少，因为齿部

变窄将意味着可供磁通通过的区域变小，铁心更容易发生饱和。

许多因素会影响电机设计中参数的数值，但在本质上，单位磁负荷和电负荷将会受到材料属性的限制（铁磁材料会限制磁通的大小，铜材料会限制电流的大小）和冷却方式的限制。

由于大多数铁磁材料的饱和特性是相似的，所能达到的磁通密度是有上限的，因而不同电机的单位磁负荷区别不大。另一方面，使用不同冷却方式的电机，它们的单位电负荷会有很大的区别。

尽管铜的电阻率很低，但有电流流过时还是会产生热量，因此必须对电流进行限制，以保证电机的绝缘不会因温度过高而损坏。冷却系统性能越好，就允许电机有更大的单位电负荷。例如，如果电机是完全封闭的，没有内置风扇，铜线中的电流密度肯定比类似的有风扇来提供连续通风气流的电机低得多。同样地，完全浸漆的绕组可以比那些未浸漆的绕组通有更大的电流，因为浸漆的绕组不仅提供了机械刚性，而且提供了一个更好的散热路径，热量可以沿着浸漆传到定子。整体尺寸也是允许最大电负荷的决定因素之一，较大的电机通常比较小的电机具有更高的电负荷。

实际上，除非采用外部冷却系统，否则大多数特定尺寸的电机（感应电机、直流电机等）都有着几乎相同的单位负荷。这也意味着不论具体的电机类型/制造工艺如何，相同尺寸的电机具有大致相同的转矩。这条规律虽然没有得到广泛的认可，但其是值得探讨的。

1.5.2 转矩和转子体积

根据前面的介绍，在计算电机总切向力时，首先根据转子表面的宽度 w 和长度 L 来计算面积。宽度为 w 的范围内通过的轴向电流大小为 $I = w\overline{A}$，而且这些电流所处磁场的平均磁通密度为 $\overline{B}$，因此由式（1.2）可得切向力为 $\overline{B} \times w\overline{A} \times L$，其中表面积为 wL，则单位面积切向力为 $\overline{B} \times \overline{A}$。两个单位负荷的乘积表示转子表面上的平均切向剪切力。

要得到总切向力，再乘以转子表面积即可。而要得到总转矩，需再乘以转子的半径。因此，转子直径为 D 和长度为 L 的电机，其总转矩为

$$T = (\overline{BA}) \times (\pi DL) \times \frac{D}{2} = \frac{\pi}{2}(\overline{BA})D^2 L \qquad (1.9)$$

这个公式是非常重要的。式中 $D^2 L$ 与转子体积成正比，因此可以看到对于任意给定了单位电负荷和磁负荷的电机，其转矩都与转子体积成正比。设计者可自由选择细长型或扁平型的转子，但一旦转子体积和负荷确定了，电机的转矩就随之确定了。

前文的推导并没有针对某种特定类型的电机，而是从一般性的角度来探讨转

矩产生的问题。这反映了这样一个事实，即所有的电机都是由铁和铜制成的，不同的是这些材料的配置方式和工作状态不同。

在实际应用中，更重要的是电机的总体积，而不是转子的体积。但是，同样对于转矩相似的电机，总体积和转子体积之间都有着相当密切的关系。因此，一般可以近似认为电机的总体积是由它所需产生的转矩决定的。当然也会有例外，但是这条规则作为我们在选择电机时的一般性准则是非常有帮助的。

上述分析已经确定了电机转矩的大小取决于转子的体积，下面将介绍电机输出功率。

1.5.3 输出功率——转速的重要性

在推导功率的表达式之前，对于更熟悉直线运动的读者，简要的复习与回顾是有帮助的。

在国际单位制（SI）中，功或能量的单位是焦耳（J）。1J 表示 1N 的力在其方向上移动 1m 所做的功。因此，大小为 F 的力位移为 d 时所做的功为

$$W = F \times d$$

力的单位是 N，位移的单位是 m，功的单位为 N·m，1N·m 与 1J 是等价的。

在旋转系统中，一般不用力和直线距离的表示方法，而用转矩和角度表示会更加方便。但是，两者也有密切联系，当切向力作用在距离旋转中心半径为 r 的位置处时，转矩可由下式计算：

$$T = F \times r$$

现在假设转过一个角度 θ，那么力所经过的圆周长度为 $r \times \theta$。该力所做的功由下式表示：

$$W = F \times (r \times \theta) = (F \times r) \times \theta = T \times \theta \tag{1.10}$$

可以注意到，在直线系统中功是力乘以位移，而在旋转系统中功是转矩乘以角度。转矩的单位是 N·m，而角度是用弧度（rad）来计量的（无量纲），与直线系统中相同，功的单位也是 N·m 或者 J。

为了计算功率或者做功的速率，将所做的功除以所用的时间。在直线系统中，假设速度保持不变，那么功率为

$$P = \frac{W}{t} = \frac{F \times d}{t} = F \times v \tag{1.11}$$

式中，v 为直线速度。对应在旋转系统中，功率为

$$P = \frac{W}{t} = \frac{T \times \theta}{t} = T \times \omega \tag{1.12}$$

式中，ω 为角速度（常数），单位为 rad/s。

现在可以用转子尺寸和单位负荷来表示功率输出,根据式(1.9)可得

$$P = T\omega = \frac{\pi}{2}(\overline{BA})D^2L\omega \tag{1.13}$$

式(1.13)表明了速度(ω)对于输出功率大小的重要性。对于给定的单位电负荷和磁负荷,要达到相同的输出功率,既可以选择大体积(价格昂贵)低速电机,也可以选择小体积(一般较便宜)高速电机。大多数应用采用后一种方式,尽管这样需要某种形式的减速器(例如使用皮带轮或齿轮箱),但体积小的电机往往价格比较低。我们熟悉的便携式电动工具采用的电机转速为12000r/min或更高,功率为数百瓦。另外在电力牵引系统中也具有类似的特征。在这两种情况下,都是采用高速电机经过齿轮箱降速后驱动负荷。上述例子中,对电机的体积和重量要求都很高,采用直接驱动电机是不可能的。

1.5.4 功率密度(单位体积输出功率)

将式(1.13)除以转子体积,可以得到功率密度(单位转子体积所输出的功率)的表达式,即

$$Q = 2\overline{BA}\omega \tag{1.14}$$

这个公式十分重要,在设计任何基于电磁感应定律和电磁力定律的电机时都要遵循该基本公式。

在给定电负荷、磁负荷的条件下,为了在一定的电机体积下,获得最大的输出功率,必须让电机以最高的转速运行。小型高速电机和变速箱的一个明显缺点是噪声(来自电机本身和动力传动装置)比大型直驱电机的噪声要高。当在对噪声等级要求比较高的应用场合中(例如吊扇中),最好使用直驱电机,尽管其体积较大。

在本节中,我们首先从推导和量化转矩产生机理开始,并先默认转子处于静止状态而没有做功。然后假设当转速恒定时,转矩保持不变,并输出功率,即电能被转换成机械能。目的是确定哪些因素决定了给定尺寸转子的输出功率,这些讨论一般适用于各种类型的电机。

下一节的分析方法与之前的方法完全相反,将重点以一台简化的"原型"电机为例,开始详细地研究如何控制电机的转速和转矩。

1.6 能量转换——运动电动势

本节将以一个简化的直线电机为例,研究电机运行时所发生的电磁能量转换过程。尽管直线电机的结构很简单,但其是十分典型的。我们将学习如何通过"等效电路"的方法分析电机将电能转化为机械能的过程,以及电机的关键性能

第 1 章 电机基础知识　19

和运行状态。通过对该等效电路的分析，可以回答诸如"电机如何在需要工作时自动吸收更多的功率"和"什么决定了稳态转速和稳态电流"等问题。这些问题的核心就是下文即将讨论的"运动电动势"。

通过前面的分析，已经了解磁场中的载流导体上会产生力（进而产生转矩）。式（1.2）给出该电磁力的表达式，它表明只要磁通密度和电流保持恒定，电磁力就保持恒定。进一步地，该力的大小与导体是静止还是运动是无关的。另一方面，相对运动是产生机械输出功率的前提条件（与转矩不同），并且输出功率可由公式 $P = T\omega$ 进行计算。导体和磁场之间的相对运动将会产生"运动电动势"；而该运动电动势在机电能量转换过程中起着至关重要的作用。

1.6.1　原型电机——静止状态

图 1.14 显示了一台简化的直线电机模型，其运行原理示意图如图 1.15 所示。其中，导体的有效长度[⊖]为 l，该导体在垂直于磁通密度 B 的水平方向上运动。

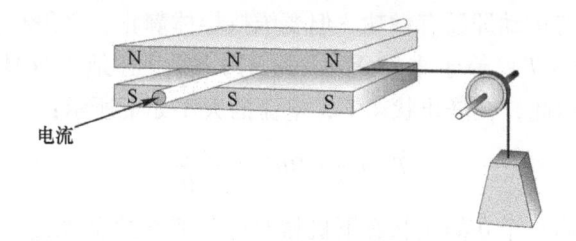

图 1.14　直流直线原型电机模型

假设导体电阻为 R，直流电流为 I，运动速度为 v，运动方向垂直于磁场和电流方向（见图 1.15）。在导体上连接一根绳子，穿过滑轮并吊起一个重物，绳子所受的拉力作为机械"负载"作用在动子上，假设摩擦力为零。

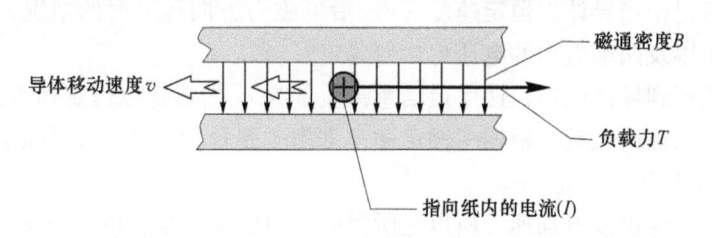

图 1.15　直流直线原型电机工作原理示意图

忽略制作该装置中遇到的一些实际问题，如不需要考虑如何设法保持运动导体连接的问题。尽管上述装置只是一个假设的理想模型，但这个模型可以描述实际电机运行时所发生的物理现象，在掌握更复杂的机械结构之前，有助于对电机

⊖　有效长度是指导体位于磁场中的长度，在大多数电机中该长度为定子和转子铁心长度。

的运行机制有清晰的理解。

首先考虑导体在静止状态下（即速度为0）的输入电功率。为了方便介绍，假设磁场（B）是由永磁体提供的。一旦磁场建立起来（当磁铁第一次被磁化并放置到具体位置时），就不需要更多的能量来维持该磁场，当该电机输出机械功率时，所获得的能量并不来自永磁体，因为永磁体是无法持续提供能量的，这是非常重要的一点：无论是永磁体还是"励磁"绕组产生的磁场，在能量转换过程中都只起"催化剂"的作用，对机械输出功率并没有任何直接贡献。

当导体保持静止时，导体产生的电磁力（BIl）将不会做功，因此也不会输出机械功率，所需输入的电功率仅用于给导体供电。

导体的电阻为 R，通入电流为 I，因此施加在导体两端的外部电源电压为 $V_1 = IR$，输入电功率将为 $V_1 I$ 或者 $I^2 R$。输入的电功率将在导体中产生焦耳热，功率平衡方程由下式表示：

$$输入电功率(V_1 I) = 导体中产生的热功率(I^2 R) \tag{1.15}$$

虽然导体没有运动即没有做功，但要维持导体静止，必须有力与电磁力相平衡。绳子上张力（T）等于重物重力（mg），该力必须与导体上所受电磁力（BIl）相平衡。因此，在静止状态下，电流的大小如下所示：

$$T = mg = BIl, \quad I = \frac{mg}{Bl} \tag{1.16}$$

这是得到的第一个在静止状态下机械与电气系统之间始终存在的物理规律，为了维持静止状态，导体中电流的大小将由机械负载来决定。下文将继续讨论这种关系。

1.6.2 功率——导体以恒定速度运动

下面将讨论当导体以恒定速度（v）沿电磁力方向运动时的情况，这时导体中电流大小以及两端施加的电压将如何确定？

首先认识到导体以恒定速度运动意味质量为 m 的重物以恒定速度向上运动，即重物没有做加速运动。根据牛顿定律，重物所受合力为0，所以绳子上的张力（T）必然等于重物重量（mg）。

同样，导体也没有加速，所以它所受的合力也等于零。由于绳子给导体一个制动力（T），因此电磁力的大小（BIl）必须与其相等，综合以上条件可得

$$T = mg = BIl, \quad I = \frac{mg}{Bl} \tag{1.17}$$

该公式与在导体静止状态下得到的公式完全相同，它再次强调了稳态电流是由机械负载决定的这一事实。当建立电机等效电路时，必须认识到在稳态时，电气变量（电流）是由机械负载决定的。

当重物以恒定速度上升时，由于重物的势能在增加，系统将对其做功。这个功是由运动的导体产生的。机械输出功率等于功随时间的变化率，即等于电磁力（$T = BIl$）和速度（v）的乘积。由于在此情况下与静止状态下，导体具有相同的电阻和相同的电流，所以此时导体中因发热而损耗的功率与静止状态时相同。导体的输入电功率除了要平衡发热损耗外，还必须提供额外的机械输出功率。导体两端的输入电压未知，用 V_2 表示。功率平衡方程变化为

输入电功率 = 导体中的热损耗功率 + 机械输出功率

$$V_2 I = I^2 R + (BIl)v \tag{1.18}$$

值得注意的是式（1.18）等号右侧的第一项表示发热损耗，与导体静止时相同，而第二项对应于为机械输出所提供的额外功率。由于电流相同，但现在输入功率更大了，所以此时的电压 V_2 必须大于 V_1。

将式（1.15）代入式（1.18）中，可得

$$V_2 I - V_1 I = (BIl)v$$

则有

$$V_2 - V_1 = Blv = E \tag{1.19}$$

式（1.19）可以定量计算当导体移动时，为保持电流不变，电源所需提供的额外电压。电源电压的增加反映了这样一个事实：当导体在磁场中运动时，将会在导体内产生电动势（E）。

由式（1.19）可知，电动势与磁通密度、导体相对于磁场的运动速度和导体的有效长度成正比。电源电压必须抵消这个额外的感应电动势以保持相同的电流，如果不增加电源电压，因为感应电动势的反作用，电流将在导体开始运动时下降。

已经可以确定导体运动时会产生电动势，利用能量守恒原理可以推导出电动势的表达式，即

$$E = Blv \tag{1.20}$$

这个公式通常被称为法拉第定律的"切割磁场"形式，表明当导体在磁场中运动时，将产生大小如式（1.20）的感应电动势。因为运动是产生感应电动势的前提条件，所以感应电动势通常又被称为"运动电动势"。"切割磁场"一词源于电动势的起因是导体切割磁力线。这可以形象地帮助我们理解感应电动势，但也有其局限性，因为磁力线只是为了协助理解磁场。

在介绍电机的等效电路之前，有两点需要注意。第一，无论何时发生电能和机械能的转换，感应电动势总是与外加的电源电压相反。这也反映在常用"反电动势"来描述电机中的运动电动势。第二，虽然我们已经介绍了通电导体的特殊情况，但是产生感应电动势并不需要电流的存在，所需要的只是导体和磁场之间的相对运动。

1.7 等效电路

为简化直流电机中的电场,可以用图 1.16 所示的等效电路表示。

在电路图中,导体可以用电阻和运动电动势来表示(实际上,运动电动势和电阻都是分散分布的,而不是等效为一个集中参数)。用以提供电流的外部电源则用左边的电压 V 表示(用老版本的电池符号来区分外部施加的电源电压 V 和感应电动势 E)。

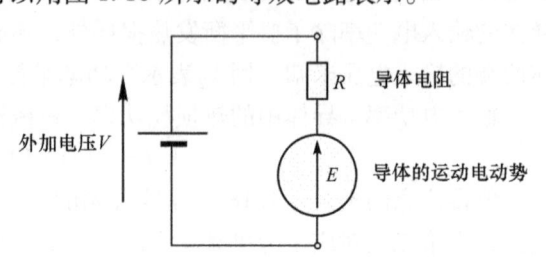

图 1.16 简化直流电机的等效电路

可以注意到感生出的运动电动势与施加的电源电压极性相反,这适用于上述介绍的"电机"。根据基尔霍夫定律,可以得到电压方程为

$$V = E + IR, \quad I = \frac{V - E}{R} \tag{1.21}$$

将式(1.21)乘以电流,就得到了功率方程:

$$输入电功率(VI) = 输出机械功率(EI) + 铜耗(I^2R) \tag{1.22}$$

[注:式(1.22)中的"铜耗"指的是线圈中电流产生的热量;电机中的所有此类损耗可以用这种方式表示,无论导体是由铝还是由铜材料制成的。]

这些方程对电机分析具有重要的意义,如上所述:这个简化的"电机"包含了实际电机的所有基本特性。本节内容将为以后分析实际电机工作特性打下基础。

1.7.1 电动机运行和发电机运行

如果电动势 E 小于外加电压 V,则电流为正,电源输出电能,电机作为电动机运行,能量从电能转化为机械能。式(1.22)等号右边第一项是运动电动势和电流的乘积,表示简化的直线电机输出的机械功率,这个表达式同样适用于真实的电机。需要注意的是,有时感应电动势和电流并不是直流量,但是计算的基本思路是相同的。

现在假设导体以稳定的速度运动,感应电动势大于外部电源施加的电压。由等效电路可知,此时电流将是负的(即逆时针方向),电流回流到电源,从而将能量返回给电源。根据式(1.22),如果电流为负值,即第一项($-VI$)代表返回给电压源的电功率,第二项($-EI$)对应于外界推动导体运动时所提供的机械功率,第三项是导体的热损耗。

对于那些更喜欢从机械角度进行分析的读者，可以这样分析，当产生一个负电流（-I）时，导体上的电磁力为-Bll，即电磁力方向与运动方向相反。机械功率等于力和速度的乘积，即-Bllv 或-EI，与式中表达式相同。

事实上一台电机可以在无需外界干预的情况下，自己完成在电动机和发电机之间的转换，这是所有电磁能量转换系统一个非常理想的特征。上述分析用的简化电机模型和家里使用的电动机或发电机原理是一样的。

最后，我们希望将尽可能多的输入电功率转换为机械输出功率，尽可能少地转换为热量。因为输出功率是 EI，热损耗是 I^2R，所以在理想情况下，EI 应该比 I^2R 大得多，或者说 E 应该比 IR 大得多。在等效电路中（见图 1.16），这意味着外部电源电压 V 大部分由感应电动势（E）组成，只有一小部分用于抵消电阻压降。

1.8 恒定电压状态运行

到目前为止，我们研究了在负载恒定且电机转速稳定的"稳态"条件下电机的运行情况。可以看到，在恒定负载下电流在所有稳定转速下都是相同的；而电压随着转速的增加而增加，因为运动电动势是上升的。我们可以利用这种情况来很好地说明电机的能量转换过程，但实际中，电机很少以这种方式运行。因此，为了更加接近电机的实际运行过程，下文我们将分析电机在电压恒定情况下的运行特性。

当考虑电机在转速发生变化并最终达到稳态的过程时，问题不可避免地会变得更加复杂。就像在动力学所有领域一样，对简化直线电机瞬态性能的研究将引入一些额外的参数，如导体的质量（相当于旋转电机的惯量），这些参数在稳态情况时是不需要考虑的。

1.8.1 空载特性

在本节中，假设模型中悬挂的重物已经被移除，唯一作用在导体上的力是产生的电磁力。我们最感兴趣的是电机转速的决定因素，但首先要考虑当电机接通电源时的情况。

当导体静止时接通电源，电源接通瞬间电机中没有感应电动势，电流值会立即上升到 V/R，此时唯一限制电流的是电阻。（严格来说，应该考虑电感对电流上升的延迟作用，但为了简单起见，这里选择忽略电感。）因为电机的电阻很小，所以电流会很大，在导体上将会产生一个很大的电磁力"Bll"。根据牛顿定律，导体将加速运动，加速度等于导体所受合力除以导体质量。

随着速度（v）的增加，运动电动势[见式（1.20）]将随速度成正比例增大。由于电动势与外加的电压反向，电流将下降［见式（1.21）］，因此电磁力和加速度也都将减小，然而速度还将继续上升。导体只要受到电磁力作用，也就是说只要导体中有电流，速度就会增加。由式（1.21）可以看出，当速度增大到一定数值时，即当运动电动势等于外加电压时，电流将下降到零。速度和电流的变化曲线如图 1.17 所示，两条曲线都呈指数函数形状，这反映了系统响应特性可以由一阶微分方程表示。稳态电流为零也符合之前的分析结果，即机械负载（空载时为零）决定了稳态电流。

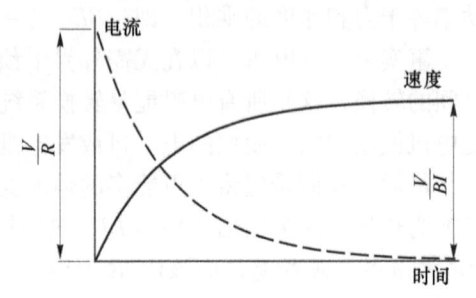

图 1.17　无机械负载时直流电机的动态（爬升）特性

在这种理想情况下（没有外加负载，也没有摩擦力），导体将以恒定速度运动，因为所受合力为零，加速度也为零。当然，因为已经假设了没有反向的力作用在导体上，这时也没有机械功率产生。同时，因为电流为零，此时输入功率也为零。这个假设的情况与电机"空载"情况非常接近，唯一的区别是电机运行时会有一些摩擦（因此会导致有较小的电流产生），而为了简化讨论，本次忽略了摩擦。

电机内部存在一种自我调节机制。当导体静止时，会受到一个很大的电磁力，随着速度逐渐升高，导体所受力会逐渐减小，这种变化会一直持续到电动势等于外加电压时为止。回顾运动电动势的公式［式（1.18）］，令电动势与外加电压相等，可得空载转速 v_0 的表达式：

$$E = V = Blv_0, \quad v_0 = \frac{V}{Bl} \tag{1.23}$$

由式（1.23）可知，稳态空载转速与外加电压成正比，说明可以通过控制外加电压实现转速控制。下文中我们将看到直流电机之所以能长期在调速领域占有支配地位的主要原因之一是转速可以通过外加电压的大小来控制。

同时式（1.23）表明速度与磁通密度成反比，这意味着磁场越弱，稳态速度越高。这个结果十分重要。既然力是由磁场作用产生的，如果磁场较弱，导体则不能运动得很快。虽然这种观点是错误的，但也是可以理解的。

这一论点的错误之处在于把力等同于速度。电机刚接通电源时，如果磁场较弱，导体受到的电磁力肯定会比较小，初始加速度也会较低。但无论磁场强弱，导体都将加速运动，直到电流降至零，而这只会发生在感应电动势上升到与外加电压相等时。磁场较弱时，要产生这么大的感应电动势自然需要更高的速度：为了产生给定大小的感应电动势，更小的磁通密度意味着需要以更高的速度来切割磁场。图 1.18 显示了在相同外加电压情况下，全磁通和半磁通时的速度上升曲线。注意半磁通时的初始加速度（即速度-时间曲线的斜率）是全磁通条件时的一半，但最终的稳定速度是其两倍。通过降低磁通密度以提高电机转速的技术被称为"弱磁"。

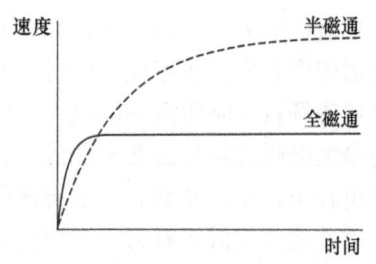

图 1.18　无机械负载时磁通密度对直流电机稳定运行速度的影响

1.8.2　负载特性

假设当直线电机达到稳定空载速度时，突然在绳子上挂一个重物，这样就有了一个稳定的负载力（$T = mg$），其方向与导体运动方向相反。此时，导体内没有电流，作用在导体上唯一的力就是 T。因此，导体将开始减速。但一旦速度下降，感应电动势将小于 V，导体内将产生电流，从而产生电磁力。速度下降得越多，电流就越大，因此导体产生的电磁力也就越大。当电磁力等于负载力（T）时，导体将不再减速，电机达到一个新的平衡状态。此时的稳态速度将低于空载速度，导体将产生连续的机械输出功率，电机作为电动机运行。

如前文所述，作用在导体上的电磁力与电流成正比，因此，稳态电流与负载成正比。如果用数学方法研究电机的瞬态响应，可以发现速度的下降曲线和其在加速阶段遵循相同的一阶指数函数响应。负载情况下电机的自我调节再一次起了作用，当施加负载时，速度下降到刚好可以产生足够的电流，并产生足够的电磁力以平衡负载。整个调节过程中没有人为的干预，但表现出了优异的性能。

（熟悉闭环控制系统的读者可能会认识到，这种优异性能的原因是感应电动势使电机具有固有的速度负反馈控制机制。）

式（1.21）表明电流的大小取决于 V 和 E 的差值，并与电阻成反比。因此，电阻一定时，负载越大（即稳态电流越大），V 和 E 的差值就越大，稳态运行速度也就越低，如图 1.19 所示。

同样由式（1.21）可知，电机的电阻越大，在给定负载条件下，其速度下降得越多。相反，电阻越小，电机负载运行时的速度越接近于空载速度，如图 1.19 所示。可以推断出对于这种类型的电机，获得绝对恒定速度的唯一方法是让导体的电阻为零，这当然是

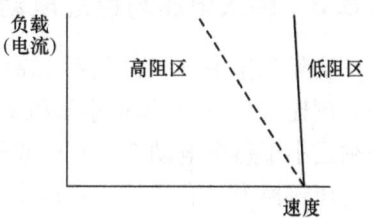

图 1.19　负载固定时电阻对电机维持速度能力的影响

不可能的。直流电机的电阻一般都比较小，所以在负载运行时，它们的速度不会下降太多，这是大多数应用场合都非常需要的特性。

最后我们分析磁通密度是如何影响直流电机的负载特性的。前文已述电磁力与磁通密度和电流成正比，电机为产生一定大小的电磁力，磁场较弱时所需的电流要比磁场较强时所需的电流大。鉴于导体可以承受的电流是有上限的，所能产生的最大电磁力将与磁通密度成正比。电机磁通密度较低时，所能产生的最大电磁力也较小，反之亦然。这也再次凸显了电机要尽可能工作在强磁场下的原因。

磁通密度较低还有另一个缺点，为了产生一定大小的电磁力，在磁通密度较低时，速度会下降得更多。可以想象一种场景，电机需要产生一定的电磁力，分别用全磁通和半磁通来实现。在全磁通情况下，速度会有一定的下降，使运动电动势下降到可以产生足够的电流。但是当磁通为原来的一半时，产生相同电磁力所需的电流要翻倍。因此，运动电动势的下降速度是全磁通时的两倍。然而，由于磁通密度现在只有一半，速度的下降要达到全磁通时的四倍。从负载特性曲线上来比较，运行在半磁通情况下的"电机"的负载/速度下降斜率是全磁通的四倍，如图1.20所示。图1.20中，外接电压的大小是经过调节的，以保证两种不同磁通大小情况下的空载速度是相同的。很明显，负载运行时，运行在半磁通情况下的电机维持设定速度的能力是比较弱的。

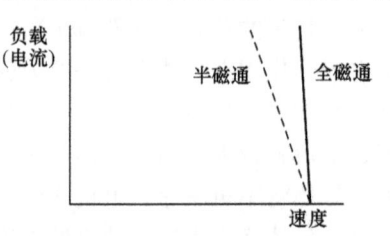

图1.20　负载固定时磁通对稳态运行速度的影响

通过降低磁通而提高电机运行速度会带来更好的性能，现在可以看到事实并非如此。如果磁通减半，给定电压下电机的空载速度将翻倍，但随着负载增大直到电流上升为额定电流时，电机所产生的电磁力只有全磁通时的一半，两种磁通大小情况下电机的机械功率是相同的。这实际上是速度和电磁力之间的折中，并没有实际的性能提升。

1.8.3　输入电压与感应电动势和效率的关系

实际工作中电机的效率越高越好，因此根据式（1.22），为了提高电机效率，铜耗（I^2R）必须远小于机械功率（EI），这就意味着导体的电阻压降（IR）必须远小于感应电动势（E）或外加电压（V）。换言之，我们希望施加的大部分电压转换为"有用的"感应电动势，而不是消耗在导体电阻压降上。因为运动电动势的大小与速度成正比，而电阻压降取决于导体电阻的大小，所以，如果要提高电机效率，则要求导体电阻尽可能小，速度要尽可能高。

为了有一个直观的感受，以如下电机为例，该电机导体电阻为0.5Ω，它能够在不过热的情况下承载4A的电流，并且以某固定速度移动，运动电动势为8V。根据式（1.21），可计算外接电源电压大小为

$$V = E + IR = 8V + 4A \times 0.5\Omega = 10V$$

此时，输入电功率（VI）为40W，机械输出功率（EI）为32W，铜耗（I^2R）为8W，效率为80%。

如果电源电压加倍（即 $V=20V$），假定电阻保持不变（因此稳态电流仍为4A），运动电动势可由式（1.21）算出：

$$E = 20V - 4A \times 0.5\Omega = 18V$$

这表明此时电机的速度将提高一倍多。此时，输入电功率为80W，机械输出功率为72W，铜耗仍为8W，效率提高到90%。这说明速度越高，电机能量转换的效率也越高。

当这台电机作为发电机运行时，同样会因速度升高而使效率增加。例如，当外加电压保持在10V，导体由外力推动而产生的电动势大小为12V时，电机将发出4A的电流给电池供电，能量由机械能转化为电能。流入电池的功率（VI）为40W，机械输入功率（EI）为48W，热损耗为8W。效率定义为有功电功率除以机械输入功率的比值，即40/48，也就是83.3%。

如果将电池电压加倍至20V，并提高驱动速度，使运动电动势上升至22V，电池的电流同样为4A，但此时效率将达到80/88，即90.9%。

理想情况下，忽略了式（1.21）中的电阻压降 IR，因此反电动势等于外加电压。这时电机将达到100%的理想效率，其稳态速度与外加电压成正比，而与负载大小无关。

现实中，电机能够接近理想状态的程度取决于电机尺寸。如腕表中所用的微型电机，情况就很糟糕，外加电压几乎都消耗在该电机的电阻压降上，而电机的运动电动势非常小，因为这些电机产生了更多的热量，而实际输出机械功率非常小。如手动工具中所使用的小型电机，其运动电动势占外加电压的70%~80%，比腕表要好得多。而工业用电机的情况更好，对于大功率电机（几百千瓦）来说，电阻压降只占外加电压的1%~2%，因此，电机具有非常高的效率。

1.8.4 原型电机的分析——结论

通过对原型电机的分析所得到的结论，几乎对本书其他章节所涉及的所有电机都适用，下面将总结得到的重要结论。

尽管本书主要针对电动机，但到目前为止最重要的结论是，电机本质上是一个双向能量转换器，即任何电机都可以用来发电，反之亦然。在高速下能量转换的效率提高了，这也解释了为什么直驱的低速电机并没有被广泛使用。

在理论基础上，将经常用到磁场中导体受力的公式：

$$F = BIl \tag{1.24}$$

和运动电动势公式：

$$E = Blv \tag{1.25}$$

式中，B 为磁通密度；I 为电流；l 为导体的长度；v 为垂直于磁场方向上的速度。

特别地，对于直流电机，通过上述分析可知，简化直流电机空载运行的速度是由外加电压决定的，而稳态电流则是由机械负载决定的。对于实际的直流电机，上述结论同样成立，并且对于交流电机，也有相似的关系。

1.9 电机的一般特性

所有的电机都受电磁规律的制约，并且也都受制造材料（铜或铝、磁钢和绝缘材料）的约束。因此，所有的电机，无论是哪种类型，都有许多共同之处。

这些共同的性质，大部分已经在本章中提到，但没有进行重点分析。教科书往往重点介绍不同类型电机之间的差异，而电机制造商通常以牺牲竞争力为代价来优化电机的特定性能。这种侧重点的差异模糊了电机潜在的统一性，使读者没有掌握电机的一般特性。

下面列出了一些关于电机的关键特性，并附有简要说明。牢牢掌握这些特性将能够更好地理解为什么在某一方面一台电机的性能优于另一台电机，并且在面对实际需求时可以更好地选择合适的电机。

1.9.1 工作温度与冷却

对于任何电机而言，冷却装置都是决定电机允许输出功率的最重要因素。

如果电机的工作强度更高（即允许提升电流），电机将可以输出更大的功率。限制因素通常是绕组的温升，这取决于绝缘等级。

F级绝缘（最广泛使用）的允许温升为100K，而H级绝缘的允许温升为125K。因此，如果电机冷却方式保持不变，只需使用更高等级的绝缘即可获得更高的输出功率。换言之，如果冷却系统得到改进，在给定的绝缘条件下，可以提高电机的输出功率。例如，一台采用通风冷却的电机的输出功率可能是另一台完全封闭的电动机的两倍。

1.9.2 转矩密度（单位体积转矩）

对于冷却系统类似的电机，额定转矩与转子体积大致成正比，而转子体积又大致与电机总体积成正比。

这是因为对于固定的冷却装置，不同类型的电机的电负荷和磁负荷几乎是相同的。因此，电机单位长度所能产生的转矩主要取决于电机直径的二次方，所以直径和轴向长度相同的电机可以产生几乎相同的转矩。

1.9.3 功率密度和效率——速度的重要性

单位体积的输出功率与电机转速直接成正比。

低速电机对于大多数应用来说并不合适，因为它们体积更大并且价格昂贵。实际应用中通常使用带有机械减速装置的高速电机。例如，便携式电动螺丝刀是不会使用低速电机的。另一方面，相较于尺寸，齿轮箱的可靠性和低效率有时可能会引起更多问题，特别是在大功率应用中。

速度的提升可以改善电机的效率。

对于给定转矩，电机输出功率通常与转速成正比，而电功率损耗往往上升得没有转速快，因此效率会随电机转速的增加而提高。

1.9.4 尺寸影响——比转矩和效率

大型电机比小型电机具有更高的比转矩（单位体积转矩），并且效率更高。

大型电机的电负荷通常比小型电机大得多，而磁负荷则稍大些。结合这两个因素，大型电机具有更高的转矩。

微型电机效率一般很低（例如腕表电机的效率为1%），而功率超过100kW的电机效率高于96%。造成这种现象的原因是多样的，但可以确定的是，大型电机装置的电阻压降相对较小，而在小型电机中，电阻对效率有着较大的影响。

1.9.5 额定电压

电机可以根据不同的电压而调整设计方案。

在一定范围内，电机的绕组可以重新制作以适应不同的工作电压，同时不影响电机性能。如一台200V、10A的电机，可以简单地重绕为100V、20A的电机，只需将绕组匝数减半，导线截面积翻倍，磁动势保持不变。电机总有效材料不变，因此性能也将是相同的。当然，如果详细讨论，这个论点就不成立了。例如，原本额定电压为100V的小电机，如果在690V下运行则需要更大的机座，因为更高等级的绝缘需要额外的空间。

1.9.6 短时过载

大多数电机可以在短时间内过载而不损坏。

电机工作时的电负荷（即电流）不能过载，否则会过热并损坏绝缘，但如果电机在小电流的情况下运行了一段时间，则允许电机电流（以及转矩）在短时间内大于其额定值。影响允许的过载倍数和持续时间的主要因素是温升时间常数（控制温升斜率）和之前的电机运行模式。温升时间常数的范围从小电机的几秒到大电机的几分钟甚至几小时。电机运行模式是多样的，电机并不只运行于某种特定模式，通常电机应配备过热保护装置（如热敏电阻），当电机温度超过安全温度时，将触发报警并切断电源。

在已知条件下，也可以为特定应用设计专用电机，使热负荷和电负荷与工况相适应。这将在第 11 章进一步讨论。

1.10 习题

（1）通电线圈的匝数为 250、电流为 8A，计算其磁动势。

（2）将习题 1 中的线圈绕在由优质电工钢制成的截面均匀、气隙长度为 2mm 的铁心上，估算气隙和铁心中的磁通密度。（$\mu_0 = 4 \times 10^{-7} \text{H/m}$）

如果磁路截面积加倍，其他参数保持不变，答案会如何变化？

（3）一个均匀截面的磁路有两个串联的气隙，长度分别为 0.5mm 和 1mm。励磁绕组提供 1200 安匝的磁动势。估算每个气隙的磁动势和磁通密度。

（4）直流电机的转子直径为 30cm，磁极下的气隙为 2mm。在翻新制作过程中，转子直径意外减小了 0.5mm。试计算该电机需要增加多少励磁磁动势才能恢复正常性能，以及如何提供额外的磁动势？

（5）计算以下电磁力：

（a）单根通电导体长 25cm，电流为 4A，磁场垂直于其长度方向，磁通密度为 0.8T。

（b）线圈由 20 匝长度为 25cm 的导线组成，每根导线内的电流为 2A，磁场垂直于其长度方向，磁通密度为 0.8T。

（6）估算如图 1.12 所示的电机所产生的转矩：每极气隙平均磁通密度为 0.4T，极弧系数为 0.75，转子有效长度为 50cm，转子直径为 30cm，定子内径为 32cm，转子导体总数为 120 匝，每匝导体中的电流为 50A。

（7）重绕电机励磁绕组，使其工作电压由 110V 升至 220V，与原励磁绕组相比，新绕组在匝数、线径、损耗和尺寸方面将如何变化？

（8）电动工具的使用说明显示大多数电动工具都有 240V 或 110V 版本。两种规格的电动工具在外观、尺寸、重量和性能方面有什么区别？

（9）既然电机的励磁绕组对输出机械功率没有贡献，为什么它会持续消耗功率？

（10）简要说明为什么低速场合通常采用高速电机配合机械减速器实现，而不是由低速电机直接驱动。

答案参见附录。

第 2 章

电机驱动用电力电子变换器

2.1 简介

在本章中,我们将介绍广泛应用于电机驱动的功率变换器,变换器的输出包括直流和交流两种类型,可由直流(如电池)或传统公共电源(50Hz 或 60Hz)供电。本章将介绍各种主要的功率变换器类型,并重点关注不同类型的电机驱动用功率变换器中最关键的共性问题,如电路拓扑、特点和性能等。

除了功率很小的变换器外,目前几乎所有变换器都采用电力电子开关器件。首先,我们将强调使用开关策略的必要性,并深入分析其影响。开关策略对实现高效率的功率变换是至关重要的,但从电机和供电电源的角度来看,功率变换器的输出波形肯定不是理想的。

本章将选择一些典型的应用实例进行说明,所以会涉及最常用的开关器件(如晶闸管、MOSFET 和 IGBT)。在很多情况下,也许有几种不同的开关器件都适用于某种电路拓扑,所以我们不能认为某个特定电路拓扑是专为某种开关器件所设计的。

功率半导体器件还处于持续不断的创新中,更快的开关速度、更低的导通电阻、更高的工作温度、更高的截止电压、更强的鲁棒性以及成本/竞争优势都是其主要的发展方向。但这些发展对功率变换器的拓扑结构和其主要特性的影响并不大,对功率半导体开关器件细节的讨论不在本书的涉及范围[⊖]。

本章涵盖了直流和交流电机驱动系统中所有最重要的功率变换器的电路类型。当讨论某些特殊类型的电机时,我们还会专门介绍用于控制这些电机的驱动器拓扑电路。

在讨论特殊的电路之前,对典型电机驱动系统进行全面的了解是很有必要的,这些变换器的作用在后续的对应章节中还会具体介绍。

⊖ 想要了解更多不同功率半导体器件的读者可以阅读 Lutz, Schlangenotto, Scheuermann, De Donker 共同撰写的 *Power Semiconductor Devices*, Springer, 2018, ISBN-10:331970916x, ISBN-13:978-3319709161。

2.1.1　电机驱动系统的总体架构

一个完整的电机驱动系统框图如图2.1所示。

功率变换器的任务是将公共电源（恒定电压和频率）的电能变换为电机所需的任意电压和频率，以满足系统机械输出的要求。在图2.1中，系统输出"要求"为电机转速，但同样也可以是转矩、转子位置或其他一些系统变量。

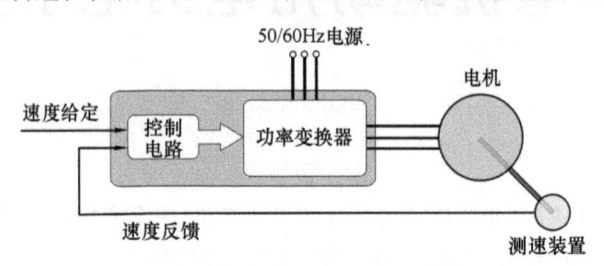

图2.1　转速控制驱动系统的总体架构

除了最简单的功率变换器（如基本的二极管整流器），变换器的电路通常包括两个不同的部分。第一个是功率部分，能量通过该部分流向电机；第二个是控制部分，用于调节功率。低功率的控制信号负责向变换器下达指令，而低功率的反馈信号则用于测量一些参数的实际数据。通过比较给定和反馈信号，并相应地调整输出，可以实现对目标的控制。

图2.1所示为一个基本的速度控制系统，代表系统要求或系统给定的信号是速度信号。该系统还是一个闭环控制系统，因为被控量经过实时测量并反馈至控制器，以便在被控量的实际值与给定值不符时对其进行调节。所有的驱动系统都采用某种形式的闭环（反馈）控制，建议不熟悉基本原理的读者最好阅读相关的参考资料⊖。

在后面的章节中将更深入地探讨电机驱动器的内部工作原理和控制原理。值得一提的是，几乎所有驱动器都采用了电流反馈，不仅仅是因为便于实现过电流保护，更是为了控制电机转矩；除了高性能驱动器，在一般驱动器中很少采用外部传感器，因为这会增加驱动系统的成本。例如，在实际应用中并不是采用如图2.1所示的在转轴上安装测速发电机的方法来测量电机转速，更多是对电压、电流、频率采样测量并通过电机的数学模型进行计算从而得到转速的。

功率变换器与大多数电气系统都有一个共同特点：基本不具备储能能力。这意味着如果功率变换器向电机提供的供电功率突变时，都必然会引起变换器从电

⊖　Joseph Distefano 撰写的 *Schaum's Outline of Feedback and Control Systems*，2nd Edition（2013），McGraw-Hill Education；ISBN-10：9780071829489，对不熟悉反馈和控制系统的读者很有帮助。

网所汲取功率的突变。在大多数情况下，这不是一个严重的问题，但它确实有两个缺点。第一，由于电源阻抗的影响，电流突增会导致电源电压瞬间跌落。对同样由该电网供电的其他用户来说，这种电压"跌落"的失真表现是不受欢迎的。第二，功率变换器在能够提供额外的功率之前可能会存在延迟。例如，采用单相电源供电时，在电网电压为零的瞬间供电功率不可能突然增加，这是因为当电压为零时，电源的瞬时功率也必然为零。

理想的情况是，功率变换器要能够存储足够多的能量，至少可以在几个周期（50/60Hz）内为电机供电，以便满足短时的能量需求，从而降低变换器从公共电源吸收功率时引起的波动。但是，这种做法是不经济的，大多数功率变换器确实能在平波电抗器和电容中存储很小一部分能量，但除非是非常短时的波动，否则功率变换器存储的电能将不足以对电源波动产生缓冲作用。

2.2 电压控制——直流供电、直流输出

在第1章中我们了解到，直流电机的控制主要是通过控制绕组中的电流来实现的，这可以通过调节电压来实现。因此，可控电压源是电机驱动系统的关键组成部分，读者将在后面几章中对这一点有更深入的理解。

为了简单起见，我们首先来探讨如何控制一个 2Ω 电阻负载两端的电压，假设负载由一个 12V 恒压源（如电池）供电。图 2.2 介绍了三种不同的方法来实现这一目的，图中左侧的圆圈表示一个理想的 12V 直流电源，箭头指向电源正极。尽管这与直流电机作为负载的实际情况并不完全相同，但是得出的结论是基本相同的。

图 2.2a 所示的方法使用调节电阻（R）来分担负载上不需要的电压。这样能够提供 0~12V 范围内的平滑电压（尽管要手动），但缺点是功率浪费在了调节电阻上。举例来说，如果负载电压需要下降到 6V，那么可变电阻 R 的阻值要设置为 2Ω，这样 R 将承受一半的电源压降。此时电流为 3A，负载功率为 18W，消耗在 R 上的功率也将是 18W。整体功率转换效率（即负载有功功率除以电源总功率）是很低的 50%。当 R 进一步增大时，效率将降得更低，当负载电压趋于零时，变换器的效率将接近于零。虽然这种控制方法在 20 世纪 60 年代功率半导体器件出现之前很常见，但因为存在能源消耗、冷却和安全等问题，现在除了在某些低成本、小功率手持工具和玩具赛车等还在使用外，这种方法已经基本不再使用了。

图 2.2b 所示的方法与图 2.2a 所示的方法几乎相同，只是使用晶体管代替手动调节的可变电阻。图 2.2b 所示的晶体管的集电极和发射极与电压源和负载电阻串联在一起。晶体管可以看成是一种可变电阻，但它是一种相当特殊的电阻，

它的集电极-发射极等效电阻可以通过基极-发射极电流在一个较大的范围内进行调节。晶体管的基极-发射极电流通常非常小，可以通过低功率电子电路（图2.2中未显示）来进行调节，控制电路的损耗与主电路（集电极-发射极）的功率相比几乎可以忽略不计。

图2.2b所示的方法也同样有图2.2a所示的方法效率低的缺点。但更严重的是，"浪费"的功率（示例中最大可达18W）将在晶体管内部转化为热能，这要求晶体管体积大、散热好，因此价格将更加昂贵。在电力电子领域中，晶体管几乎从未工作在线性区，而基本是工作在开/关状态，这将在后面的章节中进行介绍。

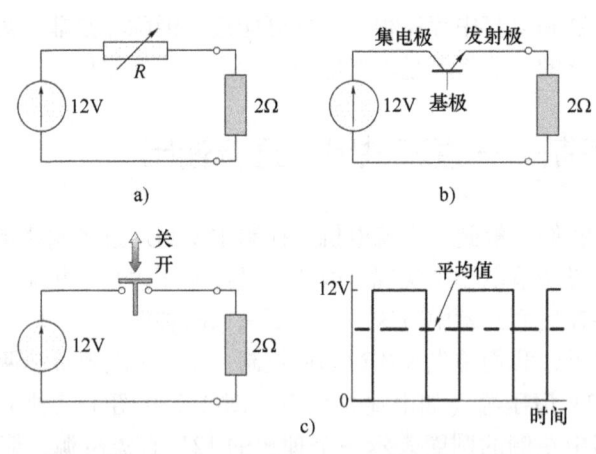

图2.2 从恒压源获得可调输出电压的三种方法

2.2.1 开关控制

开关功率调节器的基本原理如图2.2c所示，这里使用的是机械开关。通过重复进行开关动作，并改变通断时间比，可以使平均负载电压在0V（一直关断）到6V（每周期开、关时间各一半）再到12V（一直开通）之间连续变化。

图2.2c所示的电路通常被称为"斩波电路"，因为直流电源的电压会被"斩断"。通常使用固定的重复频率（开关频率），通过改变导通脉冲的宽度就可以控制平均输出电压（波形见图2.2），这就是所谓的"脉宽调制"（PWM）。

斩波电路的主要优点是没有功率损耗，效率是100%。当开关导通时，电流流经开关器件，由于开关器件的电阻可以忽略不计，开关两端电压为零，因此开关消耗的功率为零。同样地，当其关断时，通过开关器件的电流为零，尽管开关器件两端电压为12V，其消耗的功率仍然为零。

这种方法也有一个明显的缺点，负载电压并不是一个"理想"的直流电压，而是由直流分量与交流分量叠加而成的。注意，实际的负载是一台直流电机而不是一个电阻，那么这种脉动电压是否可以给直流电机供电呢？幸运的是，答案是肯定的，前提是斩波频率足够高。稍后我们将看到，由于电机电感的作用，电流波形将比电压波形平滑得多，这意味着电机的转矩波动比我们想象的要小得多；而电机的转动惯量也对转矩波动起到了抑制作用，使电机转速几乎保持恒定，并且转速大小可由平均斩波电压确定。

显然，机械开关是不适用的，并且机械开关不能在高频脉冲的控制下持续工作很长时间。因此，取而代之的是电力电子开关器件。最开始采用的开关器件是双极结型晶体管（BJT），下面我们将研究该器件在斩波电路中是如何工作的。尽管不同的开关器件，例如金属-氧化物-半导体场效应晶体管（MOSFET）或绝缘栅双极型晶体管（IGBT）的门极驱动电路更简单、功耗更低，但得出的结论是相同的。

2.2.2 晶体管斩波器

如前所述，晶体管实际上是一个可控电阻，即晶体管集电极和发射极之间的电阻大小取决于基极-发射极结电流的大小。为了替代机械开关，晶体管必须能够提供无穷大的电阻（相当于开关断开）和零电阻（相当于开关闭合）。虽然晶体管无法真正实现这两种理想状态，但近似实现是可能的。

不同基极电流下，典型的集电极-发射极电压和集电极电流的关系曲线如图 2.3 所示，曲线的主体部分是晶体管的"线性"区域。"线性"区域中，晶体管的集电极电流在较大集电极-发射极电压范围内都几乎保持恒定，当晶体管工作在这一区域时，功率损耗会很大。在电力电子应用中，我们希望电力电子器件能像开关一样工作，也就是尽可能工作在如图 2.3 所示的曲线靠近原点的边缘区域。在这个区域里，晶体管的电压或电流接近于零，器件的功耗及发热也都很低。

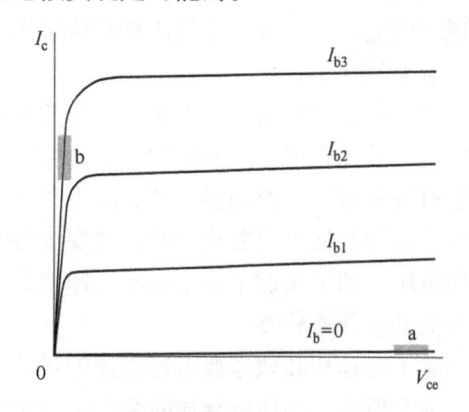

图 2.3 晶体管特性曲线，0a 为高阻抗（截止）区域，0b 为低阻抗（饱和）区域。阴影区域 a 和 b 分别对应"关"和"开"的工作状态

当基极-发射极电流（I_b）为零时，晶体管处于关断状态。从主电路（集电极-发射极）来看，晶体管的电阻非常大，如图 2.3 中 0a 区域所示。

在关断状态下，无论集电极-发射极电压（V_{ce}）如何变化，集电极到发射极都只能流过很小的电流（I_c）。因此，器件的功耗很小，非常接近机械开关断开的情况。

要使晶体管处于完全导通状态，必须提供基极-发射极电流。所需的基极电流取决于预期的集电极-发射极电流，即负载电流。目标是使晶体管维持在"饱和"状态，因为此时晶体管的电阻很小，这种状态对应于图2.3中0b区域部分。在图2.2所示的例子中，如果晶体管的电阻很小，电路中的电流将接近6A，所以我们必须确保基极-发射极电流足够大，以保证晶体管在I_c=6A时还处于饱和状态。

通常，为了保证BJT工作在饱和区，其基极电流应为集电极电流的5%～10%。同样地，在图2.2所示的例子中满载电流为6A，那么基极电流约为400mA，发射极-基极电压为0.33V，器件导通功耗为2W，此时负载功率大约为72W。虽然功率变换的效率没有达到100%，但也是可以接受的。

需要注意的是，导通状态下基极-发射极电压很低，且基极电流也很小，这说明驱动晶体管所需的功率比在集电极-发射极电路中所转换的功率要小得多。按图2.2所示的模式来控制晶体管的开关需要一个周期性通断的基极电流，那么如何获取这个"控制"信号呢？在大多数现代驱动系统中，晶体管的控制信号来源于微处理器，许多微处理器都具有PWM信号输出的辅助功能，可以周期性地提供基极电流控制信号。根据主开关晶体管的基极电流要求，可以直接通过微处理器供电，但更常见的做法是在信号源和主开关器件之间加入额外的晶体管以放大所需的功率。

正如我们需要根据需求选择合适的机械开关一样，我们也必须谨慎地选择正确的功率晶体管来完成所需的工作。特别是我们需要确保晶体管导通时，电流不会超过安全电流，否则器件的有源半导体区将因过热而损坏。同时，我们也必须确保当晶体管处于关断状态时，它要能够承受集电极-发射极结两端可能出现的任何电压。如果超过了安全电压，即使是很短的一段时间，晶体管也会被击穿并且永久处于导通状态。

除了对体积和效率要求特别高的场合，一般散热器是功率变换器所必需的。正如前文所述，晶体管导通时会产生一定的热量，当开关频率比较低时，导通损耗将是主要的热量来源，而当开关频率很高时，"开关损耗"将成为主要的热源。

开关损耗指晶体管在导通到关断或者关断到导通的有限时间内的损耗。在设计基极驱动电路时，一般要求开关动作越快越好，但实际上，硅基功率半导体器件开关还是至少需要几微秒的时间。在导通期间，集电极-发射极电流将会逐渐升高，而其电压将会下降并趋近于零。开关器件的电压在降至相对较低的导通电压之前，所达到的峰值功率可能很大。当然，因为每次开关过程很短，其产生的总热量相对比较小。因此，如果开关频率较低（比如每秒一次），与导通损耗相比，开关损耗将是微不足道的。但当开关频率很高，开关过程所用的时间与导通时间相当时，开关损耗将成为主要损耗。在驱动器中，开关频率与驱动器的额定功率存在一定的关系。一般来说，驱动器的功率越大，开关频率越低。许多商用驱动器允许用户选择开关频率，可以通过选择高开关频率以获得更加平滑的电流波形（和更低的噪声），但同时会产生更高的损耗，这意味着驱动器的额定功率会有所下降。与硅基半导体器件相比，最近出现的宽禁带（WBG）功率器件，特别是氮化镓和碳化硅器件可以实现更快的开关速度和更低的开关损耗，具有很好的发展前景。这些新型器件可以有效地将开关频率提高到MHz等级，随着其成本的降低将会得到广泛应用。

2.2.3 感性负载斩波器——过电压保护

到目前为止，我们已经分析了阻性负载的斩波控制，但对于驱动器来说，负载通常是电机的绕组，也就是一种感性负载。

感性负载的斩波控制和阻性负载时几乎相同，但是必须注意感性负载关断时可能引起的高压，以防止发生危险，该问题的根源在于存储在电感中的磁场能。当电感 L 中流过电流 I 时，在磁场中存储的能量（W）为

$$W = \frac{1}{2}LI^2 \qquad (2.1)$$

当电感是通过机械开关控制供电时，我们断开开关的目的是瞬间将电流降低到零，这实际上是在试图破坏在电感中存储的能量，这当然是不可能的（这种情况就如同一个持续时间为零的能量脉冲，它的功率将是无穷大的）。实际上，能量将以火花（或电弧）的形式通过开关触点释放。

火花的出现表明存在一个足以击穿周围空气的高电压。我们可以通过电感的电压、电流方程来理解这个现象：

$$V_L = L\frac{\mathrm{d}i}{\mathrm{d}t} \qquad (2.2)$$

这表明自感电压与电流的变化率成正比，所以当我们断开开关以迫使电流迅速下降为零时，电感就会产生一个非常高的电压。这个电压会施加在开关两端，如果电压高到足以击穿空气，产生的电弧将维持电流继续流动，直到存储的磁能全部转换为电弧的热能而消耗殆尽。

火花不太可能立即造成机械开关的损坏，但作为开关的晶体管会被瞬间损坏，除非采取措施应对电感存储的能量，此外特别要注意确保晶体管所承受的电压不能超过其额定峰值电压。常用的解决办法是使用"续流二极管"（有时称为飞轮二极管），如图2.4所示。

就电流而言，二极管是一种单向开关，电流从阳极流向阴极时电阻很小

（即沿二极管符号中宽箭头方向），但从阴极流向阳极的电流将被截止。实际上，当功率二极管正向导通时，其两端的压降通常并不完全取决于流过它的电流，所以上文提到的二极管"呈现小电阻"，严格来说并不准确，因为它没有遵守欧姆定律。功率二极管（大部分由硅制成）的实际压降约为0.7V，与额定电流无关。

在图2.4a所示的电路中，当晶体管导通时，电流（I）流过负载而不流经二极管，此时二极管被称为是反向偏置的（即外加电压试图驱动电流通过二极管，但没有成功）。在此期间，电感两端的电压为正，因此电流会增大，从而增加了存储的能量。

如图2.4b所示，当晶体管关断时，流过晶体管和电源的电流迅速下降至零，但是电感中存储的能量使流过它的电流不会突然消失。此时流过晶体管的路径已经封闭了，电流只能流向另一条路径，即经由二极管向上流动，在这个方向上二极管的电阻很小。

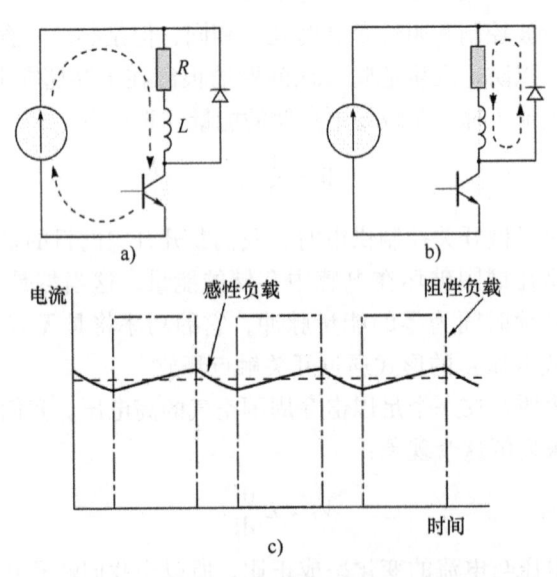

图2.4 斩波式电压调节器

显然，此时电源无法再对该电路进行供电，所以电流不能一直流动下去。在此期间，电感两端的电压为负，流过电感的电流将逐渐减小。如果晶体管长时间处于关断状态，电流就会继续"续流"，直到最初存储在电感中的能量以热量的形式消耗完毕。该能量主要是消耗在负载电阻中，也有少量消耗在二极管自身（低）电阻中。然而，在正常的斩波电路中，在电流还远未降为零时就已经进入下一个周期，这将会产生如图2.4c所示的电流波形。注意，电流是以L/R为时间常数呈指数上升和下降的，它永远不会接近如图2.4所示的稳态值。这个示意图对应的是时间常数远大于一个开关周期的情况，在这种情况下，电流变得很平滑且只有很小的纹波，这正是我们在直流电机驱动系统中所期望看到的，因为任何的电流波动都会引起转矩脉动和相应的机械振动。（图2.4也给出了纯阻性负载电路的电流波形，虽然平均电流与感性负载时是相同的，但是与我们希望获得稳定的直流电流相比，方波远非理想的波形。）

引入续流二极管是为了防止晶体管带感性负载时在关断过程中产生过电压，所以我们应该确保这能够实现。当二极管导通时，正向压降很小，通常是0.7V。因此，当电流续流时，晶体管集电极上的电压仅比电源电压高0.7V。这种"钳位"作用将晶体管两端的电压限制在了一个安全值，这样就可以在避免损坏开关器件的同时实现电感负载的斩波控制。

在这个例子中，我们分析的重点是稳态运行状态，电流在每个周期结束时都是相同的，并且不会下降为零。从启动到稳定状态这一更复杂的过程并未分析，也忽略了所谓的"断续电流"，即出现负载电流在开关关断期间下降至零的情况。我们将在后续的章节中讨论驱动器电流断续所引发的严重后果。

从这个简单的例子中可以得出一些适用于所有电力电子变换器的重要结论。首先，只有采用一定的开关策略才能有效地控制电压（进而控制功率）。负载通过电力电子开关器件与电源交替连接和断开，通过改变占空比可以在零到电源电压之间的范围内调节平均输出电压。其次，输出电压并不是恒定的直流电压，而是含有一定的交流成分，虽然这不够理想，但在电机驱动器中是可以接受的。最后，因为作为负载的电机绕组是感性负载，负载电流波形将比电压波形更加平滑。

2.2.4 升压变换器

前一节讨论了所谓的降压变换器，它的输出电压小于输入电压。但是，如果电机所需电压高于电源电压（例如在电动汽车中需要用车载48V电池驱动一台240V的电机），就需要使用升压变换器。这似乎是一个艰巨的挑战，我们可能要先把直流转化为交流以便用变压器进行升压。但事实上，通过图2.5所示的电路就可以很方便地实现电能升压变换的目的。这个升压电路是值得讨论的，因为它也同样能够说明许多电力电子变换器的共同特性。

与其他变流电路相同，升压变换器以一定频率周期性循环工作，工作频率由晶体管（T）的开关频率决定。在晶体管导通期间（见图2.5a），输入电压（V_{in}）对电感（L）供电，电感电流呈线性上升，存储的磁场能量也随之增大。同时，该电路通过电容（C）向电机供电，在此期间，电容压降很小。在图2.5a中，输入电流比输出端电机电流要大，原因将随后解释。该电路的目的是使输出电压高于输入电压。很明显，二极管（D）两端电压为负（即图2.5中二极管右侧电势比左侧电势高），所以二极管并未导通，输入和输出电路实际上是相互隔离的。

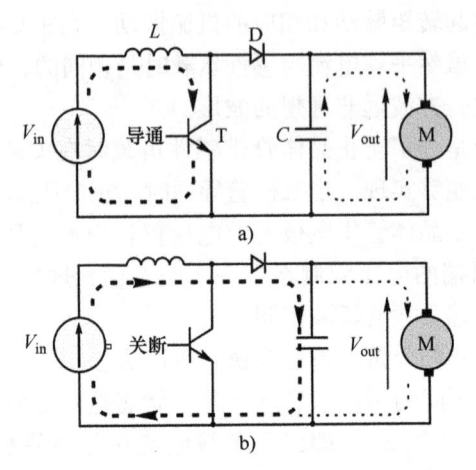

图 2.5 升压变换器。a) 晶体管导通，b) 晶体管关断

晶体管关断时，流经它的电流迅速下降到零，和降压变换器的情况一样，由于电感储能的存在，电流的下降趋势会产生一个试图维持电流不变的自感电压。晶体管关断期间，电感电压快速上升，直到二极管左侧电势略大于输出电压。此时，二极管导通，电感电流将流入由电容（C）和电机组成的并联支路里，电机将继续维持一个稳定的电流（由于大容量储能电容和电机两端的电压不能突变），大部分电感电流用于对电容进行充电。这种情况下，电感两端电压是负的，其大小为 $V_{out} - V_{in}$，电感电流将开始减小，在晶体管导通那段时间内存储在电感中的额外能量将转移到电容中。假设电路处于稳态（即向电机提供恒压恒流），电容电压将会在下一次晶体管导通瞬间恢复到初始值。

如果忽略晶体管和储能元件的损耗，那么这个变换器的功能类似于理想变压器，其输出功率等于输入功率，即

$$V_{in}I_{in} = V_{out}I_{out}, \quad \frac{V_{out}}{V_{in}} = \frac{I_{in}}{I_{out}}$$

因为电机端电压要高于 V_{in}，所以相应地，电机的电流就会小于输入电流，图 2.5 中虚线的粗细就代表了电流的大小。

此外，如果电容足够大，可以保持输出电压始终恒定，那么该电路的升压比为

$$\frac{V_{out}}{V_{in}} = \frac{1}{1-D}$$

式中，D 为占空比，即晶体管在每个周期内导通时间所占的比例。在本节开始部

分的例子中，$V_{out}/V_{in} = 240/48 = 5$，占空比为 0.8，即晶体管在每个周期的 80% 时间是导通的。

考虑到电容在晶体管导通期间必须存储足够的能量以供应输出，这就体现出高开关频率的优点了。如大多数情况所期望的，如果希望输出电压几乎保持不变，电容存储的能量必须要比它每个周期输出的能量大得多。考虑到电容的大小和成本取决于它们需要存储的能量，以高频提供小能量的方式更好，因为更低的频率意味着电容要能存储更多能量。但是，开关损耗和其他一些损耗也随着开关频率的增加而增加，因此需要根据实际情况进行折中考虑。

2.3 可控整流——交流供电、直流输出

大多数驱动器都由 50Hz 或 60Hz 的电网供电，所以许多驱动器需要在第一阶段通过整流器将交流电转换为直流电。如果要求输出为恒压（即平均电压不变）直流电，一般简单的二极管（不可控）整流器就能够实现。但是，如果要求直流平均电压必须可控（比如直流电机调速系统），则需要使用可控整流器。

基于不同的二极管与晶闸管的组合形式，可以设计出很多种具有不同拓扑结构的整流器，晶闸管在现代电机驱动中被普遍使用，因此我们将重点关注采用晶闸管器件构成的"全控"整流器，而现在半控整流器使用较少，这里就不再涉及。

用户关心的问题主要集中在以下几点：
- 如何控制输出电压？
- 整流器的输出电压波形是什么样的？如果电压不是纯直流，是否会存在问题？
- 输出电压的范围与交流电源电压有什么关系？
- 对于电网而言，整流器和电机驱动器的表现如何？功率因数是多大？电源电压波形是否会失真并干扰其他用户？

不需要对整流器的工作原理进行过于深入的分析就可以回答上述这些问题。这对读者来说是有利的，因为深入阐述整流器所有输入和输出的运行机理已经超出了本书的范围。另一方面，分析研究可控整流过程的本质有助于理解整流器对电机驱动器整体性能的制约（见第 4 章等）。在解决上述问题之前，显然有必要先对晶闸管进行介绍。

2.3.1 晶闸管

晶闸管是一种电力电子开关器件，它有两个主端口（阳极和阴极）和一个控制端口（门极），如图 2.6 所示。

像二极管一样，电流只能沿正向从晶闸管的阳极向阴极流动。但与二极管不同的是，只要施加正向电压，二极管就会正向导通，而晶闸管会继续阻塞正向电流，只有向门极-阴极电路注入一个小电流脉冲时晶闸管才会导通。在门极注入电流脉冲后，主电路（阳极-阴极）电流将迅速增加，一旦达到"擎住"电流值，即使门极脉冲被移除，晶闸管仍将保持导通状态。

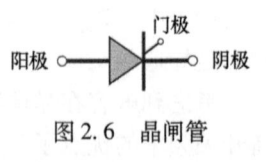

图 2.6 晶闸管

晶闸管一旦导通，阳极-阴极电流就不再被门极信号中断。只有当阳极-阴极电流下降至零并保持一定关断时间（通常为 100~200μs）后，晶闸管才能重新进入关断状态。

晶闸管导通时近似于一个闭合的开关，在很宽的工作电流范围内晶闸管的正向降压仅为 1~2V。尽管晶闸管导通压降很低，但还是会产生热量，通常需要安装散热器帮助晶闸管散热，某些应用场合还需要采用风冷或其他冷却形式。选择开关器件时，必须要考虑器件所要承受的电压及所需承载的电流峰值和有效值等参数。晶闸管的过电流能力非常有限，一般只能用于仅需要在几秒内承受大约两倍额定电流的驱动器中，具体过载电流的大小取决于实际应用场景。必须安装特殊的熔丝以防止较大的故障电流造成器件损坏。

读者可能想知道为什么要用晶闸管，因为在前一节中已经介绍过采用晶体管作为电力电子开关的情况。从表面上看，晶体管甚至比晶闸管更好，因为它可以在任意电流下关断，而晶闸管则需要通过外部手段使电流降低到零以后才能关断。使用晶闸管的主要原因是它的价格更低，而且它的工作电压和电流比晶体管高。此外，整流器的电路结构允许晶闸管不具备阻断电流的能力，所以晶闸管不能阻断电流的特点在整流器中并不是缺点。当然，在其他一些电力电子电路（例如下节介绍的逆变器）中，如果要求功率开关器件能够根据需要关闭，晶体管就比晶闸管更有优势。

2.3.2 单脉冲整流器

最简单的相控整流器如图 2.7 所示。当电源电压为正时，晶闸管阻断正向电流直到接收到门极触发脉冲信号，此时电阻负载上的电压为零。一旦门极-阴极电路接收到触发脉冲（未在图 2.7 中显示），晶闸管将导通，其两端电压下降到接近于零，负载电压与供电电压相等。当电源电压为零时，电流也为零。此时晶闸管恢复阻断能力，在负半周期间电流为零。

如果忽略晶闸管上很低的导通压降，负载电压波形（见图 2.7）将由交流电源电压的正半周期的一部分组成。这样的电压显然是不平滑的，但的确是直流的，因为其平均电压为正；通过改变触发脉冲的触发角 α，可以控制负载的平均

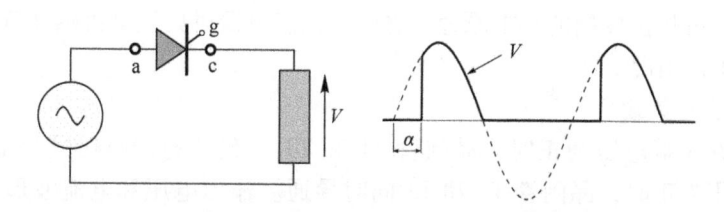

图 2.7 简单的单脉冲晶闸管可控整流器，带阻性负载，触发角为 α

电压。在纯阻性负载情况下，电流波形和电压波形呈单纯的比例关系。

这种整流方式在一个完整的供电周期内只输出一个波峰，因此被称为"单脉冲"或半波电路。输出电压（理想情况下希望获得稳定的直流电压）波形很差，以至于该电路几乎从未用于电机驱动器中。相反，驱动器一般使用 4 个或 6 个晶闸管，这样每个周期输出的电压波形中将含有 2 个或 6 个电压脉冲，输出电压波形更好，我们将在下面几节中详细介绍。

2.3.3 单相全控整流器——输出电压及控制

单相全控整流电路如图 2.8 所示，它是由 4 个晶闸管组成的桥式电路。（桥式这个词源于早期的四桥臂测量电路，其发明者认为这种电路结构类似于桥的结构。）

传统的单相桥式电路绘制方法如图 2.8a 所示。为了便于理解，我们将其重新画成图 2.8b 的形式，负载连接到输出端，输出端电压为 V_{dc}。负载上端口可以连接到电源的 A 端（通过 T1），或连接到电源的 B 端（通过 T2）。同样地，负载下端口可以分别通过 T3 或 T4 连接到 A 或 B 端。

自然地，我们想知道直流侧的输出电压波形是什么样的，尤其是如何通过改变触发角来控制平均直流电压的大小。触发角 α 是指从晶闸管开始承受正向阳极电压到施加触发脉冲使得晶闸管开始导通时，供电波形的电角度。

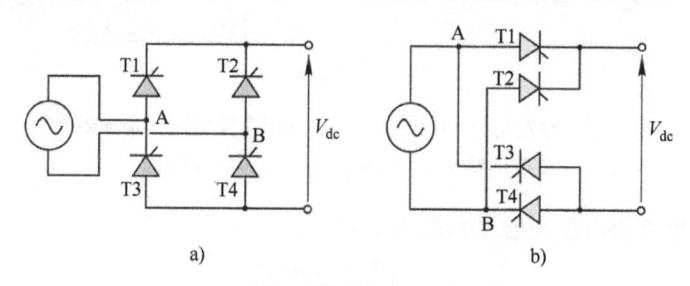

图 2.8 单相二脉冲（全波）全控整流器

这并不像我们想象的那么简单，事实上，在给定 α 角的条件下，全控整流器的平均输出电压还取决于负载的性质。因此，我们将首先着眼于纯阻性负载的情况，并探讨相位控制的基本原理。之后，我们再探讨典型电机感性负载条件下整流器的工作情况。

1. 纯阻性负载

当电源 A 端电压为正时，晶闸管 T1 和 T4 一起导通；而在另半个周期中，当 B 端电压为正时，晶闸管 T2 和 T3 同时导通。输出电压和电流波形分别如图 2.9a 和 b 所示，电流波形与电压波形相同。每个供电周期内的输出电压有两个脉冲，因此称之为"二脉冲"或全波整流。

负载可以通过开关 T1 和 T4 连接到电源，也能通过另一对开关 T2 和 T3 反向连接到电源上，或者与电源断开。因此，负载电压波形由输入电压经过整流后的一段段电压波形组成，这比单脉冲整流电路的输出电压要平滑得多，尽管仍与纯直流相差甚远。

图 2.9a 和 b 中的输出电压波形分别对应于触发角 $\alpha = 45°$ 和 $\alpha = 135°$ 两种情况，其平均电压均已在图中标注。显然，触发角越大，输出电压越低。最大输出电压（V_{d0}）对应的触发角为 $\alpha = 0°$，这与用二极管代替晶闸管时获得的结果相同，最大输出电压可由下式计算：

$$V_{d0} = \frac{2}{\pi}\sqrt{2}V_{rms} \tag{2.3}$$

式中，V_{rms} 为输入电压有效值。

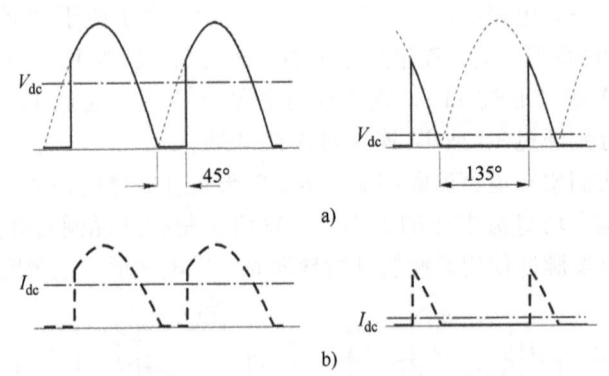

图 2.9 触发角为 45°和 135°时，单相全控整流器带纯阻性
负载的输出 a) 电压波形和 b) 电流波形

平均输出直流电压与触发角的关系如下：

$$V_{dc} = \left(\frac{1 + \cos\alpha}{2}\right)V_{d0} \tag{2.4}$$

从上式可以看出，在纯阻性负载下，当 α 在 0°~180°范围内变化时，对应输出直流电压将从最大值 V_{d0} 下降到零。

2. 感性（电机）负载

电机负载属于感性负载，前文已经分析了电流在感性负载中不能突变的原因。由于在阻性负载时电流可以突变，因此整流器在感性负载下的运行状态将会有所不同。

在给定触发角的条件下，我们不希望平均输出电压取决于负载的性质。我们希望不管负载如何，只要确定了触发角 α，输出电压波形就能够随之确定，这样就可以根据期望的平均输出电压来确定触发角 α 的大小。但实际上，即使 α 不变，带阻感性负载时的平均输出电压还是与带纯阻性负载时不同。因此，无法简单地给出一个用 α 表示的平均输出电压的通用公式。在通过调节整流器的触发角产生合适的平均电压，从而使直流电机的空载转速达到给定值时，我们不希望平均电压因为电机负载电流的增加而下降，因为这会导致电机的实际转速低于给定转速。

然而幸运的是，如果存在足够大的电感来防止负载电流下降为零，那么在给定 α 时的输出电压波形将与负载电感的具体大小无关。这种情况被称为"电流连续"。许多电机也确实有足够大的自感以确保实现电流连续。在电流连续条件下，输出电压波形只取决于触发角，而与实际电感大小无关。这使得分析变得简单明了，图2.10 显示了电流连续条件下的典型输出电压波形。

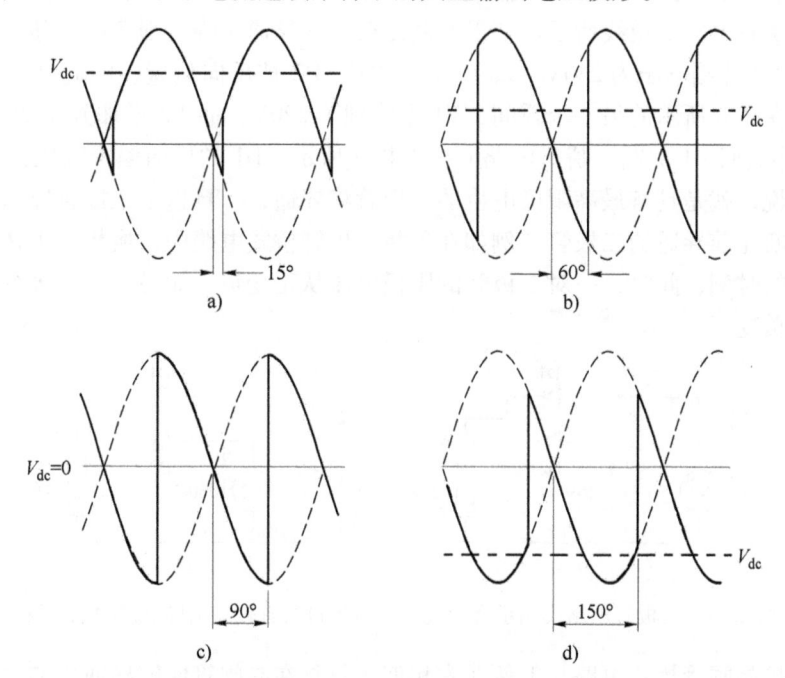

图2.10 不同触发角下单相全控整流器带感性（电机）负载时的输出电压波形

图 2.10 中的波形显示，与阻性负载一样，触发角越大，平均输出电压越低。然而带阻性负载时，输出电压不会为负值。从图中可以看到，虽然平均电压在 α 小于 90°时为正，但输出电压会在一段短时间内为负值。这是因为电感对电流起到平滑作用（见图 2.4），所以电流在任何时候都不会下降到零。这就意味着，在任何时刻，总有一对晶闸管导通，即负载一直与电源相连，负载电压波形一直由一段段输入电压波形所构成。

令人不解的是，当 $\alpha > 90°$ 时，平均电压是负的（尽管电流仍然为正）。带感性负载时输出电压可能为负这一现象与带阻性负载的情况形成鲜明对比，后者的输出电压永远都不会是负值。负电压和正电流的组合意味着功率也是负的，此时能量被回馈给电源。后面将看到，单相全控整流器允许能量从负载反馈回电源，如果需要驱动直流电机工作在再生制动模式下，就可以使用这种整流器。

目前还不清楚的是，为什么当第二对晶闸管被触发时，电流会立即从第一对晶闸管切换到第二对晶闸管，简要分析由二极管构成的类似电路的运行情况会对回答这个问题有所帮助。如图 2.11 所示，电路中有两个电压源（每个电压源的输出电压都随时间变化），通过两个二极管向负载供电。决定哪个二极管导通的条件是什么？这又将如何影响负载电压？

我们考虑如图 2.11 所示的两个瞬间。图 a 中，V1 为 250V，V2 为 240V，D1 导通，瞬时电路如粗线所示。如果忽略二极管的导通压降，则负载电压为 250V，二极管 D2 两端电压为 240V - 250V = -10V，D2 被反向偏置，因此处于非导通状态。在图 b 所示的另一个瞬间，V1 下降到了 220V，而 V2 增加到了 260V，现在 D2 导通而 D1 关断，瞬时电路同样如粗线所示，D1 的反向偏置电压为 -40V。简单来说，就是具有最高阳极电位的二极管将导通，一旦这个二极管导通，就会自动关断先前导通的二极管。例如在单相二极管桥式电路中，换相发生在电源电压过零的时刻，此时，一对二极管的阳极电压从正变负，而另一对二极管的阳极电压从负变正。

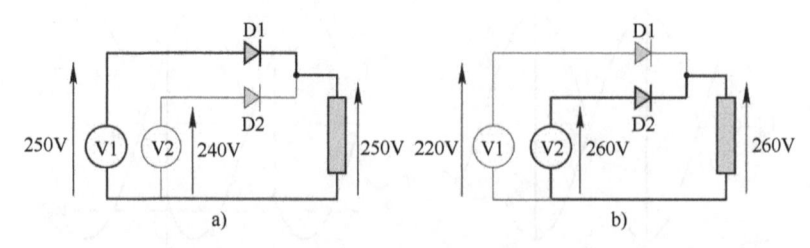

图 2.11 二极管电路换相示意图（电流将流过具有较高阳极电位的二极管）

可控晶闸管桥式电路与上例非常相似，只是在晶闸管能够导通之前，它不仅必须具有更高的阳极电位，还必须接收到一个触发脉冲。这允许晶闸管滞后于自然换相点（二极管）α角度时换相，如图2.10所示。注意，与阻性负载情况相同［式（2.3）］，该电路同样在α＝0°时获得最大平均电压（V_{d0}）。很容易证明平均直流电压现在与α有关：

$$V_{dc} = V_{d0}\cos\alpha \tag{2.5}$$

该式表明可以通过控制α来控制平均输出电压，尽管式（2.5）表明平均电压随α的变化与阻性负载时的情况不同［式（2.4）］，尤其是当α＞90°时，平均输出电压为负值。

在一些情况下（特别是小电流情况），可以使用电容对输出电压进行滤波，这是一些低功率直流电源的常见做法。然而，由于大多数直流驱动系统的功率较大，在电源的半个周期内（50Hz时，周期为20ms），需要容量很大且昂贵的电容才能存储足够的能量使电压波形变得平滑。幸运的是，后面我们会看到，其实不必使电压变得平滑，因为转矩是由电流直接决定的。正如前文已经指出的，由于电感的作用，电机的电流总是比电压更平滑。

2.3.4 三相全控整流器

三相全控整流电路如图2.12所示。三相桥只比单相桥多了两个晶闸管，但输出电压波形要好得多，如图2.13所示。三相全控整流电路每个周期输出六个电压脉冲，因此被称为"六脉冲"整流。晶闸管同样成对触发（一个在上桥臂，另一个在不同支路的下桥臂），每个晶闸管的导通时间均为1/3个周期。与单相整流器一样，三相全控整流器也通过控制触发角来控制输出电压，但触发角α＝0°对应于两相相电压大小相等的位置（见图2.13）。

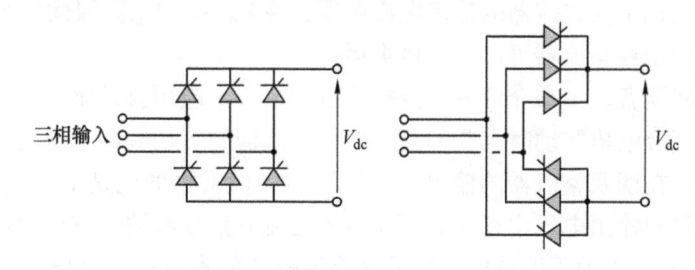

图2.12 三相全控晶闸管整流器（右图旨在帮助理解）

通过比较图2.13和图2.10，可以发现三相全控整流器输出电压波形的平滑度有很大改善，这说明了尽可能选择三相全控整流器的原因。更好的电压波形也意味着更容易满足理想的"电流连续"条件，因此，图2.13中的波形实际上是在假定负载电流连续的条件下绘制的。

有时即使是六脉冲的电压波形依然不够平滑，因此一些大功率整流器采用两个六脉冲整流器串联组成。通过一个移相器在两个三相电桥的交流电源之间插入

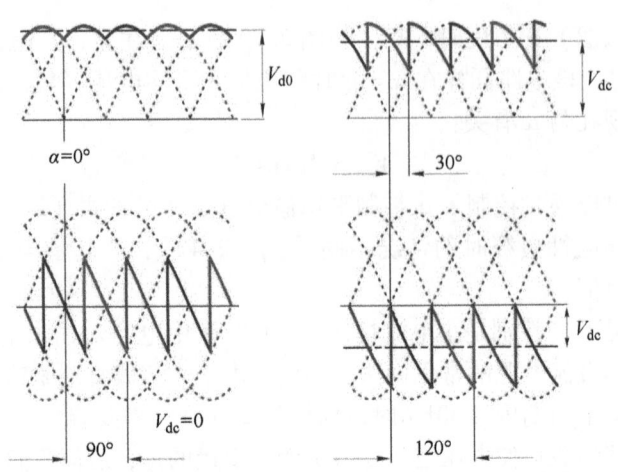

图2.13 三相全控晶闸管整流器带感性负载（电机）时的输出电压波形，触发角在0°～120°之间变化。水平线表示平均直流电压，α=90°时除外，其平均直流电压为零（彩图见插页）30°的移相角，这样可以产生12脉冲的脉动输出电压。

了解三相电路系统的读者会记得，各线电压之间的相位差为120°，因此可能会想，为什么图2.13中的输出电压波形显示每60°换相一次，而不是预期的120°。原因很简单，上桥臂晶闸管每120°换相一次，下桥臂晶闸管也一样，但上、下桥臂晶闸管换相相差60°，因此每个周期有6次换相。

对于六脉冲整流器，在电流保持连续的情况下其平均输出电压如下式所示：

$$V_{dc} = V_{d0} \cos\alpha = \frac{3}{\pi}\sqrt{2} V_{rms} \cos\alpha \tag{2.6}$$

注意到三相全控整流器的输出电压范围为 $+V_{d0} \sim -V_{d0}$。因此，与单相整流器一样，三相全控整流器可以实现再生运行。

这里提醒读者，本书介绍的可控整流器的第一个应用就是驱动直流电机。在第4章研究直流电机驱动时，我们会发现，整流器的平均输出电压决定了电机的转速。所以，在谈及整流器的输出"电压"时，通常指的就是平均电压。同时，我们也不能忽视输出电压中还含有不需要的交流分量或纹波，它们也可能占比很大。例如从图2.13中可以看出，如果要获得较低的直流输出电压（使电机旋转非常慢），α将接近90°，此时如果将交流电压表连接到整流器的输出端，将可能测得数百伏的电压，具体大小取决于输入的电源电压。

2.3.5 输出电压范围

在第4章中，我们将讨论使用全控整流器来驱动直流电机，因此在现阶段可以简单了解一下典型的整流器预期输出电压。公共电源的电压是变化的，单相电源电压通常为200～240V。根据式（2.3），单相230V电源经过整流后可以获得的最大平均直流电压为207V，这适用于额定电压为180～200V的直流电机。如果需要更高的电压（比如300V电机），则必须使用变压器来提升电源电压。

再来看典型的三相电源，最低的三相工业电源电压通常在380～480V（大功率驱动系统可使用高达11kV的电压，此处不做讨论）。以 V_{rms} = 400V 为例，最大直流输出电压［见式（2.6）］为540V。考虑到电源电压波动和阻抗压降的影响，只能获得500～520V的输出电压。直流电机通常使用六脉冲整流器驱动，如果供电的三相电源电压为400V，那么直流电机的额定电压一般在430～500V范围内（通常直流电机的励磁绕组由单相230V供电，额定励磁电压为180～200V，以允许在理论上207V最大输出电压的基础上保留一定裕度）。

2.3.6 触发电路

由于门极脉冲信号的功率很低，因此门极驱动电路简单且价格低廉。通常一个电子集成电路就包含了产生门极脉冲的所有电路，包括使门极脉冲以适当的触发角 α 与电源电压同步的电路。为了避免功率电路的高压和控制电路的低压之间直接的电气连接，门极脉冲一般通过小型隔离变压器或光耦隔离器传送到晶闸管。

2.4 逆变器——直流供电、交流输出

将直流电转换为交流电的过程被称为逆变，我们希望能够得到需要的任意频率和幅值的正弦电压，以实现对交流电机的速度控制。然而不幸的是，使用开关控制策略意味着得到的电压波形是由一系列矩形波组成的，而这种波形与理想正弦波形相差甚远。不过事实证明，交流电机具有很强的耐受性，即使逆变器产生的波形并不理想，交流电机也能较好地运行。

2.4.1 单相逆变器

首先以单相逆变器（见图2.14）为例来说明逆变器的基本工作原理。该逆变器采用IGBT（见下文）作为开关器件，并采用二极管构成续流回路以供感性负载所需。

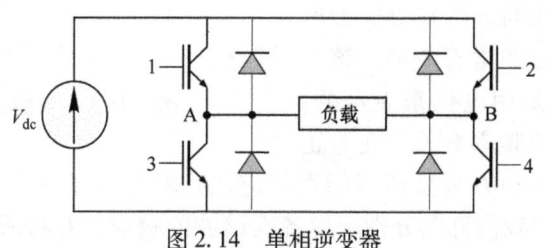

图2.14 单相逆变器

逆变器的输入侧或直流侧（图 2.14 的左侧部分）通常被称为"直流母线"，正如前文所述，在大多数情况下，直流电是通过对公共电源输入的固定频率的交流电进行整流而获得的。图 2.14 中的 A、B 端为逆变器的输出侧或交流侧。

当晶体管 1、4 导通时，负载两端电压为正，其大小等于直流母线电压；当晶体管 2、3 导通时，负载电压为负。如果没有晶体管导通，则输出负载电压为零。因为输出电压存在上述三种不同状态，我们把这种逆变器称为三电平逆变器。图 2.15a 和 b 分别给出了低开关频率和高开关频率下的典型输出电压波形。

每对晶体管导通半个周期。仔细观察图 2.15，可以发现在换相点处存在一个非常短的零电压时段。这是因为两对晶体管进行切换时，要非常注意同一桥臂上的两个晶体管不能同时导通，否则直流母线将被短路或形成"直通"。因此，在开关逻辑中包含了一个安全角。输出波形显然不是一个正弦波形，但它至少是交变的、对称的，其基波分量如图 2.15 中的虚线部分所示。

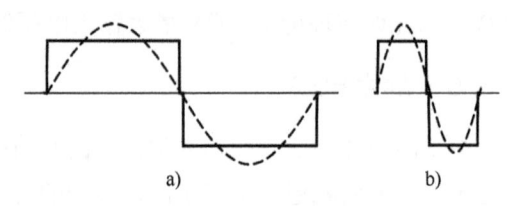

图 2.15　单相逆变器输出电压波形——阻性负载

在本书中，我们将频繁地使用"基波分量"一词，因此有必要向不熟悉傅里叶分析的读者简要解释它的含义。本质上，任何周期性波形都可以表示为无限个正弦波或所谓的"谐波"的总和，其中最低次谐波（也就是"基波"）的频率与原始波形一致。傅里叶分析提供了计算谐波幅值、相位和阶数的方法。

举例来说，图 2.16 绘制了方波的基波、三次谐波和五次谐波的波形。

在这个例子中，因为原始波形具有对称性，所以只存在奇次谐波，并且每个谐波分量的幅值与谐波次数成反比。从图 2.16 可以看出，基波、三次谐波和五次谐波之和与原始方波非常接近，如果再加入一些高次谐波，其合成波形将和原始波形更为相似。

学习过正弦交流电路的读者会记得，采用基于复数的方法来对这种电路进行稳态分析是非常有效的，该方法中电感和电容是用电抗来表示的，电抗的大小和交流频率有关。在非正弦交流电路中，这种方法显然不能直接应用，但是由于大多数电路是线性的（遵循叠加原理），我们可以分别求解各次谐波的响应，并将所有谐波响应相加

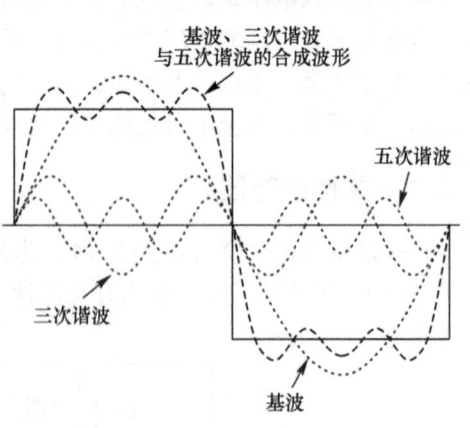

图 2.16　方波的谐波分量

以获得最终结果。

比如，如果要计算出在方波电压下一个电感的稳态电流，那就可以先求出基波和各次谐波电流，然后进行求和得到总的稳态电流。因此电流计算公式如下：

$$I = \frac{V_1}{X_1} + \frac{V_3}{X_3} + \frac{V_5}{X_5} + \cdots$$

式中，X_n 是 n 次谐波的电抗值。

在正弦条件下，频率为 f 时，电感（L）的电抗为 $X = 2\pi fL = \omega L$，电抗大小与频率成正比。因此，如果基频电抗为 X_1，则电流为

$$I = \frac{V_1}{X_1} + \frac{V_3}{3X_1} + \frac{V_5}{5X_1} + \cdots$$

对于方波来说，三次谐波电压的幅值是基波的 1/3，三次谐波电流的幅值只有基波的 1/9，而五次谐波电流的幅值只有基波的 1/25。换言之，电流谐波的大小随着谐波次数的增大而迅速减小，这意味着电流波形比电压波形更接近正弦。（相比之下，电阻负载对各次谐波都是相同的，因此电流波形与电压波形相同。）

图 2.17 证实了这些结论。图 2.17 显示了方波电压施加到不同类型负载时的稳态电流波形，其中电流的基波分量用虚线表示。

最值得我们关注的是，纯感性负载时，电流波形的平滑程度如何，以及由于谐波含量的减少，其基波分量与实际负载电流的接近程度如何？对于纯阻性负载，正如我们所想的，基波电流与电压相位相同；而对于纯感性负载，基波电流相位滞后电压 90°；对于阻感性负载，基波电流滞后于电压的相位在 0°~90°之间。

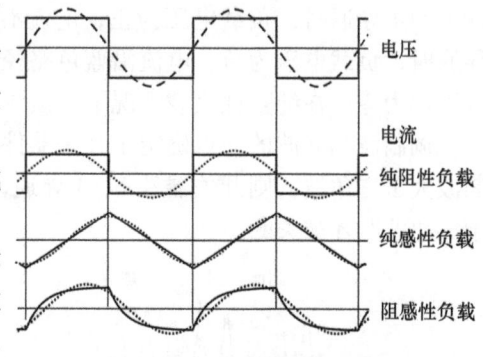

图 2.17 方波电压供电时负载对电流波形的影响

所有这些特性对于电机驱动都是有利的。在后面的章节中我们将研究交流电机（最初被设计为正弦公共电源供电）由输出非正弦波形电压的逆变器供电时的特性。我们会发现，由于电机在谐波频率下的电抗很大，所以电流波形比电压更接近正弦。因此，我们可以忽略逆变器输出的谐波而只考虑输出电压的基波，运用之前掌握的正弦交流电路的知识，可以直接分析交流电机在正弦电压供电下的运行状况，从而获得与真实情况接近的电机运行特性。

2.4.2 输出电压控制

有两种方法可以控制输出电压的幅值。第一种方法是，如果直流母线电压是由公共电源通过可控整流器提供的，或者是由蓄电池通过斩波器提供的，则直流母线

电压是可以直接调节的。在直流电压的可调范围内，可以控制输出电压的幅值。对于交流电机驱动（见第 7 章），可以根据逆变器的输出频率来调整母线电压，在高输出频率时可以获得高输出电压，反之亦然。这种电压控制方法只需要一个简单的逆变器，但要求使用可控整流器（成本相对更高）控制直流母线电压。

第二种方法是目前所有功率等级电机驱动器普遍采用的，该方法在逆变器侧采用脉宽调制（PWM，见 2.2.1 节）来实现电压控制，不需要使用额外的功率半导体开关器件。这样，在直流侧就可以采用一个较便宜的不可控整流器来提供恒定的直流母线电压。

PWM 电压控制的基本原理如图 2.18 所示，为了简单起见，这里以纯阻性负载为例进行说明。

产生 PWM 波形的方法很多，但最初采用的方法是通过与三角波载波进行比较实现的。如图 2.18 左上角所示，载波频率又被称为"开关频率"，用以设置脉冲频率；正弦调制波则决定了所需正弦输出电压的频率和幅值。

该逆变器（图 2.18 右图）与图 2.14 中讨论的三电平逆变器相同。当开关器件 1 和 4 导通时，负载电压为正，电流沿图中红色路径流通；当开关器件 2 和 3 导通时，负载电压为负，电流沿蓝色路径流通。当没有开关器件导通时，电压和电流都为零。在纯阻性负载情况下，续流二极管不会导通。

调制波和载波的交点确定了开关器件的切换时间。以正半周期为例，如果调制波大于三角波，则开关器件 1、3 导通，它们将保持导通状态，直到调制波小于三角波时才被关断。

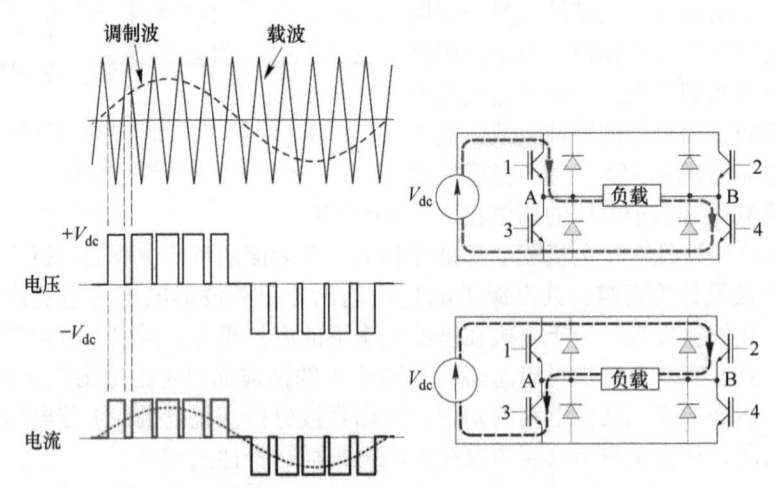

图 2.18 脉宽调制逆变器输出电压和频率控制——纯阻性负载（彩图见插页）

这种策略已经被证明能够产生良好的波形（即具有所期望的基波分量和较低的谐波分量）。必须注意，实际逆变器中载波频率比图 2.18 所示频率要高得多。图 2.18 也说明，由载波引起的谐波分量的频率非常高，以至于它们在电流波形中几乎是不可见的。

上述讨论适用于纯阻性负载，但在实际应用中，负载总是包括感性元件。因此，正如我们前面看到的，当四个开关器件都关断时，由于电感的作用，电流不会像纯阻性负载那样立刻下降到零，而会通过续流二极管续流。在每个周期内，电流一般可以持续到下一对开关器件导通，也就是上文所说的"电流连续"状态。

典型感性负载下的电压和电流波形如图 2.19 所示。

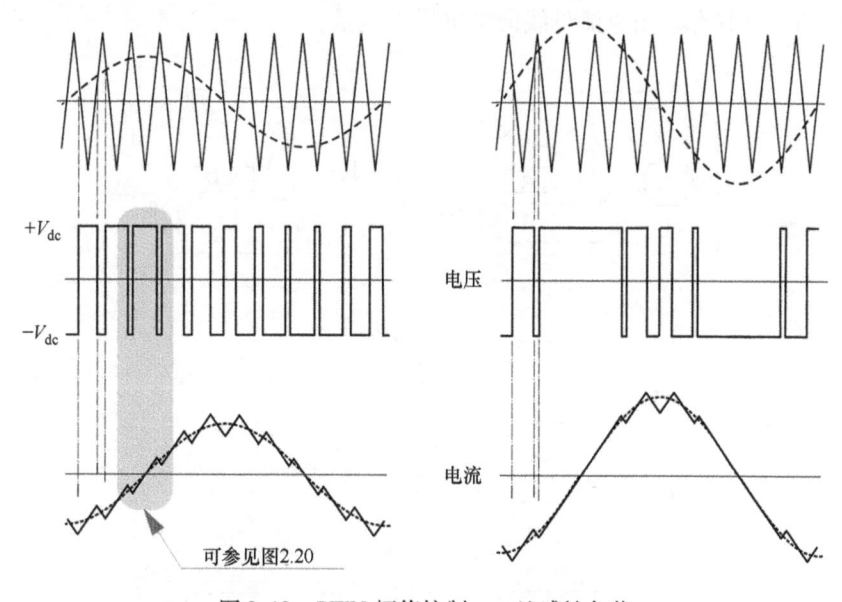

图 2.19　PWM 幅值控制——纯感性负载

输出电压不再有零电平（详见图 2.20），但这里我们主要想说明输出电压基波分量的幅值是由调制波（虚线）的幅值决定的。

图 2.19 中左侧波形代表调制波幅值适中的情况。在这种情况下，开关器件在每个载波周期内都会导通和关断，输出的谐波分量较小。然而，当需要输出较高幅值的电压时（见图 2.19 中右侧波形），调制信号的幅值会在较长一段时间内大于载波。这就是所谓的"过调制"状态，极端情况会使产生的波形变成方波，这无疑会增加不希望的谐波含量。

图 2.19 中阴影区域的放大图如图 2.20 所示。这段时间包括了负载电流从负半周期（垂直虚线左侧）到正半周期的转变过程。这四个示意图（电流过零点两侧各两个）涵盖了电流连续时逆变器所有可能的运行模式。为了简单起见，每个示意图中只显示了处于导通状态的开关器件。

(1) 模式 A

每个开关器件的导通压降都很低，可以忽略不计。图 2.20 的 A 中负载通过两个晶体管（对应图 2.18 中的 2 和 3）与直流母线相连。负载右侧连接到直流母线的正极，因此，按照之前采用的电压正方向约定，此时负载两端电压为负值。此时的负载电流也是负的（蓝色），所以负载功率是正值，能量从直流母线流向负载。

在纯感性负载的特殊情况下，负电压会使已经为负的电流继续增大，额外产生的能量将被存储在磁场中。更一般地，如果逆变器为电机供电，则这种情况对应于电动运行状态，由直流母线向电机提供能量。

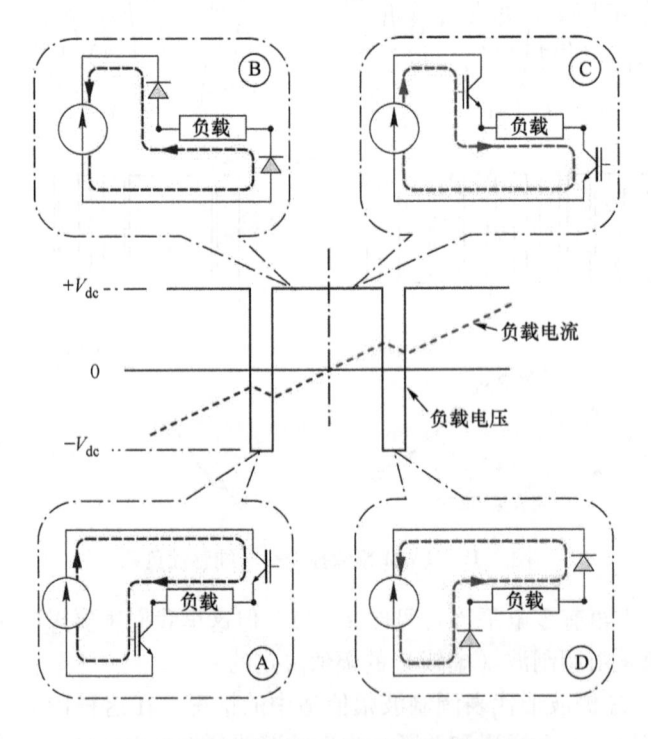

图 2.20 单相桥的换相过程（彩图见插页）

(2) 模式 B

当图 2.20A 中的晶体管被关断时，因为负载是感性的，电流不能突变，所以 A 中的电流将不得不流向其他回路。即使晶体管（见图 2.18 中的 1 和 4）处于导通状态，电流也无法流通，因为电流只能单向流通（图中向下的方向）。因此，图 2.20B 中所示的续流二极管将导通，使负的负载电流（蓝色）能够续流。由于负载现在通过两个二极管连接到直流母线，负载电压变为正值。

这种转变或"换相"几乎是在瞬间发生的，负载功率现在为负，能量从负载流向直流母线。在纯感性负载（此例）情况下，能量是由电感磁场提供的，如果逆变器正在为电机供电，这段时间将代表从电机及其负载中回收多余的动能，这是一种被称为"再生制动"的高效技术，会在后面章节中详述。

(3) 模式 C

在图 2.20B 对应期间给晶体管 1 和 4（见图 2.18）施加触发信号，这两个晶体管并不会立刻导通，而是直到电流极性由负变为正（红色）时才会导通。此时，电流将不再经由二极管续流，而是自然地切换到由两个晶体管构成的回路，如图 2.20C 所示。负载电压和电流现在都为正值，因此功率也为正，能量从直流母线流向负载，负载电流将增大。

(4) 模式 D

如果现在将图 2.20C 中的晶体管关断，正向电流必须找到新的流通路径，因此它将流经续流二极管。此时负载电流为正而电压为负，能量从负载流向直流母线。

这个例子强调了逆变器的一个重要特性，即无论工作在正半周期还是负半周期，逆变器都能够向外部提供能量或者从外部吸收能量。这一特性在驱动电机时会显得非常重要。

从设计的角度看，我们发现一个有趣的现象，当能量从直流母线流向感性负载时，晶体管导通；当能量从负载流向直流母线时，续流二极管导通。由此可见，负载的功率因数对逆变器中的续流二极管的选型有重大影响。如果负载功率因数较低，能量在每个周期内都会流入和流出，因此加重了二极管的工作负担。相反，如果功率因数是 1，则没有能量回馈，只有晶体管承受负载电流。

前文详细地讨论了 PWM 逆变器的内部工作模式，现在我们回过头来讨论采用 PWM 控制输出电压幅值的原因。

从图 2.19 中可以清晰地看到，当调制电压过高时，PWM 将无法有效提供所需电压，此时输出波形退化为方波，其基波幅值是直流母线电压的 $4/\pi$ 倍。因此，直流母线电压决定了逆变器能够输出的最大交流电压。

对 PWM 逆变器的脉冲数、脉冲宽度和间距的优化提高了输出电压的基波含量，并且降低了其谐波含量。使用高频开关有一个显著的优势，即可以产生更多的脉冲。超声波级的开关频率（通常大于 16kHz，但对年纪大的人来说 10kHz 以上的频率就已经听不到了！）现在被广泛使用，而且随着开关器件的改进，其开关频率还在继续上升。前面提到的最新的宽禁带开关器件的开关频率可达到 MHz 等级。大多数制造商声称他们的 PWM 开关策略比竞争公司的方案更好，但这并不能证明哪一种方案更适合电机的运行。一些早期的控制方案在每个周期内使用的脉冲数相对较少，并且随着输出频率的变化离散地改变脉冲数量，这种调节方式是不平滑的，因此也被冠以"变速齿轮"的绰号，在一些早期牵引应用中还能听到刺耳的噪声。还有一些非常规的开关模式，虽然不会产生这种刺耳的噪声，但会产生"白噪声"。通常开关频率越高，噪声越低，但损耗也越高。

2.4.3 三相逆变器

单相逆变器很少用作电机驱动器，因为绝大多数采用的是性能更优越的三相电机。只要在单相逆变器四个开关器件的基础上再增加两个，就可以得到一台三相逆变器，其基本电路拓扑结构如图2.21所示。

通常，每个开关器件需要并联一个续流二极管以防止感性（电机）负载引起的过电压。图2.21中的电路拓扑结构基本上与上文所讨论的三相可控整流器的拓扑结构相同。我们曾经介绍过可控整流器可以逆向工作，即将功率从直流侧传输到交流侧，这也就是我们现在所理解的"逆变"。

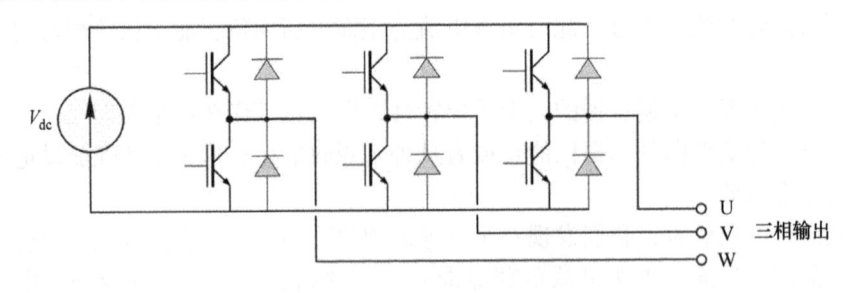

图2.21 三相逆变器主电路

这种逆变电路构成了大多数电机驱动器的基础，这将在第7章更全面地探讨。本质上三相逆变器输出电压和频率的控制方式与上一节讨论的单相逆变器基本相同，其输出线电压（V_{uv}、V_{vw}和V_{wu}）波形相同，但彼此相位相差120°。为了简单起见，我们首先分析输出方波时的运行情况，如图2.22的下半部分所示。

线电压的推导可以通过分析每个支路（U、V和W）的中点电位来帮助理解，如图2.22的上半部分波形所示。以直流母线的负极作为零参考电位，从图2.21可以看出，每一个支路的中点要么连接到直流母线的正极，其电位将为V_{dc}；要么连接到负极（参考点），在这种情况下电位为零。线电压如V_{uv}，可以用U相的电位减去V相的电位得到，这样就产生了如图2.22下半部分所示的三个线电压波形。

毫无疑问，因为三相逆变器在只增加两个开关器件的同时要产生三相而非单相输出波形，其换相相比于单相逆变器存在更多的限制。此外，当三相都采用PWM控制策略时，逆变电路很可能会产生同一支路的上下桥臂开关器件同时导通的问题。幸运的是，这个问题发生的时间在每个周期中是确定的，可以通过特定的开关模式或内置延迟保护电路的方式来防止这种"直通"故障的发生。

现在已经发展出多种三相PWM开关策略，在实现可用电压最大化的同时，保持 PWM 波形增强效果。最常用的方法是在调制波中加入三次谐波（通常是基波幅值的 1/6）。这提高了可用的基波电压，并且对三相对称交流电机的转矩没有影响。

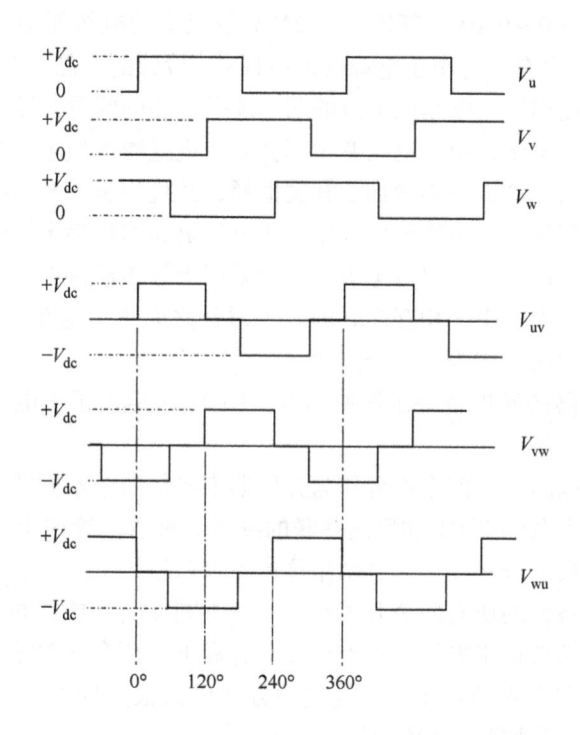

图 2.22 三相方波输出电压波形

在这里需要说明的是，在交流电机驱动系统中，通常希望电压/频率比保持恒定以维持合适的电机磁通。这意味着，当正弦调制波频率增加时，它的幅值必须成正比增加。与最大输出电压对应的频率通常被定义为电机的"基频"，该频率以下的运行区域一般被称为"恒转矩"区域，在这一区域内，电机能够运行在设计好的额定磁通下，因此能够持续提供额定转矩。当给定频率高于额定转速对应的频率时，逆变器将无法输出与频率匹配的电压，即逆变器已经无法再有效提高电压幅值，此时电机的工作磁通低于设计值，其输出转矩将随着频率/速度的提高而下降。该运行区域一般被称为"恒功率"区域。

如前所述，这些逆变电路的开关特性会不可避免地导致输出电压波形中不仅包含所需的基波分量，还包含不需要的谐波分量。限制低次谐波的幅值是特别重要的，因为低次谐波极有可能引起电机不必要的转矩响应，而高次谐波会产生噪声，尤其是当它们恰好引起机械共振时。

2.4.4 多电平逆变器

图 2.21 所示的三相两电平逆变电路，由三相二极管整流电路提供直流电源，广泛应用于电压 400~690V、额定功率 2MW 及以上的电机驱动系统中。额定功率超过 1MW 时，也有专为中压电源（2~11kV）设计的产品。对于更高的功率，与器件的开关损耗相比，电路中电流的切换才是主要的问题，因此必须降低开关频率。对于更高的电压，由于电压变化率会对电机绝缘产生不利的影响，还需要人为延长开关时间，这进一步增加了开关损耗，并且限制了开关频率。此外，对于电压较高的应用场合，虽然可以使用工作电压更高的功率半导体器件，但它们价格相对昂贵，所以从成本角度考虑，一般采用半导体器件串联的方式以承受较高的电压。这样一来，由于相互串联的开关器件之间不可避免会存在微小差异，如何保证器件的均压又成为了一个问题。

多电平逆变器的发展解决了这些问题。图 2.23 给出了多电平逆变器多种不同电路拓扑中的一种。

在这个拓扑电路中，四个电容作为分压器来提供四个不同的电压等级，每个桥臂都包括四个串联的 IGBT 和反向并联的续流二极管。这四个电压等级不同的电压通过钳位二极管分别连接到各个串联的 IGBT 之间。为了在输出端获得全电压，一个支路上桥臂的所有四个开关和另一个不同支路下桥臂的所有四个开关都要同时导通。如欲获得半电压，则上桥臂只有靠下的两个开关导通。可以用类似的方式获得 1/4 和 3/4 的电压，并且这种方式可以很好地以"阶梯波"逼近正弦波。这可以进一步增强 PWM 的效果。

显然，与普通逆变器相比，多电平逆变器有更多的开关器件同时导通，这会导致总导通损耗的增加。但因为每个开关器件的额定功率比两电平逆变器所用的开关器件要小，所以多电平逆变器中单个开关器件的损耗更低，在一定程度上弥补了开关器件数量多的问题。

对于图 2.23 中的逆变器，输出电压阶梯波形将有四个正电平、四个负电平和一个零电平。图 2.24 所示的示波器截图来自一个七电平的逆变器，其清晰地显示了 13 个离散电平。多电平逆变器需要复杂的调制策略，不仅要使输出波形接近正弦波，还要确保每个直流母线电容在放电期间减少的电荷（和电压）能够被随后的充电电流所补偿。

与传统 PWM 逆变器相比，多电平逆变器具有以下优点：
- 在 PWM 频率一定的情况下，可以获得更高的有效输出频率，并且只需要更小的滤波元件。
- 由于输出端 dV/dt 较低（相同开关时间内每个阶梯电压较小），电磁兼容性（EMC）有所提升，同时降低了对电机绝缘的要求。

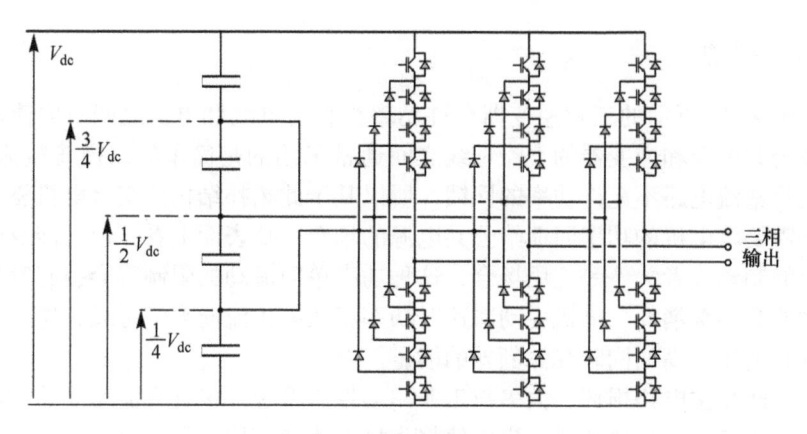

图 2.23 多电平逆变器

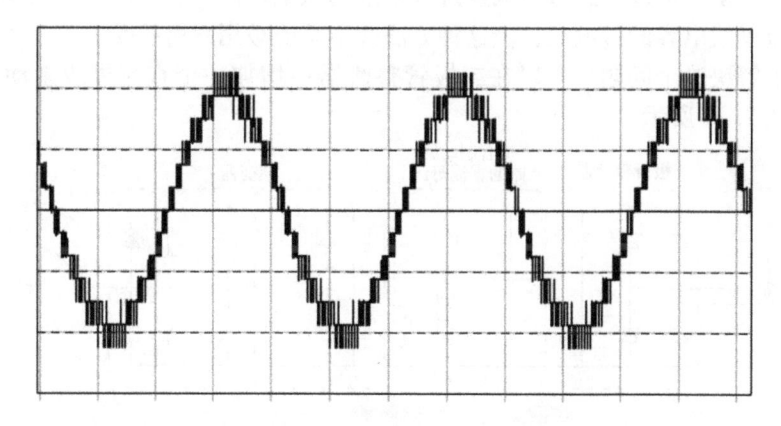

图 2.24 13 电平逆变器电压波形

- 因为每个支路中的功率器件可以进行分压，所以用于中压等级时，可以使用更高的直流母线电压。

但是，多电平逆变器也有以下缺点：

- 功率器件的数量至少增加了两倍；每个 IGBT 需要浮动栅极（即电气隔离）驱动电路和电源，并且还需要额外的电压钳位二极管。
- 直流母线电容的数量增加，但这并不是问题，因为采用多个低压电容串联是一个经济有效的解决方案。
- 直流母线电容电压的平衡需要仔细管理/控制。
- 控制/调制策略更复杂。

对于低压驱动器（690V 及以下），使用多电平逆变器的缺点往往超过其优点，即使是五电平逆变器也比传统两电平逆变器昂贵得多。但是随着多电平逆变器陆续进入市场，成本问题可能会有所改善。

2.4.5 制动

如图 2.21 所示的三相逆变器允许功率在直流母线和电机之间双向流动。然而，在公共电源和逆变器的直流母线之间通常采用的是简单的二极管整流电路，但二极管整流电路不允许功率的回馈，所以基于此拓扑结构的交流电机驱动器不能用于需要将电机的功率回馈给公共电源的场合。从表面上看，但凡涉及电机驱动系统的制动或者关停等应用场合，这种功率单向流动的限制都会引起麻烦。系统的动能必须被消耗，电机主动减速时功率将从电机流向直流母线，这会使直流母线电容电压升高的同时存储额外的能量。

为了防止主电路损坏，大多数工业驱动控制系统都包含直流母线的过电压保护。一旦直流母线电压超过一定阈值将直接关闭逆变器，但这充其量算是最后的保护手段。虽然可以通过减缓减速过程来限制从电机流向直流母线的功率，从而限制直流母线电容的过电压，但这种方法并不总能被用户所接受。

为了解决这个问题，可以在二极管整流器中增加一个直流母线制动电阻回路，如图 2.25 所示。

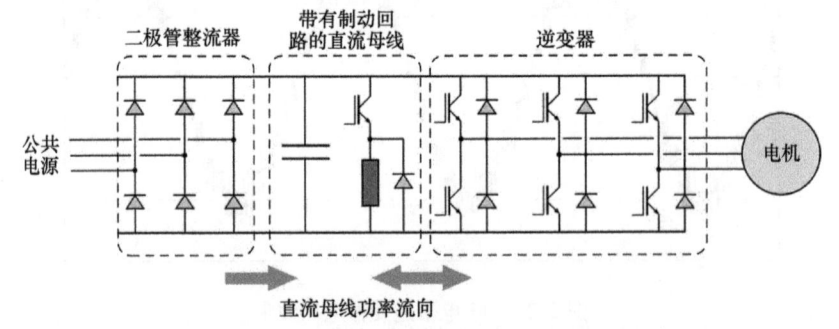

图 2.25 带有制动电阻的交流电机驱动电路

在这种电路拓扑结构中，当直流母线电压超过制动阈值电压时，开关器件将被导通。当制动电阻阻值足够低，能够吸收的功率大于逆变器输出的功率时，直流母线电压将开始下降，开关器件将再次关断。通过这种方式，制动电阻回路的通断时间可以由逆变器流向直流母线的功率自动控制，直流母线电压也可以被限制在制动阈值以下。为了限制制动回路的开关频率，采用了适当的延迟控制。考虑到制动电阻也有一定电感，还需要在制动电阻两端并联续流二极管。

制动电阻回路在许多应用中都有使用，将动能消耗在电阻上的方法是实际可行的，因此对系统的动态性能不再有限制。

2.4.6 有源前端

另一种处理从逆变器到公共电源能量流动的方法是采用如图 2.26 所示的有源整流器，其中二极管整流器被 IGBT 逆变器代替。

图 2.26 所示的两个功率变换器上方的标签说明了其在驱动系统正常"电动"运行时分别起到的作用。但在主动制动（或者持续发电）时，左边的变换器将把能量从直流母线逆变至公共电源，而右边的变换器将对感应电机输出的电能进行整流。

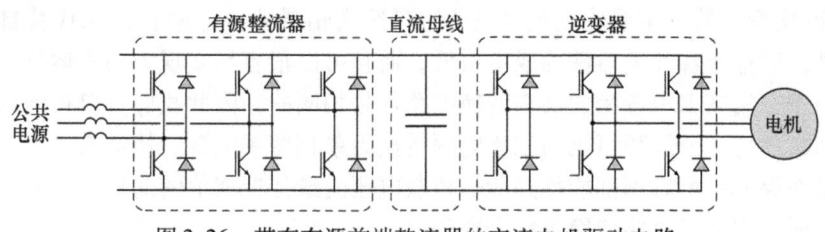

图 2.26 带有有源前端整流器的交流电机驱动电路

这种电路通常被称为"有源前端"。通常需要额外的输入电抗器以限制由有源整流器开关动作所产生的不必要的高频电流，但通过 PWM 控制可以使公共电源电流波形接近正弦，功率因数接近 1，使整个驱动系统对公共电源来说是一个接近理想的负载。

有源整流器可用于电机工作在电动和制动/发电状态，以及需要高质量电源的场合，如在起重机和电梯、发动机测试台、海底电缆敷设船中都适合应用。这种装置的性能特点总结如下：

- 功率可以在电机和公共电源之间双向流动，相比于制动电阻回路更高效。
- 具有良好的输入电流波形，即公共电源的谐波失真较小。
- 功率因数接近 1（事实上功率因数可以被任意控制在滞后 0.8 到超前 0.8 的范围内）。

然而，有源整流器明显比简单的带制动电阻的二极管整流器更昂贵。

2.5 交-交变频

到目前为止，我们所讨论的变换器都包含直流环节，但理想的电力电子变换器应该能够在任意两个不同电压和频率的系统（包括直流）之间进行功率变换，并且不需要任何中间级，比如直流母线。理论上这可以通过一个开关阵列来实现，这些开关可以在任意时刻将任意一个输入端子与任意一个输出端子相连。虽然直接从交流变换到交流的应用领域有限，但仍有两种值得讨论：交-交变频器和矩阵变换器。

2.5.1 交-交变频器

交-交变频器一直被认为是一种小众的拓扑结构，目前主要用于大型（如 1MW 及以上）低速感应电机或同步电机的驱动系统中。交-交变频器使用有限的原因主要是它仅能输出远低于电源频率的交流电。但交-交变频器可以用于驱动大型多极电机（如20极，见后续章节），这意味着低速直驱（无齿轮）电机驱动系统变得可行。例如，一个20极的电机在5Hz时的同步速仅为30r/min，适用于矿井卷扬机、窑炉、破碎机等。

交-交变频器的主要优点是可以使用自然换相器件（晶闸管）来代替自激换相器件，这意味着开关器件的成本很低，而且可以很容易实现大功率运行。

由于三相输出中各相的功率变换电路都是相同的，因此我们可以将问题简化为如何实现将一个恒频恒压的三相电源转换为单相变频电源。从本质上讲，输出电压是在保证每个时刻都能得到所需负载电压的最佳近似值的前提下，通过在公共电源的三相之间直接切换负载合成的。

假设负载是一台感应电机，在本书后面的章节将会介绍感应电机的功率因数随负载变化而变化，但始终无法达到1，即电流不可能与定子电压同相。因此，在电压波形的正半周期内，电流在一段时间内为正，在其余时间为负；在电压波形的负半周期内，电流同样在一段时间内为负，并在其余时间为正。这意味着各相电源都必须能够工作在正负电压与正负电流的任意组合状态下。

前文已经探讨了如何使用晶闸管整流器来输出电压可调的直流电，它只能提供正电流，但用于驱动交流电机时也需要输出负电流，因此对于三相电机的每个绕组，都需要两个整流器反向并联，如图2.27所示，整个电路共有36个晶闸管。同时为了避免相间短路，在每相之间还需使用图2.27所示的隔离变压器。

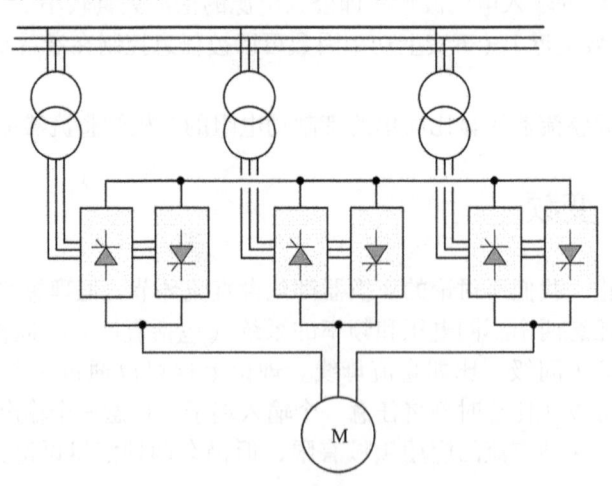

图2.27 交-交变频器主电路

之前重点讨论的是输出电压的平均值，但在这里我们需要为感应电机提供一个低频（最好是正弦的）输出电压，现在实现这一点的方法应该已经很清楚了。改变正向电流整流桥的触发角，使其在正半周期输出一个从零开始按正弦规律变化的电压,并在正半周期结束电压重新变为零时,使负向电流整流桥按同样的方式开始工作以产生负半周期的电压,如此循环运行,就能通过双向晶闸管整流器产生我们需要的低频正弦输出电压了。

因此,输出电压是由一段段输入电压组成,可以提供一个如图 2.28 中所示的近似正弦的电压波形,基波分量如虚线所示。

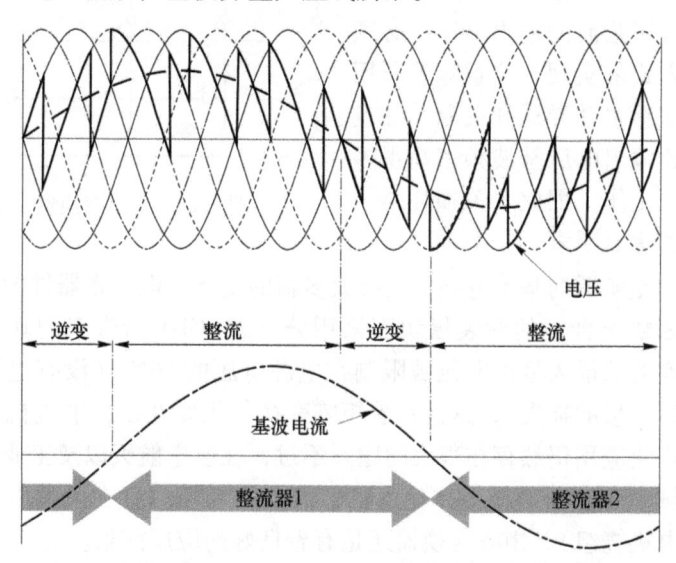

图 2.28 六脉冲交-交变频器的单相典型输出电压波形——带感性(电机)负载。图中所示的输出频率是电源频率的 1/3,输出电压的基波(虚线所示)幅值约为可以获得的最大电压的 75%。为了说明变频器的工作模式,显示了负载电流的基波分量

这个输出电压波形并不比带直流母线的变频器的输出电压波形差很多,正如我们所看到的,由于电机绕组自感和漏感的滤波作用,电机的电流波形会比电压波形平滑得多。因此,尽管存在的谐波会引起额外的损耗,电机的性能还是可以接受。我们应该注意到,由于每相都由一个双向整流器供电,电机可以在需要时进行能量回馈(例如,在自加荷载制动或在降频减速时将动能回馈给电源)。

2.5.2 矩阵变换器

矩阵变换器在一些学术期刊上引起了广泛关注,其工作原理如图 2.29 所示。

矩阵变换器的工作原理与交-交变频器相似。在要合成一个已知幅值和频率的三相正弦电压时,我们当然在每个瞬间都知道需要什么样的输出电压,同时我们也已知任意时刻三个输入端的电压。以 A、B 相之间需要的输出线电压为例,在输入线电压与我们想要的输出电压最接近的某个时刻,我们可以直接将 A、B 两条线上对应的一对开关导通,使 A、B 两端连接到相应的两条输入电源线上并

一直保持该开关的导通状态，直到某个时刻有另一对开关组合能够更接近我们需要的输出电压，这时开关将随之切换。

因为只有三种不同的输入线电压可供选择，我们无法通过简单的开关组合来合成一个较好的正弦波形，所以为了获得更为接近正弦波的输出电压，必须通过斩波的方式来实现。这意味着所用开关器件要能够主动导通和关断，并且必须能够在比输出电压基波频率高得多的开关频率下工作，因此开关损耗是一个需要考虑的重要因素。

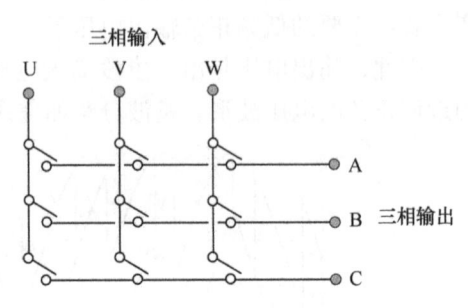

图2.29 矩阵变换器主电路

尽管矩阵变换器的基本电路并没有太多新的变化，但功率器件的发展可能能够克服早期因缺乏合适的封装模块而采用分立式IGBT所带来的缺点。另一方面，矩阵变换器的最大输出电压被限制在电源电压的86%（没有过调制及其引起的电压波形质量的损失），这意味着矩阵变换器想要在由标准电机主导的工业市场中获得广泛应用仍然存在很大问题。不过，在航空航天以及工业驱动市场的某些特定领域中，特别是在一体化电机方面（驱动器内置在电机中，可根据驱动电压设计电机绕组），矩阵变换器还是有着良好的应用前景。

2.6 逆变器开关器件

就用户而言，在逆变器内部使用什么类型的开关器件并不重要，但介绍当前使用最广泛的三种器件[⊖]会对读者有所帮助，同时可让读者熟悉相关术语并认识每种器件所使用的符号。这三种器件的共同特点是可以通过低功率控制信号来控制器件的导通和关断，即它们可以自激换相。从前面的介绍可以知道，这种可以根据需要导通或关断的器件对所有为有源负载（比如感应电机）供电的逆变器都是必不可少的。

下面将对这几种器件进行简要介绍，并概括说明其应用范围。因为一些相互具有竞争性的器件之间有相当大的相似性，所以不能武断地认定某种器件就是最好的。读者将会发现，一家制造商可能在额定功率为5kW的逆变器中使用MOSFET，而另一家制造商则选择使用IGBT。

电力电子技术在发展过程中仍在进行实质性的创新，功率半导体器件领域仍有重大的发展，这对驱动器的发展也有着很大的影响。宽禁带（WBG）器件的

⊖ 门极关断晶闸管现在很少使用，所以这里不做讨论。

诞生引起了人们广泛的关注，如碳化硅和氮化镓，这些器件比硅基器件的开关速度快得多，并且工作温度更高。这些特点能够降低开关损耗，显著提高功率密度，并为驱动器工作于某些恶劣环境（如电机绕组内部或喷气发动机内部）创造了可能。这些器件创造了许多新的发展机会，但其基本运行原理仍然是相同的。

2.6.1 双极结型晶体管（BJT）

BJT 首先被用作功率开关器件，它有两种不同的类型（NPN 和 PNP），其中只有 NPN 型被广泛应用于电机驱动器，主要用在功率数千瓦、电压等级数百伏的场合。

NPN 型 BJT 如图 2.30 所示，主（负载）电流从集电极（C）流入，从发射极（E）流出，如器件符号上的箭头方向所示。要使器件导通（即大幅降低集电极-发射极电路的电阻，以便使负载电流流通），必须有一个较小的电流从基极（B）流向发射极。当基极-发射极电流为零时，集电极-发射极电路的电阻很大，器件处于关断状态。

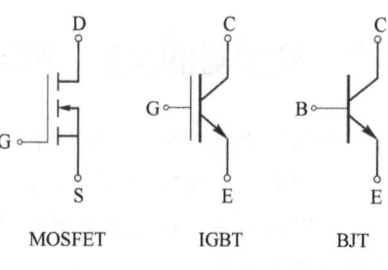

图 2.30 开关器件的电路符号

BJT 的优点是，当它导通时，集电极-发射极电压很低（见图 2.3 中的 b 点），与负载功率相比其功耗很小，该器件是一种高效的功率开关。其缺点是，虽然基极-发射极电路所需的功率与负载功率相比很小，但是也不能忽略，甚至一些大功率晶体管的基极-发射极电路功率可以达到几十瓦。

2.6.2 金属-氧化物-半导体场效应晶体管（MOSFET）

自 20 世纪 80 年代以来，功率 MOSFET 已取代 BJT 用于逆变器中。与 BJT 一样，MOSFET 也是一种三端器件，具有两种结构型式：N 沟道型和 P 沟道型。N 沟道型是最常用的，其结构如图 2.30 所示。主（负载）电流从漏极（D）流入并从源极（S）流出（令人困惑的是，负载电流与符号上的箭头方向相反）。与 BJT 不同，BJT 的开关状态由基极电流控制，而 MOSFET 则是由栅极电压控制。

要使器件导通，栅-源电压必须比阈值高出几伏。当电压首次施加到栅极时，电流流过栅极-源极和栅极-漏极的寄生电容，不过当这些电容充电完成后，栅极输入电流将可以忽略不计，因此稳态时栅极驱动功率很小。而要关断器件，则必须对寄生电容进行放电，并且栅-源电压必须低于阈值。

MOSFET 的主要优点是，它是一种电压控制型器件，在导通状态下，它的功率损耗可以忽略不计。因此，与等效 BJT 的基极驱动电路相比，MOSFET 的栅极驱动电路更简单、成本更低。MOSFET 的缺点是在通态下漏极-源极之间的等效电阻比 BJT 高，因此损耗更大，作为功率开关的效率相对较低。MOSFET 主要用于中低功率等级逆变器，功率最多只有几千瓦，电压一般不超过 700V。

2.6.3 绝缘栅双极型晶体管（IGBT）

IGBT（见图 2.30）是一种混合型器件，它结合了 MOSFET（便于通过低功率逻辑电路控制栅极开关）和 BJT（集电极-发射极之间相对较低的功耗）的优点。这些优点使 IGBT 比 MOSFET 和 BJT 更具优势，在除小功率驱动器外的所有领域占据主导地位。IGBT 特别适用于中等功率、中等电压等级（数百千瓦）的应用。与 NPN 型 BJT 一样，IGBT 中主（负载）电流从集电极流向发射极。

2.7 变频器的波形、噪声和冷却

与其他文献一样，本章（以及本书后续章节）图中所示的波形是在理想条件下得到的。这些理想波形对于帮助我们更好地理解基本运行原理很有意义，但是需要提醒的是，示波器上看到的波形可能看起来与书中这些波形不太一样，而且通常难以解释。

电力电子的本质就是开关过程，但是，实际上功率开关器件很少能像我们所设想的那样以清晰明确的方式实现开关动作。特别是在每次器件切换开关状态后，电压波形一般会出现高频振荡或明显的"振铃"现象，这是因为受到杂散电容和电感的影响，一般在变频器的设计阶段就考虑到了这个问题并已经采取了措施，通过在变频器的合适位置加装缓冲电路来最大限度地降低影响。然而，彻底抑制所有这些瞬态现象是很不经济的，因此用户在输出波形中看到瞬态现象的残余波形也不必诧异。

噪声也是一个让新从业者担心的问题。大多数电力电子变频器都会发出频率与开关频率基波和谐波相对应的尖锐或低沉的噪声，尽管当变频器被用来给电机供电时，电机发出的噪声通常比变频器本身的噪声大得多。这些噪声很难用语言来描述，但一般噪声的范围是从尖锐的嗡响声到刺耳的哨声。在交流传动系统中通常可以通过改变开关频率来避免特定的机械共振。如果开关频率提高到可听范围（与年龄成反比）之外，噪声将会消失，但这增加了开关损耗，因此必须在两者之间寻求一个折中方案。

2.7.1 开关器件的冷却——热阻

通过采用开关策略，开关器件的功率损耗与其输出功率相比是很小的，因此变频器具有较高的效率。然而，开关器件产生的热量几乎都释放在了半导体的有源区，由于半导体本身很小，如果没有得到充分冷却，开关器件将会过热甚至烧毁。因此，必须保证在最苛刻的工况下，开关器件的结温也不超过安全限值。

当器件在低温（即环境温度）下开始工作，并使其平均功耗保持不变时，分析开关器件的结温会发生的变化。首先，结温开始升高，产生的一部分热量被传导到金属外壳，金属外壳在温度升高时会存储一些热量。然后，热量传导到散热器（如果安装了）中，散热器开始升温并将热量传递到周围的空气中。器件结温、外壳和散热器的温度会持续上升，最终达到平衡状态，此时器件产生热量的速率和热量散播到周围环境的速率是相等的。

因此，最终的稳态结温取决于热量沿温度梯度向周围环境逸散的难易程度，或者换言之，取决于器件内部与周围介质（通常是空气）之间的总"热阻"。热阻通常以°C/W表示，它表示在稳态下每消耗1W功率会引起多少摄氏度的温升。对于给定的功耗，热阻越高，升温越快。因此，为了最大限度地降低器件的温升，器件与周围空气之间的总热阻必须尽可能小。

功率器件设计者旨在将半导体结与器件外壳之间的热阻降至最低，并提供一个大而平坦的金属安装表面以降低外壳和散热器之间的热阻。变频器设计者则必须确保器件和散热器之间有良好的热接触，通常要在螺栓上涂导热化合物以填充微小的空隙。此外，还必须设计散热器以尽可能降低它和空气之间的热阻，这涉及散热器材料、尺寸、形状的选择和安装位置的选取，以及相关的空气流动系统（见下文）。

在某些应用中，风冷式散热器并不是最佳选择，取而代之的是使用液体冷却（去离子水、乙二醇或油）。汽车中的应用就是一个典型的例子，其驱动器的散热系统就是采用了液体冷却系统。

半导体结和器件外壳之间良好的导热路径也会带来一个缺点，即金属安装表面（或现有大功率封装器件表面）可能会"带电"。这给变频器设计者带来了困难，如果将器件直接安装在散热器上会使散热器存在潜在的危险。此外，可能需要使用几个独立的隔离散热器以避免短路。另一种方法是使用薄云母垫片使器件与散热器电气隔离，但这会显著增大热阻。

越来越多的开关器件被封装成"模块"，并带有电气隔离的金属接口，这样可以解决"带电"的问题。这些封装模块包括晶体管、二极管或晶闸管的组合，可以用以构成各种不同的变换器。多个模块可以安装在一个散热器上，不必与外壳或机柜隔离。这些模块目前可用于额定功率数百千瓦的变频器，且适用范围还在进一步扩大。

2.7.2 散热器和强制风冷

决定散热器热阻的主要因素是散热器的总表面积、表面光洁度和空气流量。

许多变频器使用挤压铝散热器，这种散热器一般有多个散热片，可以增加有效的冷却面积并降低热阻，并且有一个或多个加工面可用于设备的安装。散热器通常垂直安装以改善空气的对流。散热器的表面光洁度也很重要，黑色阳极氧化铝通常比亮铝散热效果好30%。散热器的冷却性能是一个复杂的技术领域，在强制风冷散热器中湍流对散热性能有很大的改善。

中等功率（比如200kW）变频器的典型结构布局如图2.31所示。风扇安装于散热器的顶部或底部，将外部空气吸入并向上增强自然对流。即使很小的气流也是非常有益的，例如，风速只有2m/s时，热阻比自然冷却时减少了一半。这意味着在一定的温升要求下，散热器的尺寸仅为自然冷却的一半。然而，空气流速增加带来的散热效果会逐渐下降，还会引起额外的噪声。

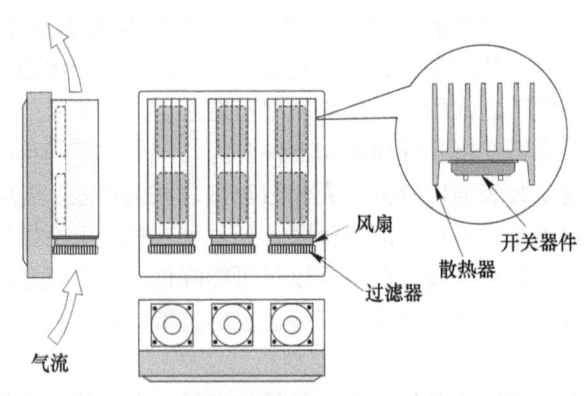

图2.31 变频器中散热器和冷却风扇的布局

2.8 习题

（1）在图Q1所示的电路中，电压源和二极管均为理想元件，负载为电阻。（注：此题旨在加强对二极管工作原理的理解，而不代表任何实际电路。）请分别绘制下列条件下的负载电压：

（a）V1为20V正弦交流电压源，V2为+10V直流电压源。

（b）V1为20V正弦交流电压源，V2为-10V直流电压源。

（c）二极管D1的位置由电源V1的上方改为下方，其他条件与（a）相同。

（2）一台直流电机驱动用全控桥式整流器，由230V低阻抗交流电源供电，其最大直流输出电压是多少？

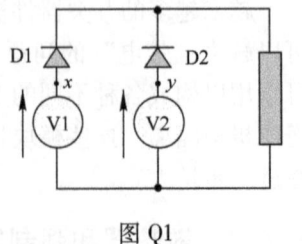

第 2 章　电机驱动用电力电子变换器　69

（3）假设负载电流连续，由 415V、50Hz 公共电源供电的三相全控整流器的平均输出电压为 300V 时，其触发角为多少？若电源频率变为 60Hz，触发角会改变吗？

（4）假设直流负载电流连续，试画出触发角为 60°时单相全控整流器中一个晶闸管两端的电压波形。可参考图 2.10。

（5）一个单相全控整流器，触发角 $\alpha = 45°$，带感性负载，输出电流为 25A，试画出其交流电源的电流波形。如果交流电源为 240V、50Hz，计算每个周期电源的峰值功率和平均功率，忽略开关损耗。

（6）"直流斩波器通常被认为类似于交流变压器"，解释这句话的意思，并分析一台以感应电机为负载，由 100V 电池供电，平均输出电压为 20V 的斩波器输入和输出功率的关系。假设电机电流保持为 10A 不变。

（7）一台由 150V 电池供电的 5kHz 降压晶体管斩波器为一个 R/L 负载供电，负载电流几乎保持为 5A 不变，负载电阻为 8Ω。将所有元件视为理想元件并计算：

(a) 斩波器的占空比。

(b) 负载的平均功率。

(c) 电源的平均功率。

（8）分析图 Q8 所示的开关电路中二极管的作用。关于二极管的作用，给出了如下可能的解释：

- 防止反向电流流入开关电路。
- 可防止电感过电压。
- 限制电源中电流的变化率。
- 限制 MOSFET 上的电压。
- 消耗电感中存储的能量。

图 Q8

分析以上答案并确定哪个是正确的。

（9）在图 Q8 所示的电路中，假设电源电压为 100V，二极管的正向压降为 0.7V。下面给出了关于问题"当电流续流时，MOSFET 的电压是多少"的一些答案。

- 99.3V。
- 0.7V。
- 0V。
- 取决于电感。
- 100.7V。

分析以上答案并确定哪个是正确的。

答案参见附录。

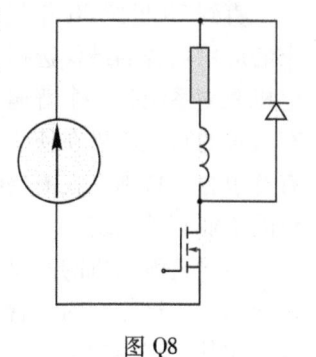

第 3 章

直流电机

3.1 简介

直到20世纪80年代，传统（有刷）直流电机一直是有速度或转矩控制要求的应用场合的最佳选择。尽管使用变频器供电的交流电机驱动系统来代替直流电机驱动系统是一个普遍的趋势，并导致了直流电机市场份额的下降，但目前仍有大量的直流电机在使用。直流电机在一些较大功率（几百千瓦）的场合仍具有竞争力，特别是在需要防滴型电机的地方，应用范围从轧钢厂、轨道牵引到广泛的工业驱动系统。

鉴于直流电机的重要性已经降低，读者可能想知道为什么要花一整章的篇幅来介绍它。这是因为尽管直流电机的结构相对复杂，但是其工作原理比较容易理解，尤其是它结构上产生"磁通"和"转矩"的部分有着明显的区分。我们将会发现，直流电机的性能可以通过一个简单的等效电路来进行计算，并且它的许多特性可以在其他不同类型的电机上反映出来，而那些电机产生磁通和转矩的来源是很难区分的。因此，对于初学者来说，直流电机是一个理想的学习对象，在本章中学到的知识会对后续的学习有很大帮助。

在上到几兆瓦下到只有几瓦的功率范围内，所有直流电机的基本结构都相同，如图3.1所示。

直流电机有两个独立的电路。较小的一对端子（标为E1、E2，E代表励磁，见图3.6）连接到励磁绕组上。励磁绕组绕在每个主磁极上，通常是串联的。这些绕组用以建立磁动势，并在每个磁极下的气隙中产生磁通。在稳态下，所有输入励磁绕组的功率都以发热的形式所消耗，全都没有转换成机械输出功率。

主端子（标为A1、A2，其中A代表"电枢"）将"产生转矩"的工作电流传导到电刷上，而电刷通过换向器与转子上的电枢绕组连通。励磁绕组（产生电机磁通的绕组）与电枢绕组的供电是相互独立的，因此称之为"他励"。

与其他电机一样，直流电机可以根据任意规格的电压需求进行设计，但出于某些原因，直流电机的额定电压一般在 6～700V 之间。其中，电压下限是由于

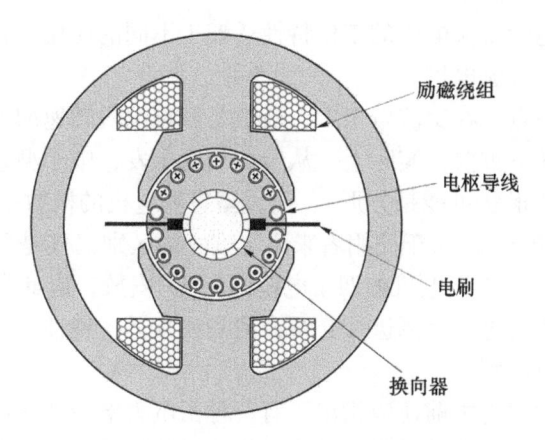

图3.1 传统（有刷）直流电机

在电刷（参见下文）上不可避免地存在 0.5~1V 的电刷压降。这种被"浪费"的电压如果在电源电压中占比很大是不可取的。而对于高压电机，更高的电压将使换向器绝缘成本非常昂贵。关于换向器的作用与工作原理将在下文详细介绍，这里只简单地指出，电刷和换向器在高速下运行会存在问题。小型直流电机，比如输出功率几百瓦以下的电机，运行转速可达 12000r/min，但是大多数中大型电机通常设计转速都低于 3000r/min。

直流电机通常配备电力电子驱动器，驱动器采用交流供电，并将其转换为直流向电机供电。由于市电电压往往是标准化的（例如 110V、200~240V、380~480V，50Hz 或 60Hz），所以电机的额定电压通常与驱动器输出的直流电压范围相匹配（见第 2 章）。

如上所述，对于给定功率、转速和尺寸的电机，通常可以被设计成不同的电压。原则上，只需改变电机绕组的匝数和线径即可。例如，一台 12V、4A 的电机，只需将其线圈导线匝数加倍、截面积减半，即可在 24V 下工作。经过改造的电机在 24V 电压下的额定转速与原 12V 电机相同，但额定电流由原来的 4A 变为 2A。电机的输入功率和输出功率保持不变，除了接线端子可能稍小一点外，电机外观也几乎没有差异。

传统直流电机可分为并励、串励和他励。此外，还有一种"复励"电机。这些名称可以追溯到电力电子技术兴起之前，反映了励磁绕组和电枢绕组之间的连接方式，而这又反过来决定了直流电机的运行特性。举例来说，串励直流电机在直接起动时具有高起动转矩，因此广泛用于牵引电机；而在需要恒转速运行的场合中则适合采用并励直流电机。

不同类型的直流电机之间不存在本质上的差别，下面先介绍他励直流电机，之后再简要介绍并励和串励直流电机。在第 4 章中，将会详细介绍如何让电力电子驱动器驱动的他励直流电机的工作特性适配于不同的应用场合，从而逐渐取代传统的并励和串励直流电机。

首先要清楚一点，在交流电机中，极数是影响电机转速的首要因素，而在直流电机中，极数并不重要。实际上，从经济角度出发，中小型直流电机多为2极或4极（定子铁心形状可能是方形），而大型直流电机的极数一般更多（例如10极、12极，甚至更多）。对于使用者来说，唯一的区别仅仅是2极电机的两个电刷间隔180°安放，而4极电机的四个电刷间隔90°安放，以此类推。为了方便起见，本书主要以2极电机为例进行介绍，但是就其运行特性而言，不同极数的直流电机并没有本质区别。

最后，在继续讨论之前还应指出，有一种由电力电子变频器供电的三相方波电压的交流电机被称之为"无刷直流电机"，人们容易将其和直流电机混淆。建议读者暂时忘记这种"无刷直流电机"——该类型电机会在第9章专门介绍。

3.2 转矩产生机理

转子上的轴向载流导体与定子产生的径向磁通相互作用产生转矩。磁通或者说"励磁"可以由永磁体（见图3.2a）或励磁绕组（见图3.1和图3.2b）产生。

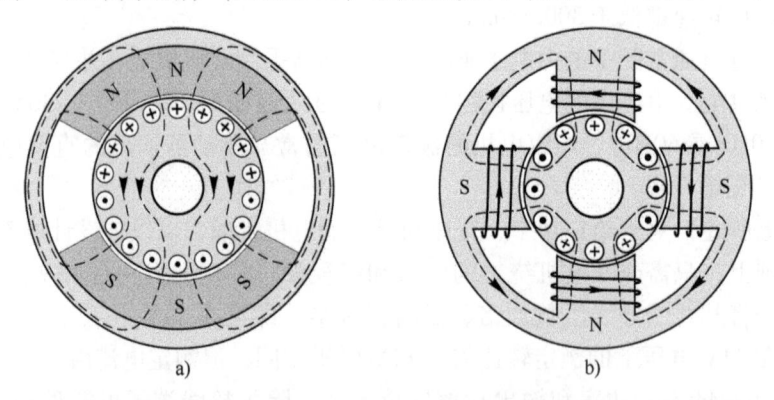

图3.2 直流电机的励磁系统。a) 2极永磁励磁；b) 4极电励磁

永磁式直流电机的输出功率从几瓦到几千瓦不等，而电励磁式直流电机的输出功率在100W到MW级范围内。永磁电机的优点在于不需要外加电源就能完成励磁，所以整体体积更小。缺点是它的磁场强度不能改变，也就无法进行磁场控制。

铁氧体永磁材料已经使用多年，相对来说较为便宜且便于制造，但磁能积（衡量磁场激励源能力）很小。稀土永磁材料（例如钕铁硼或钐钴）的磁能积更大，并能获得高转矩/体积比，因此被用于高性能伺服电机，但其价格相对昂贵，且难以制造和加工。钕铁硼永磁材料磁能积最大，但居里点较低，超过居里点将会导致永磁体退磁，在一些要求苛刻的应用场合中需要考虑这个问题。

虽然磁场对于电机的运行很重要，但回顾第1章，我们知道电机输出的机械功率实际上并不来自于励磁系统。励磁就像化学反应中的催化剂，使能量转换成为可能，但对输出没有直接贡献。

直流电机的主电路由若干相同的绕制在转子槽中的线圈构成，被称为电枢。电流通过电"刷"与换向器之间的滑动接触流入和流出电机的转子，换向器由安装在圆柱形框架上的绝缘铜片构成。（"刷"一词源于早期尝试将成捆的电线绑在一起实现滑动接触，就像扫帚上的柳条一样。这些原始的电刷很快就会在换向器上磨出凹痕。）

换向器的作用会在下面介绍，这里需要强调，所有将被转换成机械能输出的电能都须通过电刷和换向器馈入直流电机中。考虑到采用这种高速滑动接触的供电方式，为了保证可靠运行，换向器需要保持清洁，电刷及配套弹簧部件需要定期维护。电刷肯定都会磨损，不过如果使用合适"等级"的电刷并且正确地安装它们，就可以持续使用数千小时。根据经验，电刷每使用3000~4000h预计磨损1cm。幸运的是，磨损掉的电刷碎屑（以石墨颗粒的形式）将被通风空气带离危险区域，否则任何堆积在高压电机绕组绝缘上的粉尘都可能引起短路的风险，而换向器上的碎屑更可能会导致灾难性的环火。

换向器的轴向长度取决于其流过的电流大小。小型直流电机通常在换向器的两侧各装有一个电刷，所以换向器比较短。而电流较大的直流电机可能在同一刷臂上安装多个电刷，每个电刷都有一个刷盒（电刷在里面可以自由滑动），同一刷臂上的所有电刷通过刷辫并联连接。换向器的长度接近于电枢的"有效"长度（即处于径向磁通中的导线长度）。

3.2.1 换向器的作用

直流电机电枢绕组有多种不同的绕组形式，但这对于深入研究绕组与换向器的设计既无帮助也没必要。这些问题最适合留给专业的电机设计人员和维修人员。我们仅需关注一个设计良好的换向绕组有何作用，尽管表面上看起来十分复杂，但原理很简单。

换向器的作用是保证转子处在任何位置时，转子内的电流分布始终如图3.3所示。

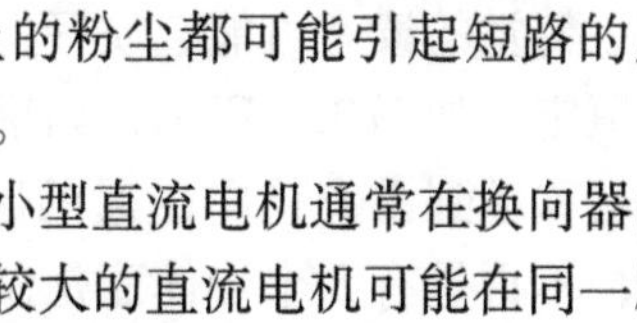

电流通过一个电刷流入转子，沿图3.3所示的方向流经转子绕组，然后通过另一个电刷流出转子。电枢与电源的触点是与电刷接触的那一个或几个换向片（电刷通常比单个换向片宽），由

图3.3 2极直流电机中的转子
(电枢) 电流工作模式

于所有电枢线圈都通过各个换向片彼此相连,所以实际上,电流通过换向器流过了所有电枢线圈。

从图3.3可以看出,N极下所有导体的载流方向都相同,而S极下的导体载流方向与之相反。因此,N极下所有导体都会受到一个向下的力(该力的大小与径向磁通密度B和电枢电流I成正比),而S极下所有导体将受到一个大小相等、方向向上的力——记住弗莱明左手定则——如图1.4所示。这些力作用在转子上就产生了转矩,转矩的大小与磁通密度和电枢电流的乘积成正比。磁通密度实际上在磁极表面并不是完全均匀分布的,因此电枢导体受力也不完全相同。尽管如此,总的转矩可由下式计算:

$$T = K_T \Phi I \qquad (3.1)$$

式中,Φ为磁场总磁通;K_T为转矩常数。大多数直流电机的磁通基本保持不变,所以电机的转矩与电枢电流成正比。这个极其简单的转矩公式说明,如果要求电机在任意转速下产生恒定转矩,只需控制电枢电流不变即可实现。标准的驱动器一般都可以实现这个功能,后文将具体介绍。由式(3.1)可知,改变电枢电流(I)或磁通(Φ)的方向即可改变转矩的方向。显而易见,在需要电机反转或再生制动时,可以利用这一点。

警觉的读者可能会质疑上面的说法——无论转子位置如何变化,电机转矩保持恒定。如图3.3所示,如果转子稍微转过几度,图中一个磁极下的5个导体之一会移动到没有径向磁通的区域,此时下一个导体还没移动到磁极下。这样的话,不再是有5个导体而是仅有4个导体产生转矩,难道转矩不会相应减小吗?

这个问题的答案是肯定的,并且为了限制转矩波动,大多数直流电机都装有比图3.3中更多的线圈。在大多数的应用场合中,为了尽可能避免在传动装置和负载中引起振动和共振,都希望电机输出平滑的转矩。这在机床驱动中非常重要,如果转矩和转速不稳定,不均匀的切削将严重降低零件加工质量。

一般来说,线圈(和换向片)的个数越多越好,因为理想的电枢希望转子电流可以看成是一个均匀分布的面电流,而不是一系列离散的线电流。如果电枢线圈数量无限多,那么转子电流将不随转子位置变化而变化,因此转矩将变得绝对平滑。虽然实际上不可能实现,但大多数直流电机都希望接近理想情况。考虑到实际因素和经济性的影响,大型直流电机的槽数和线圈数量通常较多,因此输出转矩的波动很小。

3.2.2 换向器的工作原理

现在讨论换向器的工作原理,我们首先关注一个特殊的线圈(见图3.3所示的线圈ab),在如图3.3所示的位置,该线圈a边位于N极下方,b边位于S极下方。为产生正转矩,a边需流过正电流,b边需流过负电流。如果线圈转过半周，a 边位于 S 极下方，b 边位于 N 极下方，该线圈中必须流过反向电流才能继续产生正向转矩。电流换向发生在线圈每次经过极间轴线时，此时换向器滑过电刷，导致线圈被"切换"。每当有线圈处于电刷所在的位置，表明该线圈正在进行换向，此时该线圈无电流流过，其电流方向正在发生改变。

图 3.4 所示的简化示意图揭示了电流换向机制的本质。如图所示，通过换向器和电刷馈电的单个线圈，其电流总是从位于上方的电刷流入。

图 3.4 单线圈直流电机换向过程的简化示意图

在左侧示意图中，线圈 a 边位于 N 极下方，此时该线圈边流入正电流，因为与其相连的换向片（带阴影的）正由位于上方的电刷馈入电流。如图 3.4a 所示，线圈 a 边所处磁场方向为从左（N 极）指向右（S 极），因此它将受到一个向下的力。当该线圈边保持在 N 极下方时，其受力保持恒定。相反，线圈 b 边内流过负电流，并且处在方向从右到左的磁场中，所以线圈 b 边会受到一个向上的力。因此，转子上会产生一个逆时针方向的转矩。

当转子转到如图 3.4b 所示的位置时，线圈 b 边由换向片馈入正电流。与图 3.4a 相比，此时线圈两边流过的电流方向发生改变。每个线圈边的受力方向也都发生改变，转子上仍将产生我们所期望的逆时针转矩。除了线圈处于极间发生换向的短暂时间外，转矩会一直保持恒定。

值得强调的是，以上讨论仅仅是为了说明换向原理，所以不应过于从书面理解此示意图。在实际电机中，电枢上有多个线圈，每个换向片的弧度比图 3.4 所示的小得多，并且每一时刻仅有一个线圈进行换向，因此无论转子在什么位置，转矩都近乎恒定。

换向效果的好坏主要与电枢线圈的自感以及其中的储能大小有关。根据之前所学的知识，电感倾向于阻碍电流的变化，如果在电刷滑离换向片时换向尚未完全完成，那么在电刷后缘将会产生火花。

小型直流电机可以允许有轻微的火花，但在中大型电励磁直流电机中，一般需要在定子上额外安装一些小的换向极以改善换向，从而尽可能减少火花。这些额外的换向极位于主磁极之间，如图 3.5 所示。永磁直流电机的转子线圈附近不存在定子铁心，因此电枢线圈的电感较小，所以通常不需要安装换向极。

安装换向极的目的是让线圈在换向过程中能够产生出一个感应电动势，该电动势的极性将有助于加快电流换向，从而避免产生火花。换向所需电动势的大小与电枢电流、转速成正比。电枢电流流过换向极线圈将在换向极中产生与电枢电流成正比的磁通，从而产生大小合适的换向电动势。因此，换向极线圈一般由几匝粗导线绕制而成，并始终与电枢回路串联。

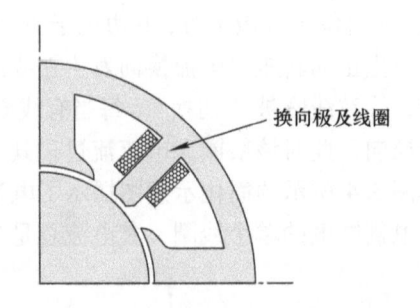

图 3.5　换向极及换向极绕组的位置示意图
（为了便于分析，省略了主磁极绕组）

3.3　运动电动势

建议没有阅读第 1 章的读者在阅读本章剩余部分之前，先检查一下自己是否熟悉 1.7 节所涵盖的内容，因为并不是所有第 1 章的结论在本节都会明确地再重复说明。

当电枢静止时，不会产生运动电动势。但当转子开始转动后，电枢绕组开始切割径向磁通，进而在电枢绕组中感应出运动电动势。

转子旋转时，电枢上每个线圈中都会感应出极性交替变化的交流电动势。以图 3.3 中的线圈 ab 为例，如果转子顺时针旋转，线圈 a 边将向上穿过磁场，并由此感应出一个方向为垂直纸面向外的运动电动势。同时，线圈 b 边向下运动，感应出一个大小相等、方向垂直纸面向内的运动电动势。线圈中的合成电动势将是单边导体中电动势的两倍，并且该电动势在半个圆周内近乎保持恒定。在此期间，线圈切割恒定磁场。此外，在一个相对较短的时间内，线圈没有切割磁场，此时电动势为零。之后，线圈将再次切割磁场，由于此时每个线圈边换到了相反的磁极下，产生的电动势方向也相反。因此，每个线圈中的感应电动势波形是一个交变的矩形波，其幅值和频率都与转速成正比。

转子上的线圈是串联的，因而任意一对径向相对的换向片两端的电动势都将是一个很大的交流电动势（需在转子的角度上观察）。

转子绕组里感应出交流电动势这一事实可能会令人疑惑，因为本章介绍的是直流电机而不是交流电机。但是，当我们从电刷两端去看感应电动势时，所有的疑虑都会打消。电刷和换向器实现了电能变换的作用，在电刷两端所看到的是直流电动势。

首先需要强调，电刷是静止的。这意味着尽管每个电刷所接触的换向片不断被相邻的换向片替换，但两个电刷之间的电路始终由相同数量且电动势方向一致的线圈构成。所以，两个电刷间的电动势是直流电动势（不变）而不是交流电动势。

感应电动势的大小取决于电刷相对于换向器的安装位置，电刷总是被安装在产生最大交流电枢电动势所对应的位置上。实际上，换向器和电刷可以看成一个机械整流器，它把旋转坐标系下的交流电动势转换成静止坐标系下的直流电动势。这是一个非常巧妙和高效的装置，但缺点在于它是一个机械系统，因此会发生磨损。

前面说过，获得平滑的转矩需要有许多线圈和换向片，这同样适用于获得平滑的电动势。如果只有几个电枢线圈，那么电动势将是一个直流叠加一个明显的纹波。线圈个数越多，脉动程度就越低，产生的直流电质量就越好。实际中，由于换向片数量有限，感应电动势不可避免地会存在少量的脉动，这对于电机驱动来说影响不大。但当直流电机被用于为闭环系统提供速度反馈信号时，这有时会带来一些问题（见第4章）。

由第1章可知，长度为 l 的导体以速度 v 穿过磁通密度为 B 的磁场时，产生的运动电动势可由式 $e = Blv$ 计算。一个电机里有很多串联的导体，将第1章中介绍的简化原型电机的直线运动速度（v）替换成转子导体的切向速度，这时切向速度与转速（n）成正比。转子导体所切割的磁场平均磁通密度（B）与总磁通（Φ）成正比。如果把其余的影响因素（导体数、半径、转子有效长度）综合考虑成一个常数（K_E），那么电刷间感应出的电动势大小可由下式计算

$$E = K_E \Phi n \tag{3.2}$$

这个公式揭示了磁通的重要性，说明在建立磁场之前无论转子转速多快都不会产生电压。一旦磁场建立，就会产生感应电动势，并且其大小与转子转速成正比；如果转子反转，感应电动势的极性也随之改变。此外，需注意电动势仅取决于磁通和转速，无论转子是由原动机牵引（作为直流发电机）还是由电机自身驱动（作为直流电动机），都是一样的。

前面已经提到，磁通基本是一个保持在最大值的常数，因此式（3.1）和式（3.2）可以写成以下形式

$$T = k_t I \tag{3.3}$$
$$E = k_e \omega \tag{3.4}$$

式中，k_t 为电机转矩常数；k_e 为电动势常数；ω 为角速度，单位为 rad/s。

本书通篇采用国际单位制。在国际单位制中，电机转矩常数 k_t 的单位为转矩（N·m）除以电流（A），即 N·m/A；电动势常数 k_e 的单位是 V/(rad/s)[注意，k_e 的单位也经常写成 V/(1000r/min)]。

电机转矩常数（N·m/A）和电动势常数［V/(rad/s)］的单位意义并不明

确，它们表面上是衡量两种完全不同的物理量，实则相同，即 $1\text{N}\cdot\text{m/A}=1\text{V}/(\text{rad/s})$。一些读者会简单地接受这个结论，而有些读者可能会产生疑惑，少数读者可能会发现它是显而易见的。为了便于那些感到疑惑的读者理解，可以一步步将转矩常数的单位用一些等价单位替换，从而得到两个常数单位之间的等价关系，例如

$$\frac{\text{N}\cdot\text{m}}{\text{A}}=\frac{\text{J}}{\text{A}}=\frac{\text{W}\cdot\text{s}}{\text{A}}=\frac{\text{V}\cdot\text{A}\cdot\text{s}}{\text{A}}=\text{V}\cdot\text{s}$$

这仍然留下了一个问题，尽管 k_e 单位中弧度的具体含义并不明确，但至少说明了两个常数单位之间潜在的统一性，毕竟弧度是一个无量纲的量。进一步研究，可以发现 $1\text{V}\cdot\text{s}=1\text{Wb}$，即磁通的单位。这不足为奇，因为转矩和运动电动势的产生与磁通密切相关。

根据前述发现，在国际单位制中转矩常数与电动势常数相等，即 $k_t=k_e=k$。因此转矩方程和电动势方程可进一步简化成

$$T=kI \tag{3.5}$$

$$E=k\omega \tag{3.6}$$

这两个有趣且简单的方程在后面的介绍中会被反复使用。结合电枢电压方程（见下文），我们可以分析出直流电机的基本特性。很少有像直流电机这样可以用如此简单的公式表示其基本原理的电机。

尽管一直在分析导体中的感应电动势，但不能忽视另一个事实即转子自身也会产生感应电动势。以一个转子齿为例，当转子转动时，齿上同样也会感应出一个交变的电动势，就像在与其相邻的导体中产生的电动势一样。在图 3.1 所示的直流电机中，当 N 极下的转子齿中感应出的电动势为正时，则与之径向相对的转子齿（在 S 极下）中的电动势为负。考虑到转子铁心是导电的，那么这些电动势将会在转子铁心中产生涡流。为了减少涡流，转子铁心一般不是实心的，而是用有绝缘涂层的薄硅钢片（通常厚度小于 1mm）叠压而成。如果转子不是用硅钢片叠压制成，那么感生出的涡流不仅会产生大量的热，还会产生很大的制动转矩。

3.3.1 等效电路

直流电机的等效电路可以在第 1 章中简化原型电机的等效电路基础上得到，如图 3.6 所示。

电压 V 为电枢两端间的电压，E 为电枢电动势。图 3.6 中 R 和 L 分别为电枢回路总的电阻和电感。使用的符号习惯与通常电机所用的符号惯例一样。在作为电动机运行时，感应电动势 E 的方向总是与端电压 V 的方向相反，因此又被称为"反电动势"。为使电流馈入电机，V 必须大于 E，电枢回路的电压方程如下：

$$V = E + IR + L\frac{dI}{dt} \tag{3.7}$$

式中的最后一项代表电枢自感引起的感应电压。该电压与电流变化率成正比，稳态条件下（电流恒定），该项数值为0，可以忽略不计。之后将会介绍，电枢电感在瞬态条件下会产生一个不利的影响，但当电机由可控整流器供电时，电枢电感会对电流波形起到平滑作用。

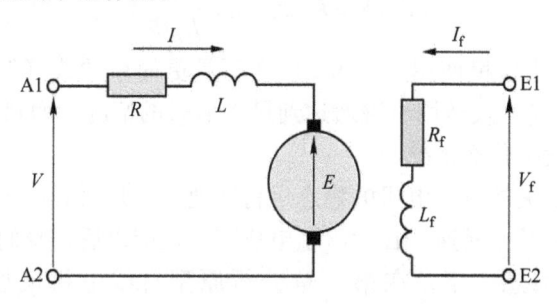

图3.6 直流电机的等效电路

3.4 直流电机的稳态性能

用户一般比较关心直流电机带负载后其转速的下降情况，以及转速如何随端电压变化而变化的情况，以便评估电机与应用场景的匹配程度。上述问题一般通过直流电机的稳态性能反映，稳态性能为直流电机在任何瞬态影响（例如负载的突然变化）消失后，状态再次达到稳定时所表现出的性能。分析稳态性能通常比分析瞬态性能更容易。直流电机的稳态性能可以从图3.6中的等效电路推导出来。

在稳态条件下，电枢电流 I 保持恒定，式（3.7）可简化为

$$V = E + IR, \quad I = \frac{V - E}{R} \tag{3.8}$$

基于该公式，如果已知端电压、转速［通过式（3.6）可求出 E］和电枢电阻，就可以求出电枢电流，然后再根据式（3.5）可以求出电机转矩。反过来，如果给定转矩和转速，也可以计算出所需的电压。

基于上述内容，我们即将推导出任意给定电枢电压 V 情况下直流电机的稳态转矩-转速特性。但在这之前，还是需要先建立空载转速和电枢电压之间的关系，因为这是转速控制的基础。

3.4.1 空载转速

空载意味着电机可以很轻松地转动，空载运行时电机受到的唯一阻力是自身

的机械摩擦。正常情况下，电机的摩擦转矩都很小，因此只需较小的驱动转矩即可维持电机运转。由于电磁转矩与电枢电流成正比［由式 (3.5) 得］，所以空载电流也会很小。如果假设空载电流为零，那么空载转速将会很容易计算。由式 (3.8) 可知，电枢电流为零意味着反电动势等于端电压，而式 (3.2) 表明反电动势与转速成正比。因此，在理想的空载（零转矩）条件下，可以得到

$$V = E = K_E \Phi n, \quad n = \frac{V}{K_E \Phi} \tag{3.9}$$

式中，n 为转速。［这里使用式 (3.2) 而不是更简单的式 (3.4) 来计算电动势，是因为式 (3.4) 仅适用于磁通达到最大值时的情况，而目前我们更想知道当磁通减少后会发生什么情况。］

眼下我们主要关注直流电机的稳态运行转速，但是读者一定会想知道电机如何从静止起动达到某个转速。在学习了电机瞬态性能以后，我们会回过头来回答这个问题。现在回想一下，在第 1 章分析原型直线电机模型时曾出现过与式 (3.9) 完全一样的公式。由该式可知，如果电机没有受到与旋转方向相反的制动力，转速就会一直上升，直到反电势与端电压相等时为止。同样的结论也适用于无摩擦阻力和空载运行的直流电机。

从式 (3.9) 可以看出，空载转速与电枢电压成正比，与磁通成反比。下面通过一个例子来证明在磁通恒定的情况下利用式 (3.9) 所计算出的结果的实用性。在之后的学习中同样可以通过此例来研究电机的转矩-转速特性。

3.4.2 性能计算示例

考虑一个 500V、9.1kW、20A、电枢电阻为 1Ω 的永磁电机。（这些数值说明这台电机正常工作电压为 500V，满载时的电枢电流为 20A，在满载条件下的机械输出功率为 9.1kW。）当供电电压为 500V 时，这台电机在空载条件下以 1040r/min 的转速运行，电枢电流为 0.8A。

电机稳定运行时，它所产生的转矩和总的负载转矩必须大小相等，且方向相反。如果产生的电磁转矩小于负载转矩，电机将减速；如果电磁转矩大于负载转矩，电机将加速。通过式 (3.3) 可知，直流电机的电磁转矩由电枢电流决定，因此可以得出一个结论：在稳态运行条件下，直流电机的电枢电流由负载转矩决定。在使用稳态等效电路（见图 3.6）进行计算时，读者需要习惯电枢电流是由负载转矩决定的，即求解电路方程的一个主要已知"条件"为机械负载转矩，虽然这个条件不会显示在等效电路图上。如果不理解机械负载转矩和电枢电流之间的这种内在联系，将会成为一个学习的难点。

回到本例上来，由于讨论的是一台实际的电机，所以即便在空载运行时，它也会存在一个很小的电流（并由该电流产生少许转矩）。事实上，直流电机空载

运行时会产生电磁转矩却不会加速，这是由于电机的冷却风扇、轴承和电刷都存在摩擦。

如果想要粗略估算在不同电枢电压（例如250V）下的空载转速，那么可以选择忽略空载电流，利用式（3.9）得出

$$250\text{V 空载转速} = (250/500) \times 1040\text{r/min} = 520\text{r/min}$$

因为式（3.9）是基于空载电流为0的假设推导得到的，所以这个计算结果只是一个近似值。

如果想要得到更精确的空载转速，则首先需要根据式（3.8）计算出反电动势的初始值，得出

$$E = 500\text{V} - 0.8\text{A} \times 1\Omega = 499.2\text{V}$$

正如预期设想的那样，反电动势几乎完全等于端电压。相应的电机转速为1040r/min，所以电动势常数为499.2/1040 或 480V/(1000r/min)。为了计算电机在250V下的空载转速，首先需要知道电枢电流的大小。由于摩擦转矩随转速变化的情况未知，只能先假设摩擦转矩恒定，在此情况下电枢电流始终为0.8A，与转速无关。在这种假设条件下，反电动势为

$$E = 250\text{V} - 0.8\text{A} \times 1\Omega = 249.2\text{V}$$

转速则可通过下式计算得出

$$250\text{V 空载转速} = \frac{249.2}{480} \times 1000\text{r/min} = 519.2\text{r/min}$$

通过此例可知，空载转速估计值和空载转速实际值之间的差异小到可以忽略不计。因此，读者可以放心地使用式（3.9）来计算不同电枢电压下直流电机的空载转速，并得到如图3.7所示的空载转速曲线图。

图3.7揭示了直流电机空载转速和电枢电压之间存在非常简单的线性关系。

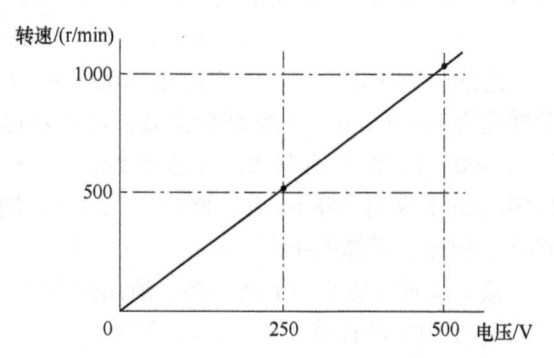

图3.7 直流电机空载转速-电枢电压的关系曲线

3.4.3 负载运行

我们已经知道直流电机的空载转速与电枢电压成正比，接下来需要研究当负载发生变化时电机转速的变化情况。

通常，我们所说的负载大小是指电机以特定转速驱动负载时所需的转矩大小。有些负载，例如吊钩上负载重量恒定的简易滚筒式起重机，在任何转速下其

所需的驱动转矩都恒定不变。但是就大多数负载而言，其所需的驱动转矩一般随着转速的变化而变化。以风扇为例，其所需转矩大致随转速的二次方成正比变化。如果已知电机和负载的转矩/转速特性曲线，那么就能简单地通过两条曲线在转矩-转速平面上的交点获得电机的稳定转速，如图3.8所示（不仅限于直流电机）。

图3.8 电机和负载的稳态转矩-转速曲线，X点代表电机的稳定运行点

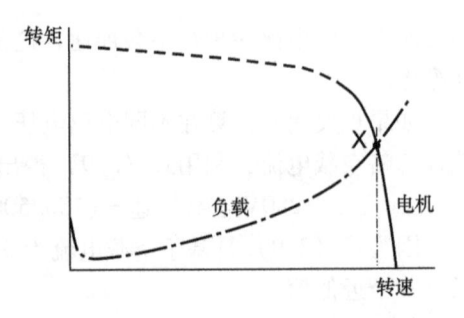

在X点上，直流电机产生的电磁转矩恰好等于负载转矩，因此电机和负载处于平衡状态，电机转速保持稳定。在低于X点对应的转速运行时，电机驱动转矩大于负载制动转矩，合成转矩为正，电机将加速。随着电机转速朝着X点上升，转速曲线逐渐趋于平缓直到转速稳定在X点。相反，在X点对应转速上方运行时，电机驱动转矩小于负载制动转矩，合成转矩为负，电机将减速，直至再次回到平衡点X。在本例中，该系统本质上是一个稳定系统，即使某些扰动使电机转速发生了变化，但当扰动消失后电机最终都会回到稳定运行点X上。

现在，通过对前面示例的拓展，来进一步说明直流电机的转矩-转速特性。要想知道直流电机在端电压为500V时的满载转速，首先需要计算电机在满载时（即电流为20A时）的反电动势。由式（3.8）可以得到

$$E = 500V - 20A \times 1\Omega = 480V$$

之前已经计算出该台电机的电动势常数为480V/(1000r/min)，所以电机满载转速为1000r/min。从空载到满载，电机转速呈线性下降，图3.9给出了端电压为500V时的电机转矩-转速曲线。注意，从空载到满载，电机转速从1040r/min下降到1000r/min，降幅仅为4%。同时反电动势从接近500V下降到480V，同样也下降了4%。

接下来研究功率的平衡关系，所用的方法与1.7节相同。直流电机满载时的输入电功率由VI计算，即$500V \times 20A = 10kW$。在电枢电阻上的损耗发热功率为$I^2R = (20A)^2 \times 1\Omega = 400W$。由电功率转换成的机械功率可由$EI$计算，即$480V \times 20A = 9600W$。从空载损耗的相关数据可以看出，直流电机空载时需要克服的摩擦损耗和铁心损耗（包括涡流和磁滞损耗，主要在转子部分）功率约为$500V \times 0.8A = 400W$，因此最终输出机械功率大约为9.2kW。而额定输出功率只有9.1kW，这表明该直流电机满载运行时，预计会有100W的附加损耗（这里我们不做深究）。

从上述计算过程中可以看出两个重要的特点。其一，直流电机加载后的转速下降程度（"跌落"）非常小。这对于大多数应用需求来说是非常有利的，因为

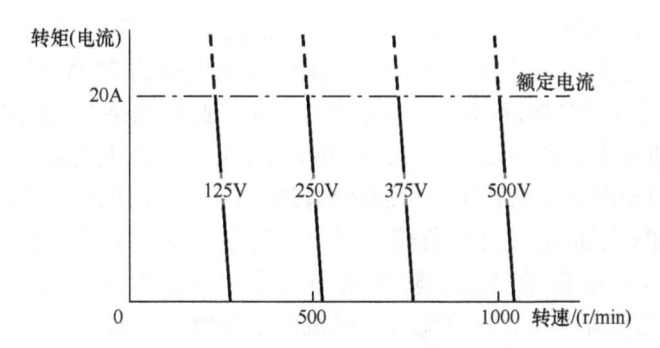

图 3.9　不同电枢电压下的稳态转矩-转速曲线簇

这说明只要保证电枢端电压不变，就能够维持近乎恒定的电机转速。其二，它揭示了 V 和 E 之间微妙的平衡关系。实际上，电枢电流与 V 和 E 之间的差值成正比［参见式（3.8）］，任何 V 或 E 的较小变化都会引起电枢电流的较大变化。在本例中，E 仅下降4%，电流就上升到额定值（20A）。因此，必须限制 V 和 E 之间的差值以避免发生过电流现象（在由晶闸管电源供电时是不能接受的）。在后面研究电机瞬态性能时，将再次讨论这一点。

图 3.9 所示为前述示例直流电机的转矩-转速曲线簇。如前所述，电机的空载转速与端电压成正比。此外，每条特性曲线的斜率相同，且斜率由电机的电枢电阻决定：电阻越小，电机带载时转速的下降程度就越小。这些运行特性十分优良，因为这表明可以很容易地通过控制电枢电压来调节直流电机的转速。

图 3.9 中每条特性曲线的上部区域用虚线表示，这是由于该运行区域中电机的电枢电流高于其额定值，因此电机无法在该区域持续运行以避免电机过热。直流电机可以在高于额定电流的情况下短时运行一段时间，并能在此期间提供与电枢电流成正比的转矩，这使得直流电机特别适用于需要偶尔过载的场合。

当直流电机持续运行在低速全电流（对应最大转矩）条件下时，可能因自然通风条件恶劣而引起过热问题。这种情况在由变频器供电的电机驱动系统中相当常见，因此直流电机通常配备小型鼓风机以辅助散热。

虽然本书主要涉及的是将电能转换为机械能的电机，但是与其他电机一样，直流电机本身也能作为发电机运行，将机械能转换为电能。尽管绝大多数直流电机大部分时间都运行在电动机模式下，但也有一些应用场合例外，比如需频繁换向的辊轧机，以及需要快速制动的场合。在辊轧机中，直流电机经过控制可以将每次辊筒换向时存储的动能转换为电能回馈给电源；而在快速制动的应用中，能量也可以被回馈，或者以热量的形式消耗在电阻中。这些瞬态运行模式中，直流电机作为发电机运行更适合被称为"再生"，这是因为这个过程中被重新利用的机械能都是之前由直流电机所提供的。

在有充足机械动力源（例如内燃机）的情况下，直流电机也可以作为发电机持续发电。在上面讨论的例子中，直流电机端电压为500V时，空载转速为1040r/min，反电动势接近500V，电枢电流很小。此时如果对电机转轴上施加机械负载，电机稳态转速会随之下降，反电动势下降，电枢电流增大。这个过程将一直持续，直至电机驱动转矩和负载制动转矩相等，之后电机重新恢复平衡。

相反，如果不是施加机械负载（制动）转矩，而是使用内燃机提供驱动转矩，即试图提高电机的转速，转速增加会导致电机的反电动势大于端电压（500V）。这意味着电流会从直流电机侧流向电源侧，进而产生负转矩，电能逆向流回电源。当电磁转矩与内燃机提供的机械输入转矩大小相等且方向相反时，直流电机能够实现稳定发电。在本例中，直流电机的满载电流为20A，为了克服电枢绕组自身电阻压降和端电压的影响，电动势的大小至少为

$$E = IR + V = 20A \times 1\Omega + 500V = 520V$$

根据空载电动势（499.2V，1040r/min）可以计算出此时电机的转速，直流电机稳定发电转速由下式计算得出

$$\frac{N_{\text{gen}}}{1040\text{r/min}} = \frac{520\text{V}}{499.2\text{V}}, \text{ 即 } N_{\text{gen}} = 1083\text{r/min}$$

该转速也能通过查阅转矩-转速曲线图（见图3.9）得到，图中对应于500V的特性曲线在电流为20A处的交点横坐标即为对应转速。我们注意到该直流电机从满载电动到满载发电的整个运行范围内，其转速只从1000r/min变化到1083r/min。

需要强调的是，如果想让空载运行的直流电机进入发电运行模式，只需向电机转轴提供机械能即可。直流电机不需要进行任何实体上的改造就能从电动机变成发电机——电机本身既可作为电动机又可作为发电机使用——这就是将其称之为"电机"的原因。电动汽车就充分利用了电机自身固有的可逆性，当汽车减速或下坡时可以给电池充电。（如果内燃机也能做到这一点该多好；每当汽车减速时，动能就会重新转换为油箱里的燃料。）

在本节最后，我们将推导出用两个可控变量来表示稳态转速的解析表达式，即端电压（V）和负载转矩（T_L）。在稳态下，电枢电流恒定不变，因此式（3.7）中的电枢电感压降一项可以忽略；由于转速不变，电机电磁转矩等于负载转矩。消去式（3.5）和式（3.7）中的电流I，并代入式（3.6）中的E，可以得到转速表达式为

$$\omega = \frac{V}{k} - \frac{R}{k^2}T_L \tag{3.10}$$

该方程代表转速/转矩平面上的一条直线，正如之前的示例所示。式中第一项表明空载转速与电枢电压成正比；第二项表示在给定负载转矩下，电机转速下

降的部分。转矩-转速曲线的斜率为 $\frac{R}{k^2}$，再次说明电枢电阻越小，直流电机带负载时其转速下降就越小。

3.4.4 额定转速和弱磁

现在我们开始研究直流电机的运行特性。在磁通最大的情况下，对应于额定电枢电压和额定电流（即额定满载状态）的电机转速称为额定转速（见图 3.10）。图 3.10 上半部分表示的转矩-转速区域，为直流电机在不超过其最大（额定）电流条件下所能运行的区域；下半部分则表示最大输出功率和转速之间的函数关系。

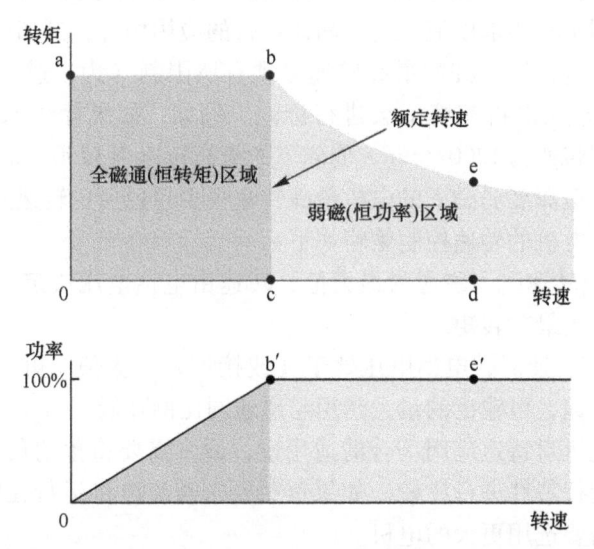

图 3.10 转矩-转速平面和功率-转速平面中直流电机的连续运行区域

只需适当调节端电压，直流电机就能以低于额定转速和额定转矩（或电流）的任意转速和转矩（或电流）运行。直流电机的全磁通运行区域如图 3.10 中的阴影区域 0abc 所示，通常也被称为转矩-转速特性的"恒转矩"区域。这里"恒转矩"的意思是直流电机以低于额定转速的任意转速运行时都能够产生额定转矩。需要注意的是"恒转矩"一词并不意味着电机产生的转矩是恒定不变的，而是表明直流电机可以产生所需要的恒定转矩：如前所述，在转轴上施加的机械负载决定了直流电机产生的稳态转矩。

当电机电流达到最大值时（即沿着图 3.10 中的线段 ab），电磁转矩也达到其最大（额定）值。因为机械输出功率等于转矩乘以转速，所以线段 ab 对应的机械输出功率与转速成正比，如图 3.10 下半部分所示。最大输出功率对应于

图 3.10 中的 b 点，此时，电机的电压和电流都达到额定值。

根据式（3.9）可知，如果要使直流电机的运行转速超过额定转速，那么必须降低电机的磁通。降低磁通的做法被称为"弱磁"。在第 1 章中讨论过针对原型直线电机的"弱磁"条件。例如，通过将磁通减半（同时维持电枢电压在额定值），使电机空载转速加倍（对应图 3.10 中的 d 点）。然而，转速的提升是以牺牲转矩为代价的，因为转矩与磁通和电流的乘积成正比［见式（3.1）］。电流被限制在额定值，如果磁通减半，电机转速将加倍，但转矩仅为额定转矩的一半（对应图 3.10 中 e 点）。注意，在 e 点上，电机的电枢电压和电枢电流都是额定值，所以功率也为最大值，与 b 点功率相等。沿图中从 b 点到 e 点的曲线，电机的功率保持不变，因此，图中线段 bc 右侧的阴影区域也被称为"恒功率"区域。弱磁仅适用于不要求以最大转矩高速运行的应用场合，例如电力牵引。

弱磁条件下电机所允许的最高转速必须有所限制（为了避免换向器出现过大的火花），通常在电机铭牌上会进行标注。例如，如果标注 1200/1750r/min，就表示电机额定转速为 1200r/min，弱磁下的最高转速为 1750r/min。弱磁程度因电机设计而异，但深度弱磁下的电机最高转速很少超过额定转速的 3~4 倍。

综上所述，电机的转速控制策略如下：

- 低于额定转速时，磁通为最大值，转速由电枢电压决定。直流电机在任意转速下都能输出最大转矩。
- 高于额定转速时，电枢电压处于（或接近）最大值，可以通过弱磁的方式来提高电机转速，可输出的最大转矩与磁通同比例降低。

为了判断电机对特定应用场合的适用性，通常需要将预期负载的转矩-转速特性与电机的运行特性进行比较。如果负载要求直流电机运行在图 3.10 阴影之外的区域，则需要选用更大的电机。

最后需要注意，如果单从式（3.9）来看，当磁通减小为 0 时，电机空载转速将变成无穷大。这当然不可能，因为磁场对于电机运行是必不可少的。因此，将磁场完全移除，电机转速达到无穷大的设想似乎并不合理。事实上，这种观点是基于空载情况下电机转矩为零这一假设。如果能制造出一台没有任何摩擦转矩的电机，通过逐渐减小该电机磁通，电机转速确实会持续升高。但实际上电机存在摩擦转矩，在减少磁通的过程中，电枢电流所产生的电磁转矩会越来越小，直至运行在电磁转矩与摩擦转矩相等的工作点，因此转速也会受到限制。此外，励磁绕组开路是非常危险的，特别是对于大型直流电机空载运行来说。大型直流电机的磁极中可能存在较大的剩磁，足以产生相当大的转矩使电机空载运行时不断加速并发生"飞车"的危险状况。一般需要将励磁回路和电枢回路互锁，一旦励磁回路开路，电枢回路就会自动切断。

3.4.5 电枢反应

除了上述的弱磁手段之外，前文中还曾提到过，直流电机的磁通还会因"电枢反应"效应而被削弱。顾名思义，电枢反应反映了电枢磁场对励磁磁场的影响。小型直流电机中的电枢反应可以忽略不计，但对于大型直流电机来说，这些由电枢反应引起的弱磁作用大到需要额外的结构设计来抵消其不利的影响。关于电枢反应详细的讨论将会远远超出大多数读者的需求，但还是有必要对其进行简要的介绍。

图 3.1 可以很好地帮助理解电枢反应是如何发生的。电枢磁动势沿着由电刷确定的轴线分布，即电枢磁动势的轴线与主极轴线正交。电机在交轴方向上的磁阻很大，这是因为交轴方向上磁通需要穿过的气隙很大。所以尽管额定电流时的转子磁动势可能很大，但交轴磁通却相对较小；并且由于与主磁通轴线垂直，即使电枢反应磁通在通过主磁极铁心（图 3.1 的水平方向）时与主磁通共享了部分磁路，交轴磁通不会对主磁通平均值产生影响。

类似的情况在第 1 章中介绍简化原型电机时曾强调过。之前解释过，计算导体所受电磁力时不需要考虑导体自身产生的磁场。如果不是因为磁饱和导致的非线性影响，电枢反应产生的磁通不会对图 3.1 所示的直流电机的主磁通平均值有任何影响。这是因为磁极一侧的磁通密度会因为电枢反应而增加，而另一侧的磁通密度会有相同程度地减少，从而使主磁通平均值保持不变。然而，如果主磁路中铁心达到饱和，那么电枢磁动势对于一侧磁极磁通的增加量将小于另一侧的减少量，这样总的主磁通就会减少。

前面介绍过磁通减少会导致转速上升，所以对于电枢反应明显的直流电机，如果其轴上拖动的负载增加，电枢电流也随之增加以产生更大的转矩，同时磁通受电枢反应影响而下降，电机转速升高。虽然这种情况不属于真正的不稳定运行，但一般还是不希望发生。

一般大型直流电机磁极表面开有辅助槽，并在槽中增加了与电枢绕组串联的附加绕组。这些附加绕组能够产生一个与电枢磁动势方向相反的磁动势，从而减少或消除电枢反应的影响。

3.4.6 最大输出功率

由前文介绍可知，如果直流电机轴上的机械负载增加，电机转速就会相应下降，电枢电流随之增加，直至产生的电磁转矩再次与负载转矩达到平衡，从而使电机转速再次达到稳定。如果电机的电枢电压为最大（额定）值，增加机械负载直到电流也达到其额定值，电机将进入满载运行状态，即电机以最大转速（由电压决定）和最大转矩（由电流决定）运行。最大电流值在电机设计阶段就已确定，该值受电枢绕组所允许的发热水平所约束。

如果在此基础上进一步增加轴上负载，电流将超过安全值，直流电机将开始过热。由此引发一个问题"如果不考虑过热问题，电机能输出越来越大的功率吗？输出功率是否存在一个极限值？"

通过观察图3.9的转矩-转速曲线，可以看出直流电机实际上存在一个最大输出功率点。输出机械功率等于转矩和转速的乘积，当负载转矩为零（即电机空载运行）或转速为零（即电机静止）时，电机的输出功率也为零。那么功率在这两个零值之间必然存在最大值，很明显输出机械功率的峰值出现在转速达到空载转速一半时。然而，这种运行情况仅可能出现在非常小的电机上，对于大多数直流电机，电源根本不可能提供这么大的电流。

回到"理论最大功率"的问题上来，将最大功率传输定理（来自电路理论）应用到图3.6所示的等效电路中。在假定直流的条件下电感可以忽略不计。如果把电枢电阻考虑成电源 V 的内阻，根据最大功率传输定理可知，要想将最大功率传递给负载（由图3.6右边的运动电动势表示），那么必须使负载"看起来"像一个等于电源内阻的电阻 R。当电枢电压在电路中被均分时，就可以实现这种条件，即一半电压等于电阻 R 上的压降，而另一半电压等于电动势 E。（条件 $E=V/2$ 对应于电机以 1/2 空载转速运行，如上所述。）在最大功率点上，电流为 $\dfrac{V}{2R}$，输出机械功率（EI）等于 $\dfrac{V^2}{4R}$。

最大输出功率的表达式非常简单，它说明了最大功率仅取决于电枢电压和电枢电阻。举例来说，对于一台电枢电阻为 1Ω、电枢电压为 12V 的直流电机，该电机的机械输出功率不可能超过 36W。

此外，还应注意到在最大功率条件下，电机的效率仅为 50%（因为在电枢电阻中会损耗相同的功率）。需再次强调，只有非常小的直流电机才能持续运行在这种条件下。对于绝大多数的直流电机来说，这只是理论上可行，因为电流 $\left(\dfrac{V}{2R}\right)$ 显然超过电源的承受范围。

3.5 瞬态过程

前面已经指出，稳态电枢电流的大小取决于反电动势和端电压之间的差值。而在变频器供电的驱动系统中，如何让电流维持在安全范围内至关重要，否则晶闸管或晶体管（过电流能力有限）将会损坏。根据式（3.8）可以得出，为了避免电流超过其额定值，要保证 V 和 E 之间的差值不能超过 IR，其中 I 为额定电流。

对于除小型直流电机外的大部分直流电机来说，仅将电机直接接入额定电压，是无法达到正常工作转速的。还以之前的电机为例，电机额定电压为500V，电枢电阻为1Ω。当电机静止时，反电动势为0，起动电流为500V/1Ω = 500A，相当于额定电流的25倍。这会造成变频器中的晶闸管损坏（和/或烧断熔丝）。因此，在电机起动时必须施加远小于500V的初始电压；如果要想把电流限制在额定值（本例中为20A），那么所需的电压为20A×1Ω，也就是20V。随着电机转速的升高，反电动势也会随之升高，为了保持电流仍为额定值，电压V也必须随之升高，从而维持V和E之间的差值为20V。当然，当电流受到控制时，直流电机不会像直接接入额定电压那样快速加速。这也是为了保护整流器所需要付出的代价。

如果负载突然增加，直流电机上会出现浪涌电流，这会导致电机转速和反电动势E的下降。从某种意义上说，反电动势E的下降有助于增大电枢电流，从而产生更大的电磁转矩以平衡所增加的负载转矩。但是，我们不希望电流超过其额定值，一旦电流超过额定值，就需要准备降低端电压V，以防止电流过大。

为解决过电流问题，可以在电机驱动系统中设置一个电流闭环。检测电机的电枢电流，对电压进行自动调节，使电流不会持续超过额定电流值，通常允许在1.5倍额定电流下持续运行不超过60s。关于电流控制环的内容将在第4章中详细介绍。

3.5.1 动态响应和时间常数

在前文介绍中，"浪涌"和"突变"等术语无疑会造成这样的印象，即电枢电流或电机转速的变化可以瞬间发生。而事实上，任何一种变化都需要在有限的时间内来完成。（如果电流发生变化，电枢电感中存储的能量也会发生变化；如果转速发生变化，存储在惯量中的旋转动能也会发生变化。而这些变化要想在0时间内完成，都需要有一个无限大的能量脉冲，这当然不可能。）

相较于其他类型的电机，直流电机动态响应的理论分析方法更容易一些，但也超出了本书的范畴。即便如此，还是很有必要总结直流电机动态响应的主要特征，并且需要强调的是直流电机所有瞬态变化都取决于两个时间常数。第一个（从用户的角度来看最重要）是机电时间常数，它决定了直流电机在受到诸如电枢电压或负载转矩变化的扰动后，转速如何达到新的稳定状态的过程。第二个是电气（或电枢）时间常数，它决定了电枢电流随电枢电压变化的速率，通常比机电时间常数短得多。

当直流电机运行时，其端电压与负载转矩可能会突然发生变化。当其中任何一个发生变化时，直流电机都会在经历一个瞬态过程后重新运行在新的稳定状态。如果忽略电枢电感（即假设电气时间常数为0），瞬态过程的对外特征表现为转速和电流的一阶指数响应。这个假设对于除大型直流电机外的大部分直流电机都成立。在第 1 章关于简化原型电机（见图 1.16）的讨论中也得到了类似的结果。

举例来说，一台不考虑摩擦的空载直流电机，将其电枢电压突然从 V_1 增加到 V_2，该电机转速与电流的变化曲线将会如图 3.11 所示。

由于端电压突然增大，且大于反电动势，电枢电流会立即增加（由于忽略电枢电感）；电流的增加会产生更大的驱动转矩，因此电机将开始加速；转速上升又会引起反电动势的增加，所以电流开始下降；该过程将一直持续直至电机达到新的稳定转速，该转速将由变化

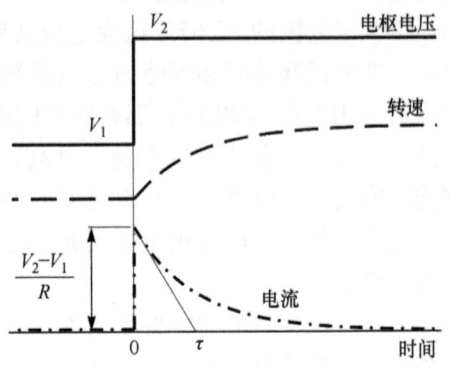

图 3.11 直流电机对于电枢电压阶跃增加的响应

后的端电压决定。因为本例假设电机没有摩擦和负载转矩，在此特殊情况下，电机的稳态电流为 0。如果在有初始负载或者负载突然改变的情况下，其动态响应曲线的形状应该与示例一致，只是稳态电流值不同。

瞬时电流［时间（t）的函数］表达式为

$$i = \left(\frac{V_2 - V_1}{R}\right) e^{\frac{-t}{\tau}} \tag{3.11}$$

转速变化的表达式与上式类似，同样按照指数函数 $e^{\frac{-t}{\tau}}$ 变化。时间常数（τ）的重要意义如图 3.11 所示，将电流-时间曲线的初始斜率进行延伸，它与横坐标轴的交点即为一个时间常数。理论上，响应需要无限长的时间才能稳定，但实际上瞬态过程通常被认为在 4~5 个时间常数内就可以完成。直流电机的瞬态响应具有令人非常满意的优点，一旦端电压增大，电枢电流立即增大以产生更大的驱动转矩，电机因此开始加速，但加速转矩会逐渐减小，以确保电机平稳到达新的目标转速。更值得高兴的是，由于是一阶系统，所以不会出现伴随超调的振荡响应。

分析得出时间常数和电机/系统参数之间的关系如下：

$$\tau = \frac{RJ}{k^2} \tag{3.12}$$

式中，R 为电枢电阻；J 为直流电机带载后的总转动惯量；k 为电机常数［见式（3.3）和式（3.4）］。"机电时间常数"一词可以通过式（3.12）来理解，τ 同时取决于电气参数（R 和 k）和机械参数（J）。可以合理预测，如果电机惯量增大一倍，时间常数也将加倍，瞬态过程将持续两倍的时间。而电机参数 R 和 k

通常情况下不会发生明显的变化。

电气（电枢）时间常数通常以 LR 串联电路的形式定义，即

$$T_a = \frac{L}{R} \tag{3.13}$$

假定直流电机的转子保持静止，并在电枢上施加一个阶跃电压，电流将呈指数形式上升，并在一个时间常数 T_a 内达到最终值 V/R。

如果直流电机上一直施加直流电压，那么 T_a 应该设计得尽可能小。这样，当电压发生变化后，电流变化将没有滞后现象。

考虑到大多数直流电机的供电电压波形很不平滑（见第 2 章），实际发现，由于电感和与之相关的电气时间常数的存在，电机的电流波形（以及转矩）比电压波形更加平滑。所以，不可避免的电枢电感（在大部分情况下）反而也有有益的作用。

到目前为止，似乎所讨论的两个时间常数对电枢电流的影响相互没有关联。首先从机电时间常数角度看，假设电枢时间常数为 0，可以发现在暂态过程中对电流起主要影响作用的是运动电动势。再来讨论转子静止时（运动电动势为 0）电流的变化情况，此时电流的增长或衰减是由电枢电感所决定的，并通过电枢时间常数表现出来。

实际上，这两个时间常数同时影响电枢电流，并且由于电机系统实际上是一个二阶系统，电机瞬态过程远比上述所描述的复杂得多。然而，好在对于大多数电机以及大多数实际应用来说，可以充分利用电枢时间常数比机电时间常数短得多这一事实。由此可以将相对较快的电枢电路的"电气瞬变"和对于用户来说明显更慢的"机电瞬变"进行解耦来模拟电机的瞬态性能。站在用户的角度，更感兴趣的只是机电瞬态响应。

3.6 四象限运行和再生制动

他励直流电机的巨大优越性体现在易于控制。它的稳态转速取决于端电压，只需施加大小和极性合适的端电压，就能使电机在任意方向上以期望的转速运行。电磁转矩和电枢电流成正比，而电枢电流仅取决于端电压 V 和反电动势 E 之间的差值。因此，仅仅通过控制端电压大于或小于反电动势，就可以让电机产生正（电动）转矩或负（发电）转矩。基于电枢电压控制的直流电机因此具有所谓的"四象限"运行能力，具体参见图 3.12 所示的转矩-转速示意图。

图 3.12 看起来很简单，但是经验表明，只有真正理解直流电机运行才能画出这样正确的四象限运行图，因此值得详细说明要点。正确理解这张图对于理解直流电机的调速原理非常重要。

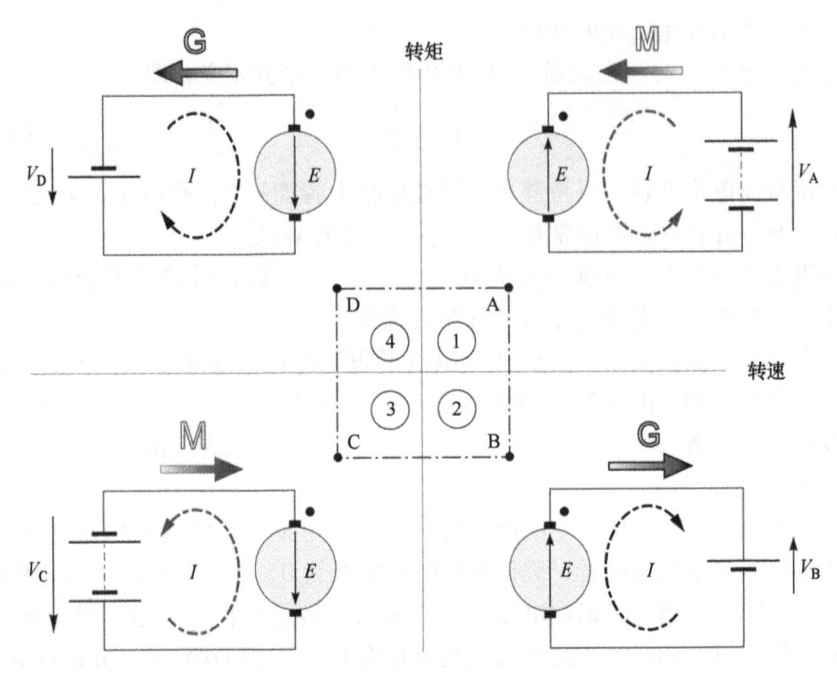

图 3.12 直流电机在转矩-转速平面上的四象限运行（彩图见插页）

首先，指定电机一端并标记一个点，在 4 个象限的图中该点都处在电机符号上方的位置。该惯例的目的是为了方便表示正负转矩，如果电流流入该点，表示直流电机产生正转矩；如果电流流出该点，表示直流电机产生负转矩。

其次，电压源用传统电池符号表示，因为使用现代的圆形符号表示电压源容易和代表电机电枢的圆形符号发生混淆。用电池符号的个数表示端电压和运动电动势的大小关系，当 $V>E$ 时，端电压用两个电池符号表示；当 $V<E$ 时，端电压用一个电池符号表示。

由前文已经得知，直流电机的转速取决于端电压，电磁转矩取决于电枢电流。图 3.12 中右侧两图中端电压方向为正（向上），左侧两图中端电压方向为负（向下）。上方两图中电流为正（流入标记点），而在下方两图中电流为负（流出标记点）。为了便于分析，假设电机在四种运行情况（A、B、C、D）下具有相同的转速和转矩，这些条件意味着电机在运行中具有相同的感应电动势和电枢电流。

当直流电机沿正向电动运行时，它运行在第 1 象限。端电压 V_A 方向为正（向上），并且大于反电动势 E（图 3.12 中代表 V_A 的箭头相应比 E 长一些），此时流入电机的电枢电流为正。在该象限中，直流电机从电源（$V_A I$）汲取功率，如标有 M 的阴影箭头所示，代表电机处于电动运行状态。电机转换成机械能的

功率为 EI，其中 I^2R 部分的功率为电枢电阻中损耗的热能。如果 E 远大于 IR（除了小型直流电机外，几乎所有的直流电机都如此），那么大部分输入的电功率都转换成机械功率，转换效率很高。

当电动机运行在 A 点时，如果突然将端电压减小至低于反电动势的值 V_B，电流（以及转矩）将因此反向，电机运行点将转移至图 3.12 中的 B 点。因为转速不会突变，所以电动势此时将保持不变。如果新的端电压满足 $E-V_B=V_A-E$，那么新的电枢电流将和运行于 A 点时电机的电枢电流大小相等，因此新的（负）转矩与原来的正转矩大小相等，方向相反，如图 3.12 所示。此时电机向电源馈送电能，即电机作为发电机运行，如阴影箭头 G 所示。

因此，实现这种功率反向流动只需适当降低电机端电压即可。在 A 点上，施加的端电压为 $E+IR$，而 B 点端电压为 $E-IR$。由于 IR 相较 E 来说非常小，所以电压变化量 $2IR$ 其实也很小。

电机正常运行时不会停留在 B 点。在负载转矩和电机所产生的负转矩的共同作用下，电机转速将下降，反电动势会再次下降到端电压 V_B 以下，电枢电流和电机转矩将再次变为正值，直流电机将重新回到第 1 象限稳定运行，对应于新的（较低）端电压，电机新的稳定转速也更低。在减速阶段，来自电机和负载的动能被回馈到电源。因此，这是典型的再生制动的例子，每当通过降低端电压来降低电机转速时，这种现象都会自然发生。

如果想要直流电机稳定运行在 B 点，就必须有一个机械源一直驱动电机运行。由上述内容可知，电机的自然趋势是运行在比 B 点更低的转速上，如果要使电机持续运行在发电状态，必须提高电机转速，从而获得比 V_B 更大的感应电动势。

类似的结论同样适用于电机反向运行情况（即端电压为负）。电机在第 3 象限（C 点）同样处于电动状态，每当为了降低转速而降低电机端电压时，电机都会短暂移动至第 4 象限（D 点，伴随着再生制动）运行。

3.6.1 全速再生制动

为了更全面地说明在再生制动期间所要求的电机端电压变化情况，可以从如何让空载电机的转速在最短时间内从全速正转改变为全速反转的问题着手考虑。

直流电机正向全速运行时，电机端电压为 $+V$（如图 3.13 中 100% 所示）。因为电机空载，空载电流很小，反电动势几乎等于端电压 V。要使电机反向全速运行，最终需要将端电压改变为 $-V$。但不能简单地将端电压反接，如果这样做，电枢电流将马上变为 $(-V-E)/R$，过大的电流会导致灾难性的后果。（电机可能可以短时间承受，但是电源设备肯定不行！）

在调速过程中需要实时调整电机端电压，将电流的大小始终限制在额定值左右，并要确保电流方向正确。由于希望电机尽可能快地减速，因此必须尽可能将电流维持在负的额定电流左右（即 -100%）。这样电机在减速直至反向全速运行过程中始终保持恒转矩，所以电机在减速（以及接下来的加速）过程中的加速度不变，转速将呈线性变化，如图 3.13 所示。

从图中可以看出，开始时施加的端电压必须先减小至低于反电动势的值，之后控制端电压随时间线性下降，保持 V 与 E 之间的差值不变，从而使电流维持在额定值。另外，在电机反向加速过程中，V 必须大于 E，如图 3.13 所示。（为了清楚起见，图 3.13 中夸大了 V 和 E 之间的差值：对于大型直流电机，全速运行时该差值可能仅有 1% 或 2%。）

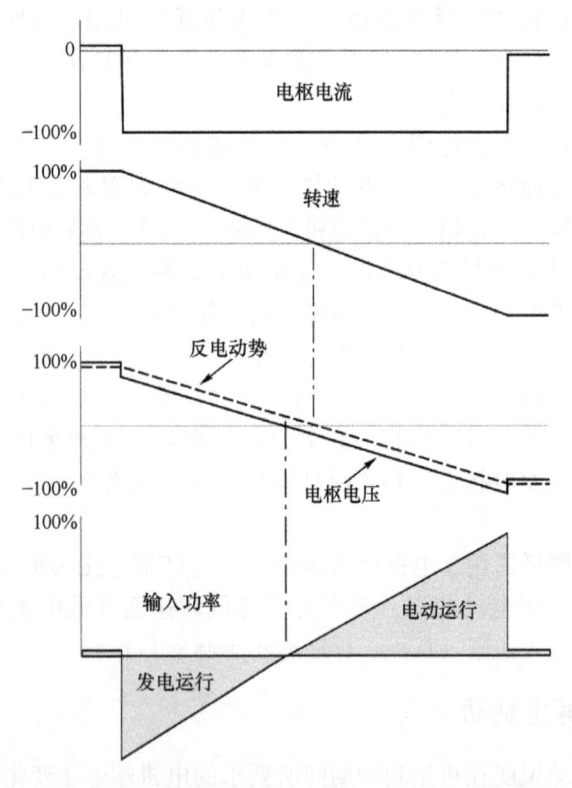

图 3.13 直流电机在最大允许转矩（电流）下从全速正转到全速反转的回馈制动

电源流入或流出的功率如图 3.13 底部图形所示，能量由阴影区域面积表示。在减速期间，电机的大部分动能（下方阴影区）逐渐被转换为电能回馈给电源，直流电机作为发电机运行。在大型电驱应用场合中，如轧钢厂，以这种方式回收的总能量是非常可观的。当直流电机反向加速时，同等规模的能量回馈给电机，并以动能形式存储起来。

最后需要强调三点。首先，整个讨论中假设电源能够提供正电压和负电压，并能在正负电流情况下正常工作。但需要注意的是，目前许多简易的电力电子变频器不具备这种灵活性。因此读者需要知道，只具备基本功能的变频器不能够满足电机四象限（甚至两象限再生）运行的要求，这点将在第 4 章再次讨论。其次，读者不应该轻易地认为只有事先计算出所需施加的端电压曲线，才能实现图 3.13 所示的反转。最后需要说明，驱动系统一般具备让电机运行在恒流模式的能力，用户需要做的仅仅是设定新的目标转速，这也将在第 4 章中讨论。

3.6.2 能耗制动

一种更简单、更经济但效率较低的制动方法是通过将电机和负载的动能消耗在制动电阻上，而不是将其回馈给电源。这种技术一般被用在较便宜的电力电子驱动系统中，其不具备将电能回馈给电源的能力。

当电机制动时，将电枢上的电源切断，并将一个制动电阻接到电枢两端的电刷上。此时电枢因惯性继续旋转，感应出的电动势通过电枢回路产生负电流，进而产生负转矩使电机减速。随着转速的下降，电动势、电流以及制动转矩也将逐渐下降。在低速情况下，制动转矩将变得很小。最终，所有的动能以热量的形式消耗在电机自身的电枢电阻和外接的制动电阻上。综上所述，能耗制动利用一个小电阻（或者简单地将电枢短路）就可以获得非常快的初始制动效果。

3.7 并励和串励直流电机

在可调电压源普及之前，大多数直流电机必须通过一个直流电源（通常是恒压源）供电运行。直流电机的电枢回路和励磁回路一般被设计成并联或串联。并励直流电机和串励直流电机的运行特性差异很大，分别有各自的应用需求：并励直流电机适用于要求转速恒定的场合，而串励直流电机则被广泛应用于牵引场合。

在某种程度上，这些关于直流电机的传统分类思想是根深蒂固的，而这不利于电机的发展。事实上，由整流器供电的他励直流电机，不受励磁和电枢回路之间连接方式的约束，完全可以做到并励直流电机和串励直流电机所能做的一切，甚至更多。如果可调电源早就存在，我们有理由怀疑并励和串励直流电机是否还能如此普及。

额定转速、额定功率相同的并励和串励直流电机具有相同的尺寸，相同的转子直径，相同的磁极，以及相同的电枢绕组、励磁绕组用铜量。这是因为电机的输出功率取决于磁负荷和电负荷，由此可以推测，为完成相同的工作，电机有效材料用量应该是相同的。两种电机在绕组细节上会有所差异，特别是在励磁绕组上。下面通过对相同输出功率的并励和串励直流电机进行对比的例子来详细介绍。

假定并励直流电机的端电压为500V，额定电枢（工作）电流为50A，励磁绕组需要提供500安匝的磁动势。励磁绕组匝数为200匝，电阻为200Ω。将该电机接到500V电源上，励磁电流将为2.5A，磁动势将达到所需的500安匝。在励磁回路中以发热形式消耗的功率将达到500V×2.5A = 1.25kW，在带额定负载的情况下，该电机总的输入功率将达到500V×52.5A = 26.25kW。

如果要将该并励直流电机变为串励直流电机，励磁绕组需要使用更粗的导线，因为这时励磁绕组需要承受50A的电枢电流，而不是并励时的2.5A。因此，如果想要电机工作在相同的电流密度下，串励直流电机励磁绕组的导线截面积将为并励时的20倍。但另一方面，串励电机励磁绕组的匝数仅需为并励励磁绕组的1/20（即10匝）即可产生相同的安匝数。长度为 l、截面积为 A、电阻率为 ρ 的导线，其电阻等于 $R = \frac{\rho l}{A}$，根据这个公式可知串励电机励磁绕组的总阻值将会低得多，仅为0.5Ω。

我们现在可以计算出在串励电机的励磁回路中所消耗的热能。电流为50A，电阻为0.5Ω，因此励磁绕组的压降为25V，铜耗为1.25kW。这与并励时的铜耗相同，因为两者的励磁绕组所起的作用是相同的。

为了满足励磁绕组上的25V压降以及电枢绕组的500V电压要求，串励时电机的电源电压须为525V。由于额定电流为50A，所以总的输入功率为525V×50A = 26.25kW，这与并励电机也一样。

这个例子说明，就能量转换能力而言，并励和串励直流电机基本上没有不同。一般地，并励直流电机励磁绕组匝数很多而线径较细，串励励磁绕组的匝数较少而线径较粗。但是两种电机的总用铜量是相同的，因此能量转换能力也相同。然而，这两种电机的运行特性差别很大，下面将详细介绍。

3.7.1 并励直流电机稳态性能

如图3.14a所示，并励直流电机的电枢回路和励磁回路并联接在一个直流电源上。通常，电源电压为电机的额定电压。在这种情况下，电机的稳态转矩-转速曲线类似于他励直流电机在额定磁通下的曲线，即电机转速会随着负载的增加而略微下降，如图3.14b中的直线ab所示。在正常运行范围内，并励直流电机的转矩-转速特性与感应电机（见第6章）的转矩-转速特性相似，因此并励直流电机和感应电机的适用场合类似，即通常所说的"恒转速"场合。

除小型直流电机外（1kW以下），中大型直流电机起动时需要在电枢回路中串入起动电阻（见图3.14中的 R_s），以限制电机在直接接入电源时所产生的较大的起动电流。随着转速的升高，逐级切除起动电阻，电流将随着反电动势的增

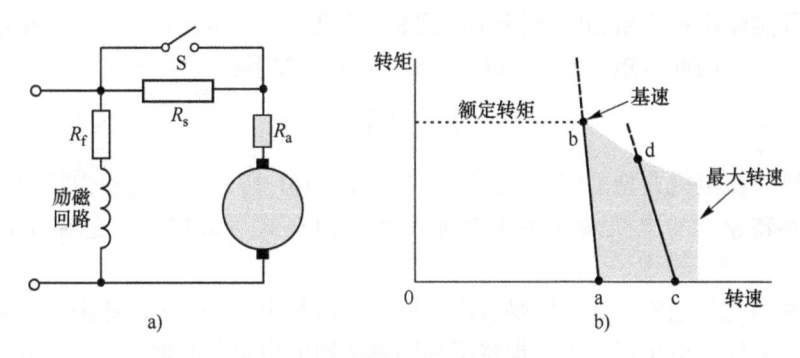

图 3.14 并励直流电机及其稳态转矩-转速曲线

加而逐渐减小。

现在还应该思考当电源电压出于某些原因发生变化时，电机运行情况会出现什么变化。以常见的轻载运行为例，在此情况下电机反电动势几乎等于端电压。如果此时电源电压降低，直觉上可能认为电机转速会下降，但事实上，由于电机在运行时受到两种相反的作用影响（参见下文），其转速最终几乎不变。

如果将电源电压减半，直流电机的励磁电流和电枢电压都将减半，如果磁路不饱和，主磁通也将减半。反电动势最终将稳定在初始值的一半，由于磁通也只有原来的一半，电机转速将保持不变。最大输出功率当然也会降低，因为在满载情况下（即额定电流）输出功率与电枢电压成正比。当然，如果磁路饱和，端电压适当降低所引起的主磁通下降也非常有限，在这种情况下，转速将随电压按比例下降。从上述的讨论中可以明白为什么普遍不认可并励直流电机在额定转速以下运行的原因。

有些调速方法通过在励磁回路串联电阻 R_f 实现弱磁，这可以将电机运行转速提高到额定转速以上，但需牺牲一定的电机转矩。电机经过弱磁后的转矩-转速曲线如图 3.14b 中的线段 cd 所示。

将励磁或电枢回路反接可以实现电机反转。通常首选励磁回路反接，这是因为励磁电流额定值一般要低于电枢电流额定值。

3.7.2 串励直流电机稳态性能

串励直流电机的电枢绕组和励磁绕组串联（见图 3.15a），此时磁通与电枢电流成正比，因此电磁转矩与电枢电流的二次方成正比。对于串励直流电机而言，电源电压（以及电流）反接并不会使电机转矩方向发生改变。这种不寻常的特性在交直流两用电机中得到了很好的应用，但是，当电机需要产生负（制动）转矩时，这会成为一个阻碍，因为励磁绕组和电枢绕组两者之一必须反接才能实现。

如果忽略电枢绕组和励磁绕组的压降，并且保持端电压恒定，则电枢电流与转速成反比，因此转矩（T）和转速（n）的关系如下：

$$T \propto \left(\frac{V}{n}\right)^2 \tag{3.14}$$

串励直流电机典型的转矩-转速曲线如图 3.15b 所示。受到磁饱和和电阻的影响，零转速下的电机转矩不可能无穷大，而在式（3.14）中忽略了这两个因素。

与并励直流电机一样，串励直流电机起动时反电动势为 0，如果在额定电压下起动，电流会由于仅受到电枢绕组和励磁绕组的电阻限制而过大。因此，除了小型电机外，一般串励直流电机都需在起动时串联一个起动电阻，以将起动电流限制在安全电流范围内。

从图 3.15b 中可以发现串励直流电机与其他大多数电机的不同之处在于没有明确定义空载转速，即不存在电机转矩降至零时对应的转速（非无穷大）。这意味着电机轻载运行时，其转速取决于风阻和摩擦转矩，并且当驱动转矩等于总机械阻力转矩时电机达到平衡。大型直流电机中的风阻和摩擦转矩相对较小，所以空载转速将远远超出机械部件的安全运行范围。因此串励直流电机绝对不能空载运行。与并励直流电机一样，如果要让串励直流电机反转，必须反接其励磁绕组或电枢绕组。

传统上，串励直流电机通常应用于牵引系统，这是因为在采用最简单的供电方式（即恒定电压）时，串励直流电机的转矩-转速曲线与牵引系统的要求相吻合。串励直流电机具有很高的起动转矩，起动时能够提供较大的加速度；而接近目标转速时，加速度又可以逐渐减小。早期调速系统里，可以通过调节与励磁绕组或电枢绕组并联的电阻来进行分流，以此改变电机的转矩-转速曲线，实现粗略的转速控制。但是，当电力电子变换器可以提供高效的可调电压源后，这种传统的低效方法就过时了。

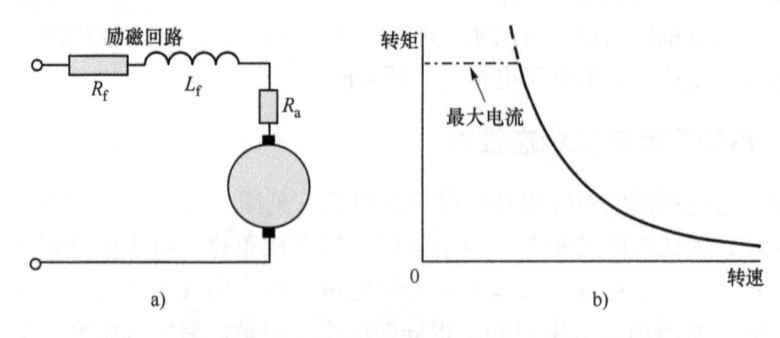

图 3.15 串励直流电机等效电路图及其稳态转矩-转速曲线

3.7.3 通用电机

大部分串励换向器式电机主要应用于便携式电动工具、食品搅拌机、真空吸尘器等产品，这些应用领域的供电电源是交流的而不是直流的。这类电机通常被称为"通用"（交直流两用）电机，因为它们既可以由直流电源供电，也可以由交流电源供电。

虽然很难相信直流电机能在交流电下工作，但是可以回想一下，串励直流电机中建立磁场的励磁电流同样也是电枢电流。每当电流反向时，磁通也会反向，这样就能保证转矩一直为正。例如，当电机接入50Hz的交流电源时，（正弦）电流每10ms改变一次方向，那么每秒钟转矩将出现100次峰值。但是电机转矩方向始终保持不变，并且由于电枢惯性的平滑作用，转速的波动不会很明显。

工作在交流电源下的串励电机的铁心完全由硅钢片叠压而成（以此来限制磁路中脉动磁通产生的涡流损耗），并一般在额定电压条件下高速运行，转速可以达到8000~12000r/min。其换向和火花状况比直流运行时更差，因此输出功率很少超过1kW。在第1章中曾强调过高转速在单位体积输出功率方面的优势，"通用"电机就是一个很好的例子，它证明了小尺寸电机可以通过设计成高转速运行来获得高功率。

之前，"通用"电机为单相交流电源供电下实现高速运行提供了一种相对经济的方案。其他小型交流电机，例如感应电机和同步电机，由于在50Hz下的最大转速被限制在3000r/min（或60Hz时，3600r/min），因此在单位体积功率上无法同通用电机竞争。高频逆变器的出现（见第7章）为感应电机和永磁电机在大功率场合中应用开辟了前景。目前，正在经历从"通用"电机到感应电机和永磁电机的转型中，但由于多年来在大规模制造方面的巨大投资，截至目前，"通用"电机仍在大量生产。

小型"通用"电机的转速控制可以直接使用三端双向晶闸管开关（实际上是一对背靠背连接的晶闸管）与交流电源串联。通过改变触发角，即改变三端双向晶闸管开关的占空比，就可以改变电机的电源电压，达到控制转速的目的。这种方法被广泛应用于电钻、风扇等设备中。如果需要控制转矩（例如一些手动工具），那么就需要控制电流而不是电压，这时电机的转速将由负载决定。

3.8 自励直流电机

在本章，我们多次提到直流电机可以在电动状态和发电状态之间切换，这取决于电机感应电动势是小于还是大于电枢端电压。假设电机接到一个电压源上，那么它可以从该电压源中获取工作所需的励磁（磁场）和电枢电流。但是，如果电机用作发电机，且没有任何电压源可使用，那就必须考虑如何建立起使电机能够正常运行所需的磁场。

当电机磁场由永磁体提供时不存在上述问题。一旦原动机（例如内燃机）开始驱动转子旋转，电枢中就会产生一个大小由转速决定的感应电动势（电压），此时可以把负载连接到电枢两端并开始发电。为了确保输出的电压不变，需要控制原动机转速保持不变。

如果直流电机的励磁绕组与电枢绕组并联（并励），一旦电机开始发电并产生电枢电压，就会产生励磁电流和磁通。但仔细想想，在产生感应电动势之前需要有磁场，没有励磁电流就没有磁场，而在产生感应电动势之前又不会产生励磁电流。

这是个看起来很难回答的问题，而答案的关键在于该电机在上次运行后在磁路中所留下的剩磁。如果剩磁足够大，转子开始转动时就能立刻开始发电，如果励磁绕组按照正确的方式连接到电枢绕组上，那么最初的几毫安励磁电流将会促使磁通增大，这会形成一个正反馈，使电枢端电压不断增加，这可能引发失控问题。幸运的是，在驱动转速恒定的情况下，磁通增量会受磁路饱和影响而达到稳定，这将在下面讨论。这个自发实现励磁的过程被称为自励。（如果将励磁绕组接反，自励将失败，一般如果在电机运行后不改变励磁绕组接线的话，这种情况不会发生。）

磁路饱和所起到的稳定效果如图 3.16 所示。图 3.16b 中的实线是一条典型的直流电机"磁化曲线"。这是在转速恒定条件下，感应电动势 E 和励磁电流的关系曲线。该测试最好在他励条件下以额定转速进行。在励磁电流的中低部分，磁通与励磁电流成正比，所以感应电动势是线性的，但在励磁电流较高时，磁路开始饱和，磁通不再随励磁电流成比例增加，因此产生的电动势增长趋势变缓。由于电枢回路开路，端电压（V_a）等于感应电动势（E）。

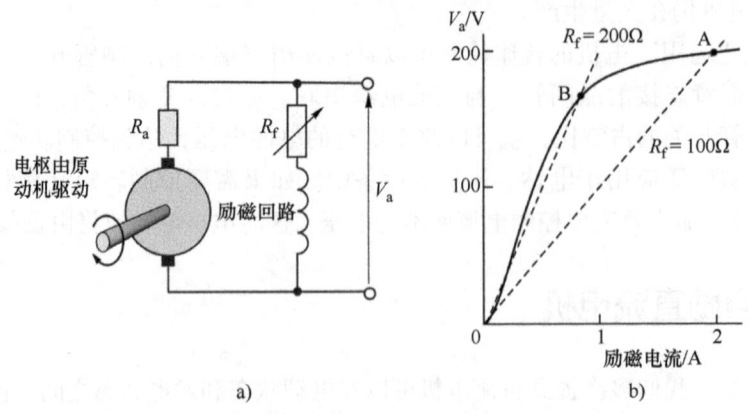

图 3.16 自励直流发电机的等效电路及磁化曲线

为了实现直流电机自励，可以把励磁绕组和电枢绕组按照如图3.16a所示的方式连接。励磁电流可由式$I_f = \frac{V_a}{R_f}$计算，其中R_f为励磁绕组的电阻，其值忽略了较小的电枢电阻。两条虚线分别对应励磁回路电阻为100Ω和200Ω的情况，它们与磁化曲线的交点为电机的稳定工作点。例如，当励磁电阻为100Ω，电枢电压为200V时，励磁电流为2A，在此情况下刚好能产生200V（A点）的感应电动势。在励磁电流较低时，产生的电压超过了维持该励磁电流所需的电压，过大的电压会导致电流增大，直至电机重新达到稳定状态。

将励磁绕组的电阻增加到200Ω时，工作点（B点）的端电压更低，这种情况不太稳定，这时电阻发生很小的变化都会导致电压变化很大。并且，如果电阻增加到200Ω以上，电阻线将位于磁化曲线的上方，自励将不可能实现。

3.9 微型电机

汽车模型、火车模型中使用的直流电机结构与目前所讨论的那些直流电机结构差异很大，主要因为玩具电机的设计几乎完全以成本为首要考虑的因素。这些玩具电机主要以高速运行，所以转矩是否平稳并不重要。图3.17展示了转子直径从0.5cm到大约3cm的典型微型直流电机结构。

微型电机的转子由叠片制成，转子槽很大，槽数较少（通常是三个或五个），槽内嵌有多匝线圈。该电机制造简单，换向片数目较少，制造成本低。主磁极（定子）由径向充磁的磁钢和背铁组成，以构成磁路。

转子表面有三个非常大的突出部分，具有明显的凸极性。这与之前看到的表面为圆柱形的直流电机转子形成鲜明对比。不难想象，即便转子绕组中没有电流，定子磁极也能对转子

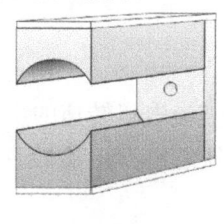

图3.17 模型和玩具用的微型直流电机

凸极产生很强的吸力，从而将某个转子凸极吸引到与定子磁极对齐的位置，因此转子趋向于锁定在转子凸极与定子磁极对齐的六个位置之一。这种周期性的"定位"转矩是由于转子磁阻随转子位置变化而变化所产生的，这种效应在交流磁阻电机中会得到利用（见第9章），在这里不做深究。为了解决定位转矩的问题，通常在安装线圈之前人为倾斜转子叠片，如图3.17左下图所示。

每个转子磁极都绕有多匝线圈，线圈首端连到一个换向片上，如图3.17右

侧的截面图所示。三个线圈的尾端连接在一起。由于电刷比换向片更宽，因此在某些位置上，从正极电刷流入的电流将分别并行流入到两个线圈中，然后通过第三个线圈到达负极电刷。而在其他位置，电流仅流过两个线圈。

由于该电机几何形状完全不同以往，很难继续采用之前介绍的"BIl"方法来描述转矩产生的机理。但可采取另外一种更直观的方法，首先对于每个位置，三个转子磁极的磁性和磁化强度取决于每个线圈内电流的方向和大小。根据上文的讨论可以看出，在某些位置上，转子会形成一个磁性较强的 N 极和两个相对较弱的 S 极；而在其他位置上，会形成一个较强的 N 极、一个较强的 S 极以及一个未被励磁的磁极。

因此，尽管转子看起来有三个磁极，但从磁场分布来看总是 2 极的（因为两个相邻的较弱 S 极可以作为一个较强的 S 极）。当转子旋转时，定子 N 极将会吸引最近的转子 S 极，将它拉向对齐位置。随着吸引力逐渐减小到零，换向器使该极上的转子电流反向，反向后该转子磁极极性变为 N 极，并被推向定子 S 极。

由于电刷不断交替地与一片或两片换向片接触，电刷间的电阻会不断变化，所以电流也会随转子位置角的变化而变化，这样产生的转矩波动很大。但是，因为电机运行转速通常为几千转/分，转矩脉动的影响会被转子和负载惯量所减小或消除。

3.10 习题

（1）（a）决定空载直流电机转速的主要（外部）参数是什么？

（b）对于一台给定任意电枢电压的直流电机，决定其稳态运行电流的主要外部因素是什么？

（c）当直流电机不带机械负载运行时，是什么决定了它的电枢电流？

（d）当直流电机轴上的负载增加时，什么因素决定电机转速的下降程度？为什么小型电机比大型电机减速更快？

（2）采取什么措施能让下面几种类型的直流电机反转？

（a）他励电机；（b）并励电机；（c）串励电机。

（3）大多数直流电机产生的转矩远远超过其额定转矩，为什么有必要限制持续转矩？

（4）为什么直流电机在磁通减少时转速会升高？

（5）一台他励直流电机由 220V 直流电源供电，并产生 15A 的电枢电流，电枢电阻为 0.8Ω，计算产生的反电动势。忽略电枢电感和磁饱和，假设磁通与励磁电流成正比。

如果励磁电流突然降低 10%，计算（a）电枢电流瞬时升高多少，（b）当电流达到（a）中电流大小时，转矩增加的百分比。忽略电枢电感和磁饱和，假设磁通与励磁电流成正比。

（6）（a）当电机以 1500r/min 的转速运行时，其开路电枢电压为 110V。计算电动势常数，单位为 V/(rad/s)。当电枢电流为 10A 时，计算电机转矩。

（b）假设电机处于静止状态，将 5kg 的重物悬挂在长度为 80cm 的水平杆上，水平杆的另一端与电机轴相连接，如图 Q6 所示。

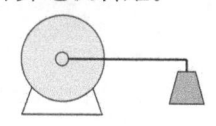

必须向电枢施加多大的电流才能使连接杆保持水平？这种平衡是稳定的吗？（忽略连接杆的质量；$g = 9.81\text{m/s}^2$。）

图 Q6

（c）电机的供电电压为 110V 时，其电枢电流为 25A，转速为 1430r/min，计算电机的电枢电阻以及维持（b）中平衡所需的电压是多少？

（d）若要向 110V 系统提供 3.5kW 的功率，电机转速要达到多少？计算相应的转矩。如果励磁回路消耗 100W，摩擦损耗为 200W，计算发电机的效率。

（7）转矩公式（$T = kI$）和反电动势公式（$E = k\omega$），是理解直流电机运行的核心。仅使用上述公式，推导出输出机械功率的表达式 $W = EI$。

（8）简要解释以下现象的原因：

（a）大型直流电机不能通过施加额定端电压起动。

（b）永磁电机的空载转速基本与电枢电压成正比。

（c）当轴上负载增加时，直流电机从电源中吸收更多电流。

（d）直流电机的励磁绕组持续消耗能量，但是它们对机械输出功率没有贡献。

（e）直流电机的磁极并不总是叠压制成的。

（9）本书指出，给定尺寸和功率的电机可以在任意电压下运行。但很明显，对于给定尺寸和转速的直流电机，电压越高，电机功率就越大。是什么原因导致了这种矛盾？

（10）一台电枢电阻为 0.5Ω 的永磁直流电机，当转子由外部原动机以 1500r/min 的转速驱动时，其开路电枢电压为 220V。下列的所有问题都在稳态条件下计算。

如图 Q10a 所示，重物质量为 14.27kg，通过一根绳子悬挂在与电机轴相连的直径为 20cm 的滚筒上。此时电机运行在发电模式，并作为制动器来抑制重物下降。

电机产生的大部分功率将消耗在连接在电枢上的外部电阻（R）中，如图 Q10b 所示。

（a）若使重物以 15m/s 的速度匀速下降，计算所需的阻力大小。$g = 9.81\text{m/s}^2$。

104　电机及其驱动：基本原理、类型与应用（原书第5版）

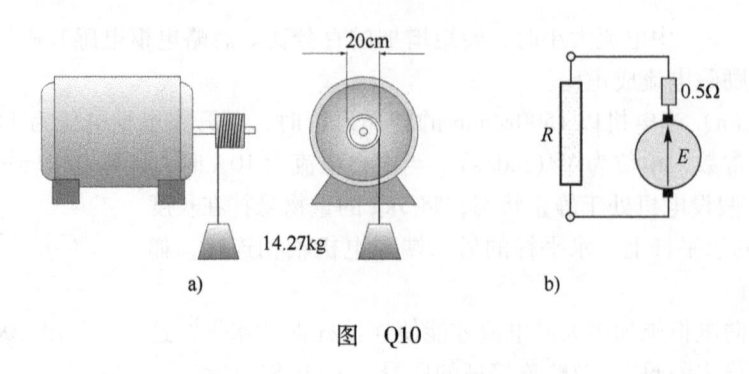

图　Q10

(b)（i）外部电阻和（ii）电枢中消耗的功率分别是多少？电阻中消耗的能量来自哪里？

答案参见附录。

第 4 章

直流电机传动系统

4.1 简介

直到 20 世纪 60 年代，为了获得对工业用直流电机进行速度控制所需的直流调压电源，唯一令人满意的方法就是使用直流发电机。该发电机是由一台感应电机以固定转速驱动的，可以通过调节励磁来进行调压。在 20 世纪 50 年代的一段短暂时期内，这些直流发电机组被栅控汞弧整流器所取代，但很快又被晶闸管整流器所取代，因为晶闸管整流器具有成本低、效率高（通常超过 95%）、尺寸小、维护少、响应速度快等优点。但这些整流电源的缺点是波形并不是理想直流，整流器的过载能力非常有限，并且不具备能量回馈能力。

尽管目前直流传动已经不再是主流解决方案，但学习直流传动技术仍是有价值的，原因有以下两方面：

- 直流传动的结构和运行原理可以反映在几乎所有其他类型电传动系统中，学习直流传动和学习其他类型电传动系统有密切的相似之处。
- 在恒定磁通（励磁）条件下，直流电机的机械特性基本是线性的，比较容易掌握其稳态和瞬态性能。作为直流传动系统的继任者，交流感应电机传动系统要复杂得多，并且为了克服不良的瞬态性能，所采用的控制策略也都是以模拟直流传动的固有特性为基础的。

本章的第 1 部分主要介绍采用晶闸管器件的直流驱动器，之后将简要介绍中、小型斩波驱动器，最后将介绍小型伺服驱动器。

4.2 晶闸管直流驱动器概述

对于功率低于几千瓦的直流电机，电枢变换器可由单相或三相电源供电。对于功率较大的电机，首选采用波形平滑的三相电源供电。在只有单相电源可用的牵引应用场合中，需要串联一个电感来平滑电流。如图 4.1 所示，一般采用单独的晶闸管或二极管整流器为电机励磁绕组供电，励磁功率远小于电枢功率，电感也要更大，因此一般用单相电源供电。

图 4.1 所示为典型的直流电机速度闭环控制系统。这两个控制回路的功能将在后面进行探讨，不熟悉反馈和闭环系统基本知识的读者有必要先查阅一些相关参考文献[一]。

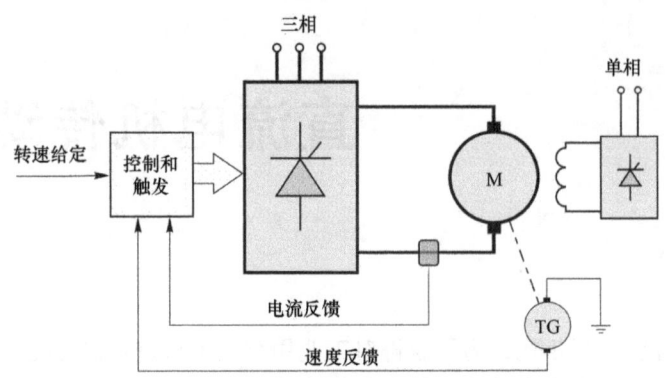

图 4.1　直流电机调速系统结构示意图

主电路由一个六晶闸管桥式电路组成（如第 2 章所述），该电路对输入的交流电进行整流，以产生给电枢供电的直流电源。通过改变晶闸管的触发角，可以调节整流电压的平均值，从而控制直流电机的转速。

在第 2 章中可以看到，可控整流器产生的直流电波形不够平滑，输出电压中有明显的纹波。该纹波分量会在直流电机中产生纹波电流和磁通，为避免过多的涡流损耗和换向问题，磁极和电机铁心应采用硅钢片叠制而成。与晶闸管驱动器配合使用的直流电机一般都采用叠压铁心，但是以往的直流电机可能采用实心磁极和电机铁心，这样的直流电机在整流器供电时运动性能不尽如人意。如图 4.2

图 4.2　高性能强制通风冷却直流电机。该电机为叠压铁心结构，采用晶闸管变换器驱动，并且在转轴的非驱动端安装了测速计。小型鼓风机采用连续运行的感应电机驱动，因此主电机可以在低速下保持满载运行而不会过热（由 Nidec Leroy Somer 提供）

[一] 不熟悉反馈和控制系统的读者会发现下面这本书很有帮助：Schaum's Outline of Feedback and Control Systems, 2nd Edition（2013）by Joseph Distefano. McGraw - Hill Education；ISBN-10：9780071829489。

所示，用于变速运行的直流电机一般会标配一个"鼓风机"。这样可以给电机持续通风，允许电机连续满载运行（甚至运行在最低转速）而不会发生过热的问题。

低功率控制电路用于监控主要的相关变量（通常是电机电流和转速），并产生相应的触发脉冲，以使直流电机在负载变化的情况下仍保持恒定转速。"转速给定值"（见图 4.1），在过去是一个 0~10V 的模拟电压信号，可通过手动设定转速电位器或其他装置设置，但现在通常采用数字信号形式进行设置。

功率电路、控制电路和保护电路共同构成了变换器的硬件电路。标准模块化变换器可作为现成产品提供，大小从 100W 到几百千瓦不等，更大功率的变换器将根据用户需求量身定制。单个变换器可以和隔离器、熔断器等安装在同一机壳内，或者几个变换器可以安装在一起形成多电机传动系统。

4.2.1 变换器驱动电机运行

整流桥的基本工作原理已经在第 2 章中讨论过了，现在我们来讨论当采用可控整流器供电时直流电机的工作特性。

无论如何，第 2 章（见图 2.13）所示的电枢电压波形都不是良好的直流电，并且将这样一个不完美的波形供给直流电机并不明智。但事实证明，在该供电方式下，直流电机的运行几乎和采用标准直流供电时一样好。造成这样的结果主要有两个原因。首先，直流电机的电枢电感使电枢电流的波形比电枢电压的波形平滑得多，这又意味着直流电机的转矩波动比预想的要小得多。其次，电枢（和负载）的惯性足够大，即使转矩出现波动，转速也几乎保持稳定。幸运的是，这样简单的结构工作效果却很好，而在所关注的功率范围内，任何试图平滑电压波形的方法（可通过添加平波电容）都是比较昂贵的。

4.2.2 直流电机的电流波形

为简单起见，我们先介绍单相（两脉冲）变换器的工作情况，但是类似的结论也适用于六脉冲变换器。直流电机电枢两端的电压（V_a）通常如图 4.3a 所示，正如我们在第 2 章中看到的那样，该电压波形由输入电源电压整流后的一段段波形组成，确切的电压波形和平均电压取决于触发角。

电压波形可以认为是由平均直流电压（V_{dc}），以及叠加的脉动或纹波分量（表示为 v_{ac}）构成。如果电源频率为 50Hz，则纹波的基频为 100Hz。可以通过改变触发角来调节平均电压 V_{dc}，同时附带地也会影响电压纹波（即 v_{ac}）。

电压纹波会导致电枢电流也存在纹波，但是由于电枢电感的存在，电流纹波的幅值很小。换句话说，电枢对交流电压呈现高阻抗。电枢电感的平滑效果如

图 4.3b 所示，从中可以看出，与相应的电压纹波相比，电流纹波相对较小。纹波电流的平均值为零，因此它对直流电机的平均转矩没有影响。尽管如此，每半个周期内的直流电机的转矩都存在变化，但是因为转矩波动的幅值小且频率高（单相为 100Hz 或 120Hz，三相则为 300Hz 或 360Hz，分别对应频率为 50Hz 或 60Hz 的电源），电机转速的变化并不明显（同样适用反电动势 E）。

由于每个脉冲结束时的电流与脉冲开始时相同，因此可以得出电枢电感（L）两端的平均电压为零。因此，可以认为平均端电压等于反电动势（假设恒定不变，因为忽略转速波动）和电枢电阻压降之和，可写成：

$$V_{dc} = E + I_{dc}R \tag{4.1}$$

这与纯直流电源的情况是一样的。这一点非常重要，因为它强调了可以简单地通过改变变换器的触发角来控制直流电机的平均电压和转速这一事实。

电枢电感的平滑效果对于直流电机运行很重要，电枢起到一个低通滤波器的作用，可以滤去大部分谐波，在一定程度上保持电枢电流恒定。为了使平滑效果明显，电枢的时间常数要比脉冲持续时间更长一些（两脉冲驱动时为半个周期，而六脉冲驱动时仅为 1/6 个周期）。几乎所有六脉冲驱动器和大部分两脉冲驱动器都满足此条件。总之，满足以上条件时，直流电机的运行状态与由理想直流电源供电时几乎一样（尽管铜耗比恒流时更高）。

空载转速取决于电机电枢所加的电压（由变换器的触发角决定）；负载运行时，转速会略有下降；正如我们前面提到的，平均电流的大小是由负载决定的。例如，在图 4.3 中，图 a 中的电压波形同样适用于图 b 中表示的两种负载条件，负载大时电流也更大，负载小时电流也较小，两种情况下电机转速几乎相同（如第 3 章所述，转速的微小差异是由电阻压降引起的）。我们应注意，电流纹波幅值不变——仅平均电流随负载变化而变化。因此，从广义上讲，我们可以说直流电机的转速是由变换器的触发角决定的，这是一个非常令人满意的情况，因为我们可以通过低功率控制电路控制触发角，从而调节整个直流电机传动系统的转速大小。

图 4.3b 中的电流波形被称为"连续"电流，因为在任何时刻电流都不

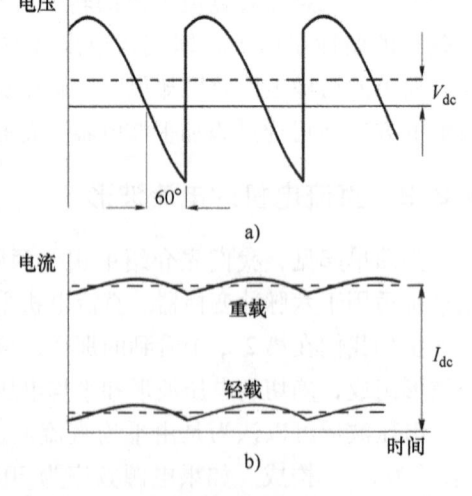

图 4.3 单相全控晶闸管变换器供电的直流电机电流连续状态下的 a) 电枢电压和 b) 电枢电流波形，触发角为 60°

为零。在大多数驱动器中，这种"连续电流"都是很常见的，也是我们希望看到的，因为只有在连续电流条件下，变换器的平均电压才完全由触发角决定，而与负载电流无关。如图 2.8 所示，电机连接到输出端，并且通入连续电流。在半个周期内，电流将从 T1 流入电机并通过 T4 返回电源，因此电枢被有效地接在电源两端，电枢电压就等于电源电压，这是理想情况，即电压与电流无关。在另一半周期内，电机电流从 T2 流过，并通过 T3 返回电源，电机同样连接到电源，但是这次连接反向了。因此，一旦触发角确定了，平均电枢电压也就确定了。

4.2.3 断续电流

如图 4.3b 所示，随着负载转矩的减小，电流纹波的最小值可能会下降到零，也就是说，电流达到了连续和断续之间的临界状态。负载多大时会发生上述情况，主要还是取决于电机的电枢电感，因为电感越大，电流越平滑（即纹波越小）。因此，电流断续的情况主要发生在电感较小的小型电机（特别是两脉冲变换器供电时）和轻载或空载条件下。

图 4.4 为电流断续情况下的典型的电枢电压和电流波形图。由图可见，电枢电流是由零电流和非零电流两部分组成的，其中非零电流是由电枢接通电源时产生的一系列离散电流脉冲组成的，而零电流则是在所有晶闸管均关断并且电机没有接通电源时（如图 4.4 中 θ 所表示的区域）对应的电枢电流。

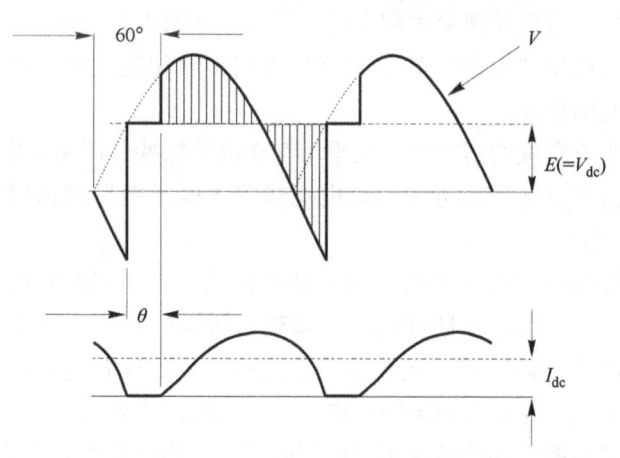

图 4.4 单相全控晶闸管变换器供电的直流电机电流断续状态下的电枢电压和电流波形，触发角为 60°

可以忽略电阻来理解电流波形，式（3.7）可改写为

$$\frac{di}{dt} = \frac{1}{L}(V - E) \tag{4.2}$$

这表明电流的变化率（即图 4.4 的下图曲线的斜率）是由电枢端电压 V 和运动电动势 E 之间的瞬时差值决定的。$(V-E)$ 的值由图 4.4 中的垂直阴影所示，由图可知，如果 $V>E$，则电流增加，$V<E$，则电流减小。因此，峰值电流由图 4.4 的上阴影区和下阴影区的面积决定。

图 4.3 和图 4.4 的触发角相同，均为 60°，但图 4.4 对应负载较小，因此平均电流较低（为了便于说明，图 4.4 中的电流轴比图 4.3 放大了）。通过比较可以看出，电枢电压波形（实线）有所不同，因为在图 4.4 中，电流在下一个触发脉冲到达之前降为了零，并且在 θ 对应的这段时间内，直流电机继续转动，其端电压等于运动电动势（E）。为了简化图 4.4，假设电枢电阻很小，并且对应的电阻压降（$I_a R_a$）可以忽略不计。在这种情况下，平均电枢电压（V_{dc}）和运动电动势必须相等，因为当电流在一个脉冲时间内没有净变化时，电枢电感两端的平均电压为零，因此，阴影区域面积（代表电感的伏-秒特性）将是相等的。

图 4.3 和图 4.4 之间最主要的区别在于，当电流断续时，其平均电压较高，因此，尽管两者的触发角相同，图 4.4 中对应的电机转速要高于图 4.3。并且在电流连续情况下，增加电枢电流就可以在不影响电压（即不影响转速）的情况下满足负载增大的要求。而当电流断续时，情况完全不同，此时增加平均电流的唯一方法就是降低转速（即降低 E），以使图 4.4 中的阴影区域面积变大。

这意味着直流电机在电流断续时运行性能要比电流连续时差得多，因为随着负载转矩的增加，电机转速会大幅下降。因此，如图 4.5 所示，机械特性曲线在电流断续区域会出现"跌落"现象，这是我们不希望发生的，此外其铜耗也远高于恒定直流时的情况。

在负载很小或空载的情况下，几乎不存在电流脉冲，图 4.4 中的阴影区域变得非常小，直流电机转速接近于当反电动势等于电源电压峰值时对应的转速值（图 4.5 中的 C 点）。

我们不希望出现如图 4.5 所示的突然不连续的转矩-转速曲线。举例来说，如果将触发角设置为零，并且直流电机满载，则电机转速将稳定在 A 点，其平均电枢电压和电流为额定值。随着负载的减小，电流保持连续，转速会略有上升，直到达到 B 点。B 点是电流即将进入断续阶段的临界工作点。这时负载转矩任何进一步的减小都会导致转速不成比例的增加，特别是如果负载转矩将减小到零，转速将上升到 C 点。

我们可以通过两种方法来改善这些不良的固有特性。首先，我们可以在电枢上串联电感来进一步平滑电流波形，以降低电流断续的可能性。图 4.5 中的虚线为增加电感后的效果。其次，我们可以采用三相变换器来代替单相变换器，从而产生更平滑的电压和电流波形，详见第 2 章所述。

当变换器和直流电机工作在闭环驱动系统中时，用户不会发现直流电机/变换器所存在的固有特性上的缺点，因为控制系统会自动调节触发角，使在任意负载下均能达到目标转速。就图 4.5 来说，控制系统会将运行区间限制在阴影区域之内，直流电机理论上能够在对应于 C 点的高速下空载运行。

值得一提的是，不仅晶闸管变换器存在电流断续运行的问题，许多其他类型的电力电子装置中也有同样的问题。一般来说，电流在连续情况下，变换器的运行更容易被理解和分析，运行特性更为理想。在本书的其余部分，我们将不再介绍电流断续的情况，因为这超出了我们所需了解的范围。

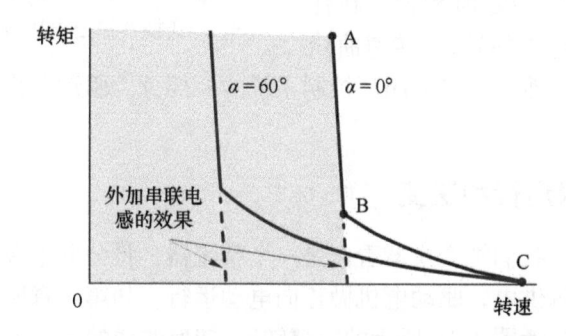

图 4.5　机械特性曲线说明了电流断续时的不良"跌落"特性。
改进的特性（如虚线所示）对应于电流连续运行情况

4.2.4　变换器输出阻抗与重叠角

到目前为止，我们默认变换器的输出电压与直流电机的输入电流无关，仅仅取决于触发角 α。换言之，我们将变换器视为一个理想电压源。

实际上，交流电源具有一定的阻抗，因此我们需要考虑到由直流电机电流产生的阻抗压降。然而电源阻抗（主要是由变压器中的感性漏抗引起的）在变换器的输出端以电源电阻的形式表现出来，因此电源的阻抗压降与直流电机的电枢电流成正比。

虽然这里不做深入讨论，但应注意，电源感抗会延迟电流在晶闸管之间的流通（或换相），这种现象称为换相重叠。换相重叠角的存在会使两个晶闸管在短时间内同时导通，这样输出电压就不会在每个脉冲开始时发生跳变。（当提到两个晶闸管同时导通时，由于它们不在同一桥臂上，因此不会出现我们在第 2 章中讨论逆变器时提到过的直流母线直通短路的问题。）在此期间，输出电压是换相前后两相电压的平均值，如图 4.6 所示。当驱动器连接到一个低阻抗工业电源时，换相重叠时间可能只持续几微秒，因此在示波器上几乎看不到图 4.6 所示的"跌落"。为了清晰起见，书中故意夸大了重叠角的宽度，如图 4.6 所示，对于频率为50Hz或60Hz的供电系统，如果重叠持续超过1ms，这意味着对于变换器而言电源内部阻抗太高了，或者相反地，对于电源来说变换器太大了。

回到电源阻抗的问题，我们只需要允许在变换器的输出端串联一个电阻即可。该电阻与电机电枢绕组串联，因此，与电源阻抗为零时相比，在任意触发角下直流电机的转矩-转速曲线都跌落得更明显。然而，作为闭环控制系统的一部分，驱动器将自动补偿因重叠角引起的转速跌落。

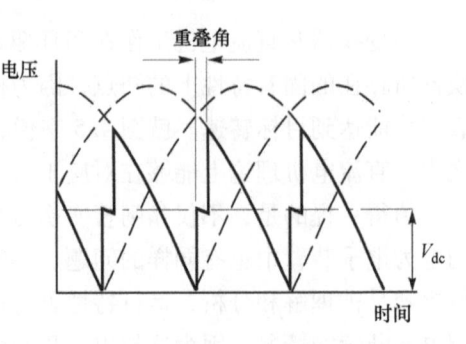

图4.6 整流器重叠角引起的变换器输出电压波形失真

4.2.5 四象限运行和逆变

到目前为止，我们把变换器看作是一个整流器，将公共电源的交流电转换为直流电向直流电机供电，驱动电机做正向电动运行。如第3章所述，这被称为在第1象限运行，参考图3.12所示的完整转矩-转速曲线的第1象限。

但是，如果我们需要电机反向运行，转速与转矩都是负的，即电机运行在第3象限，我们该怎么做？如果电机作为发电机运行，使电能回馈到交流侧，变换器将对电能进行"逆变"而不是整流，即系统运行在第2或第4象限中，我们又该怎么做呢？如果要实现再生制动，我们必须要实现上述运行状态，这样有可能吗？如果可能，应该怎样做呢？

好消息是，正如第3章所述，直流电机本质上是一个双向能量转换器。如果外加端电压V大于E，电流就会流入电枢，电机将作为电动机运行。如果降低V，使其小于E，电流、转矩和功率会自动反向，电机将作为发电机运行，将机械能（再生制动时自身的动能）转换为电能。如果我们想要电机以反向做电动或发电运行，只需要反接电枢电源极性即可。直流电机本质上是一个可以四象限运行的设备，但需要一个可提供正、负电压，以及正、负电流的电源。

这使得我们将面对这样一个难题，因为晶闸管是单向导通器件，只能通过一个方向的电流。但这并不意味着变换器不能将电能回馈给电源。直流电流只能是正的，但（假设它是一个全控变换器）直流输出电压可以是正的，也可以是负的（见第2章）。因此，功率流向既可以是正向的（整流），也可以是负向的（逆变）。

对于电机做正常电动运行的情况，变换器输出电压为正（假设是全控变换器），触发角（α）最大为90°。（输入交流电压正常时，额定直流电压对应的触发角通常约为 20°。如果交流电压因任何原因下降时，可以进一步减小触发角以进行补偿，仍能维持输出额定直流电压。）

然而，当触发角 α 大于 90° 时，平均直流输出电压为负，如式（2.5）和图 4.7 所示。因此，一个全控变换器具有两象限运行的潜力，但这种能力并不容易实现，除非我们准备在电枢或励磁电路中使用反向开关。接下来我们将讨论这个问题。

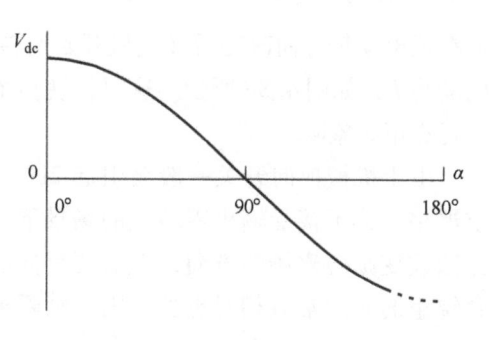

图 4.7 全控晶闸管变换器的平均直流输出电压与触发角 α 的函数关系

4.2.6 单变换器反向驱动运行

我们将试着用全控变换器供电的永磁电机，了解电机如何在一个方向上全速运行状态下实现再生制动，然后再反向加速至全速的过程。在第 3 章最后我们从原理上介绍了此过程，现在我们主要探讨如何使用变换器驱动实现该过程。我们从一开始就应该清楚地知道，实际上用户要做的就是将转速给定信号从正向全速更改为反向全速，驱动器中的控制系统将自动控制并完成整个过程。下面将讨论变换器具体做了哪些工作以及如何完成这些工作。

当电机以全速正向运行时，变换器的触发角将很小，并且变换器的输出电压 V 和电流 I 都是正的。如图 4.8a 所示，此时系统在第 1 象限中运行。

为了使电机制动，其转矩方向必须改变。唯一可行的方法是改变电枢电流的方向。由于变换器只能提供正电流，因此，为了改变电机转矩方向，我们须使用机械开关或接触器对电枢进行反接，如图 4.8b 所示。（在操作接触器之前，通过降低变换器电压使电枢电流减小到零，因此不需要接触器来中断电流。）需要注意的是，由于电机仍沿正向旋转，因此其反电动势仍保持原来的方向；此时运动电动势将增大电流，为了使电流大小保持在一定安全范围内，变换器必须产生一个大小比 E 略小的负电压 V。这可以通过在 90°～180°之间合理设置触发角来实现。（如图 4.7 的虚线所示，变换器可输出的最大负电压通常会略小于最大正电压，以保证电流在晶闸管之间换向时所需的裕量。）注意，变换器的电流仍然是正的（见图 4.8b 上面部分），但变换器电压为负，因此电能回馈给了电源。此时系统在第 2 象限中运行，并且由于转矩为负，电机正在减速。随着转速下降，E 会减小，因此必须逐渐减小 V 使电流大小一直保持为额定电流不变。这是通过电流控制环自动实现的，这将在后面详细讨论。

为了使电机在反方向上加速运行，电流（即转矩）需要一直保持为负值，但在反电动势方向改变后（电机开始反转），变换器电压再次变为正值且大于反电动势 E，如图 4.8c 所示。这时，变换器开始整流，将功率输入到电机，系统运行在第 3 象限。

由于机械换向开关一般会引起 200~400ms 的延迟，因此在对换向时间要求严格，或不接受输出零转矩的场景下，不宜使用换向接触器。可以用类似的方法改变励磁磁场的方向，但需要反向的是励磁电流而不是电枢电流。由于励磁绕组的时间常数相对更长，因此励磁电流反向的速度甚至更慢，可能需要 5s 左右。

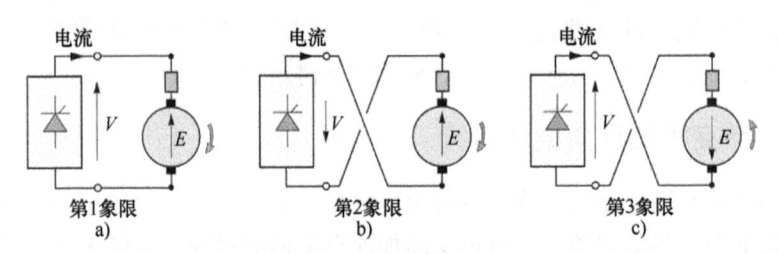

图 4.8　使用单变换器和机械换向开关的电机反转运行

4.2.7　双变换器反向驱动运行

在需要全四象限运行和快速反转时，应使用两个反向并联的变换器，如图 4.9 所示。其中，一个变换器为电机提供正电流，而另一个提供负电流。

控制两个电桥的运行，使它们的直流电压几乎相等，从而确保直流环流很小——当电桥以这种方式一起运行时，电桥之间会放置一个电抗器，以限制当两个变换器瞬时电压不相等时所引起的纹波电流。

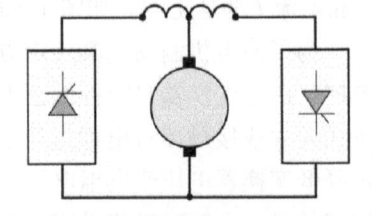

图 4.9　双变换器驱动系统

在多数应用场景中，可以省去电抗器，同一时刻只有一个变换器运行。这样只有当一个变换器上的触发脉冲消失，并且电枢电流已衰减到零后，才能从一个变换器切换到另一个变换器运行。驱动器应集成零电流检测电路，因此对用户而言，这两个变换器等同于一个理想的双向直流电源。通常从一个电桥到另一个电桥的转换只有 10ms 左右的死区（无转矩）时间。

潜在用户需要注意，基本的单变换器只能实现单象限运行。如果需要满足再生制动的运行要求，则将需要增加励磁或电枢回路换向接触器。如果必须实现快速反转，则必须使用双变换器。所有这些额外设备自然会提高变换器的购买价格。

4.2.8 功率因数和电源影响

变换器供电的直流传动系统的缺点之一是，当电机低速运行（即电枢电压较低）时，电源的功率因数非常低，而且，即使在额定转速和满载情况下，功率因数也小于1。这是因为电源电流波形总是比电源电压波形滞后一个延迟角 α，如图 4.10 所示（对于三相变换器），并且电源电流波形近似为方波（而不是正弦波）。

需要强调的是，即使变换器处于逆变状态，电源功率因数也总是滞后的。由于无法避免低功率因数的问题，因此有大功率需求的用户必要时需准备增设功率因数补偿设备。

由于电网电流谐波会引起各种干扰问题，因此供电部门通常会出台法规对电流谐波进行限制。对于大功率驱动设备（数百千瓦以上），必须使用滤波器以防止谐波超出规定的限制。

由于电源阻抗永远不可能为零，因此电网电压波形也难免会出现一些失真，如图 4.11 所示，这说明六脉冲变换器对电源线电压波形有影响。由于每次电流从一个晶闸管换到另一个晶闸管时，即之前讨论的换相重叠期间，电网会瞬间短路，因此电压波形会出现尖峰和跌落。对于大多数采用低阻抗工业电源的小功率驱动器而言，这些跌落太小可以忽略（为清晰起见，图 4.11 中将它们夸大了）；但是当大功率驱动器供电不足时，这些尖峰和跌落将会对其他用户造成严重干扰。

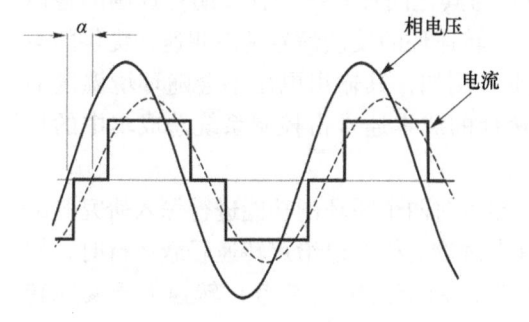

图 4.10　单变换器供电直流电机驱动系统的电源电压和电流波形

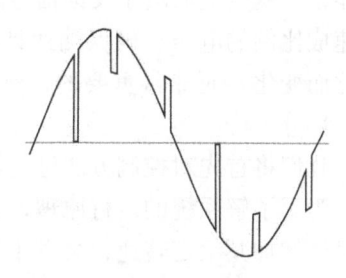

图 4.11　三相全控变换器中由于换相重叠引起的线电压波形失真（为了清晰起见，跌落的宽度被夸大了）

4.3　直流传动控制系统

双闭环控制系统是最常见的系统，这种控制系统被广泛应用于从 0.5kW 的小功率驱动系统到几兆瓦的大型工业驱动系统中，不同功率等级的驱动系统之间只有细微的区别。该控制系统包括一个控制电流（从而控制转矩）的电流内环和一个控制转速的转速外环。当需要位置控制时，可在最外面再添加一个位置环。我们首先讨论基于晶闸管直流驱动器的双闭环控制系统，其基本特性与斩波驱动器相同。接着我们会讨论一个用于低成本小型驱动器的简化控制系统。

为了方便讨论，尽管目前都是数字控制信号，但为了帮助用户了解，我们假设控制信号是模拟信号。实际上，一旦驱动器投入使用后，用户只能通过少数几个参数对驱动器进行设置。虽然大多数参数名称无需解释（例如，最大转速、最小转速、加速度和减速度），我们还是对一些不易理解（例如，电流稳定性、转速稳定性、IR 补偿）的参数进行了解释。

为了了解双闭环控制系统的整体运行情况，我们可以类比手动控制电机时的情况。例如，如果通过观察测速发电机的输出（通常称为测速计）发现转速低于目标值，我们希望提高电枢电压来加大电枢电流（从而产生更大转矩），从而产生加速度。但是，我们也要慎重地进行操作，注意反电动势 E 和外加电压 V 之间微妙的平衡，以免发生过电流的危险。毫无疑问，需要始终关注电流的大小，以免烧毁晶闸管；并且当转速接近目标值时，需要减小电流（通过降低外加电压），以避免发生转速超调。这些操作都是由驱动系统自动执行的，接下来将详细介绍这一过程。

具有转速和电流控制的标准直流驱动系统如图 4.12 所示。控制系统的主要目的是进行转速控制，因此系统的"输入"为左侧的转速给定信号，"输出"为右侧的电机实际转速（由测速计测量）。与其他闭环系统一样，闭环控制的整体性能很大程度上取决于反馈信号的质量，转速环的反馈信号是由测速计提供的与转速成比例的电压。确保测速计的品质（例如，其输出电压不会随环境温度的变化而变化）是非常重要的，所以测速计的成本通常占控制系统总成本中的很大一部分。

我们将首先对控制方法进行概述，然后对两个闭环的功能进行深入研究。

为了了解系统的运行原理，我们首先讨论电机在以给定转速轻载运行时，如果突然增加其给定转速，会发生什么情况。由于给定（参考）转速大于实际转速，因此将出现一个转速误差信号（见图 4.13），该信号由图 4.12 左侧求和接点的输出所表示。转速存在偏差意味着电机需要加速，因此也就需要更大的转矩，即更大的电流。转速偏差由转速控制器（准确地说是转速误差放大器）进行放大，其输出用作内环控制器的给定或输入信号。内环是电流控制环，因此，当给定电流增大时，电机电枢电流也会随之增大，从而提供额外的转矩并产生加速度。随着转速的增加，转速误差逐渐减小，电流和转矩也会随之减小，从而控制电机平稳地接近目标转速。

下面将更详细地研究控制内环（电流控制），其正确运行对于确保避免晶闸管发生过电流是非常重要的。

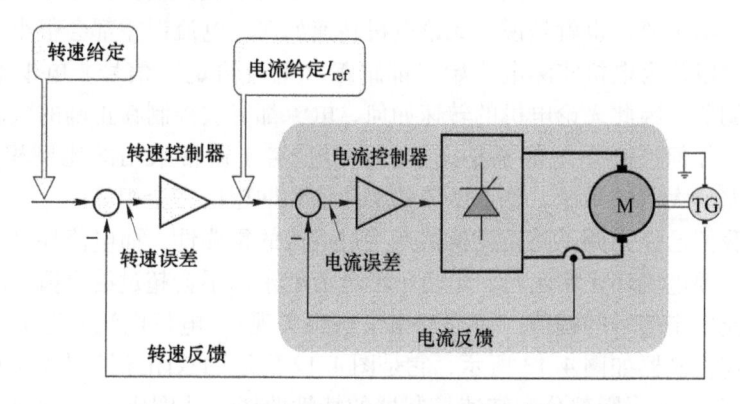

图 4.12　电流、转速双闭环电机调速系统示意图

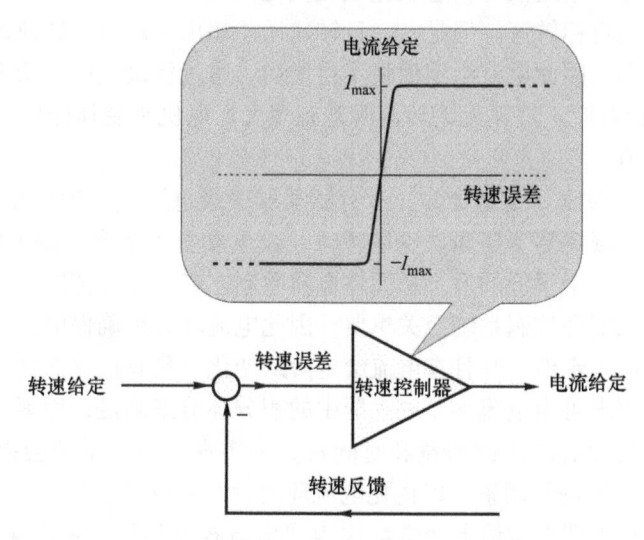

图 4.13　转速控制器原理图和特性曲线

4.3.1　电流限制和保护

电流闭环控制器或者说电流环是整个驱动系统的核心部分,如图 4.12 中的阴影区域所示。电流环的作用是使电机的实际电流能够跟踪图 4.12 所示的电流给定信号 (I_{ref})。它通过将电机实际电枢电流的反馈信号与电流给定信号进行比较,对其差值(电流误差)进行放大,并根据电流误差信号来控制变换器的触发角 α,从而控制变换器的输出电压。电流反馈信号可以由直流互感器获得(输出隔离模拟电压),或由供电线路中的交流互感器获得。

电流误差放大器主要完成对给定电流值与实际电流值进行比较以及对误差信

号进行放大的工作。通过给电流误差放大器设置高增益，电机实际电流将始终紧密跟踪电流给定值，也就是说，无论电机转速如何，电流误差都会很小。换句话说，我们可以认为电机实际电流始终都跟踪"电流给定"信号，电枢电压由控制器自动调节，因此无论电机的转速如何，电流都将被控制在正确的数值上。

当然，任何控制系统都不是完美的，但是对于通常采用的比例积分（PI）型电流误差放大器的系统，稳态电流的实际值和期望值完全相等。

之前我们已经强调了防止变换器产生过电流的重要性，而电流环可以实现这一目的。只要电流环正常运行，电机中的电流就永远不会超过给定值。因此，通过限制电流给定信号的幅值（可通过钳位电路实现），电机电流永远不会超过给定值。转速控制器如图4.13所示，它是图4.12所示的双闭环控制系统的一个组成部分。图4.13阴影部分为转速控制器的特性曲线，从图中可以看到，当转速误差较小时，电流给定值与转速误差成比例地增加，从而确保电机按照"线性"特性平滑地达到目标转速。但是，一旦转速误差超出限定值，转速误差放大器的输出将达到饱和，因此电流给定值将不再增加。通过将最大电流给定值与系统全（额定）电流相对应，这样无论转速误差有多大，电机和变换器中的电流都不可能超过其额定值。

这种"电子限流"是迄今为止所有驱动器中最重要的保护功能。这意味着，如果电机由于负载突然卡住而发生堵转时（反电动势因此会急剧下降），电枢电压将自动降低到一个很低的值，从而将电流限制在最大允许范围内。

内环对于双闭环控制系统至关重要，因此电流环必须确保电机稳态电流实际值能够准确响应给定值，并且在电流给定阶跃变化时具有快速而良好的阻尼瞬态响应。第一个要求可由电流误差放大器中的积分环节来满足，而第二个要求需要通过准确选择放大器的比例增益和时间常数来实现。驱动系统会提供"电流稳定性"选项给用户进行调整，以优化电流环的瞬态响应。

电流误差放大器在术语上经常被称为"电流控制器"（见图4.12）或"电流放大器"。第一种说法是非常准确的，但是第二种说法可能会对读者产生误导，因为电机电流本身并不存在被放大的说法。

4.3.2 转矩控制

对于要求电机在任意转速下以恒转矩运行的应用场景，可以省略外环（转速环），只需直接将电流给定信号输入到电流控制器即可。这是因为转矩与电流成正比，因此电流控制器实际上也是转矩控制器。可以通过在期望转矩信号上简单地增加一个瞬时"惯性补偿"信号，为提高加速转矩留有一定裕量。

在电流控制模式下，电流保持给定值不变，电机的稳态转速由负载决定。如果转矩给定值为额定转矩的50%，且电机处于静止状态，则电机将保持恒定电流（额定电流的一半）加速运行，直到负载转矩等于电机输出转矩。如果电机空载运行，它将迅速加速，端电压会逐渐升高，并始终高于反电动势，以维持电枢电流为所需要的大小。最终，电机转速将达到变换器最大输出电压时所对应的转速值（略高于"全"转速）。因为系统此时无法再维持给定电流，此后，电机转速将保持稳定。

以上讨论都基于转矩与电枢电流成正比的假设，而这一假设只有当磁通保持恒定时才成立，这反过来要求励磁电流保持恒定。因此，除小功率之外的所有驱动系统中，都采用带有电流反馈的晶闸管变换器为励磁回路供电。由于温度变化引起的励磁绕组电阻变化，电网电压的变化都将被自动补偿，并保持磁通为额定值。

4.3.3 转速控制

图 4.12 中的外环用于转速控制。转速反馈信号通常由测速计提供，实际转速和给定转速信号被输入到转速误差放大器（通常简称为转速放大器或转速控制器）。

实际转速和期望转速之间的任意差值都会被放大，并且其输出将作为电流环的输入。因此，如果电机实际转速小于期望转速，转速放大器将根据转速偏差产生期望电流，使电机加速并试图减小转速误差。

当负载增加时，电机会立即减速，此时转速误差信号增大，要求电流环输出更大电流。增大的转矩会使电机加速并逐渐减小转速误差，直到由电流环控制的电流所产生的转矩与负载转矩达到一个新的平衡状态。在图 4.13 中，转速控制器为简单的比例放大器，为了使 I_{ref} 达到稳态值，必须存在一定的转速误差，即单独使用比例放大器无法精确地达到目标转速。（可以通过增加放大器的增益来接近理想值，但这可能会导致系统不稳定。）

为了消除稳态转速误差，可以采用一个具有积分项（I）和比例项（P）的转速控制器。PI 控制器即使输入为零，也可以保持一定的输出，这意味着如果采用 PI 控制，可以实现零稳态误差。

当负载转矩小于最大电枢电流所能产生的转矩时，控制器都能将电机转速控制在给定转速上。如果负载转矩增加，转速将下降，因为电流环不允许继续增加电枢电流。相反，如果负载试图使电机运行转速高于给定值，则电枢电流将自动反向，使电机工作在制动状态，并且向电网回馈能量。

为了强调电流内环至关重要的保护作用，我们观察电机在静止状态下（为了简单起见，假设为空载状态），突然将转速给定信号从零增加到额定值，即设定一个全速阶跃信号。这时，转速误差为 100%，因此转速误差放大器（I_{ref}）的输出将立即饱和并达到最大值，该值被钳制，以满足对电机最大（额定）电流的限制要求。所以，电机电流将达到额定值，电机将输出额定转矩并加速运行。转速和反电动势（E）将以恒定的加速度上升，外加电压（V）也稳定增加，使得端电压和反电动势的差值（$V-E$）足以产生额定电流（I）。我们在第3章讨论了类似的情况，图3.13的下半部分对此进行了说明。（在某些驱动器中，允许给定电流在几秒钟的短时间内达到额定值的150%甚至200%，这样可以使转矩迅速提升。这对于电机带高静摩擦负载起动时具有特别重要的意义，被称为"两级限流"。）

直到实际转速接近目标转速为止，转速放大器的输出都将保持饱和，并且在这段时间内，电机电流一直保持在最大值。只有当转速误差降为额定值的百分之几以内时，转速误差放大器才会脱离饱和状态。此后，随着转速继续上升，转速误差不断减小，转速误差放大器的输出下降到钳位水平以下。转速控制随后进入线性区域，即校正电流与转速误差成正比，电机将平滑地逼近目标转速。

一个良好的转速控制器能实现零稳态误差，并且对转速的阶跃变化具有良好的响应。PI控制中的积分环节满足零稳态误差的要求，而瞬态响应则取决于设定的比例增益和时间常数。可以通过对控制器"转速稳定性"相关参数进行设定（传统上采用电位器），对电机的瞬态响应进行微调。在一些高端驱动器中，控制器将采用PID控制，即还包含一个微分项（D）。当需要一个阶跃变化时，微分项会起作用，实际上就是提前提醒我们需要进行一些操作来改变电感电路中的电流。

需要记住的是，再生驱动器更易获得良好的瞬态响应，再生驱动器在电机超过所需转速时能够提供反向电流（即制动转矩）。非再生驱动器不能提供负电流（除非安装了换向接触器），因此，如果转速超出给定值，最好的办法是将电枢电流减小到零，然后等待电机自然减速。但这个办法并不令人满意，因此人们努力完善控制器的设置，以免导致转速超调。

与其他闭环系统一样，如果在系统运行时反馈信号丢失，就会产生一系列问题。如果测速计反馈断开，转速放大器输出将立即达到饱和，电机将输出全转矩。在变换器输出达到其最大输出电压之前，电机转速将持续上升。为了防止这种情况发生，许多驱动器都集成了转速信号丢失检测电路，在某些情况下，如果测速计发生故障，电枢电压反馈（参见下文）将会起作用。

通过弱磁扩展转速范围的驱动器具备当电机转速高于额定转速运行时，自动控制电枢电压和励磁电流的功能。通常，励磁电流会一直维持在最大值，直到电枢电压达到额定值的95%左右。当需要更高的转速时，增加电枢电压的同时还要降低励磁电流，当电枢电压达到额定值时，励磁电流处于最小安全值。

4.3.4 全速域运行

带有弱磁功能的驱动器能够在额定转速以下进行电枢电压控制，在额定转速以上进行弱磁控制。在低于额定转速的情况下，电机可以产生低于额定值的转矩，如第 3 章所述，该区域被称为"恒转矩"区域。在高于额定转速时，最大转矩与转速成反比，因此被称为"恒功率"区域。变频驱动器在转矩-转速平面第 1 象限中的工作区间如图 3.10 所示。（如果驱动器具备可再生和反转运行能力，则其运行区间将镜像到其他 3 个象限中。）

4.3.5 电枢电压反馈和 IR 补偿

对于不要求精确转速控制且价格较低的低功率驱动器，可以省去测速计，而将电枢电压用作"转速反馈"。这种方式的效果显然不如转速反馈好，因为虽然稳态时空载转速与电枢电压成正比，但是转速会随负载（以及电枢电流）的增加而降低。

由第 3 章可知，电机在负载下转速下降是由于电枢电路电阻压降（IR）所致。因此，为了补偿稳态转速的下降，需要根据电流成比例地增加电机端电压。通常我们在驱动电路中增加"IR 补偿"功能，以便用户针对特定电机进行调整。由于不能很好地解决电阻随温度变化以及负载瞬变带来的问题，这种补偿方法远不够完美。

4.3.6 电流开环控制

对于低成本、小功率的驱动器可以不采用完整的电流控制回路，而只采用"电流限幅"，仅在电流超过最大给定值时才会起作用。这些驱动器通常具有内置的斜坡电路，该电路会限制给定转速信号的上升速率，因此在正常运行情况下不会激活电流限幅功能。但是，除了普通应用场合之外，它们还出现在跳闸保护的场景下。

4.4 斩波式直流电机驱动装置

如果电机采用直流电源供电（例如在蓄电池电动车中），通常使用斩波型变换器。第 2 章介绍了单开关斩波器的基本原理，可以通过周期性改变电源电压的开、关时间间隔来改变平均输出电压。晶闸管整流器和斩波器之间的主要区别在于，由前者供电的电机电流始终流过电源，而由后者供电的电机仅在每个周期的部分时间内接通电源。

使用晶体管、MOSFET 或 IGBT 的单开关斩波器只能向直流电机提供正电压和正电流，因此仅限于单象限电动运行。当需要再生制动或快速反转时，需更加复杂的电路，需要使用两个或更多个功率开关器件，成本也会增加。可以采用的电路拓扑有许多种，这里不详细介绍，但要记住，2.2.2 节介绍了最重要的两种类型，最简单的"降压"变换器提供的输出电压范围为 $0 \sim E$，其中 E 是电池电压；而 2.2.4 节中介绍的略微复杂的"升压"变换器能提供的输出电压大于电源电压。

4.4.1 直流斩波驱动器的性能

由上文可知，采用相控整流器供电时的直流电机性能可与用纯直流电源供电时的性能相媲美。而斩波供电的电机性能比相控的更好，因为使用了高斩波频率，电枢电流纹波会更小。

图 4.14 给出了使用理想开关情况下的典型电路和电枢电压、电流的波形。如图 4.14 所示，为了使电流纹波相对于平均电流（I_{dc}）更加明显，并更加清楚地显示其与电压波形的关系，我们选择了比较适中的 100Hz 斩波频率。实际上，绝大多数斩波驱动器都工作在更高的频率下，因此电流纹波要小得多。同样，我们假设有轻微的转矩脉动情况下，转速仍保持不变，并且电枢电流也是连续的。

电枢电压波形表明，当晶体管导通时，电源电压 V 将直接加到电枢两端，此时，电枢电流的流通路径由图 4.14a 的虚线所示。在此周期的其余时间内，晶体管"关闭"，电流经二极管续流，如图 4.14b 的虚线所示。当电流通过二极管续流时，电枢电压被钳位在（几乎）零电压点处。

电机的转速由平均电枢电压（V_{dc}）决定，而电枢电压又取决于晶体管"导通"时间与总周期时间（T）的比值。如果将开、关时间定义为 $T_{on} = kT$ 和 $T_{off} = (1-k)T$，其中 $0 < k < 1$，则可以得出平均电压：

$$V_{dc} = kV \tag{4.3}$$

由此我们可以看到，转速控制实际上是由导通时间比 k 决定的。

再来看图 4.14c 所示的电流波形，上面的波形对应于满载情况，即平均电流（I_{dc}）产生电机额定转矩。如果将电机轴上的负载转矩减小为额定转矩的一半，并且假设电阻可以忽略不计，则稳态转速将保持不变，但平均稳态电流将减半，如图中虚线所示。但是，我们注意到尽管平均电流是由负载决定的，但电流纹波不变，这将在下面给出解释。

如果忽略电阻，则"导通"期间内电流满足方程：

$$V = E + L\frac{di}{dt}, \quad \frac{di}{dt} = \frac{1}{L}(V - E) \tag{4.4}$$

由于 V 大于 E，因此电流梯度（di/dt）为正，如图 4.14c 所示。在此"导通"期间，电源为电机供电，一部分能量被转换为机械输出功率，还有一部分能量存储在与电感相关的磁场中。后者可写成 $\frac{1}{2}Li^2$，因此随着电流（i）的增加，其存储的能量更多。

在"关断"期间,电流满足方程:

$$0 = E + L\frac{\mathrm{d}i}{\mathrm{d}t}, \quad \frac{\mathrm{d}i}{\mathrm{d}t} = \frac{-E}{L} \tag{4.5}$$

我们注意到,在"关断"期间,电流的梯度为负(见图 4.14c),并且由运动电动势 E 决定。在此期间,电机产生的机械输出功率是由电感中存储的能量提供的,由于释放了先前在导通期间存储的能量,所以电流会下降。

我们注意到电流的上升和下降(即电流纹波)与电感成反比,但与平均直流电流的大小无关,即电流纹波不取决于负载。

为了研究输入/输出功率之间的关系,我们注意到电源电流仅在导通期间内流过,因此其平均值为 kI_{dc}。由于电源电压恒定,因此提供的功率可由 $V(kI_{\mathrm{dc}}) = kVI_{\mathrm{dc}}$ 计算得出。从电机侧看,平均电压为 $V_{\mathrm{dc}} = kV$,平均电流(假设不变)为 I_{dc},因此电机的输入功率为 kVI_{dc},即理想斩波器中没有功率损耗。因为 $k<1$,输入(电池)电压高于输出(电机)电压,相反,输入电流小于输出电流。在这方面,我们发现斩波器对直流的作用与传统变压器对交流的作用方式基本相同。

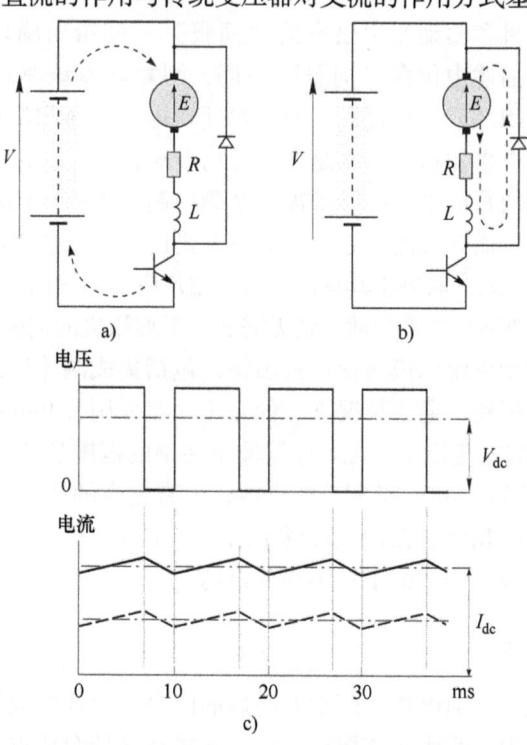

图 4.14 斩波器供电情况下直流电机性能。在图 a 中,晶体管处于"导通"状态,电枢电流流过电压源;在图 b 中,晶体管处于"关断"状态,电枢电流通过二极管续流。电枢电压和电流波形如图 c 所示,虚线表示负载转矩减小一半时的电流波形

4.4.2 转矩-转速特性和控制方法

在开环条件下（即斩波器的占空比为固定值），由斩波器供电的电机的性能与之前讨论的由整流器供电的电机类似（见图4.4）。当电枢电流连续时，由于平均电枢电压保持恒定，因此转速随负载增大仅略有下降。但是，当电枢电流断续时（多为在高速和轻载情况下），由于平均电枢电压会随着负载的增加而下降，所以转速会随负载增加而迅速下降。为了防止电流断续，可在电枢回路串联一个电感，或者提高斩波频率，但是，当采用转速闭环控制时，控制环会自动抑制断续电流带来的不利影响。

斩波器供电的电机控制原理和方案与整流器供电时相同，但明显区别是，斩波器是通过改变占空比来调节输出电压，而不是通过改变触发角。

4.5 直流伺服驱动系统

我们很难对电机和驱动器中出现的"伺服"一词给出确切的定义。广义上讲，如果驱动器的描述中包含"伺服"一词，则意味着该驱动器专门应用于高性能场合，并采用闭环或反馈控制，通常包括转矩、转速和位置控制。早期的伺服装置主要应用于军事领域，特别是在需要高转矩惯量比，以及平滑无脉动转矩的应用场合。而普通直流电机并不都需要精确控制。因此，伺服电机是为了满足这些高要求应用场景而开发的，并且价格一直要比同类工业产品高得多。伺服电机昂贵的价格是否合理，取决于其具体规格，用户应该明确的一点是如果传统工业驱动系统可以很好地满足要求的话，就无需购买更加昂贵的伺服电机。

大多数伺服驱动系统以模块化形式出售，包括集成测速计的高性能永磁电机和斩波型功率放大模块。通常情况下，伺服驱动器采用公共电源供电，并为功率放大模块提供独立的直流稳压电源。连续输出功率的范围从几瓦到2~5kW不等，标准电压为12V、24V、48V和50V的倍数，也有更高的功率，但并不常见。

与工业驱动系统相比，在伺服市场中向交流永磁电机或感应电机的转变更加明显，但直流伺服系统仍保留了一小部分市场。

4.5.1 伺服电机

尽管伺服电机和普通电机之间没有明显的区分，但通常伺服电机用于需要快速加、减速的场合中。为满足该要求，伺服电机在设计时要求产生比连续额定电流高很多倍的间歇电流（转矩）。由于大多数伺服电机功率很小，因此它们的电枢电阻相对较高，在全电枢电压下的短路（堵转）电流可能只是连续额定电流的几倍，通常选择使用驱动功放以满足此要求，使电机由静止快速加速。还有一种更为恶劣的工况，电机在全速运行时，电枢电压突然反接。（对于大型直流电机，这两种运行情况是不可想象的，因为电枢电阻过低会导致电机产生巨大的过电流。）

为了最大程度地提高加速度，必须使转子惯量最小化，最好的方法是构造一种电机，转子上只有电路（导体）部分，而磁路部分（铁或永磁体）是固定不动的。"无铁心转子"和"印刷电枢"电机都采用了这一原理。

在无铁心转子或动圈型（见图 4.15）电机中，电枢导体被制成薄壁圆筒形状，基本上只由倾斜缠绕的漆包线和盘式换向器（图中未显示）组成。电枢内部装有 2 极（上 N，下 S）永磁体，用于提供径向磁通；电枢外部是钢制圆柱形外壳，用于提供完整的磁路。

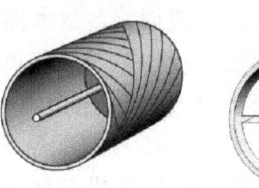

图 4.15 无铁心转子直流电机。换向器（未显示）一般是盘式的

由于没有任何槽来嵌放电枢绕组，这种结构相对脆弱，因此其直径被限制为不超过 1cm。由于它们的尺寸很小，通常被称为微型电机，并且广泛地应用于照相机、视频播放器、读卡器和医疗仪器等。

印刷电枢则总体上更加坚固，功率可达几千瓦。它们通常制成圆盘状或薄饼状，其磁通方向为轴向，电枢电流沿径向流通。电枢导体类似于车轮上的辐条，导体本身集成在轻质圆盘上。早期是使用印刷电路技术制造的，但现在一般采用压制技术。由于该电机一般至少有 100 个电枢导体，转子旋转时转矩几乎保持恒定，电机可以在低速下非常平滑地旋转。该电机转子惯量和电枢电感很低，具有良好的动态响应特性，而其短且粗的外形适用于机床和磁盘驱动器等轴向空间较为宝贵的应用场合。

值得一提的是，还有另一种类型的伺服电机，对该电机的主要要求是能够极其平滑地旋转。通常要使这种电机的转子惯量最大化。该伺服电机主要应用于机床主轴，因为在切削过程中转速的任何微小变化都可能造成最终产品表面的缺陷。

4.5.2 位置控制

如前所述，在很多采用位置闭环控制的应用场合中都使用了伺服电机，因此需简要介绍一下如何实现位置控制。在第 10 章中，我们将看到步进电机提供了一种开环位置控制的方法，对于一些要求不高的应用场合，这种方案成本更低。

在图 4.16 所示的示例中，输出轴的角度位置旨在跟随给定电压（θ_{ref}），但是，如果电机驱动齿条，也可以实现直线运动。安装在输出轴上的电位计可以提供与输出轴实际位置成正比的反馈电压。该电位器的输出电压必须是角度的线性函数，并且不随温度的变化而变化，否则会降低系统的精度。

从给定电压（代表期望的位置）中减去反馈电压（代表转轴的实际位置角度），将所得到的位置误差信号进行放大并用于驱动电机，使输出轴沿指定方向旋转。当输出轴到达目标位置时，位置误差变为零，电机所施电压为零，输出轴保持静止。一旦输出轴偏离目标位置，就会立即产生位置误差，并由电机产生复位转矩。

就目前情况而言，上述方案的动态性能并不令人满意。为了获得快速响应并减小因静摩擦引起的位置误差，放大器的增益需要很高，但高增益反过来又会引起无法接受的高振荡响应。对于一些负载不变的应用，可以通过在放大器的输入端添加一个补偿环节来改善上述问题，但最佳解决方案是在位置环之外，再增加一个"速度环"（如图 4.16 中虚线所示）。显然，转速反馈对静态性能没有影响（因为测速计的输出电压与电机的转速成正比），但是会增加瞬态响应的阻尼。因此，可以提高放大器的增益以实现快速响应，并且可以通过调整转速反馈来提供所需的阻尼（见图 4.17）。为此，许多伺服电机都配有集成的测速计。（该示例遵循一个基本原理，即通过在控制系统中加入"输出信号导数"的反馈，可以改善系统响应，在该例中，转速信号就是角位置的导数。）

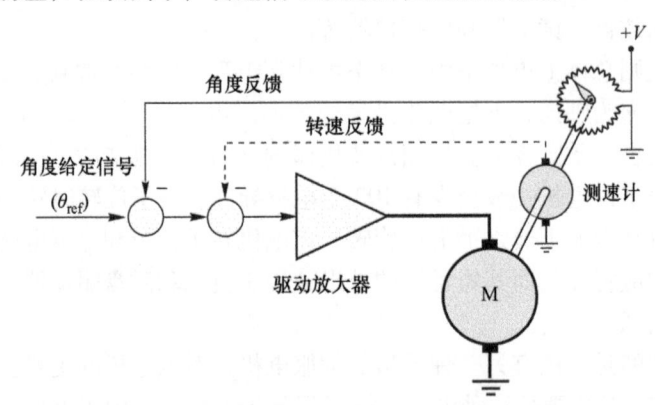

图 4.16　使用直流电机和伺服电位器角度反馈的闭环角度位置控制

为了便于理解，上面示例采用了模拟控制方案，但是数字位置控制方案（使用编码器同时提供位置和转速信号）现在更为普遍，尤其是在使用无刷电机时（见第 9 章）。"控制板卡"是成熟的产品，它们提供了便于与其他系统连接的接口，同时也提高了动态响应的灵活性。

图 4.17　闭环位置控制系统的典型阶跃响应，显示了通过增加转速反馈改善阻尼

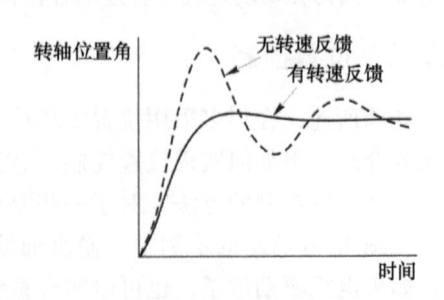

4.6 数控驱动系统

在所有工业和精密控制系统中，数字控制已经取代了大多数电机驱动系统中的模拟电路，但这并不表明电机驱动系统的基本结构发生了改变。在大多数情况下，人们还是通过学习模拟控制系统来了解驱动系统的功能。数字控制器在辅助控制和保护功能方面取得了长足的进步，这些功能现在已在驱动系统中得到使用。数字控制器还促进了交流电机先进控制策略的商用化，这将在第 7~10 章中讨论。但是，就了解直流驱动系统而言，对模拟驱动系统的运行方式有深入了解的读者在学习数字驱动系统时会得心应手。因此，本节仅限于介绍数字驱动系统的一些优势，建议想要学习更多相关内容的读者可以参考 W Drury 所著的 *Control Techniques Drives and Controls Handbook*, 2nd Edition。

许多驱动系统使用数字转速反馈，将安装在电机轴上的编码器生成的脉冲序列（使用锁相环）与目标转速对应频率的给定脉冲序列进行比较，或者将给定信号以同步串行编码的形式传输到驱动系统。因此，反馈信号更加精确且无漂移，并且编码器信号中的噪声很容易被抑制，可以确保实现精确的转速控制。特别当必须以相同的转速驱动多个独立电机时，这一点尤其重要。触发脉冲同步电路中还使用了锁相环，这样可以消除由电网供电噪声引起的问题。

数字控制器可避免漂移（模拟放大器电路的弊病），增加灵活性（例如可编程的坡升、坡降、最大和最小转速等），易于实现与其他驱动器、主机和控制器的连接和交互，可进行自我调节。另一个好处是便于用户诊断，它为本地或远程用户提供了所有关键驱动参数的当前和历史数据。数字驱动器还提供了更多的功能，包括 PLC 具有的用户可编程功能，以及许多便于集成到工业自动化系统中的通信接口。

4.7 习题

（1）一台转速控制的直流电机，以 50% 的额定转速轻载运行。如果将给定转速提高到 100%，当电机稳定下来时，其电枢电压、转速计电压和电枢电流的新稳态值与之前运行状态时相比有何变化？

（2）一个带有 PI 转速控制器的直流电机驱动系统，开始以 50% 的转速空载运行，然后向转轴施加 100% 的负载转矩。加载前后电枢电压、转速计电压和电枢电流的稳态值有何变化？

（3）空载直流电机突加 100% 的给定转速信号，从静止开始起动。电枢电压和电流随电机加速运行有何变化？

(4) 一台直流电机驱动系统以 50% 的转速和 50% 的转矩运行，当出现以下情况时，系统会发生什么变化？

(a) 电网电压下降 10%。

(b) 测速计导线被无意中拔下。

(c) 电机被堵转。

(d) 电枢端子之间短路。

(e) 电流反馈信号丢失。

(5) 为什么直流电机不希望出现电流断续运行情况？

(6) 能耗制动和再生制动有什么区别？

(7) 从驱动的角度解释为什么常说直流电机电枢回路电感越高越好。在什么情况下高电枢电感是不可取的？

(8) 一台由可控晶闸管整流器供电的直流电机的机械特性如图 Q8 所示。标明坐标轴，指出特性曲线上性能"良好"和性能"差"的部分，并简要说明导致性能突变的原因。如果曲线 A 对应于 5°的触发角，请估计曲线 B 对应的触发角。如果在电机的电枢上串联大量电感，曲线将如何变化？

(9) 设计一台 250kW 的轧管机拉床的驱动系统，需要使用两台额定值分别为 150kW、1200r/min 和 100kW、1200r/min 的电机，并同轴使用。每台电机都配有单独的转速控制驱动器。要求两台电机根据其额定功率按比例分配负载，控制系统如图 Q9 所示（未显示负载）。

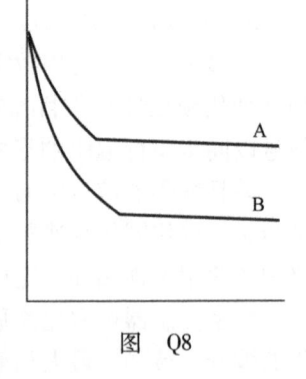

图 Q8

(a) 简要说明为什么该方案称为主/从方案。

(b) 如何实现负载分配？

(c) 讨论为什么该方案比两个驱动器都具有速度外环的方案更好。

(d) 该方案中，较小功率驱动系统的给定电流是由较大功率驱动系统的电流反馈信号输入的，这样有何优点？

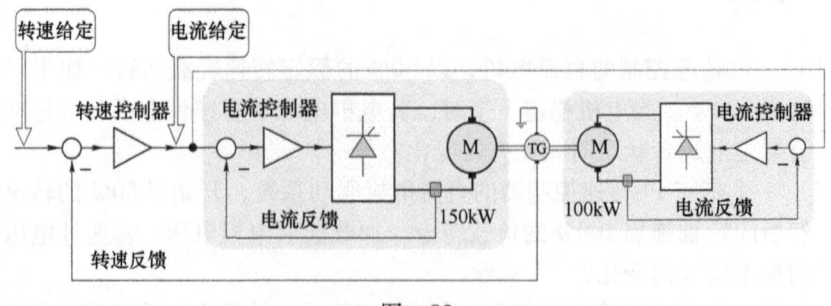

图 Q9

答案参见附录。

第 5 章

感应电机的旋转磁场、转差率和转矩

5.1 简介

从实用性和简便性的角度来看，感应电机可以与螺纹并列为人类最好的发明之一。感应电机不仅是一种极其优良的机电能量转换设备，而且也是迄今为止最重要的工业设备，世界上大约一半的发电量被感应电机消耗并转换为机械能。尽管感应电机在现代社会中发挥着关键作用，在日常生活中执行驱动机械、水泵、风机、压缩机、传送带、起重机和许多看起来平常但至关重要的任务，但在很大程度上仍未引起人们的注意。感应电机适用于转速固定的应用场合，并且随着各种变频器的出现，它在调速领域也被广泛应用。

与直流电机类似，感应电机通过转子上的轴向电流与定子产生的径向磁场相互作用而产生转矩。不同的是，直流电机的电流需由电刷和换向器馈入转子，而感应电机转子中产生转矩的电流是由电磁感应产生的，这也是它被称为"感应"电机的原因。因此，感应电机的定子绕组不仅会产生磁场（"励磁"），而且还会提供机械输出的能量。由于感应电机不存在机械换向器和电刷，也就避免了电刷和换向器的滑动接触，因此其维护成本远远低于直流电机。

感应电机和直流电机之间还有其他区别。第一，感应电机的电源是交流的（通常是三相的，但小功率感应电机可以是单相的）；第二，感应电机中的磁场相对于定子是旋转的，而直流电机中的磁场是静止的；第三，感应电机中的定子和转子都是非凸极式的（定子和转子表面都是光滑的），而直流电机定子具有凸出的磁极，这限定了直流电机励磁绕组的位置。

鉴于以上差异，我们将继续研究这两种电机性能之间的主要区别。从用户的角度来看，功率相等、额定转速相同的感应电机和直流电机在尺寸和重量上并没有显著的差异，而感应电机通常更便宜。这两种电机尺寸相似，说明生产这两种电机所需铜和铁的用量也接近，而价格上的差异主要是因为感应电机结构更简单，产量更大。

5.1.1　方法概述

本章关注的是感应电机的稳态性能，即电机带额定负载且电源电压和频率都恒定的情况下，忽略暂态过程电机所表现出来的性能。我们将通过磁通、磁阻、电磁力、感应电动势等相关物理量对感应电机进行定性分析。感应电机相较于直流电机更难理解，不仅是因为在分析过程中涉及的物理量是交流量，还因为感应电机单个绕组同时承担了产生磁场和进行机电能量转换的任务。

下一章将对感应电机进行深入的分析，研究设计参数对电机性能的影响。我们将遵循自感应电机诞生之初延续至今的研究方法，说明感应电机在电源电压和频率都恒定时的实际运行情况。事实证明，在使用公共电源供电时，感应电机的瞬态性能较差，无法快速控制转矩，因此感应电机被认为无法在调速领域与直流电机竞争。

随着 20 世纪 70 年代以来计算机技术的快速发展，现在我们不仅能描述感应电机的稳态性能，还可以利用计算机求解电机状态方程组，以此描述感应电机复杂的动态性能。这有助于理解，为何能通过控制定子电流实现对电机转矩的快速控制。随着 PWM 逆变器的发展，可以实现对电机电流的快速控制，但直到低成本且运算速度快的数字信号处理器（能实现"磁场定向"或"矢量"控制等复杂的算法）出现以后，逆变器的商业化推广才得以实现。在掌握第 7 章中介绍的方法之前，我们要先学习经典感应电机及其驱动方法，为后续学习奠定坚实的基础。

5.2　旋转磁场

为了理解感应电机是如何工作的，首先要了解旋转磁场。稍后会对其进行介绍，转子被旋转磁场拖动，但它的旋转速度永远不能和磁场的旋转速度一致。

旋转磁场是由定子电流产生的，因此对旋转磁场的机理研究将集中在定子绕组上。在这部分的讨论中，首先假设转子不存在，这样就更容易定量分析旋转磁场的速度和大小，这两个参数也是影响电机性能的决定性因素。

在理解了旋转磁场是如何建立，以及影响它旋转速度和大小的重要因素之后，再把转子加入其中一起分析，研究转子对旋转磁场的影响，并分析转子感应电流和转矩是如何随转速变化的。在本节中，我们假设由定子建立的旋转磁场不受转子的影响。

最后，将研究转子和定子之间磁场的相互作用，以验证先前的假设是正确的。在完成上述内容之后，就可以讨论电机的"外特性"，即电机转矩和定子电流与转速之间的变化关系。

第 5 章 感应电机的旋转磁场、转差率和转矩

对常规交流电路理论（包括电抗、阻抗、相量图等）和三相系统的基本原理不熟悉的读者，必须在继续阅读本章后续内容之前，学习相关的知识。

我们首先应该理解旋转磁场的概念。因为转子和定子铁心表面都是光滑的，它们之间是由一个很小的气隙隔开的，所以定子绕组产生的磁通将沿径向穿过气隙。电机的运行特性就是由这个径向磁通决定的，所以首先需要建立感应电机"磁通"的概念。

由三相对称电源供电的理想 4 极感应电机的磁通分布情况如图 5.1a 所示。最上方的分布图对应于时间 $t=0$s；中间的分布图对应的是 1/4 个周期后（如果电源频率为 50Hz，则为 5ms）的磁通分布情况；而最下面的分布图对应的是 1/2 个周期后的情况。可以看出，在每种情况下磁通波形是一样的，只是后两个时刻的磁通分布图相较于初始时刻的磁通分布图分别旋转了 45°和 90°。

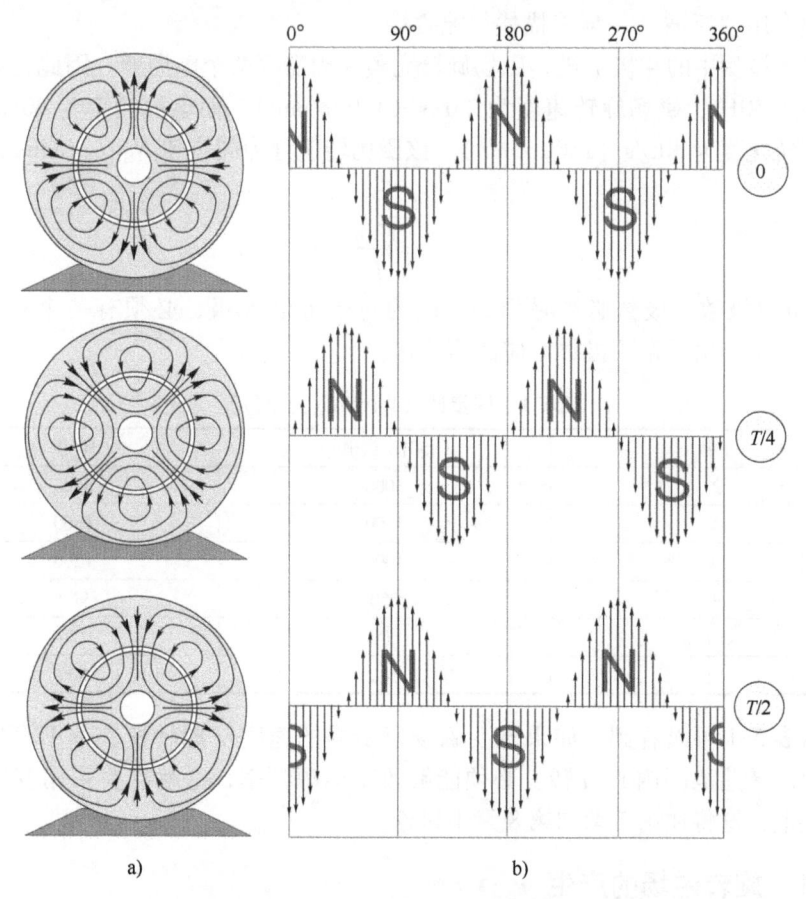

图 5.1　a）4 极感应电机在 3 个连续时刻的磁通分布，依次相差 1/4 个周期；
b）图 a 3 个时刻对应的气隙径向磁通密度分布

"4极"反映磁通从定子的两个N极出发，并返回到两个S极。注意，并没有任何物理特征表示定子铁心是4极的，极数是由定子线圈的排布和连接方式所决定的。

图5.1b给出了对应3个时刻的气隙径向磁通密度分布曲线。该图体现出气隙磁通密度分布的两个特征：第一个特征是径向磁通密度在空间上呈正弦变化；第二个特征是该曲线包含了两个完整的周期（对应两对极）。从一个N极中心到相邻的S极中心的距离称为极距。

继续观察图5.1b，我们注意到，在经过1/4个周期后，磁通波形保持其原始形状，但沿定子移动了半个极距，而在半个周期后，它沿着定子移动了整整一个极距。如果再画出其他中间时刻的磁通密度波形图，我们就会发现，磁通密度的波形保持不变且以每个供电周期移动两个极距的速度均匀平稳地向前移动。因此，通常用"行波"一词来描述气隙磁场。

对于该例中的4极电机，磁场旋转完整一周需要两个电周期。因此，如果电源频率为50Hz，磁场旋转速度为25r/s（1500r/min），而电源频率为60Hz时的磁场旋转速度为30r/s（1800r/min）。该磁场转速称为同步速 N_S（r/min），表达式为

$$N_S = \frac{120f}{p} \tag{5.1}$$

式中，p是极数。极数必须是偶数，因为对于每个N极，必须有一个对应的S极。表5.1给出了常用极数对应的同步速。

表5.1 同步速（以r/min为单位）

极数	50Hz 供电	60Hz 供电
2	3000	3600
4	1500	1800
6	1000	1200
8	750	900
10	600	720
12	500	600

从表5.1可以看到，如果想要磁场以所需的速度（即转速在50Hz和60Hz所对应的转速范围内）旋转，必须能够改变电源频率，这就需要采用变频器给电机供电，这将在第7章和第8章中讨论。

5.2.1 旋转磁场的产生

现在，我们已经大概了解了感应电机的磁场分布情况，下面再来探讨磁场是如何产生的。如果我们研究感应电机的定子绕组，会发现它是由一系列嵌放在槽

中的相同线圈均匀排列组成的。实际上，这些线圈被连接成三组相同的相绕组，沿定子圆周对称分布。如图 5.2 所示，三相绕组可以以星形（Y）或三角形（△）联结。

图 5.2　三相感应电机三相绕组的星形（Y）和三角形（△）联结

三相绕组连接到对称的三相交流电源，因此产生的三相电流（产生的磁通）大小相等，但相位相差 1/3 个周期即 120°，从而形成对称的三相系统。

5.2.2　每相绕组磁场

要合理安排线圈的布局以便使每个相绕组都能够单独作用，产生所需极数的磁动势波（并产生气隙磁通波），且大小随位置角度呈正弦变化。获得所需的极数并不困难，只需选择正确的线圈数和节距即可，图 5.3 所示的是一个基本 4 极绕组图。

在图 5.3a 中，通过将两个线圈（每个线圈跨距为一个极距）间隔开 180°，可以得到正确极数（即 4 个）。但是，气隙磁场（为清晰起见，每极仅显示两条磁力线）在每个线圈的两个线圈边之间是均匀分布的，而不是正弦分布的。

图 5.3b 上图给出了气隙磁通的直线展开图，其中均匀分布的磁力线说明了磁通密度大小是一样的。最后，图 5.3b 下图的气隙磁通密度分布曲线说明了这种最基本的线圈排列产生的是矩形磁通密度波，而非我们需要的正弦波。

可以通过在相邻的槽中增加更多的线圈来改善上面的问题，如图 5.4 所示。所有线圈的匝数都相同，电流也是相同的。这些增加的线圈在位置上彼此错开一小段距离，它们共同作用会产生如图 5.4 所示的阶梯形的磁动势和气隙磁通密度。尽管仍然不是正弦波，但比原来的矩形波要好得多。

如果想要产生一个完美的正弦磁通密度波形，则必须将每一相绕组的线圈按照正弦曲线平滑地分布在定子整个圆周上。这种想法显然是不切实际的，首先，我们必须根据线圈所在位置逐点改变每个线圈的匝数；其次，因为线圈是嵌放在槽中的，因此线圈分布不可避免地会存在一定程度的离散化。为了节省制造成本，所有线圈应该都是相同的，并且组成的三相对称绕组必须合理地嵌放在所有槽中。

尽管有这些限制，我们仍然可以获得非常接近理想的正弦磁场，尤其是使用"双层"绕组时（在这种情况下，每个定子槽可能嵌放不同相绕组的线圈）。典型的一相绕组分布图如图 5.5 所示。上方的展开图显示了每个线圈在槽中的安放情况，线圈的"进线"端放置在槽的顶部，而"出线"端则放置在另一个槽的底部，两个槽之间的槽距小于一个极距。这种节距小于一个极距的线圈称为短节

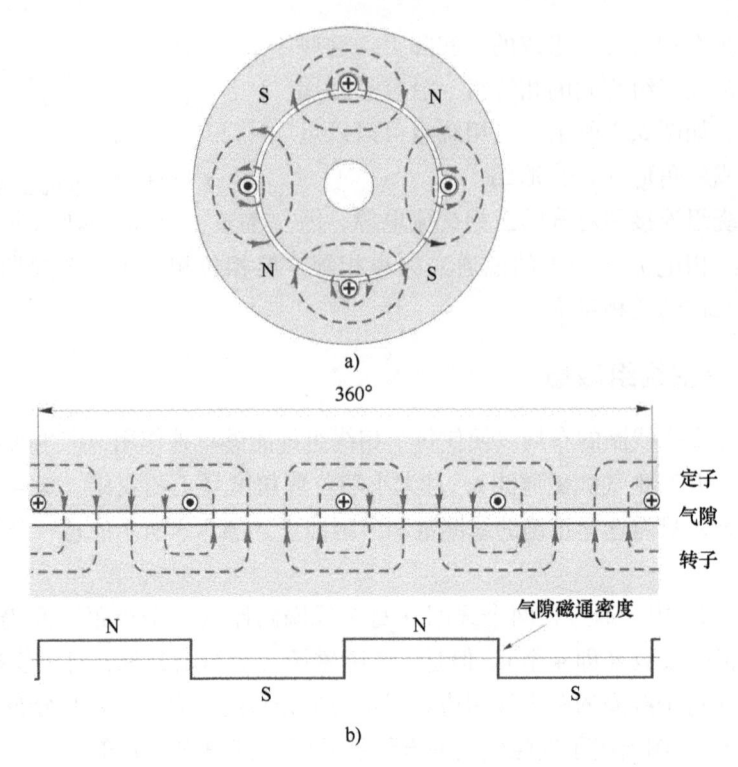

图 5.3 4极单层定子绕组,由4个间隔90°的导体表示。a) 结构示意图,b) 气隙磁通密度展开图。每个线圈的"进线"端("＋")表示电流流入纸面,而"出线"端("·")表示电流流出纸面

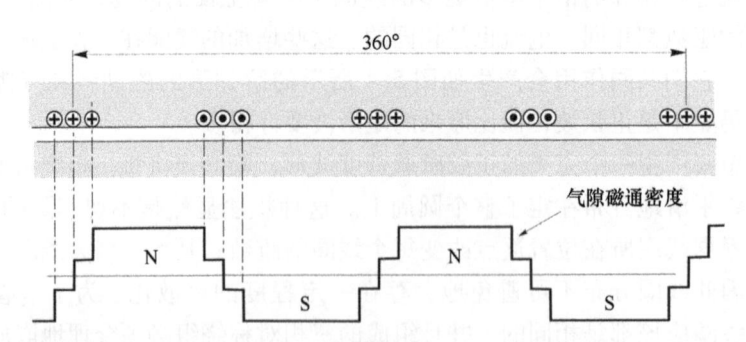

图 5.4 单相单层绕组(每极每相槽数为3)所产生的磁通密度分布展开图

距线圈或短距线圈:在本例中,线圈节距为6槽,极距为9槽,所以线圈为短距线圈。

这种类型的绕组广泛用于感应电机中,每相绕组中的部分线圈被组合在一起形成"相带"。由于我们只专注于一相绕组(或"单相")产生的磁场,因此图5.5中,仅在1/3的线圈中通入电流。属于另外两相绕组的其余2/3的线圈,

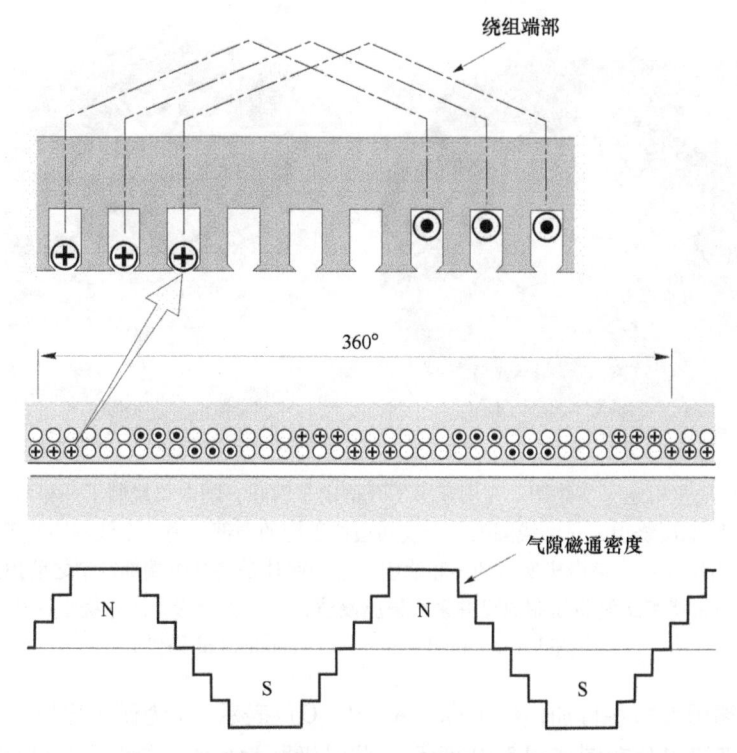

第 5 章 感应电机的旋转磁场、转差率和转矩　135

图 5.5　4 极三相感应电机双层绕组排布及每相绕组单独作用时产生的磁通密度波。上图显示了线圈的两个线圈边在槽中的具体位置（分别处于不同槽的上层和下层）

将在下节讨论。

观察图 5.5 中的磁通密度分布情况，可以看到短距的作用增加了磁通密度波形中阶梯的个数，这样由一相绕组产生的磁场就更加接近于正弦波。

每相电流按照电源频率呈正弦变化，以 A 相为例，A 相绕组产生的磁场将与 A 相电流同步变化，每个"磁极"的轴线位置保持不变，但其极性在每个周期内（从 N 到 S）会改变两次。单相磁场没有表现出任何旋转的迹象，但是将每相绕组产生的磁场合成为三相磁场时，情况将发生变化。

应该注意的是，尽管我们希望尽量减小每相磁动势的谐波含量以获得正弦磁动势，但这并不总是可行的，特别是在极数较多且电机尺寸较小的情况下。图 5.6 展示了一个 24 槽 8 极双层绕组电机。在此例中，电机每极每相槽数仅为 1，因此其相磁动势波形为矩形波，谐波含量高。然而，由于感应电机的总体性能由基波部分决定，因此这样简单的绕组排布也是令人满意的。

5.2.3　三相合成磁场

完整的 4 极绕组分布图如图 5.7a 所示。线圈的首端用大写字母（A，B，C）

图 5.6 感应电机定子实物图。左图显示了开槽定子铁心，图中仅绕制了一相绕组，采用 8 极整距双层组，每个线圈的一个线圈边位于槽的顶部，另一个线圈边位于槽的底部。右图显示了该电机所有的三相绕组。这些照片是在绕组端部定型之前拍摄的，通常绕组最终将压制成型并采用树脂浸渍，以改善绝缘并防止绕组振动
（由 Nidec Control Techniques Dynamics Ltd 提供）

表示，尾端用大写字母加横线上标（$\overline{A}$，$\overline{B}$，$\overline{C}$）表示。（为便于比较，相同定子槽数的 6 极绕组分布图如图 5.7b 所示，此时极距为 6 槽，绕组采用线圈节距为 5 槽的短距绕组。）

4 极
a)

6 极
b)

图 5.7 36 槽定子三相双层绕组排布展开图（彩图见插页）。a) 4 极绕组（每极每相槽数为 3），b) 6 极绕组（每极每相槽数为 2）

观察 4 极绕组，可以发现，B 相、C 相绕组与 A 相绕组排列方式相同，只是在空间上分别向前和向后移动了 2/3 个极距。因此，B 相和 C 相绕组也会沿各自固定的轴线产生脉振磁场。然而，B 相和 C 相的电流在时间相位上不同于 A 相电流，分别滞后 1/3 和 2/3 个周期。因此，为了得到最终的合成磁场，必须将三相绕组产生的磁场进行叠加，不仅要考虑绕组之间在空间位置上的差异，还要考虑三相电流之间时间相位的差异。这是一个繁琐的过程，这里省略了中间步骤，

图 5.8 直接给出了一个周期内 3 个不同时刻的 4 极电机的合成磁场分布图。

可以看到，3 个脉振磁场叠加在一起，合成了一个 4 极磁场，该磁场以均匀的速度旋转，每个周期前进两个极距。合成磁场的形状并不完全是正弦的（实际上比单个相绕组产生的磁场更正弦），并且其形状在不同时刻会有一点区别，但这些都不是大问题。值得关注的是，合成磁场非常接近理想的行波磁场，而且产生该磁场的绕组分布是如此简单且易于制造。

在结束对绕组的研究之前，应该指出的是，我们之前讨论的绕组被称为"整数槽"绕组，即电机的每极每相槽数是一个整数。例如，图 5.7a 所示的 36 槽 4 极三相电机，其每极每相槽数为 3，而图 5.7b 所示的 6 极电机的每极每相槽数为 2。

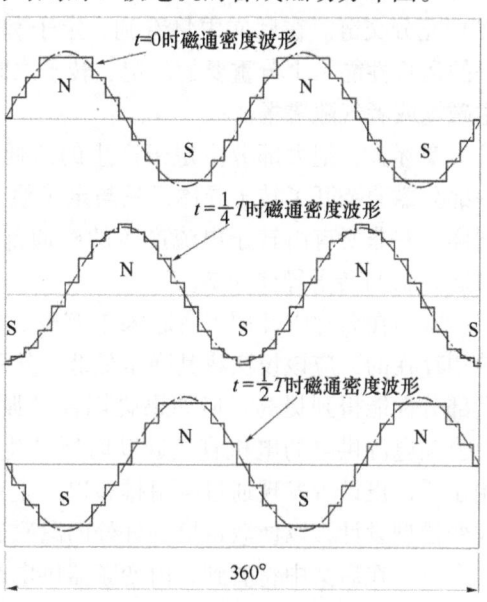

图 5.8　不同时刻气隙磁通密度
波形图（4 极三相绕组）

然而，如果要将 54 槽的定子用于 4 极三相电机，则每极每相槽数为 4.5。一般可能会认为这样的绕组是不可能的，但事实上，这种所谓的"分数槽"绕组却被广泛地使用，一个标准的定子铁心可用于几种不同极数的电机。在上面 4 极电机的例子中，第 1 和第 3 个相带将由 4 个相邻槽组成，而第 2 和第 4 个相带将包括 5 个相邻槽，平均槽数为 4.5。当供电电源提供正弦电流时，这些绕组能够产生令人满意的正弦行波磁场。

在后面探讨旨在最大程度降低大众市场永磁电机（特别是用于电动汽车领域）生产成本时，我们将讨论一种极端的分数槽绕组。这些电机由变频器供电，定子槽数相对较少，但极数相对较多。因此，每极每相槽数通常是分数，而且其值一般会小于 1。

5.2.4　旋转方向

磁场旋转方向取决于三相电流达到最大值的先后顺序，也就是供电的相序。因此，可以简单地通过交换任意两相绕组和电源的接线来改变磁场的旋转方向。

5.2.5　主（气隙）磁通和漏磁通

一般来说，定子和转子齿的形状设计要尽可能地使定子绕组产生的磁通向下传递到转子齿，并在返回定子之前，尽可能与位于转子槽中的转子导体（见下文）充分交链。在后文中将看到，定子和转子绕组之间的紧密磁耦合对电机良好的运行性能是十分重要的。定、转子之间耦合的那部分磁场就是我们要讨论的主磁场或者气隙磁场。

实际上，绝大部分由定子产生的磁通确实是主磁通或"交链"磁通。但有一部分磁通绕开了转子导体，只与定子绕组交链，这部分磁通称为定子漏磁通。同样，并非所有由转子电流产生的磁通都与定子交链，其中有一部分（转子漏磁通）仅与转子导体交链。

既然在名称中使用了听起来带有贬义的"漏"字，就说明这些漏磁通是不希望存在的，应该设法将其降至最低。然而，虽然尽量减小漏磁通能够使电机的大部分性能得到提高，但如果磁耦合过强，也会导致电机的其他性能（特别是由公共电源供电的电机直接起动时所产生的过大电流）下降。这种情况有点自相矛盾，设计者发现通过绕组排布以产生良好的主磁通相对容易，因此可以通过改变槽型设计，以便获得恰到好处的漏磁通，从而提供可接受的综合性能。（相比之下，在后文中将看到，由变频器供电的感应电机可以避免起动电流过大等问题，理想情况下，它的漏磁通可以设计得比由公共电源供电的感应电机低很多。然而必须指出的是，大多数感应电机仍然是为通用目的而设计的，其性能无法与专门为逆变器供电而设计的电机相比。）

漏磁通问题体现在感应电机的等效电路模型中的漏抗上，对此我们不进行详细介绍。这些细节的影响并不大，因此在本章和下一章中，仅在有必要时对漏磁通所对应的漏抗进行专门说明。一般地，如不另作说明，"磁通"指的是主（气隙）磁通。

5.2.6 旋转磁通幅值

我们已经知道，磁通的旋转速度是由绕组极数和电源频率决定的。那么，什么因素决定了磁场的幅值呢？

要回答这个问题，首先要忽略正常情况下转子中的感应电流。简单起见，可以假设转子导体不存在。这看起来是一个极端的假设，但后面将证明该假设是合理的。假设定子绕组连接到一个三相对称交流电源，这样在定子绕组中会产生一组三相对称电流。V 表示相电压，I_m 表示相电流，其中下标 m 表示这是"磁化"或产生磁通的电流。

通过第 1 章的讨论，我们知道磁通密度（B_m）的大小与绕组磁动势成正比，也就是与 I_m 成正比。但我们真正想知道的是，电源电压和频率是如何影响磁通密度的，因为我们只能控制这两个参数。

为了找到答案，必须先了解行波磁场会对定子绕组产生什么影响。当然，每

第 5 章 感应电机的旋转磁场、转差率和转矩

根定子导体都会被旋转磁场切割，并在其中感应出电动势。由于磁通在空间呈正弦变化，并以恒定速度切割每根导线，因此会在每根导线中感应出一个正弦电动势。该电动势的大小与磁通密度的大小（B_m）成正比，与磁场旋转速度（对应于电源频率 f）成正比。感应电动势的频率取决于一对 N 极和 S 极切割导体所需的时间。极数越多，磁场旋转越慢，在每个供电周期中，磁场总是前进两个极距。因此，定子导体中感应电动势的频率与供电频率相同，而与极数无关。（根据直觉就可以得出这个结论，因为任何线性系统的响应频率都被期望与激励频率相同。）

每个完整相绕组的电动势（E）是该相绕组中所有线圈的电动势之和，因此其频率应该也是电源频率。（细心的读者会意识到，虽然每个线圈的电动势的大小相同，但时间相位是不同的，这取决于每个线圈的空间位置。然而，每个相带中的大多数线圈都靠得很近，虽然它们的电动势相位略有差异，但可以直接相加。）

如果我们比较三相绕组的电动势，会发现它们的幅值相等，但相位相差 1/3 个周期（120°），从而形成一组三相对称的电动势。从系统整体对称性来看，这是可以预料到的。这一结果是非常有帮助的，因为这意味着在以后的讨论中我们只需要考虑其中一相的情况就可以了。

当给电机施加交流电压时，会产生交流电动势，可以用图 5.9 所示的一相交流等效电路来表示这种状态。

图 5.9 中所示的电阻是一相完整绕组的电阻。注意，电动势 E 的方向与电压 V 是相反的。事实上也如此，否则如果电动势与电压方向相同的话，将会发生失控的情况，因为电压 V 产生励磁电流，从而在绕组中产生感应电动势，电动势与电压叠加，会进一步增大励磁电流，这样循环往复，会导致电流和电动势都不断增大。

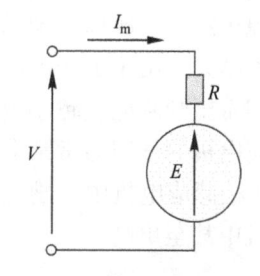

图 5.9 感应电机在空载条件下的简化等效电路

根据基尔霍夫电压定律，图 5.9 所示的交流电路电压方程为

$$V = I_m R + E \tag{5.2}$$

在实际中，$I_m R$（表示由绕组电阻引起的电压降）通常远远小于电压 V。换句话说，大部分的外加电压都会引起电动势 E。因此，可以近似得到

$$V \approx E \tag{5.3}$$

已经知道，电动势与 B_m 和 f 成正比，即

$$E \propto B_m f \tag{5.4}$$

结合式（5.3）和式（5.4），可以得到

$$B_{\mathrm{m}} = k\frac{V}{f} \tag{5.5}$$

式中，常数 k 取决于每个线圈的匝数、每相绕组线圈数和线圈分布情况。

式（5.5）对于感应电机的运行至关重要。它表明，如果供电频率恒定，则气隙磁通密度与定子端电压成正比，换句话说，电压决定了磁通密度。一般情况下，如果要提高或降低频率（为了提高或降低磁场的旋转速度），必须按比例提高或降低电压，这样才能保持磁通的大小不变。（将在第 7 章和第 8 章中介绍，早期变频器使用这种"V/f 控制"，使磁通在所有速度下都保持恒定。）

我们最初认为励磁电流是磁动势的来源，而磁动势又产生磁通。矛盾的是，我们发现磁通的大小只受外加电压和频率的影响，I_{m} 在式（5.5）中根本没有出现。我们可以通过再次观察图 5.9 来寻找答案，并试问如果出于某种原因导致电动势（E）降低时，将会发生什么？当电动势 E 降低时，I_{m} 会增加，这反过来会产生更大的磁动势、更大的磁通，从而引起电动势 E 的增加。这显然是一种负反馈效应，始终保持 E 等于 V。这与直流电机（见第 3 章）总是自动调整空载转速，以使反电动势几乎等于端电压的情形很像。所以感应电机的励磁电流总是自我调节，使感应电动势几乎等于外加电压。

当然，这并不意味着励磁电流可以任意变化。要计算励磁电流，我们必须知道绕组的匝数、气隙长度（用于计算气隙磁阻）和铁心磁路的磁阻。从用户的角度来看，无需对此进行关注。尽管如此，我们应该认识到，磁路磁阻主要是由气隙决定的，所以，励磁电流的大小主要取决于气隙的大小，气隙越大，励磁电流也越大。由于励磁电流会产生定子铜耗，但不直接产生有用的输出功率，因此我们希望励磁电流越小越好。所以，我们发现，在满足必要的机械间隙前提下，感应电机的气隙通常都会做到最小。尽管气隙很小，但励磁电流仍然很大，在一台 4 极感应电机中，励磁电流通常可能达到满载电流的 50%，在 6 极和 8 极感应电机中甚至更高。

5.2.7　励磁功率和视在功率

由励磁电流产生的行波磁场相当于为电机提供了"励磁磁场"。一部分能量被存储在磁场中，但一旦磁场建立后它的大小基本保持不变，因此不需要再输入功率来维持该磁场。因此，在目前所讨论的条件下，即在没有任何转子电流的情况下，输入到电机的功率非常小。（也许应该注意到，电机在轻载运行时的转子电流非常小，所以该假设与现实情况差距不大。）

理想情况下，唯一的功率损耗来自定子绕组中的铜耗，但除此之外，还必须加上转子和定子铁心中的涡流和磁滞效应所引起的"铁耗"。然而，励磁电流可能相当大，其大小在很大程度上由气隙长度决定，因此感应电机空载时会从电源中汲取电流，但吸收的有功功率很少。因此，感应电机空载时的视在功率将很大，功率因数非常低，励磁电流的相位几乎落后于电源电压相位90°，时间相量图如图5.10所示。

从电源的角度来看，定子看起来像一个纯电感，因为在忽略转子回路的假设条件下，电机就只剩下一些处于良好的磁路中并用来产生磁通的线圈了。

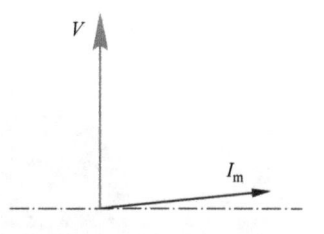

图5.10 感应电机在空载条件下的相量图

5.2.8 小结

当定子接到三相电源时，在气隙中会形成正弦分布的径向旋转磁场。磁场的旋转速度与电源频率成正比，与绕组的极数成反比。磁场的强弱与所施加的电压成正比，与频率成反比。

当忽略转子回路时（即在空载条件下），电机消耗的有功功率很少，但励磁电流本身可能会很大，从而导致对公共电源的无功功率需求很大。

5.3 转矩产生机理

在本节中，先简要介绍转子类型和"转差率"的概念，然后继续研究转矩的产生机理以及转矩随速度的变化关系。我们会发现，转子的性能会随转差率的变化而有很大变化，因此，本书会分别对低转差率和高转差率的情况进行介绍。在本节中，将首先假设旋转磁场不受转子的影响，之后，将验证该假设是合理的。

5.3.1 转子结构

感应电机的转子有两种类型。这两种转子的铁心都是由硅钢片叠压而成的，并且转子铁心沿圆周冲压出一定数量间隔均匀的槽。与定子冲片一样，转子冲片表面也有一层起绝缘作用的氧化层，用于减小在转子铁心中产生不必要的轴向涡流。

迄今为止，笼型转子是最常见的，每个转子槽中都放有一个实心导条，并且所有导条都通过"端环"在转子的两端进行结构和电路连接，如图5.11所示。"笼"一词被广泛使用，该名称的来由从图5.11中能够看出。转子导条和端环让人想起过去用来训练小型啮齿动物的跑笼。

大型感应电机的转子导条是铜制的，采用铜焊和端环连接。对于中小型感应电机，转子导条和端环可以是铜制的（特别是在高效电机中），但最常见的是铸铝的，如图5.12所示。

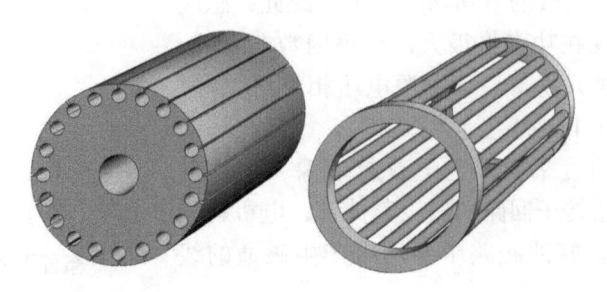

图 5.11 笼型转子结构图。左图为叠压的转子铁心，右图为铜制或铝制转子导条及端环

图 5.12 感应电机的笼型转子图。转子导条和端环采用铸铝制成，端环上的叶片具有驱动内部空气循环的作用。在转轴的非驱动端安装风扇，用于冷却带散热片的定子机壳

可以看到，在感应电机中，没有任何直接与转子进行电气连接的装置，转子电流是通过气隙磁场感应产生的。由于转子笼由互相短路的导条组成，一旦转子制造完成，就不能对转子回路的电阻进行调节。这是笼型转子一个严重的缺点，而第二类被称为"绕线转子"或"滑环式转子"可以避免该问题。

在绕线转子中，转子槽中也嵌放了一组类似于定子绕组的三相绕组。绕组采用星形联结，3 个出线端连接到 3 个集电环上（见图 5.13）。因此，转子回路是开路的，可通过电刷连接到集电环上。可以通过增加外部电阻来增大转子回路的每相电阻，如图 5.13 所示。在某些情况下，增大转子电阻是有益的。

笼型转子通常制造成本较低，并且非常耐用、可靠。然而，在变频器出现之前，绕线转子感应电机拥有更出色的控制性能，因此对于大功率电机而言，绕线转子及其相关控制装置带来的额外费用通常是能够接受的。如今，绕线转子感应电机的产品相对较少，只在大功率电机中有一定应用。但有许多旧的绕线转子感应电机仍在使用中，因此也将在第 6 章中对其进行介绍。

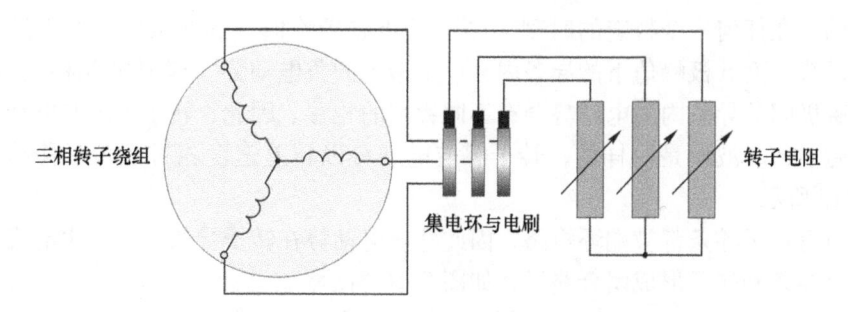

图 5.13 感应电机绕线转子电路示意图，显示了可连接到外部（固定）三相电阻的集电环和电刷

5.3.2 转差率

不难发现，转子的特性在很大程度上取决于它相对于旋转磁场的速度。如果转子静止不动，旋转磁场会以同步速切割转子导体，从而产生较大的电动势。另一方面，如果转子以同步速运行，其相对于磁场的转速为零，在转子导体中就不会感应出电动势。

转子和旋转磁场之间的相对速度称为转差速度。如果转子转速为 N，则转差速度就为 $N_S - N$，其中 N_S 为磁场同步速，单位为 r/min。转差率（不同于转差速度）由下式定义

$$s = \frac{N_S - N}{N_S} \tag{5.6}$$

通常用式（5.6）中的比率或百分比表示。由式（5.6）可以看出，转差率为 0 表示转子速度等于同步速，转差率为 1 则表示转子速度为 0。（在对感应电机进行测试时，人为使转子保持静止，即转差率为 1，该测试被称为"堵转"试验。这可以描述转子在静止且可以自由转动的状态，例如电机从静止状态起动时。）

5.3.3 转子感应电动势和电流

磁场切割转子导体的速度以及产生的感应电动势，都与转差率成正比。在同步速（$s=0$）时，感应电动势为 0；在转子静止（$s=1$）时，感应电动势最大。

转子电动势的频率（转差频率）也与转差率成正比，转子实际上相对于磁场转动，当相对速度越大，每个转子导体在单位时间内被磁极切割的次数就越多。在同步速下（$s=0$），转差频率为 0；而在静止状态下（$s=1$），转差频率等于供电频率。这些关系如图 5.14 所示。

虽然每个转子导条中的感应电动势具有相同的幅值和频率，但它们的相位是

不同的。在任何一个特定的时刻，位于 N 极磁场峰值下的导条内会产生最大的正电动势，而 S 极峰值下的导条内会产生最大的负电动势（即 180°相移），位于两个磁极间的导条内的电动势会有不同程度的相移。因此，转子中瞬时电动势波形与磁通密度波形是一样的，转子感应电动势以转差速度相对于转子移动，如图 5.15 所示。

所有转子导条都被端环短路，因此感应电动势在转子导条中会产生电流，电流通过导条和端环形成闭合路径，如图 5.16 所示。

图 5.16 的上半部分展示的是转子导条中瞬时电动势的变化情况，下半部分展示的则是相应转子导条和端环中的瞬时电流。图中用线代表转子导条中的电流，线宽与瞬时电流的大小成正比。

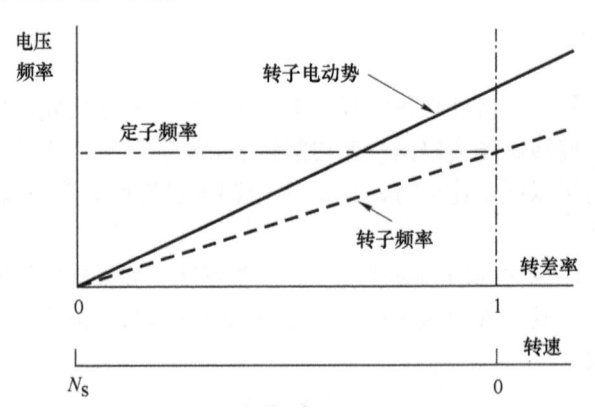

图 5.14　转子感应电动势和转子频率随转速和转差率的变化曲线

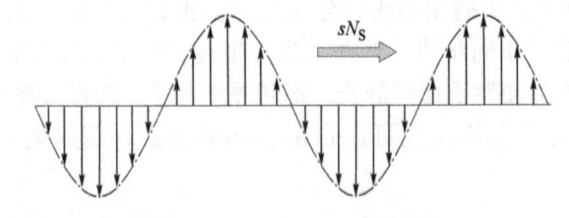

图 5.15　转子导条中的感应电动势。转子感应电动势波形相对于转子以转差速度运动

5.3.4　转矩

转子导条中的轴向电流会与径向磁场相互作用，从而产生电机的驱动转矩，该驱动转矩与磁场旋转方向相同，并拖动转子旋转。转差率对转矩的产生是至关重要的，转子永远不可能追上同步磁场，否则就无法产生转子电动势、转子电流和转矩。事实上，只有转速小于同步速时感应电机才能运行，这是感应电机又被称为"异步"电机的原因。笼型转子会自动匹配由定子绕组所形成的任何极数，

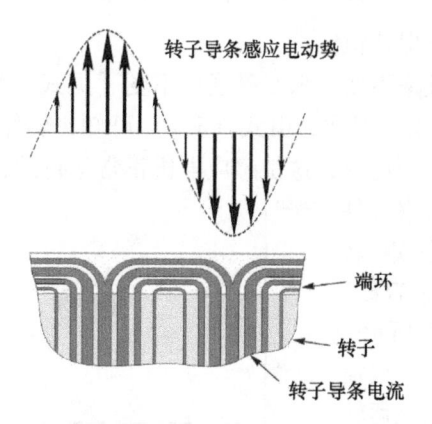

图 5.16　转子导条和端环中的转子瞬时电流（其波形为正弦波），图中只显示一个极距，在其他极下的波形是相同的

因此，同一转子可适用于一系列不同的定子极数。

5.3.5　转子电流和转矩——低转差率

当转差率较小时（比如在 0~10% 之间），感应电动势的频率也会很低（如果供电频率为 50Hz，则感应电动势的频率在 0~5Hz 之间）。在低频条件下，转子电路的阻抗主要表现为阻性的，对应的感抗很小。

每个转子导条中的电流与该导条中感应电动势的时间相位相同，因此，转子电流和转子电动势空间相位相同，并与气隙磁通的空间相位相同。前面的讨论中假设了这种情况，如图 5.17 所示。

为了计算转矩，首先需要计算"$BI_r l_r$"的乘积［见式 (1.2)］，以便获得每个转子导条上的切向力。

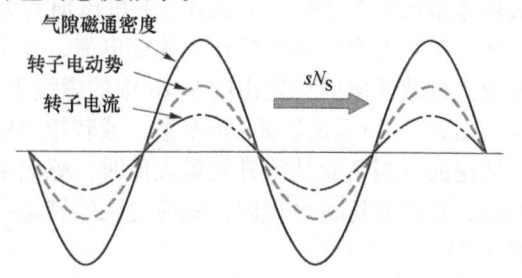

图 5.17　笼型感应电机的气隙磁通密度、转子感应电动势和转子电流波形（低转差率）

电机转矩等于总切向力乘以转子半径。从图 5.17 中可得，当磁通密度达到正向峰值时，转子电流也为正的峰值，因此对应的特定导条会对总转矩贡献一个很大的切向力。类似地，在磁通密度为负向峰值的位置，感应电流也为负的峰值，因此产生的切向力也还是正的。不需要详细推导转矩计算公式，具体的转矩大小可由下式计算：

$$T = KBI_r \tag{5.7}$$

式中，B 和 I_r 分别表示磁通密度和转子电流的幅值。假设转子导条数量很多（与实际大多数电机情况相符），图 5.17 所示的波形在所有时刻都保持不变，因此转子旋转过程中转矩也会保持恒定。

如果供电电压和频率不变，那么磁通也不变［见式（5.5）］，则转子电动势（及 I_r）与转差率成正比。因此，由式（5.7）可知，转矩与转差率成正比。上述讨论仅涉及低转差率的情况，这是感应电机正常运行的情况。

总而言之，低转差率条件下的转矩-转速（和转矩-转差率）关系近似为一条直线，如图 5.18 中的直线 AB 所示。

当电机空载运行时，仅需很小的转矩即可维持电机运转（实际上只需克服摩擦力），因此，电机空载时转差率非常小，转速仅略低于同步速，如图 5.18 中的 A 点所示。

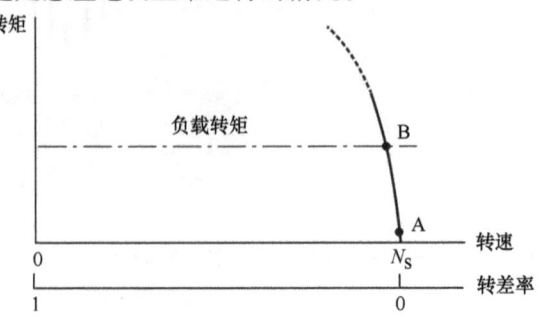

图 5.18 转矩-转速特性（低转差率）

当负载增加时，转子转速降低，转差率增加，转子电动势和转子电流都将增大，并产生更大的转矩。当转差率增加到一定程度时，电机产生的转矩等于负载转矩，电机转速就会稳定下来，如图 5.18 中的 B 点所示。

设计感应电机时通常使其满载转矩对应于较小的转差率。小型感应电机的满载转差率通常为 8%，大型感应电机该值约为 1%。以满载转差率运行时，转子导体会承载安全范围内的最大连续电流，如果转差率过高的话，转子会出现过热现象。过载区域的界定由图 5.18 中的虚线表示。

图 5.18 所示的转矩-转差率（或转矩-转速）特性对大多数应用场合来说都是适用的，当负载从零升到最大值时，感应电机的转速只会略有下降。值得注意的是，在正常运行区域内，感应电机的转矩-转速曲线与直流电机非常相似（见图 3.9）。

5.3.6 转子电流和转矩——高转差率

随着转差率的增加，转子电动势和转子频率都会同步增大。同时，与转子电阻相比，在低转差率（低转子频率）下可忽略不计的转子感抗开始变大了。如图 5.19 所示，尽管感应电流继续随着转差率的增大而增大，但比低转差率时的增加速率小很多。

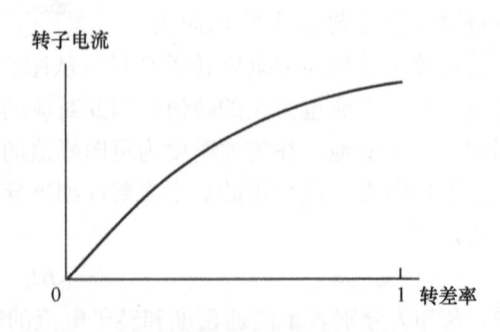

图 5.19 在整个转差率范围内转子感应电流的大小

第 5 章 感应电机的旋转磁场、转差率和转矩

在高转差率时，由于感抗变大的原因，转子电流也会滞后于转子电动势。每根导条中的交流电流在感应电动势之后达到峰值，这意味着转子电流波形滞后于转子电动势（与气隙磁通空间相位相同）。这种相位上的滞后用图 5.20 中的角 ϕ_r 表示。

空间滞后意味着径向磁通密度和转子电流的峰值位置不再重合，从产生转矩的角度来看，这是不利的。尽管磁通密度和电流都很大，但它们不会在转子表面上的任何一点同时达到最大值。更糟糕的是，在某些位置上，磁通密度和电流的方向可能是相反的，所以在转子表面的某些区域，产生的转矩实际上是负的。虽然电机的总转矩仍然是正的，但比磁通和电流同相位时产生的转矩要小得多。可以通过修改式（5.7）来考虑产生不利影响的空间滞后，得到转矩的一般表达式如下：

$$T = KBI_r \cos\phi_r \tag{5.8}$$

式（5.7）只是式（5.8）的一种特例，仅适用于 $\cos\phi_r \approx 1$ 的低转差率情况。

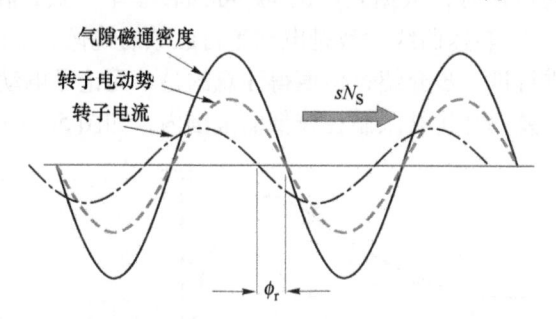

图 5.20 笼型感应电机的气隙磁通密度、转子感应电动势和转子电流波形（高转差率）
（应将这些波形与相应的低转差率时的波形进行比较，见图 5.17）

事实证明，对于大多数笼型转子，随着转差率的增加，$\cos\phi_r$ 减小的速度比电流（I_r）增大的速度更快，因此，在 0～1 之间的某个转差率处，所产生的转矩会达到一个最大值。如图 5.21 所示，典型的转矩-转速曲线可以说明这一点。峰值转矩实际上发生在转子感抗等于转子电阻时对应的转差率上，所以设计人员可以通过改变感抗与电阻之比来设计峰值转矩所对应的转差率大小。

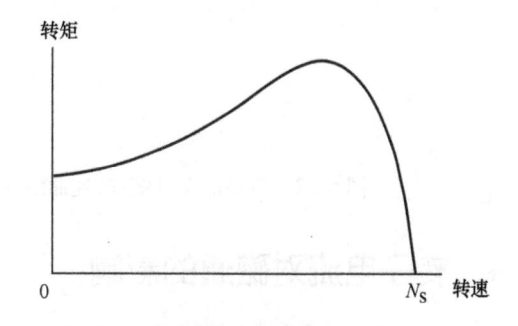

图 5.21 笼型感应电机的典型转矩-转速曲线（电动运行）

5.3.7 发电运行——负转差率

研究直流电机的稳态性能时（见 3.4 节），已经说明了当直流电机运行转速低于空载转速时，电机工作在电动状态，将电能转化为机械能。但是如果电机运行转速高于空载转速（例如由原动机驱动时），电机工作在发电状态，并将机械能转化为电能。

直流电机固有的双向能量转换特性似乎得到了广泛认可。但根据经验来看，尽管感应电机可以以同样的方式运行，但许多人并不理解这一点。事实上，用户经常对他们的"电机"能够发电的想法表示深深的怀疑，这种情况并不罕见。

实际上，感应电机的工作方式与直流电机在本质上是相同的。如果转子由外部转矩驱动，使其转速高于同步速（即转差率为负），则电磁转矩会改变方向，电磁功率也会变为负值，同时能量会回馈给公共电源。必须注意的一点是，与直流电机一样，从电动到发电的转变过程会自然发生，无需人为干预。

当转速大于同步速时，根据式（5.6）可知转差率为负，在负转差率区域，转矩也是负的，转矩-转速曲线大致是电动运行区域的镜像，如图 5.22 所示。在第 6 章中将对此进行进一步介绍，但值得注意的是，无论是电动运行还是发电运行，连续运行的转差率都将被限制在较低的范围内，如图 5.22 中的粗线所示。

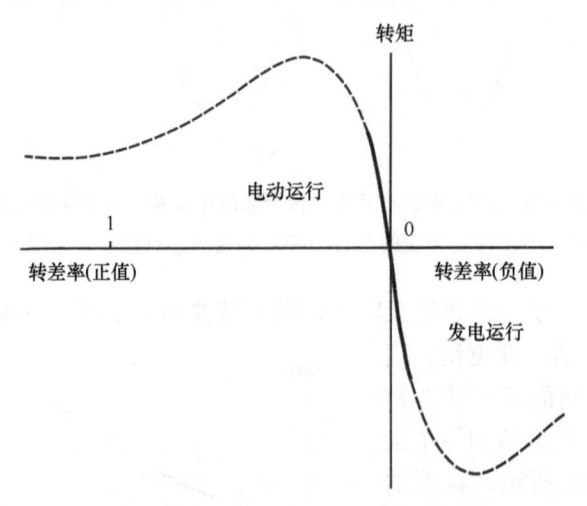

图 5.22　典型的全转矩-转速曲线（包括电动和发电运行）

5.4　转子电流对磁通的影响

到目前为止，所有的讨论都基于这样一个假设，即不管转子上发生什么，旋转磁场都保持恒定。我们已经探讨了转矩和机械输出功率是如何产生的。我们之前将注意力主要集中在转子上，但是输出功率必须由定子绕组提供，所以我们必须关注整个电机的表现，而不仅仅是转子。因此，有以下几个问题需要思考。

首先，当电机工作时，旋转磁场会发生什么，转子电流产生的磁动势会不会引起旋转磁场的变化？其次，定子何时开始通过气隙向转子提供有功功率，以使转子完成相应的机械输出？最后，随着转差率的变化，定子电流将如何变化？

这些都是很难的问题，对这些问题的全面讨论超出了本书的范围。但是，探讨这些问题的实质并不是很困难。

5.4.1 转子电流对磁通的削弱

回顾之前的内容，我们可以发现，当转子电流可以忽略不计（$s=0$）时，旋转磁场在定子绕组中感应出的电动势几乎等于外加电压。此时绕组中的电流为无功电流（我们称之为励磁电流），用来建立旋转磁场。如果磁通有任何微小的下降趋势，都会使电动势降低，导致励磁电流不成比例地大幅度增加，从而抵消了磁通下降的趋势。

当转差率从零开始增加时，完全相同的反馈机制开始作用，转子中产生感应电流。转子电流频率为转差频率，转子电流产生转子磁动势，转子磁动势相对于转子以转差速度（sN_S）旋转。转子以$(1-s)N_S$的速度旋转，因此从定子上看，转子磁动势波总是以同步速旋转，而与转子的速度无关。

如果不加以抑制，转子磁动势会产生转子磁通，并在气隙中以同步速旋转，这与定子励磁电流最初产生磁通的方式非常相似。转子磁通与气隙磁通方向相反，因此会导致合成磁通下降。

然而，一旦合成磁通开始下降，定子电动势就会降低，因此定子电流将增大，并增加定子磁动势。即使定子感应电动势只有很小的下降，都足以引起电流的大幅度增加，因为电动势E（见图5.9）和电源电压V与定子电阻压降相比都非常大。定子电流大幅增加所产生的"额外"的定子磁动势有效地"抵消"了转子电流产生的磁动势，使得合成的磁场（以及旋转磁通）保持不变。

当然，由于转子电流的存在，必然会对合成电动势（和磁通）产生削弱。但是，由于定子外加电压和感应电动势之间的微妙平衡，磁通随负载的变化非常小，至少在正常运行转速范围内（转差率较小）如此。对于大型感应电机，正常工作范围内的磁通下降通常小于1%，而在小型感应电机中该数值可能上升到10%。

上面的讨论回答了定子何时通过气隙提供机械功率的问题。当机械负载施加到电机转轴上时，转子减速，转差率增加，转子中产生感应电流，转子磁动势导致气隙磁通略微（但至关重要）下降。这反过来引起定子绕组中感应电动势下降，从而导致定子电流增加。可以发现，这是一个稳定的过程（至少在正常工作范围内），当转差率增加到足以使电机转矩等于负载转矩时，电机转速就会稳定下来。

就关于转矩的结论而言，当转差率较小时，之前所做的磁通不变的假设是非常接近正确的。稍后会对电机运行速度的控制方法进行介绍，继续将磁通视为常数（在一定的定子电压和频率下）是很有帮助和方便的。

然而，在高转差率（即转子转速很低）时，无法保持主磁通恒定，事实上，我们会发现，当电机首次接入公共电源（50Hz 或 60Hz）时，转子静止，主磁通可能只有电机全速运行时的一半。这是因为在高转差率情况下，漏磁通比在低转差率情况下所产生的作用更大。因此，如果想在高转差率下预测转矩的大小，需要对之前提出的假设进行修正并考虑主磁通的减少。虽然没有必要修正假设，但是它的影响将反映在随后给出的实际电机的典型转矩-转速曲线中。在选择采用公共电源供电的电机时会使用这些曲线，因为它们提供了最便捷的分析方式，以便查看电机的起动转矩和运行转矩是否胜任工作要求。所以，我们将在第 7 章中看到，当电机由逆变器供电时，可以避免高转差率运行时的不良影响，并确保磁通始终处于最佳值。

5.5 定子电流的转速特性

在本章最后，我们将介绍定子电流的特性，假设电机直接由恒压恒频的公共电源供电。此时，最大负载及各种负载情况下，电机的功率因数是影响运行成本的重要因素。

在上一节中已经讨论过，随着转差率的增加，转子做了更多的机械功，定子电流也会增加。由于增加的电流与有功（机械输出）功率（不同于原来的无功励磁电流）有关，因此，这种额外"做功"的电流与电源电压几乎是同相位的，如图 5.23 的相量图所示。

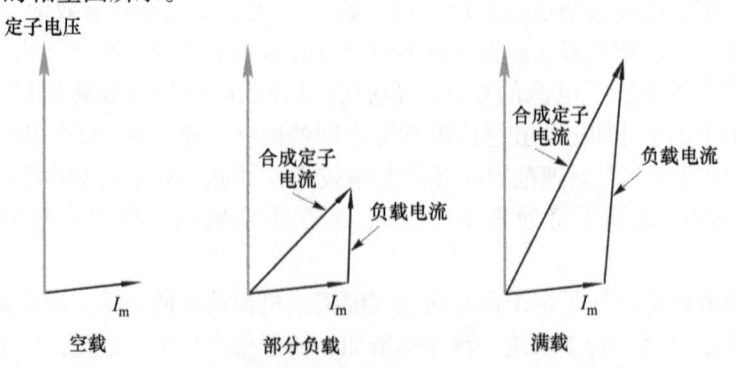

图 5.23 空载、部分负载和满载时定子电流相量图。合成电流是空载（励磁）电流和负载电流分量之和

合成的定子电流是一直存在的励磁电流与负载电流之和，其中负载分量随转差率的增大而增大。

可以看到，随着负载的增加，合成定子电流也会增大，并与电压相位更加接近。但因为励磁电流所占比例较大，空载和满载电流之间的大小差异可能并不那么明显。[这与直流电机形成鲜明对比，直流电机电枢中的空载电流与满载电流相比非常小。但是，在直流电机中，励磁电流（磁通）是由单独的励磁电路提供，而在感应电机中，定子绕组同时提供励磁电流和负载电流。如果只考虑电流的有功分量，那么这两种电机看起来非常相似。]

图 5.23 所示的情况不能被推广，尽管它们相当接近感应电机正常运行时的真实情况，但在较高的转差率下并不适用，因为此时转子和定子漏电抗将变得很重要。图 5.24 显示了笼型感应电机在整个转差率范围内的典型电流轨迹。观察相量图可以得知，当电机轻载时，功率因数较低，而在高转差率时，功率因数又变得更差，并且静止时的电流（即"起动"电流）可能是满载电流的 5 倍。

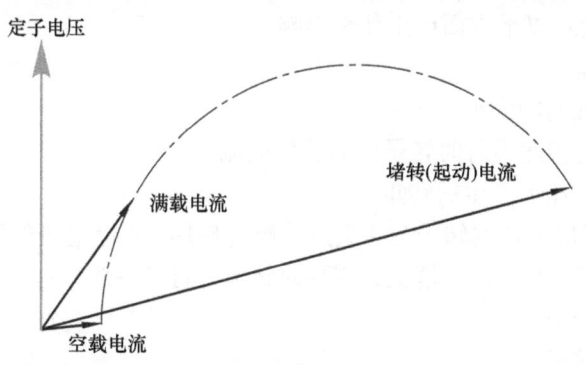

图 5.24 全转速范围内的定子电流轨迹相量图[从空载（全速）到堵转（起动）]

笼型感应电机直接起动时会产生非常大的电流，这是不希望出现的。不仅会在供电系统中造成影响很大的电压跌落，而且对开关设备的要求也比满载时更高。通过前面的讨论可知，高起动电流并不意味着高起动转矩，图 5.25 给出了通用笼型电机的电流、转矩与转差率之间的关系曲线。

可以看到，在起动时，每安培电流所能产生的转矩通常很低，单位电流转矩仅在正常运行区域

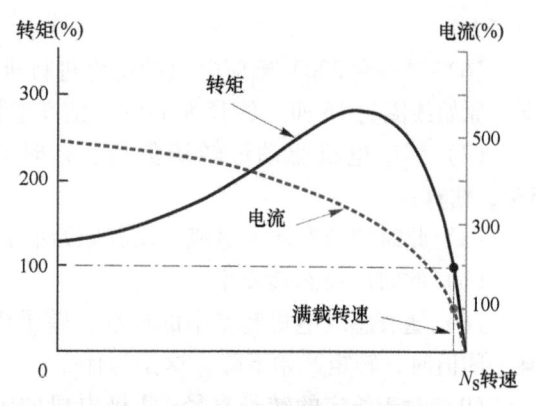

图 5.25 笼型感应电机的典型转矩-转速和电流-转速曲线。转矩坐标轴和电流坐标轴按比例缩放，100% 代表额定（满载）值

（即当转差率很小时）能够达到较为可观的数值。我们将在第 6 章进一步探讨这个问题。

5.6　习题

（1）标准 50Hz 感应电机的铭牌上标明满载转速为 2950r/min。求极数和额定转差率。

（2）一台 4 极 60Hz 的感应电机以 4% 的转差率运行。求：

(a) 运行速度。

(b) 转子频率。

(c) 转子电流相对于转子的旋转速度。

(d) 转子电流相对于定子的旋转速度。

（3）一台感应电机设计运行电压为 440V，如果采用 380V 电源供电，试问降低供电电压会对以下方面产生什么影响：

(a) 同步速。

(b) 气隙磁通的大小。

(c) 以额定转速运行时转子中的感应电流。

(d) 额定转速下产生的转矩。

（4）6 极感应电机的转子与 4 极定子配合使用，4 极电机的定子内径和长度与 6 极电机相同。对于以下情况，需要对转子进行哪些改动：

(a) 笼型转子。

(b) 绕线转子。

（5）一台 440V、60Hz 的感应电机，采用 50Hz 的电源供电，供电电压应该为多大？

（6）对一台 220V 感应电机的绕组进行重新绕线，使其能工作在 440V 电压下。原始线圈为 15 匝，线径为 1mm。估算重新绕制的线圈匝数和线径。

（7）感应电机驱动恒转矩负载运行时的转差率为 2.0%，如果电压降低 5%，估算：

(a) 此时的稳态转子电流，用其原始值的百分比表示。

(b) 此时的稳态转差率。

（8）随着感应电机转差率的增加，转子中的电流增大，但是当转差率超过某一阈值时，转矩开始下降，这是为什么？

（9）对于给定的转子直径，2 极电机的定子直径远大于 8 极电机的定子直径。通过绘制并比较两种极数电机的磁场分布情况，解释为什么随着磁极数的减少电机定子铁心尺寸需要增大。

(10) 36 槽 4 极和 6 极电机的绕组分布图如图 5.7 所示。所有线圈匝数相同、线径相同，唯一的区别是 6 极线圈的节距更短。

假设每个线圈中的电流相同，分别绘制两台电机中一相绕组产生的磁动势。为了获得幅值相同的磁通，6 极电机的电流要比 4 极电机的电流大 50% 左右。

这与低速感应电机的功率因数通常低于高速感应电机的结论有什么关系？

答案参见附录。

第 6 章

感应电机在 50/60Hz 电源下运行

6.1 简介

本章将介绍感应电机在由恒定电压和恒定频率的电源供电时的运行特性。尽管电机由变频器供电的方式已经得到普及,但由公共电源直接供电的电机仍然广泛应用于许多领域中。

本章将分析感应电机的关键工作特性,并研究如何通过设计来改变这些特性以满足某些应用的需求。除此之外,本章还将研究感应电机作为电动机和发电机运行时的限制条件,并讨论不需要改变定子电源频率的转速控制方法。最后,尽管大多数工业应用使用的是三相感应电机,但通过对单相感应电机的类型、特性的介绍,也明确了单相电机所能发挥的作用。

6.2 笼型感应电机的起动方法

6.2.1 直接起动

人们根据日常经验得出这样一个结论:起动电机只需要将开关合上即可。事实上,对于大多数的小功率电机(几千瓦以下),无论何种类型也确实如此。只需将空载的电机接通电源,电机就可以不断地从电源中获取能量并逐渐加速至目标转速。当电机获取了足够的能量并将这些电能转换为机械能后,电机转速便会稳定下来,此时电机运行的功耗会降到较低的水平。这些小功率的电机加速到全速所需的时间可能不到 1s,以至于我们很少注意到电机在加速阶段的电流通常高于连续运行时的额定电流。

对于那些功率超过几千瓦的电机,在决定是否直接将电机接入电源起动之前,需要评估这种起动方式对供电系统的影响。如果是理想供电系统(即电源电压不受电流影响),则无论电机功率有多大,直接起动任何感应电机都没有问题。但实际上,电机加速阶段的电流很大,可能会导致电源电压大幅下降,并影响由该电源供电的其他用电设备，甚至可能会超出该电源的供电能力范围。

该问题的根本原因是电源存在阻抗。首先，读者要建立一个认知，即无论多么复杂的电源系统，其模型都可以简化为一个戴维南等效电路，如图6.1所示。（假设三相对称，那么只需要讨论其中一相等效电路即可。）

电源可以表示为理想电压源（V_s）和电源阻抗（Z_s）的串联电路。当电源没有连接负载并且电流为零时，端电压为V_s；一旦连接负载，负载电流（I）流过电源阻抗就会产生电压降，输出电压由V_s降为V，即

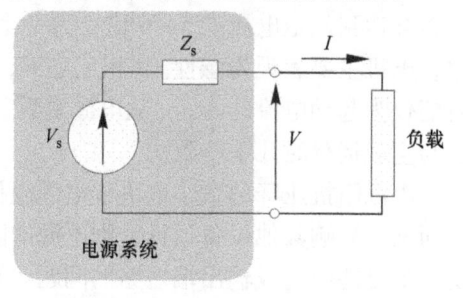

图6.1 电源系统的等效电路图

$$V = V_s - IZ_s \tag{6.1}$$

对于大多数工业电源，其电源阻抗主要是感性的，因此可以将Z_s简化为感性电抗X_s。典型纯感抗电源的相量图如图6.2所示，图6.2a中的负载为纯感性负载，而图6.2b中的负载是阻性的，负载电流幅值与图6.2a中的电流相同。输出（端）电压在两图中都由相量V表示。

对于感性负载（见图6.2a），电流相位比端电压滞后90°，而对于阻性负载（见图6.2b），电流与端电压同相位。在这两种情况下，电源电抗（X_s）上的电压都会超前电流90°。

需要注意的是，对于幅值给定的负载电流，当负载为感性时，电源阻抗压降与V_s同相位；而对于阻性负载，电源阻抗压降几乎与V_s相差90°。因此，带感性负载时电源输出电压的幅值要比带阻性负载时小很多，并且电流越大，电源阻抗压降就越大。

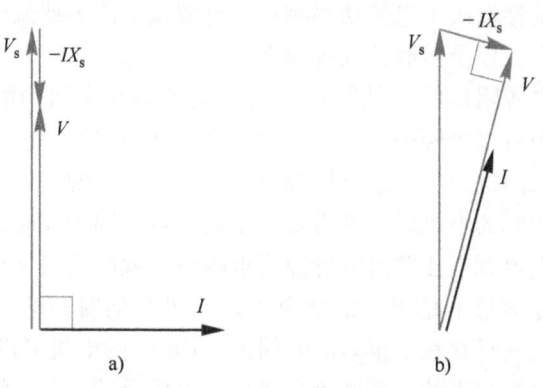

图6.2 相量图表示电源阻抗对输出电压的影响。a) 感性负载，b) 阻性负载

大型笼型感应电机起动时需要考虑两个问题：一个是电机的起动电流很大，可能会达到额定电流的 5~6 倍；另一个是电机的功率因数较低，当转差率较高时，电机主要表现为感性。（相比之下，当电机以额定转速满载运行时，其电流可能仅为起动电流的 1/5，从电源端看，电机主要表现为阻性。此时，电机端电压与空载运行时几乎一致。）

电源阻抗压降的大小取决于电源阻抗。如果希望电源能够提供较大的起动电流而又不影响其他设备运行，则电源的阻抗越低越好，最好是 0。但是，电源阻抗太低可能会造成输出端短路的问题。短路电流与电源阻抗 Z_s 成反比，当 Z_s 趋于 0 时，短路电流将趋于无穷大。而消除如此大的短路电流的成本是非常高的。因此，供电系统需要选择大小合适的电源阻抗值以达到既能满足使用需求又能降低成本的目的。

低阻抗的恒压源，无论电流大小如何，其输出电压几乎都是恒定的。（还可以根据输出端短路时的故障电流来定义电源的性质，低阻抗电源的故障电流较大，故障等级也更高。）采用低阻抗电源供电时，电机起动不需要采取额外措施，只需将 3 根电机引线直接接到三相电源端口即可，这就是常说的"直接起动"。电机起动时用到的合闸装置包含熔断器和其他过载/热保护装置。合闸动作一般是通过接触器来完成的，该动作既可以通过本地或远程按钮手动操作，也可以通过可编程控制器或计算机进行自动操作。

如果电源阻抗较高（即故障等级较低），那么电机每次起动时都会出现明显的电压跌落，这会导致负载端的电压下降并影响同一电源上的其他设备。对于这种高阻抗电源，需要使用额外的起动器来限制电机起动和加速阶段的电流，从而减小供电系统电压跌落的幅度。随着电机转速的升高，电流会随之下降，当电机转速接近额定转速时，再将起动器断开。然而，这会降低电机的起动转矩并延长起动时间。

是否需要起动器取决于电机功率相对于电源供电能力或故障等级的大小，供电部门的现行规定，以及负载特性等因素。

以上提到的电源阻抗的"低"或"高"是相对于电机的静态阻抗进行定义的。在大型工厂中可以很轻松地直接起动大型（低阻抗）电机，因为那里的电源阻抗远小于电机阻抗，可以给电机提供一个稳定的电源。但是，在远离主网的偏远地区中起动相同的电机时，则需要使用起动器，因为此时的电源阻抗相对较高。因此，对供电电源电压跌落的管控要求越高，就越需要使用起动器。

在负载转矩或惯量不是很大的情况下，电机起动时转速会快速地升高，因此，较大的起动电流只存在于很短的时间内。10kW 的电机可以在 1s 左右的时间内完成起动，这种情况下的电压跌落是完全可以接受的。某些情况下会安装离合器让电机"空载"起动，在电机达到额定转速后再切入负载。相反，如果负载

第6章 感应电机在50/60Hz电源下运行

转矩或惯量较大，则加速过程可能会持续数秒，在这种情况下，起动器就必不可少。虽然没有严格的规定，但是一般来说，电机功率越大，就越可能需要使用起动器。

6.2.2 星形/三角形起动

这是最简单且最常用的起动方法。这种起动方法要求电机绕组在起动时先以星形联结，从而将各相电压降低到原来的58%（即$1/\sqrt{3}$）。然后，当电机转速接近其额定值时，再将绕组切换为三角形联结。该方法的主要优点是操作简便，而主要缺点是降低了起动转矩（详见下文），并且电机绕组联结方式突然由星形联结切换为三角形联结将导致对电源和负载的二次冲击，尽管影响不大。为了实现星形/三角形切换，必须将电机每相绕组的两个出线端都引出到接线盒中。大多数感应电机都可以满足这一要求，而小型电机除外，因为它们的绕组联结方式一般固定为三角形联结。

采用星形/三角形起动时，虽然起动电流约为直接起动时的1/3，但同时起动转矩也降低为直接起动时的1/3。因此需要确保转矩足以拖动负载加速到可以切换为三角形联结的转速，同时又不会出现过大的电流跳变。

有多种方法可以确定电机在何时进行切换。较早以前，一般是由操作员观察电流是否下降到某较低阈值或通过声音判断电机转速是否稳定来确定手动起动器的切换时间。自动切换与之相似，也是通过检测电流下降或者转速上升到某一阈值时进行切换，或者在负载恒定的情况下，在某个预设的时间点进行切换。

6.2.3 自耦变压器起动

三相自耦变压器通常应用在星形/三角形起动无法提供足够大起动转矩的场合。自耦变压器是由叠片制成的铁心和绕制在铁心上的绕组组成。供电电源接在自耦变压器绕组的两端，通过绕组上的一个或多个抽头（或滑动触点）降压输出，如图6.3所示。

首先将电机连接到降压输出端上，然后当电流下降到额定值左右时，将电机切换到全压运行。

如果切换到低压端，电机的起动电压将为额定线电压的a倍，起动转矩降低到约为直接起动的a^2倍，并且从电源中获取的电流也减小到直接起动时的a^2

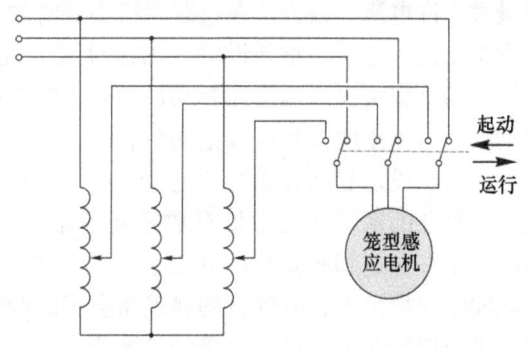

图6.3 笼型感应电机自耦变压器起动器

倍。与星形/三角形起动一样，电机单位电流转矩与直接起动是相同的。

6.2.4 串电阻或电抗起动

通过接入 3 个与电机串联的大小适当的电阻或电抗，可以将起动电流降低到期望值，但同时电机的起动转矩也会减小。

例如，如果将电流减小到直接起动电流的一半，那么电机端电压也将减半，转矩（与电压的二次方成正比，详见下文）将减小为直接起动时的 25%。因此，就单位电流转矩而言，这种方法不如星形/三角形起动。但是，这种方法的优势在于，随着电机转速和等效阻抗的增加，外加阻抗上的压降会降低，因此电机电压会随着转速增加而逐渐增加，从而能够逐渐提供更大的转矩。当电机达到额定转速时，外加的阻抗会通过接触器断开。

6.2.5 固态软起动

这种方法现已广泛使用，它能够让感应电机的电流和转矩平稳增长，可以方便地调节最大电流和加速时间，特别适用于负载对转矩波动有严格要求的场合。与常规起动器相比，该方法唯一的缺点是起动时的电流不是正弦波，这可能会影响同一电源上的其他设备。

广泛使用的固态软起动装置包括 3 对反并联的晶闸管（或双向晶闸管），它们与三相电源连接，如图 6.4a 所示。

每个晶闸管在每半个供电周期触发一次，触发角可调，因此每对晶闸管在单个周期中的导通时间是可控的。典型电机电流波形如图 6.4b 所示，虽然电流不是正弦波，但是电机也能正常运行。

控制系统的复杂和精密程度可以反映在其价格上。成本最低的开环系统可以简单地随时间线性改变触发角，从而使施加在电机上的电压随着转速增加而增加。"加速时间"可以通过反复试验来设置，确保起动期间的电流不会超过电源的最大允许电流。该方法在负载保持不变时的效果较好，但是其缺点在于每当负载发生变化后都需要重新设置"加速时间"。这种方法不适用于电机带有较大静摩擦力的负载情况。因为在起动最初阶段的电压较低，电机转矩不足以拖动负载起动，而当电压增大到可以拖动负载时，它的加速度又太大。经过改进的开环控制方法可以设定起动开始时的电流大小，这对于"黏性"负载很有效。

更复杂的系统（通常带有数字处理器）通过结合电流环对加速度进行更严格的控制。在达到所需起动电流（在最初的几个周期内）之后，电流在整个加速期间将保持恒定，晶闸管的触发角会不断调整以补偿电机等效阻抗的变化。只要将电流保持在电源可以承受的最大值，电机就可以在最短时间内完成起动。与开环系统一样，其转速-时间曲线不一定是理想的，因为在恒定电流下，当电机

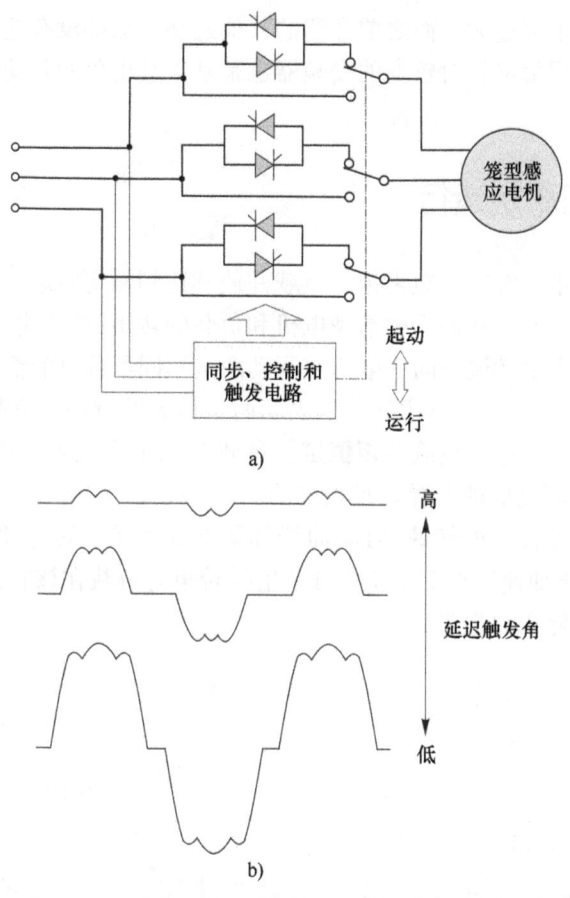

图6.4 a) 晶闸管软起动器，b) 典型电机电流波形

达到失步转差率时，转矩会急剧增大，从而导致转速激增。一些系统还包含有可以估算转速的电机模型，使得控制器控制电机按照斜坡或其他转速-时间曲线加速。

用户需要警惕，有一些宣传资料宣称可以在不降低起动转矩的情况下大幅降低起动电流，这是不可能的。电流大小可以限制，但就单位电流转矩而言，软起动器并不比串联电抗器方法好，也不比自耦变压器和星形/三角形起动方法好。在小功率电机（<50kW）的应用中，仅使用一个或两个三端双向晶闸管开关器件系统的情况非常普遍。与直接起动相比，尽管限制了一相或两相电流，但不平衡电流会使气隙磁通发生畸变，这会导致转矩脉动增大。

6.2.6 变频器起动

由变频器供电的感应电机运行将在第7章和第8章中继续讨论，在此只需要知道，变频器起动的优点在于可以保证电机从静止上升到额定转速期间都保持额定转矩，且电流不会过大。而之前介绍的其他起动方法都没有这种能力。在一些实际应用中，采用价格相对较高的变频器也是基于其出色的起动和加速能力所考虑的。

6.3 加速和稳定运行

电机需要产生足够的转矩来拖动负载并使其达到额定转速。为了预测通电后电机转速将如何上升，我们需要清楚电机和负载的转矩-转速曲线以及总惯量。

通过图6.5来举例说明同一电机在驱动两个不同负载时的情况。实线是电机的转矩-转速曲线，点画线和虚线分别表示两个负载的特性。负载A为典型的起重类负载，在任何转速下负载转矩恒定，负载B表示风机类负载。为方便分析，假定负载惯量（从电机轴上看）是相同的。

电机在加速过程中的转速-时间曲线如图6.6所示。转速-时间曲线的斜率（即加速度）等于加速转矩 T_{acc}（电机产生的转矩与负载在该转速下运行所需转矩之间的差值）除以总惯量。

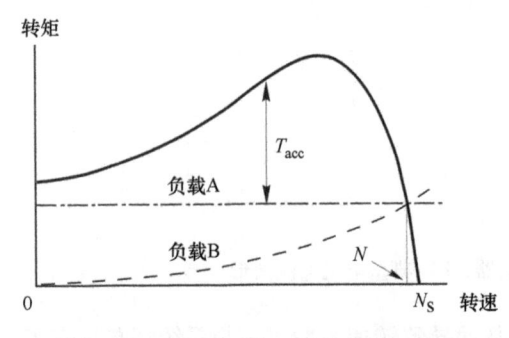

图6.5 电机典型转矩-转速曲线及两种负载特性曲线（稳态运行转速相同）

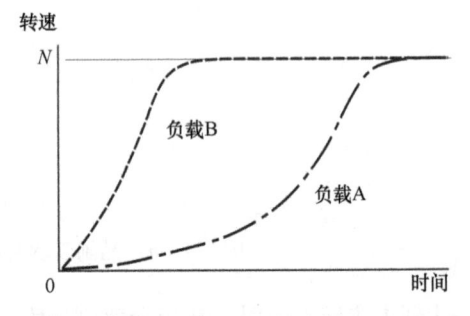

图6.6 两种负载下电机的转速-时间曲线

在此示例中，两个负载所对应的电机稳定转速（即电机转矩等于负载转矩时对应的转速）N 相等。但是负载B更快达到额定转速，因为在大部分加速过程中它的加速转矩都更大。而负载A刚起动时的加速较慢，但随后在超过峰值转矩对应的转速后急剧加速（通常伴随由风扇产生的"嘶嘶声"），最终达到平衡状态。

总惯量越大，加速过程就越慢，反之亦然。总惯量是指电机轴上的惯量，因此，如果系统中使用了齿轮箱或皮带轮，则需要参考第11章将齿轮箱或皮带轮的惯量折算到电机轴上。

需要说明的是，图6.5中实线所示的电机转矩-转速曲线表示电机稳定运行在某个转速时所产生的转矩，也就是稳态性能曲线。实际上，电机通常仅在正常运行转速下处于稳态，而在大多数转速范围内都处于加速状态。

电机刚起动时，存在一个三相电流逐渐进入三相平衡状态的暂态过渡过程。在此期间，转矩可能会剧烈波动并出现短暂的负转矩。典型的小型电机空载起动特性曲线如图 6.7 所示。在暂态过程中，电机的平均转矩可能非常低（见图 6.7），在此情况下，需要经过前几个周期后电机才开始加速。在该示例中，暂态过程持续的时间较长，这会引起转速超调并在稳定之前出现振荡情况。

起动过程中的平均转矩可以根据稳态曲线（通常可从制造商处获得）获得，如果是在惯量较大且电机需要经过多个周期才能达到额定转速的情况下，可以将转矩-转速曲线视为"准稳态"曲线。

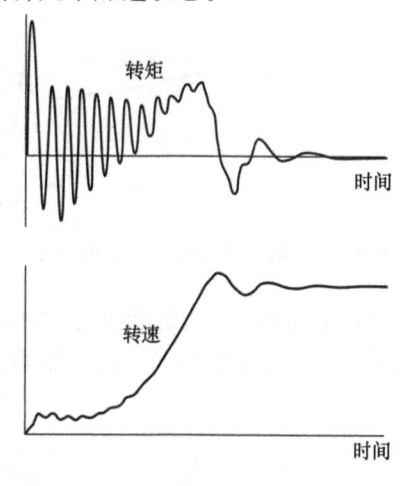

图 6.7 电机的空载起动特性曲线（在最初几个周期持续存在转矩瞬变）

6.3.1 谐波效应——转子斜槽

在本书和其他相关教材中关于转矩-转速曲线的内容，一般会包含关于谐波气隙磁场影响的说明。在第 5 章中曾解释过，尽管受到开槽的限制，定子绕组磁动势仍然非常接近理想的正弦曲线。但由于气隙磁场不是完美的正弦波，经过傅里叶分析表明，除了主要的基波成分之外，还有其他不需要的"空间谐波"磁场。这些谐波磁场的旋转速度与谐波次数成反比。例如，一个 4 极、50Hz 电机的主磁场将以 1500r/min 的速度旋转，除此之外，可能还有一个 5 次谐波（20 极）磁场以 300r/min 的速度反向旋转，一个 7 次谐波（28 极）磁场以 214r/min 的速度正向旋转，等等。可以通过定子绕组设计将这些空间谐波磁场降到最低，但不能完全消除。

如果转子上有很多导条，那么它将以影响基波磁场的方式同样影响谐波磁场，从而产生对应谐波磁场同步速的附加转矩，导致转矩-转速曲线出现不希望出现的跌落，典型曲线如图 6.8 所示。

但是用户也不必过于担心，因为在大多数情况下，电机在加速过程中可以克服谐波影响。但在极端情况下，例如，电机可能会稳定在 7 次谐波同步速上，并以大约 214r/min 的速度旋转，而不是以 4 极磁场对应的同步速（50Hz 时为 1500r/min）运行，如图 6.8 所示。

为了最大程度降低空间谐波磁场的不利影响，大多数感应电机的转子导条并

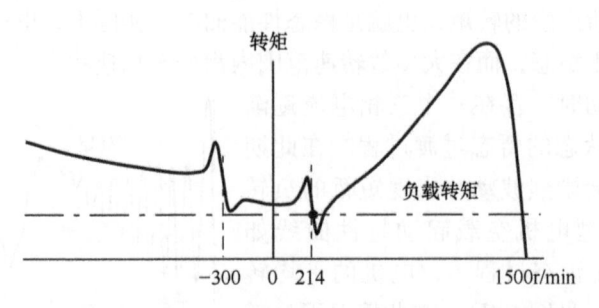

图 6.8 空间谐波磁场影响下的转矩-转速曲线（电机可能以 7 次谐波对应的同步速运行）

不平行于旋转轴，而是沿轴向方向倾斜一定角度（一般为 1~2 个槽距），如图 6.9 所示。这对基波磁场几乎没有影响，但可以大大降低谐波磁场对转子的影响。

图 6.9 笼型感应电机剖面图（转子斜条）。转子导条和端环采用铸铝制成，端环上的叶片具有驱动内部空气循环的作用。在转轴的非驱动端安装风扇用于冷却带散热片的定子机壳（由西门子提供）

由于谐波磁场对电机稳态性能曲线的总体影响很小，而且可能会引起用户不必要的担心，所以一般很少提及它们。按照惯例，转矩-转速曲线仅表示基波磁场对应的工作特性。

6.3.2 大惯量负载——过热

除了加速缓慢外，大惯量负载还会带来转子发热的问题，用户可能很容易忽视这一点。每当感应电机从静止起动并加速运行时，电机绕组中以发热量形式消耗的总能量等于电机和负载存储的动能。因此，在大惯量负载情况下，即使电机加速阶段的负载转矩可以忽略不计，在起动过程中也会在绕组中产生大量热量。

对于全封闭式电机,热量最终流向带散热片的外壳,并通过安装在轴上的风扇进行通风冷却。转子的冷却通常比定子更加困难,因此,转子在大惯量负载加速期间最有可能发生过热。

虽然没有硬性规定,但制造商通常会按照标准来规定电机每小时允许的起动次数。实际上,该参数在不结合总惯量大小的情况下是无用的,因为惯量加倍会使该问题严重程度加倍。但是,通常假定总惯量不超过电机惯量的两倍,对于大多数负载来说确实是这样。如有疑问,用户应咨询制造商,他们可能建议使用功率更大的电机,而非仅仅满足满载功率要求。

6.3.3 稳态转子损耗和效率

上述讨论指出了感应电机驱动大惯量负载时容易过热的缺点。因为所有从定子通过气隙传递的功率不可能完全转换成机械能输出,总会有一部分功率以热量形式在转子电阻中消耗。事实证明,在转差率为 S 时,穿过气隙的总功率中一部分能量 SP_r 作为热量损失,而其余的 $(1-S)P_r$ 转换为机械能输出。

因此,当电机在稳态运行时,转子的能量转换效率为

$$\eta_r = \frac{\text{机械输出功率}}{\text{转子输入功率}} = 1 - S \tag{6.2}$$

该结论非常重要,它解释了为什么电机被要求以较小的转差率运行。例如,如果转差率为 5%(或 0.05),则 95%的电磁功率可以被充分利用。但是,如果电机以一半同步速运行时,即 $S=0.5$,会有高达 50%的电磁功率以热量形式在转子电阻中消耗。

电机的总效率实际上始终低于 $1-S$,因为除了转子铜耗之外,还有定子铜耗、铁耗、风阻和摩擦损耗。这个事实经常会被忽略,导致出现类似"满载转差率 = 5%,整体效率 = 96%"的矛盾说法,这显然是不可能的。

6.3.4 稳态稳定性——失步转矩和失速

可以通过分析负载转矩突变后电机的反应来判断其稳定性。图 6.10 中虚线所示的负载在 X 点达到稳定,如果负载转矩从 T_a 增加到 T_b,则负载转矩将大于电机转矩,电机将减速。随着转速下降,电机转矩将上升,直到在稍低的转速(Y 点)

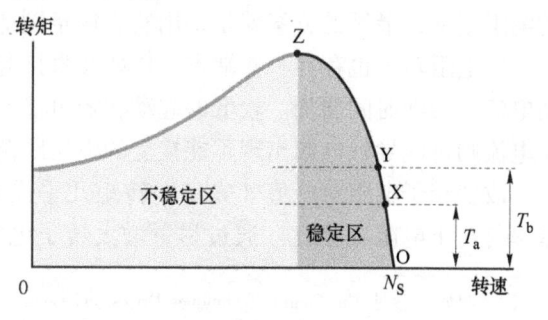

图 6.10 转矩-转速曲线上的稳定工作区域(OXYZ)

上达到新的平衡。如果负载转矩减小，则会发生相反的情况，电机的稳定运行转速将升高。

但是，如果负载转矩越来越大，随着负载转矩的增加，电机从 X 点开始，最终到达 Z 点，在该点处电机产生最大转矩。此时电机已经进入过载区并伴有过热危险，在该点处电机达到了稳定运行的极限。如果负载转矩进一步增加，转速将下降（因为负载转矩大于电机转矩），并且电机转矩和负载转矩之间的差值将越来越大。这样一来，电机转速下降得越来越快，此现象被称为"失速"。对于机床（例如钻床）类的负载，一旦超过最大转矩或失步转矩，电机就会迅速停止运转，并发出嗡嗡的噪声。但是，如果是起重类负载，过大的负载将使转子反向加速，只能通过机械制动器防止该现象发生。

6.4 转矩-转速曲线——转子参数的影响

前面已经介绍过，转子电阻和电抗会影响转矩-转速曲线的形状。设计人员可以通过改变这两个参数来改变电机的工作特性，下面将探讨各种转子设计方案的利弊。本节主要是定性的讨论，不进行过多的数学推导，但是，可以使用等效电路法进行准确求解[⊖]。

下面将首先讨论最重要的笼型转子，对于电阻变化范围更大的绕线转子，将在后面的章节中进行讨论。

6.4.1 笼型转子

如图 6.11 所示，转差率较小时，即在正常运行区域中，转子电阻越低，转矩-转速曲线的斜率就越大。在额定转矩下（图 6.11 中的水平虚线所示），电阻小的笼型转子在满载时的转差率要远低于电阻大的笼型转子。前面已经证明转子效率等于 $1-S$，其中 S 是转差率。因此，可以得出结论，低电阻转子不仅具有更好的转速保持能力，而且效率更高。当然，电阻的大小也是有下限的：铜比铝的电阻更低，最好的方案就是采用实心铜条制造笼子。

低电阻转子也存在一些缺点。比如在直接起动时转矩较小（见图 6.11），起动电流还会随时间增加。较低的起动转矩可能不足以驱动负载加速，而增加的起动电流则可能导致电源出现不能接受的电压跌落。

改变转子电阻对峰值（失步）转矩几乎没有影响，但峰值转矩所对应的转差率与转子电阻成正比。通过尽量增大转子电阻（使用青铜、黄铜或其他相对

⊖ 例如可参见 The Control Techniques Drives and Controls Handbook, 2nd Edition, W Drury, 第 38 ~ 43 页。

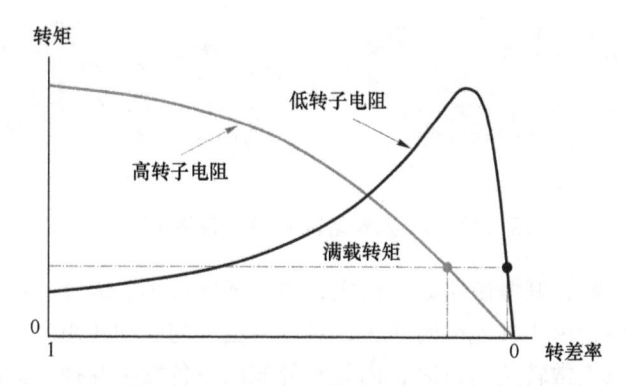

图 6.11 转子电阻对笼型感应电机转矩-转速曲线的影响。满载运行转速由垂直虚线的交点表示

高电阻率的材料制造笼子），可以将峰值转矩的出现位置设计在电机起动或接近起动时，如图 6.11 所示。这样做的问题在于满载效率较低，因为满载转差率会较高（见图 6.11）。

有一些应用非常适合使用高电阻电机，例如金属冲压机，电机用来驱动加速储能用的飞轮。为了释放大量能量，飞轮在冲击过程中会明显减速，然后电机必须驱动其重新加速至额定转速。电机需要在相对较宽的转速范围内输出大转矩，并且在加速期间大量做功。一旦达到期望转速，电机实际上就处于轻载运行，此时效率较低也几乎没有影响。（值得注意的是，这类应用目前通常由伺服系统进行驱动，但是由于感应电机可靠且寿命长，因此仍有大量传统感应电机被广泛使用。）

高电阻电机有时也用于风机类负载的转速控制，这将在后面探讨转速控制时再次提及。

综上所述，在感应电机起动和低速运行时，希望转子电阻比较大，而在正常运行条件下，则希望电阻要比较小。为了两全其美，需要一种方法能够实现将电阻从起动时的较大阻值更改为额定转速时的低阻值。笼型转子一旦制造完成就无法改变其实际电阻值，但是可以使用"双笼"型或"深槽"型转子来实现此目的。

6.4.2 双笼型和深槽型转子

双笼型转子包含一个由电阻率相对较高的材料（例如青铜）制成的外笼，以及一个低电阻率材料（通常为铜）制成的内笼，如图 6.12a 所示。

内笼的低电阻铜条嵌入转子深处，几乎被铁心完全包围。这导致内笼导条的漏感要比位置靠近转子表面时高得多。在起动时（转子感应频率很高），由于内笼的感抗很大，导致几乎没有电流流过。相比之下，外笼导条（高电阻青铜）

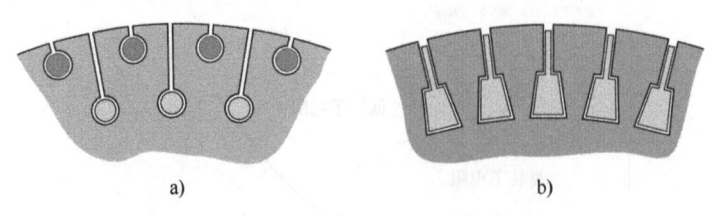

图 6.12 a）双笼型转子，b）深槽型转子

受放置位置的影响，其漏磁路磁阻更大，因而漏感较小。因此，起动时，转子电流集中在外笼中，由于外笼电阻较大，会产生更大的起动转矩。

当该电机以正常转速运行时，内笼和外笼的角色发生互换。此时转子电流频率很低，导致两个笼型转子的电抗都很低，大部分电流都流向了电阻更小的内笼。因此，转矩-转速曲线很陡，电机效率较高。

为了使转矩-转速曲线符合特定要求，可能会在电机设计时做一些改变。与单笼型转子相比，双笼型转子具有更高的起动转矩，更小的起动电流，而运行性能仅略微下降。

深槽型转子只有一个铜制笼，它的槽比一般笼型电机的槽设计得更深、更窄。与双笼型转子相比，该结构更简单，也更便宜，如图 6.12b 所示。

这种深槽设计巧妙地利用了导体交流电阻比直流电阻更大的原理。对于感应电机转子中所使用的典型尺寸的铜条，如果将其完全放置在空气中，其直流电阻与 50Hz 或 60Hz（称为"趋肤效应"）下的交流电阻的区别可以忽略不计。但是，当铜条放置在转子槽中，几乎完全被铁心包围时，它在电源频率下的有效电阻可能是其直流电阻的 2~3 倍。

在起动时转子电流频率等于供电频率，趋肤效应非常明显，导致转子电流集中在槽的顶部。由于有效电阻增加，在低起动电流条件下仍可获得高起动转矩。随着转速上升，转子电流频率下降，有效电阻下降，电流在导条截面上的分布将更加均匀。因此，深槽型感应电机正常运行性能接近于低电阻单笼型转子电机，能够提供高效率和比较硬的机械特性曲线。但是，由于漏抗较高，失步转矩比同等级的单笼型电机要低一些。

大多数中小型电机的设计都在一定程度上利用了深槽效应，对于大多数应用而言，为了获得更好的起动性能可以稍微牺牲运行性能。通用中型（55kW）电机的典型转矩-转速曲线如图 6.13 所示。制造商很少将此类电机归为"深槽"电机，

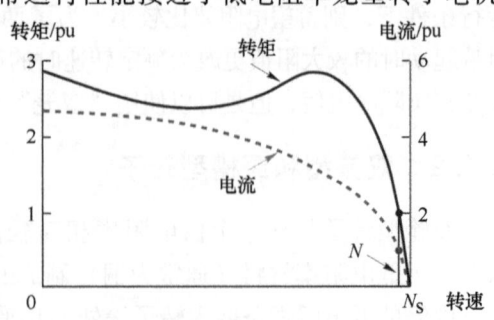

图 6.13 通用工业用双笼型感应电机的典型转矩-转速、电流-转速曲线

但这些电机还是利用了趋肤效应并因此获得了如图 6.13 实线所示的"良好"的转矩-转速特性。

电流-转速关系如图 6.13 虚线所示，图中转矩和电流的大小均采用标幺值（pu）表示。这是一种广泛使用的数值表示方法，其中 1pu（或 100%）代表额定值。例如 1.5pu 转矩代表 1.5 倍额定转矩，400% 的电流值代表 4 倍额定电流。

6.4.3 绕线转子感应电机的起动和加速

通过在转子绕组上外接串联电阻，可以在保持较低起动电流的同时提高起动转矩。这是绕线转子或滑环式感应电机的主要优势，它们非常适合于重载起动的应用场合，例如碎石机、起重机和输送机等，而现在这些应用大都将变频器供电的笼型感应电机作为首选。

转子电阻的影响如图 6.14 中转矩-转速曲线簇所示。

通常，起动时要选择合适的电阻以提供满载转矩，并限制电流不超过电源的额定电流。这样，起动转矩如图 6.14 中的 A 点所示。

随着转速的上升，如果电阻保持恒定，则转矩将近似呈线性下降，因此为了保持输出转矩接近额定转矩，需要逐级减小电阻。可以如图 6.14 中轨迹 ABC 所示采取分级减小电阻的措施，也可以连续调节电阻以便始终维

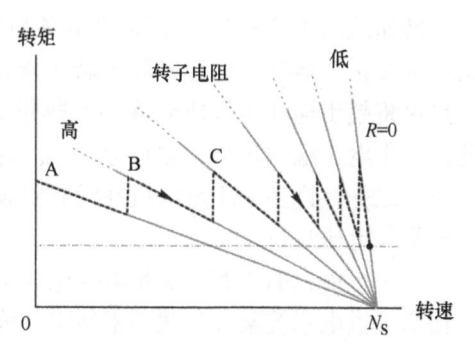

图 6.14 绕线转子（集电环）感应电机的转矩-转速曲线簇〔逐步改变转子外接电阻（R），以实现电机在加速期间提供恒定转矩〕

持最大转矩输出。最终，通过将集电环短接切除外接电阻，此后，电机就像低电阻笼型电机一样运行，具有很高的运行效率。

6.5 供电电压对转矩-转速曲线的影响

在之前的讨论中得知，对于任意给定的转差率，气隙磁通密度与电机供电电压成正比，转子感应电流与磁通密度成正比。因此，电机转矩（取决于磁通和转子电流的乘积）将取决于供电电压的二次方。这意味着电压略微下降就可能导致电机转矩大幅下降，这种不利影响有时候被发现时已经为时已晚。

通过讨论图 6.15 所示的笼型电机的转矩-转速曲线可以说明这个问题。图中两条曲线（集中在低转差率区域）分别对应于额定电压（100%）和 90% 额定电压。在额定电压和额定负载转矩的情况下，电机工作点将位于 X 点，转差率

为 5%。由于这是额定工况，因此转子电流和定子电流都为额定值。

现在假设电压下降到 90%。假定负载转矩不变，电机工作点将变为 Y 点。由于气隙磁通密度现在仅为其额定值的 0.9 倍，转子电流必须提高到约 1.1 倍额定电流才能产生相同大小的转矩，所以转子电动势需要增加 10%。但是磁通密度下降了 10%，因此转差率需要提高 20%。因此，该条件下电机新的转差率应为 6%。

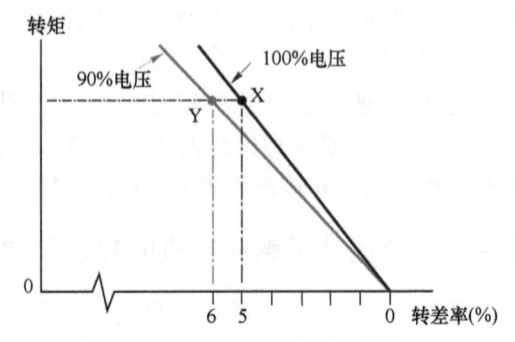

图 6.15　定子端电压对转矩-转速曲线的影响

转速从同步速的 95% 下降到 94% 可能不会引起明显变化，电机从表面上看仍将继续正常运行。但是实际上转子电流相对于额定值提高了 10%，此时转子发热量将超出连续运行所允许的发热量 21%。定子电流也将超过其额定值，因此，如果电机继续运行，它将会过热。这就是所有大型电机都装有过热保护装置的原因之一。许多中小型电机并没有安装这种过热保护装置，因此需要尽可能避免电机欠电压运行。

另一个潜在的不利影响是电源电压不对称，即三相线电压不相等。在电源阻抗很高且供电系统某处负载不平衡引起线电流不相等的情况下，最有可能出现这种问题。

电气工程师使用"对称分量"法来分析三相电压不平衡的问题。这种方法用 3 组三相对称电压来等效实际的三相不对称电压，通过分析这 3 组平衡电压供电的电机性能来分析不平衡电压对电机的影响。

第 1 组对称电压为正序分量，其相序是正常的，例如 UVW 或 ABC；第 2 组为负序分量，其相序为 WVU；第 3 组为零序分量，其三相电压分量是同相位的。3 组电压分量可以通过简单的解析公式从原始的三相不平衡电压计算得到。

如果电源三相对称，则负序和零序分量都为零。任何不平衡都会产生一组负序分量，这将建立一个与主磁场（正序）方向相反的旋转磁场，从而产生制动转矩并增加损耗，特别是转子损耗。零序分量会产生一个静止磁场，该磁场极数是主磁场极数的 3 倍，但这种情况仅在电机绕组为星形联结时才会发生。

目前而言，使用对称分量法进行分析的最具代表性的例子是单相电机，因为缺失了两相，单相电机的绕组会产生一个脉动磁场，这是一种极端不平衡的情况。通过对称分量法可以证明，单相电机供电电压的正序分量和负序分量是相等的，由此想到脉动磁场可以分解为两个反向旋转的磁场。本章后续会对该原理进行扩展，以进一步分析单相感应电机的工作原理。

对于三相电机，轻微的三相不平衡就可能导致严重的发热问题。根据国际标准，电机只允许持续承受1%的负序电压。大型电机通常装有负序保护装置，而小型电机将主要依靠热保护装置来防止过热。此外，如果电机需要在不平衡条件下连续运行，则必须将电机降额运行，例如，如果电压不平衡率为4%，那么电机功率要降低至额定值的80%。

6.6 发电运行

在前文中已经介绍了电机在正常电动运行区域的转矩-转速曲线，在该区域，电机转速介于零和同步速之间。此外还需要认识到如果电机转速高于同步速，即转差率为负时电机将从电动运行转为发电运行。然而，一些用户对感应电机能够发电运行深表怀疑，甚至完全不相信，本节将对此进行解释。

图 6.16 显示了一个典型的笼型感应电机的转矩-转速曲线，它涵盖了电机实际运行中可能出现的全部转速范围。

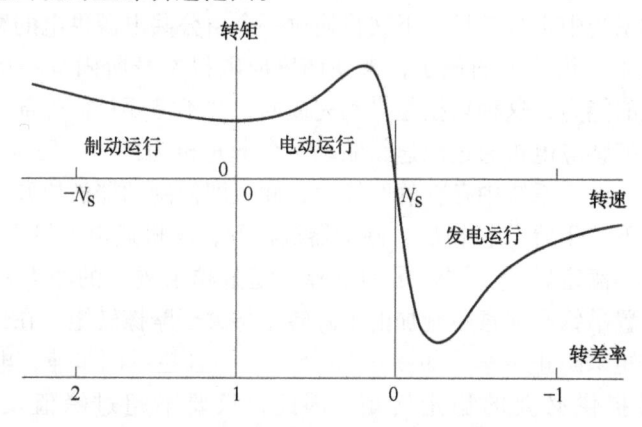

图 6.16 不同转差率下的转矩-转速曲线

从图 6.16 中可以看出，影响转矩方向的决定性因素是转差率，而不是转速。当转差率为正时，转矩为正，反之亦然。所以，转矩总是试图促使转子以零转差率运行，即电机以同步速运行。如果转子转速高于磁场转速，那么转子将被减速，而如果转子转速低于同步速时，它将被推动向前加速。如果转差率大于1，即转子反向（与磁场旋转方向相反）旋转时，转矩也将保持为正。此时，如果转子不受限制，它将首先减速，然后改变方向，并沿磁场旋转方向加速。

6.6.1 发电运行区域

对于负转差率运行，即当转子与旋转磁场同向转动，但转速高于旋转磁场时，电机转矩实际为负。换句话说，电机产生的转矩方向与旋转方向相反，因此只能通过向转轴施加驱动转矩来维持电机旋转。在这个区域中，电机作为一台感应发电机运行，并将来自轴上的机械能转换成电能回馈给电源。笼型感应电机以这种方式应用于风力发电系统，下文将会介绍。

值得强调的是，就像直流电机一样，不需要对感应电机进行任何改造就可以将其转化为感应发电机。对于这两种电机，仅需一个外部的机械动力源，驱动转子使其转动得比零负载或零摩擦转矩时更快即可。对于直流电机，其理想空载转速是其反电动势等于电机端电压时对应的转速；而对于感应电机，其理想空载转速是同步速。

另一方面，与直流电机不同，感应电机只有在连接到电源上时才能发电。在断开感应电机与电源的连接时，即使驱动其转子也无法使其发电，因为这时无法建立工作磁通，除非电机从电源获取励磁电流。感应电机这种无法独立发电的特性很可能引发了关于感应电机根本无法发电的谬论，虽然这是一种被广泛持有的观点，但完全不正确！

实际应用中由公共电源供电的感应电机很少工作在发电区域，但这在由变频器供电的驱动系统中十分常见。下文将通过一个由公共电源供电的感应电机工作在所谓的"再生"模式下的例子，来强调感应电机本身所固有的从电动到发电状态进行切换的能力，这种切换是自动完成的，并不需要任何外部干预。

以一台笼型感应电机通过减速箱驱动一台起重机为例，并假设吊钩（空载）要从高处降落。由于系统中存在静摩擦力，此时即使制动器被松开，吊钩也不会自行下降。按下"下降"按钮后，制动器被松开，电机通电并沿下降方向旋转。电机将很快达到额定转速，同时吊钩下降。随着越来越多的绳索从卷筒上放下来，在某一位置吊钩和绳索所施加的下降转矩将大于摩擦转矩，在这种情况下需要一个限制转矩来防止飞车。如图6.16所示，一旦超过同步速，电机就会作为发电机运行并提供必要的稳定转矩。因此，只要不超过峰值发电转矩（见图6.16），电机转速将始终保持在略高于同步速之上。

6.6.2 自励感应发电机

前面已经讨论过励磁磁场是由励磁电流建立的。因此，除非有电源提供励磁电流，否则感应电机无法发电。但是，感应电机在条件合适的情况下也可能实现"自励"，并且考虑到笼型电机的鲁棒性，这将成为一个很有吸引力的选择方案，特别是对于小容量独立安装的感应电机。

在第5章中分析过，当感应电机以正常转速运行时，在转子上产生电流和转矩的旋转磁场也会在定子绕组中感应出三相对称的感应电动势，电动势的大小略低于端电压。因此，一台独立的发电机可以在不连接到电源的情况下建立旋转磁场。

第3章中曾讨论过一个类似的关于并励直流电机的自励问题。如果在电机断电后，磁极中仍剩有足够大的磁通，那么当转子被拖动旋转时所产生的感应电动势就会在励磁绕组中产生励磁电流，从而增加磁极磁通，进而提高电动势，电机由此进入一个正反馈（或自励）过程，最终利用磁路中铁心的饱和效应实现稳定运行。

独立的感应电机也能实现几乎同样的效果。在外部原动机驱动电机转子旋转的情况下，可以利用转子铁心中的剩磁在定子中产生初始电压，从而开始自励过程。感应电动势需要驱动电流以增强剩磁磁场，并促进正反馈过程以建立旋转磁场。与直流电机不同的是，感应电机只有一个绕组用于同时实现励磁和能量转换。因此，如果想在连接任何电气负载之前，就使发电机端电压达到其额定水平，显然有必要为励磁电流提供一个闭合回路。该回路要能实现励磁电流的正反馈，从而提高端电压。

要实现励磁电流的正反馈需要提供一个阻抗很小的回路，这样，一个较小的电压就可以产生较大的电流。对于这样的交流回路，可以尝试利用谐振现象减小回路的阻抗，即可以将一组电容与电机感性绕组并联起来，如图 6.17 所示。

由纯电感（L）和电容（C）组成的并联电路在角频率 ω 下的电抗可由公式 $X = \omega L - \dfrac{1}{\omega C}$ 计算。由该式可以看出，在低频和高频下电抗都较大，但在谐振频率下即 $\omega_0 = \dfrac{1}{\sqrt{LC}}$，电抗为零。式中，电感 L 为感应电机每相励磁电感，电容 C 为外接电容，电容值的选择是根据产生电路的谐振频率确定的。该电路并非理想电路，因为绕组中还有电阻，但感抗可以通过与合适的电容串联实现谐振，从而使回路呈现纯电阻特性。因此，驱动转子以谐振频率对应的转速旋转可以使电机通过剩磁发电（例如，4 极电机发电频率为 60Hz，转速为 1800r/min），初始产生的较小电动势就可以产生大电流，这时磁场将很快增大，直到受到铁心磁路饱和的非线性限制。由此，在端口处可以获得三相对称的端电压，并可以通过闭合开关 S 对发电机进行加载（见图 6.17）。

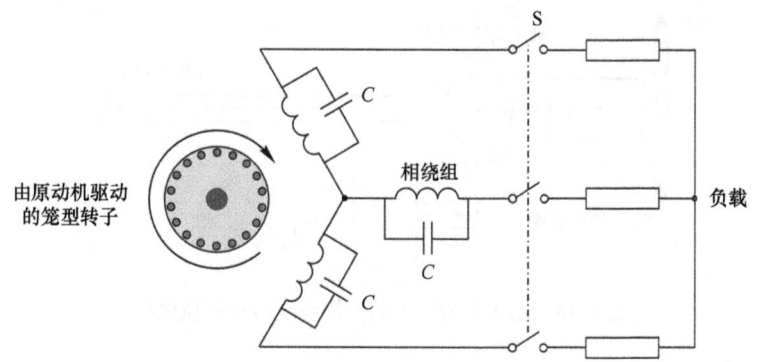

图 6.17　自励感应发电机（只有在定子端电压升至额定值后，才会接通负载）

上面的描述只对自励机制进行了基本介绍。这种方案仅适用于非常有限的转速和负载范围，并且在实际中需要更进一步的控制来改变有效电容（通常使用三端双向晶闸管开关控制），以便当负载或转速变化很大时仍能保持电压恒定。

6.6.3 风力发电用双馈感应电机

"双馈"一词指的是定子和转子绕组都连接到交流电源上的感应电机。基于此，本章讨论的是绕线转子（或集电环）感应电机，其中转子绕组通过彼此绝缘的旋转集电环连接。

传统上，大型绕线转子感应电机用于串级调速系统[⊖]，以回收转子中的转差能量，并将其回馈给电源，这使绕线转子感应电机在更高的转差率下高效运行成为可能。在21世纪，一些串级调速电机仍然有应用（见6.8.4节），但双馈感应电机的主要应用是风力发电，由风电机组直接向电网馈电。

在弄清楚为什么双馈电机受到青睐之前，需要知道，原则上也可以采用笼型感应电机进行风力发电。将笼型感应电机直接连接到电网上，并由风电机组（通过一个输出转速略高于同步速的齿轮箱连接）拖动其转子旋转，就可以实现向电网供电。然而，笼型感应电机只能在比同步速高几个百分点的转速范围内稳定发电，无法与风电机组特性匹配。理想情况下，为了从风中汲取最大功率，叶片的转速必须根据风况条件变化，这与笼型感应电机的特性不匹配。此外，当风速快速波动时，会引起功率突变，而转速恒定就意味着转矩会出现波动，这会在齿轮箱中产生不利的疲劳载荷。真正需要的发电机要能够在更宽的转速范围内保持恒定的发电频率，而这正符合双馈电机的特点。

双馈电机的定子直接连接到电网，而转子绕组通过一对交流/直流变换器连接到电网上，如图6.18所示。通过直流母线连接的变换器，允许电能在转子回路和固定频率的电网之间双向流动，转子回路的频率将根据转速变化而变化（见下文）。变换器的额定功率将远远低于感应电机的额定输出功率，其值取决

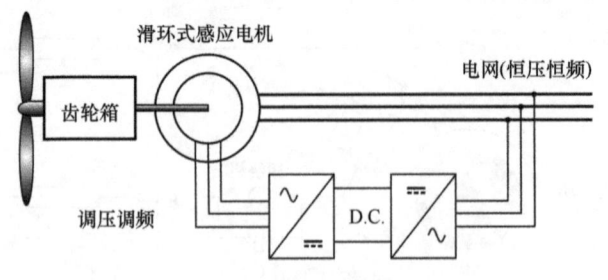

图6.18 用于风力发电的双馈绕线转子感应电机

⊖ 例如参见 The Control Techniques Drives and Controls Handbook, 2nd Edition, W Drury。

第6章 感应电机在50/60Hz电源下运行

于所允许的转速变化范围。例如，如果转速范围是 ±1.3N_S（其中 N_S 是接入电网的感应电机的同步速），并要求电机在全转速范围内可产生额定转矩，那么变换器的额定功率仅为电机额定功率的30%。（相较于由传统同步发电机和100%额定功率变换器构成的发电系统，这是双馈电机的一个主要优势。）

理解双馈感应发电机如何运行的所有细节并不容易，但可以通过分析旋转磁场与定子、转子之间的关系来了解其本质。

由于定子直接连接到电网，因此旋转磁场的强弱和转速都无法改变，所以接入60Hz电网的4极电机的同步速是1800r/min。如果要想在这种转速下向电网发电，可以通过向4极电机的转子输入直流电（即零频率）来得到一台同步电机（见第9章），它可以电动运行或发电运行，其功率因数可以通过转子电流来控制。因为由转子产生的4极磁场相对于转子是静止的，且转子以1800r/min的转速旋转，所以转子磁场与定子绕组产生的旋转磁场转速相同。因为定、转子磁场同步，可以实现转矩传递和功率转换，该功率转换只能在1800r/min的转速下完成。

假设现在风电机组转速下降，发电机转子转速仅为1500r/min。为了使转子磁场能够与转速为1800r/min的定子磁场同步，转子磁场必须相对于转子以300r/min的转速旋转（正向），即它相对于定子的转速为1500r/min + 300r/min = 1800r/min。这可以通过向转子提供频率为10Hz的三相电流来实现。相反，如果风电机组以2100r/min的转速拖动发电机转轴旋转，转子磁场必须以相对于转子300r/min的转速反向旋转，即转子电流必须同样为10Hz，但相序相反。

事实证明，如果风电机组输入转速低于1800r/min的同步速（例如，在上面的示例中为1500r/min），则必须向转子侧输入电能。该功率源自电网，忽略损耗（一般很小）的情况下将与风电机组提供的机械功率一起流向定子侧。因此，可以认为转子侧输入的电功率仅仅是从电网"借来"以实现能量转换的，向电网输出的净功率全部来自于风电机组。

在上面的例子中，如果风电机组转矩为额定值，则总输出功率为$\frac{1500}{1800}P$，即$\frac{5}{6}P$，其中P是同步速下的额定功率。定子输出功率为P，转子通过变换器从电网中吸收的功率为$\frac{300}{1800}P$，即$\frac{1}{6}P$的功率进入转子。

当转子转速高于同步速（例如2100r/min）时，定子和转子回路都会向电网输出功率。此时，在额定风电机组转矩情况下，发电机供给电网的功率将为$\frac{2100}{1800}P$，即$\frac{7}{6}P$，其中包括定子输出功率P和转子变换器输出功率$\frac{P}{6}$。

发电机功率超过额定功率并不奇怪。在额定转矩下，电负荷和磁负荷都为额定值，此时增加的功率是由于转速的提高所导致的。在第 1 章的最后部分曾讨论过这个问题。

在第 9 章中将讨论，在传统（单速）同步电机中，如何控制定子和转子侧对建立合成磁场的贡献程度，从而通过转子回路控制电网功率因数。双馈感应电机具有与之相同的能力，当系统需要输出或吸收无功功率时，这是非常有利的。

6.7 制动

6.7.1 反接和反接制动

快速反转可以简单地通过互换任意两条电源线来实现，因为转子总是试图追赶旋转磁场。反接通常通过两个独立的三端接触器实现，一个用于正转，一个用于反转。这个过程被称为反接反转或反接，如图 6.19 所示。

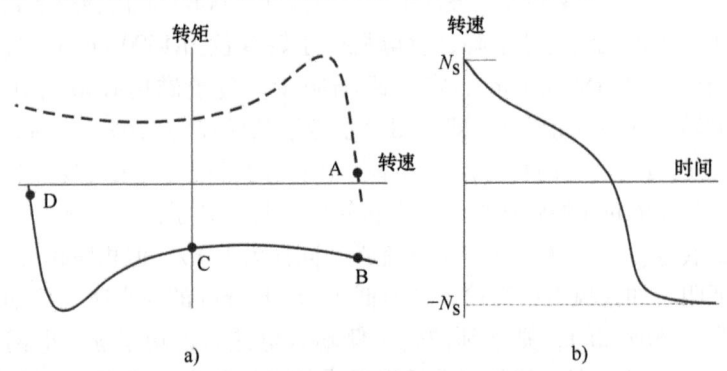

图 6.19 笼型电机反接的转矩-转速和转速-时间曲线

假设电机处于轻载运行（此时转差率为正且非常小）状态，工作点如图 6.19a 中虚线表示的转矩-转速曲线上的 A 点所示。然后反接其中两条电源线，使磁场方向反向，这时，实际起作用的转矩-转速曲线如实线所示，与之前虚线所示特性曲线互为镜像。反转后电机的即时转差率约为 2，如实线上的 B 点所示。此时，转矩为负，电机开始减速，转速在 C 点过零，然后反向上升并在略低于同步速的 D 点达到稳定。

转速-时间曲线如图 6.19b 所示。由该图可知，当电机通过峰值转矩（失步转矩）点时，负的加速度（即转速-时间曲线的梯度）达到最大值，但之后随着转矩逐渐减小到 D 点，转速最终逐渐接近稳定。

反接操作可以快速地实现电机反转，例如，1kW 的电机通常能够在不到 1s 的时间内完成从额定转速到反转的过程。但是大型笼型感应电机只有在电源能够承受非常高的电流时才能被反接，因为反接瞬间电流甚至比静止起动时还要大。

频繁的反接还会导致电机严重过热，因为每次反转都会在绕组中"释放"4倍于存储动能的热量。

反接也可用于转子快速制动，但当转子接近停转时，必须切断电源，否则它将会反向加速。因此，一般会在轴上安装一个反转检测器，用于当转速达到0时断开反向接触器。

还应该注意，在再生模式下（前面讨论过），转差率为负，负载的机械能将被转化为电能，并反馈给公共电源，而反接制动则完全是一个消耗能量的过程，所有动能最终都在电机中转化为热量。

6.7.2 能耗制动

这是使用最广泛的一种电制动方法。当能耗制动的"停止"信号出现时，电机的三相电源断开，直流电流通过定子的两个端子流入定子绕组。直流电源通常由低电压大电流变压器经整流器整流获得。

由于气隙磁场的转速与电源频率成正比，而直流意味着频率等于0，所以此时气隙磁场将是静止的。此外，转子总是试图以与磁场相同的转速旋转。所以，在磁场静止、转子旋转的情况下就会产生制动转矩。一台笼型感应电机在制动时的典型转矩-转速曲线如

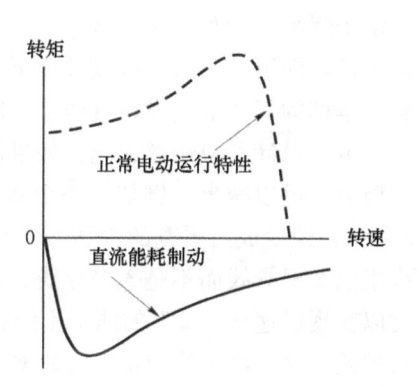

图6.20 笼型电机能耗制动的转矩-转速曲线

图6.20所示，从图中可以看出，当转子停转时，制动（负）转矩也将下降至0。

这与预期的分析一致，因为当转子"切割"磁场时，转子中会产生感应电流，从而产生转矩。与反接制动一样，能耗（或动态）制动是一个耗能过程，所有动能都转化为电机中的热能。

6.8 转速控制（不改变定子供电频率）

由前面的内容可知，如果感应电机要高效地工作，必须以较小的转差率运行。因此，任何合理的转速控制方法都必须通过改变磁场的同步速实现，而非改变转差率。决定磁场转速的两个因素是电源频率和极数［见式（5.1）］。

极数必须为偶数，所以，对于需要在较宽范围对转速进行连续调节的应用场合，目前最好的方法是采用变频电源。这种方法非常重要，将在第7章和第8章中单独讨论。在本章中，主要关注的是恒定频率条件下（与公共电源相连）运行，因此仅限于变极调速（只能实现分级转速控制）或变转差率控制（可以实现连续

转速控制，但效率较低）。

6.8.1 变极电机

对于某些应用场合，可能只需两种不同的转速运行，并不需要进行连续的转速调节。在许多情况下，比如在水泵、升降机和起重机、风机及机床等驱动系统中，这是比较经济的办法。

在第5章中已经讨论过，电机磁场的极数是由定子绕组的布局和联结方式决定的，一旦绕组设计完成并且确定了工作频率，那么磁场的同步速就是确定的。如果想要制造一台可以两种不同转速运行的电机，那么可以通过设计两套独立的定子绕组（比如4极和6极）来实现，只需根据所需转速向其中合适的那套绕组供电即可。不需要改变笼型转子，因为感应电流可以很容易地适应定子极数。早期的双速电机设计有两套不同的定子绕组，但其体积庞大且效率较低。

电机设计者很快意识到，如果每相绕组中一半相带的极性可以反向的话，有效极数就可以减半。例如，一个4极磁场（N-S-N-S）可以变成（N-N-S-S），即变成由更宽的N极和S极组成的2极磁场。由此，通过引出电机一套绕组的6根导线而不是3根导线，并利用接触开关来实现反接，使用一套绕组就可以实现以速比为2:1的两个不同转速运行。电机在高速下（如2极）的性能相对较差，这是因为绕组最初是针对4极磁场进行优化设计的。

随着20世纪60年代更为先进的极幅调制（PAM）方法的出现，制造商推出了几乎具有任意速比的双速单绕组高性能电机。这种巧妙的技术既可以实现接近于1的速比，如4/6、6/8、8/10，也可以实现宽速比，如2/24。极幅调制方法的优点在于价格并不昂贵。定子绕组引出的导线更多，线圈连接在一起形成不均匀的相带，但其他结构与单速电机相同。一般需要接出6根导线，其中3根一组对应一种转速，另外3根对应另一种转速，两组之间的切换通过接触器完成。绕组联结方式（星形或三角形）和绕组并联支路数的设计要保证每个转速下的气隙磁通都能与负载要求相匹配。例如，如果在两种转速下都需要输出恒定转矩，则两种转速下的磁通就要相同，而如果在较高转速下可接受较小的转矩，则磁通也可以降低。

6.8.2 高电阻笼型感应电机的调压调速

在对效率要求不严格的应用场合，笼型感应电机的转矩（以及运行速度）可以简单地通过改变电源电压来控制。因为在任意转差率下的转矩都与电压的二次方近似成正比，所以可以通过降低电压的方法来降低电机转速。但该方法不适用于一般的低电阻笼型感应电机，因为它们的稳定运行调速范围非常有限，如图6.21a所示。但如果使用特殊的高电阻笼型感应电机，其稳定区域的转矩-转速曲线的斜率要小得多，因此可以获得更宽的稳态运行调速范围，如图 6.21b 所示。

这种方法最大的缺点是效率低，这是转差率控制固有的缺点。前面已经说明，转差率为 S 时的转子效率为 $1-S$。如果运行在 70% 同步速（即 $S=0.3$）下，将有 30% 的功率穿过气隙并在转子导体中以热量的形式被消耗。因此，该方法仅适用于负载转矩较低的情况，例如风机类负载，如图 6.21b 所示。在 20 世纪 70 年代出现相对便宜的晶闸管交流电压调节器后，电压控制才变得可行，尽管它取得了一些成功，但现在还是并不常见。其所需的硬件设备与前面讨论的软起动基本相同，并且一套设备可以同时用于起动和转速控制。

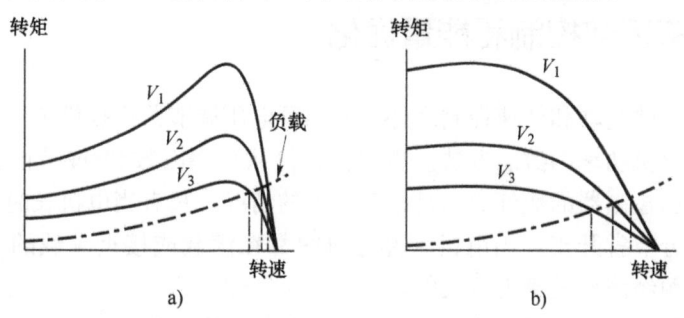

图 6.21 笼型感应电机调压调速时的转矩-转速曲线。a）低电阻转子，b）高电阻转子

6.8.3 绕线转子感应电机的转速控制

事实上，转子电阻可以很容易地改变，由此可以在定子端电压和频率都保持不变的情况下，从转子侧控制转差率。尽管这种方法本身效率不高，但由于操作简单以及相对较低的成本，有时仍被使用。

图 6.22 中显示了一组转矩-转速曲线，从中可以清楚地看出，通过选择适当的转子回路电阻，在任意转速下都可以获得 1.5 倍额定转矩以下的任意转矩。

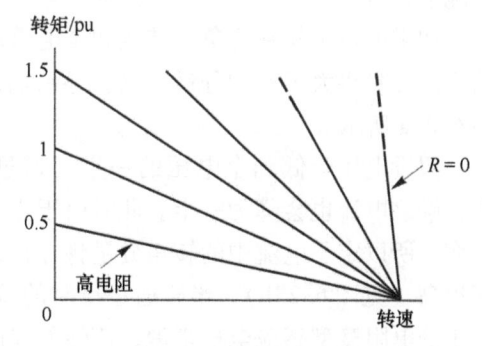

图 6.22 转子外接电阻对绕线转子感应电机转矩-转速曲线的影响

6.8.4 转差能量的回馈

转子回路的能量可以被转换并回馈给公共电源，而不是消耗在外部电阻中。变频是必要的，因为转子回路以转差频率运行，不能直接连接到电源。这种系统被称为静态串级调速系统（见 6.6.3 节），它已被由变频器供电的笼型感应电机

系统所取代。

在转差能量回馈系统中，转子中频率为转差频率的交流电首先通过三相二极管桥式电路进行整流和滤波，然后通过一个工作在逆变模式下的三相晶闸管桥式变换器（见第4章）回馈到公共电源。通常需要使用变压器将逆变器的输出电压与公共电源电压进行匹配。由于两种变换器的成本取决于转差功率，因此该系统常用于调速范围不大（例如70%同步速及以上）的场合，例如大型泵类和压缩机驱动系统。

6.9 功率因数控制和能量优化

除了用于软起动和转速控制之外，晶闸管电压调节器还提供了一种节能的控制笼型感应电机功率因数的方法。事实上，仅从功率因数和/或节能方面考虑就愿意承担电压控制器的额外成本是相对少见的情况。只有当电机长时间轻载运行时，才能充分节省开支。当电机大部分时间都在满载或接近满载的工况下运行时，讨论能源经济性是毫无意义的。

功率因数控制和能量优化都依据气隙磁通与电源电压成正比这一原理，通过改变电压来获得最佳的磁通以匹配不同的负载。进一步可以推断，满载时无法实现节能，因为电机在全磁通（即全电压）条件下才能满载运行。在负载变小的情况下，可以节约一定程度的能耗。

如果电机工作在低负载转矩和全电压条件下，磁通将达到最大值，定子电流的励磁分量将大于有功分量，这会导致输入端功率因数（$\cos\phi_a$）将非常低，如图6.23a所示。

假设电压降低到全电压的一半（通过晶闸管的延迟导通），气隙磁通将减半，励磁电流也会降为一半。此时由于磁通减半，转子电流必须加倍以维持转矩不变，所以定子电流中的转矩分量将加倍，这使得输入端功率因数（$\cos\phi_b$）显著提高（见图6.23b）。半磁通运行时的转差率甚至会达到全磁通时的4倍，但对于低电阻笼型感应电机来说，该转差率仍然很小，因此转速只会略微下降。

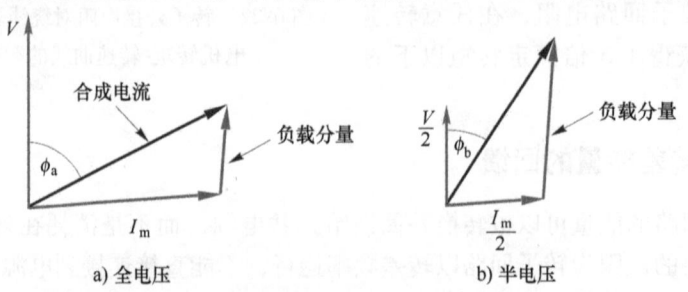

a) 全电压　　　　　　　　　　b) 半电压

图6.23　通过降低定子端电压提高功率因数的相量图

是否节能取决于电机中铁耗和铜耗之间的平衡关系。降低电压会减小磁通，从而降低铁心中的涡流损耗和磁滞损耗。但是如上所述，转子电流必须增加才能维持电机转矩不变，这使得转子铜耗将增大。如果定子电流降低（见图 6.23），定子铜耗将减少。实际上，对于一般的通用电机来说，损耗的降低只发生在轻载时，比如说在满载的 25% 或以下，但功率因数总是会增加。

6.10 单相感应电机

单相感应电机结构简单、坚固、可靠，目前仍然被大量使用，特别是在缺少三相电源的家庭和商业应用场合中。虽然单相电机最大输出功率可达几千瓦，但大多数低于 0.5kW，因此适用于一些简单应用，如制冷压缩机、烘干机、风机和水泵、小型机床等。但是，这些传统应用现在普遍受益于简易变频器和三相感应电机或永磁电机所提供的优越控制性能和较低的成本，因此单相电机看起来在未来只能扮演小众角色。

6.10.1 运行原理

如果三相电机的一根引线在轻载运行时断开，它能够继续运行，只会出现几乎察觉不到的转速下降和稍大的噪声。当电机只剩下两根导线时，只存在一相电流，因此必须作为单相电机运行。如果此时施加负载，单相运行的转差率会比三相运行时上升得更快，失步转矩比正常运行时小得多，可能仅为原来的 1/3。当电机停止运行时，即使卸掉负载，电机也无法重新起动，转子将一直保持静止，电机电流将迅速增大并发出刺耳的噪声。此时，如果不迅速切断电源，电机将会烧毁。

一台单相笼型感应电机无法从静止状态起动是不足为奇的，正如第 5 章中所述，通入交流电的单相绕组只能在气隙中产生脉动磁场，而不是旋转磁场。但是，如果有外力沿任意方向推动电机转子，它都会开始加速，起初加速过程很慢，但之后会加快，直到电机稳定在一个较小的转差率上，此时该单相感应电机可以加载运行。一旦电机转子转动起来，将有一个旋转磁场持续发挥作用，并推动转子持续旋转。

为了理解该旋转磁场，可以首先将定子电流建立的脉动磁场理解成两个相同的行波磁场所合成的磁场。这两个行波磁场一个沿正向旋转，另一个沿反向旋转。（这种等效可以采用本章之前讨论过的对称分量法来进行证明。）

当转子静止时，它对两个行波磁场的作用是相同的，都不会产生转矩。但是，当转子转动时，转子感应电流所建立的磁动势对反向定子磁动势的削弱程度大于对正向定子磁动势的作用，因此，电机正向磁通（产生正向转矩）将大于反向磁通（产生制动转矩）。这种差异将随着转速的上升而增大，随着转速上升,正向磁通会逐渐增大,而反向磁通同时会减小。这种"正反馈"效应解释了为什么转速起初增长缓慢,但后来会快速上升到略低于同步速的转速。在正常运行速度(即低转差率)下,正向磁通比反向磁通大许多倍,制动转矩远小于正向驱动转矩。

虽然就正常运行而言,单相绕组就已足够,但是所有电机都必须能够自起动,所以需要通过某种方法使电机转子处于静止状态时也能产生旋转磁场。通常可以采用以下几种方法,这些方法都使用了辅助绕组。

辅助绕组的用铜量一般比主绕组少,并且与主绕组嵌放在不同的槽中,因此辅助绕组磁动势与主绕组磁动势在空间上存在相位差。辅助绕组与主绕组由同一个单相电源进行供电,但是可以通过各种方式(稍后讨论)使辅助绕组电流滞后于主绕组电流。单相电机正是基于两个绕组之间的空间位移和两相电流之间的时间相移的共同作用形成的。如果两个绕组相同,空间位移90°,并通入相位相差90°的两相电流,就会产生理想的旋转磁场。实际上,无法获得相差90°相位的两相电流,而且一般两相绕组采用不同的设计会更加经济。尽管如此,这样设计的单相电机能够建立良好的旋转磁场,并获得令人满意的起动转矩。反转可以简单地通过将其中一个绕组反接来实现,电机在正转或反转运行时的性能是相同的。

下面会介绍使用最广泛的方法。曾经,辅助绕组(附加绕组)通常只在起动和加速过程中通电,并通过安装在转子上的离心断路器或定时开关断开。所以,辅助绕组也被称为"起动绕组"。如今,单相电机两个绕组同时工作的现象更为普遍。

6.10.2 电容型单相电机

该电机在辅助绕组(见图 6.24)上串联一个电容,从而使得主绕组和辅助绕组电流之间产生相移。电容(通常为几微法,额定电压高于电源电压)可以安装在电机上,也可以安装在其他地方,电容值的选择是考虑平衡高起动转矩和良好运行性能之间矛盾的结果。

该类型电机典型的转矩-转速曲线也如图 6.24 所示;大小适中的起动转矩表明电容型单相电机通常适用于风机类负载。如果需要更高的起动转矩,则可以使用两个电容,只需要在电机达到预定转速后断开其中一个电容。

如上所述,完全切断起动绕组的做法已经不再常用,但在许多旧电机中仍然存在,这些使用电容的单相电机也被称为"电容起动"电机。

6.10.3 分相电机

主绕组采用的导线线径粗,电阻低,电抗高;而辅助绕组匝数少,导线线径细,电阻高,电抗低(见图 6.25)。两种绕组本身阻抗的差异足以在两个绕组电

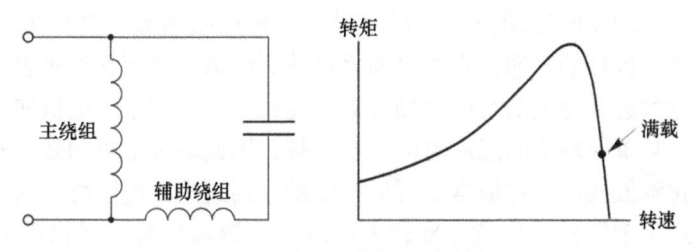

图 6.24 单相电容运行感应电机

流之间产生所需的相移,而不需要再串联任何的外部电子元件。这种电机的起动转矩通常为满载转矩的 1.5 倍,如图 6.25 所示。与电容型单相电机一样,可通过改变其中一个绕组的接线来实现反转。

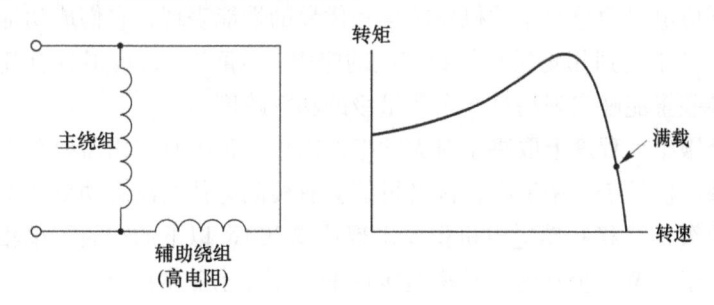

图 6.25 单相分相感应电机

6.10.4 罩极电机

这种极其简单、坚固和可靠的笼型电机有多种型号,可用于电吹风机、烤箱风扇、办公设备、显示驱动器等小功率应用。图 6.26 所示为低成本市场端的 2 极罩极电机。

这种罩极电机转子直径一般在 1~4cm 之间,采用压铸铝制笼子,而定子绕组采用一个简单的绕制在铁心叠片上的集中绕组。定子磁极上开槽并安装"罩极环",罩极环是由比较厚的铜或铝制成的单匝短路导电环。

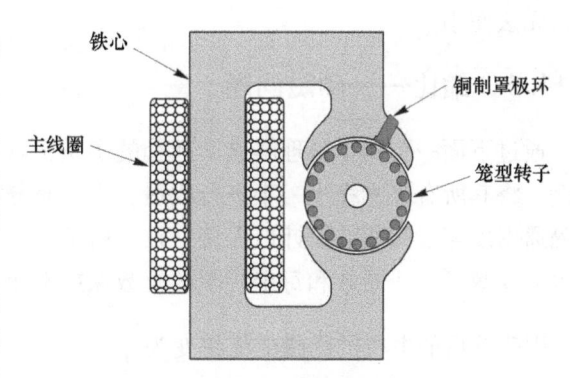

图 6.26 罩极感应电机

定子绕组产生的大部分脉振磁通绕过罩极环,穿过气隙到达转子。但仍有一部分磁通穿过罩极环,由于磁场是交变的,所以会在环中产生感应电动势和电流。环电流产生的反向磁动势会使得穿过罩极环的磁通减小并延迟该磁通的相位，因此穿过罩极环的磁通会在主磁通之后达到峰值，从而在磁极表面形成一个旋转磁通。这种远非完美的行波磁场与转子笼相互作用产生了电机转矩。由于磁路磁阻较大，且罩极环中的感应电流存在损耗，因此罩极电机的效率较低，但如果为了最大化降低成本，这通常是可以接受的。通过串联电阻可以粗略地控制转速，但这仅适用于风机类负载。旋转方向取决于罩极环位于磁极的右侧还是左侧，因此罩极电机仅适用于单向运动负载。

6.11 功率范围

由于感应电机简单耐用的机械结构和优异的性能表现，它们成功地在极宽的功率范围（几十瓦到几兆瓦）得到广泛的应用。（事实上，也很难有其他非电磁式能量转换装置能够实现超过6个数量级的功率跨度！）

功率上限很大程度上取决于对大功率的需求，很少有应用需要轴上输送数十兆瓦的功率。但关于功率下限，读者可能会有疑问为什么没有功率非常小的感应电机。工业级（三相）感应电机很少出现功率200W以下的产品，单相感应电机功率很少小于50W，但在这一功率范围内的应用需求非常广泛。

对一台已经设计完成的感应电机进行缩比设计时，电机的功率越低，绕组所需提供的励磁或磁通会越难以满足，功率极低时，仅励磁电流在绕组中产生的热量就会导致电机温升达到所允许的上限。这样电机就无法提供机械输出功率，电机将无法使用。

6.11.1 缩比——励磁问题

通过下面一个例子来理解这个问题的实质，以一个成功的感应电机设计方案为例，将其所有尺寸缩小一半进行改造。为了充分利用磁路中的铁心，电机的气隙磁通密度需要与原始设计值保持一致，由于气隙长度已经减半，那么定子磁动势也需要减半。线圈数和每个线圈的匝数保持不变，因此，如果原始励磁电流为 I_m，则改造后的电机的励磁电流将变为 $\frac{I_m}{2}$。

假定原始绕组的电阻为 R，现在讨论改造后的绕组电阻将如何变化。在改造后的电机中，导线的总长度是原来的一半，但是导线的截面积仅为原始导线的 1/4。所以，新绕组的电阻将是原来的两倍，也就是 $2R$。

在原始电机中，为提供气隙磁场所消耗的功率为 $I_m^2 R$，而改造后的电机中相应的励磁功率为

$$\left(\frac{I_\mathrm{m}}{2}\right)^2 \times 2R = \frac{1}{2}I_\mathrm{m}^2 R$$

在考虑一个散热物体的稳态温升的决定因素时，可以发现，当热量传递到周围环境的速度等于物体内热量产生的速度时，就达到了热力学平衡条件。此外，热量传递到周围环境的速度不但取决于物体本身与其周围环境之间的温度差，还取决于散热体的表面积。对于电机中的绕组来说，所允许的温升取决于绝缘等级，因此可以合理地假设缩比电机与原始电机使用相同的绝缘。

由于已经计算出改造电机的功率损耗是原电机的一半，但是新绕组的表面积只有原来的1/4，因此，改造电机的温升会更高，假设其他条件都相同的情况下，温升将翻倍。虽然通过增大槽面积可以降低铜导线中的电流密度，从而减轻温升问题，但是正如在第1章中所解释的，这意味着铁心中承载所需工作磁通的齿部将变窄。这将进一步引发另一个问题，由于需要在旋转的转子和静止的定子之间保持一定的气隙以满足电机实际运动需求，继续缩小气隙是不可行的，因为这样会提出实际工艺达不到的制造公差要求。

显然，一般依据电机工作在额定电流（而非仅考虑在励磁电流）时达到允许温升的原则对电机进行设计，除此之外，还需要考虑其他影响电机设计的因素。综上，励磁问题是小尺寸电机所面临的主要障碍，不仅在感应电机中，还包括所有需要从定子绕组中获得励磁的电机。因此，永磁电机方案对小型电机是很有吸引力的，因为它们在提供工作所需的磁通时不会发热。本书将在第9章中专门讨论永磁电机。

6.12 习题

（1）（a）为什么大型感应电机直接起动时可能会导致供电系统电压跌落？

（b）对于一台感应电机，为什么在某个应用场合下可以采取直接起动方式，但在另一个应用场合下则需要使用起动器？

（c）"刚性工业电源"中的"刚性"是什么意思？

（d）为什么一台电机采用高阻抗电源供电起动并达到工作转速所需的时间，比采用刚性电源供电所需的时间更长？

（2）已知星形联结时电机每相电压是三角形联结时相电压的 $\frac{1}{\sqrt{3}}$。简要说明为什么星形联结时电机的线电流和起动转矩都是三角形联结时的 $\frac{1}{3}$？

（3）简要说明为什么在许多笼型转子中，导条与铁心之间没有绝缘？

（4）如何通过定子绕组测试确定感应电机的极数？

(5) 当笼型感应电机在以下条件运行时，磁极对数分别应为多少？
(a) 电源频率为 60Hz，砂轮转速约为 3500r/min。
(b) 电源频率为 50Hz，水泵转速约为 700r/min。
(c) 电源频率为 60Hz，涡轮压缩机转速约为 8000r/min。

(6) 一台 4 极 60Hz 感应电机的满载转速为 1700r/min。为什么该电机的满载运行效率不可能高于 94%？

(7) 画出典型的笼型感应电机的转矩-转速曲线，并在图中标出：
(a) 同步速。
(b) 起动转矩。
(c) 稳定运行区域。
(d) 失步转速。

(8) 一台 4 极低电阻笼型感应电机，额定频率为 60Hz，满载转速为 1740r/min。计算：
(a) 在额定电压、50% 额定转矩情况下的电机转速。
(b) 在 85% 额定电压、额定转矩情况下的电机转速。

思考一下，为什么该电机不能在条件（b）下长时间运行？

(9) 即使感应电机的转子没有连接任何机械负载，但是电机在反复起停后也会变得很热，这是为什么？

(10) 感应电机气隙磁场空间谐波的旋转速度与谐波次数成反比。例如，5 次谐波以同步速的 1/5 正向旋转，而 7 次谐波以同步速的 1/7 反向旋转。计算这两个谐波磁场在定子绕组中感应出的电动势频率。

答案参见附录。

第 7 章

感应电机的变频运行

7.1 简介

在第 6 章中介绍了感应电机的许多特性，正是这些特性使其成为工业应用的首选。感应电机具有结构简单、成本低的优点，还有适合于恶劣环境的全封闭设计；日常维护少，无电刷；仅有 3 根电源接线，以及良好的满载效率。但同时，感应电机在公共电源供电运行时也存在一些缺点，最主要的是运行转速单一（或更确切地说，是一个取决于负载的很窄的转速范围）。另外，直接起动时起动电流可能超过额定电流的 6 倍，通常需要额外的起动设备以避免产生这种过大的电流；反转时需要将电机两根电源线互换；无法控制瞬时转矩，因此瞬态性能较差。

在本章中将介绍使用变频电源，即变频器，为感应电机供电时，可以保留公共电源供电下感应电机的所有优点，并且还能避免上述所有缺点。

本章的第 1 部分讨论工作频率完全由变频器确定，而与电机状况无关时的稳态表现。这被称为"变频器供电"，早期变频驱动感应电机的频率通常是由振荡器控制的，该振荡器控制变频器中开关器件的周期性开关顺序。通过合理控制频率和电压，感应电机可以在很宽的转矩-转速范围内运行，但该调速范围也存在极限。

就稳态性能而言，变频器供电的感应电机驱动系统被证明能够与直流电机驱动系统相媲美。但即使引入速度闭环控制，其瞬态性能仍然较差。

直流电机之所以具有出色的瞬态性能，是因为其转矩与电枢（转子）电流成正比，而电枢电流方便测量，并可以通过高增益电流控制环直接控制。与之形成鲜明对比的是，笼型感应电机中的转子电流无法直接测量，转子电流的变化只能从定子侧感应得到。

在第 8 章中会介绍，磁场定向技术可以快速而精确地控制转子电流（以及转矩），该技术是根据电机实际运行情况对变频器开关器件进行精细控制来实现的。这项技术（只有当低成本实时数字处理技术出现后才能实际应用）可带来出色的动态性能，但是理解其工作原理相对具有挑战性，即使是具有丰富驱动系统工作经验的工程师也可能会感到困惑。

对于一些读者来说，理解这些相对复杂的控制方案不是必须的，但对于其他读者来说，掌握和理解先进的控制策略是至关重要的。因此，尽管在本章中介绍磁场定向系统的出色性能是合适的，但最好将详细介绍推迟到第 8 章。

在这一阶段必须强调的是，在真正的稳态运行条件下，传统变频控制和磁场定向控制之间不存在本质区别，但这一事实往往并没有被认可。因此，很有必要学习 7.2 节（变频稳态运行）的知识，因为它涵盖了适用于所有感应电机驱动系统的大部分基本原理和基础知识。

在本章的大部分内容中，将假设电机由理想的对称正弦电压源供电。这样假设的理由是，尽管变频器提供的脉宽调制电压波形不是正弦的（见图 7.1），但电机性能主要取决于所加电压的基波（正弦）分量。这是一个非常有用的简化，因为这样就能够利用之前对正弦电源供电下感应电机工作特性的了解来预测它在由变频器供电时的特性。

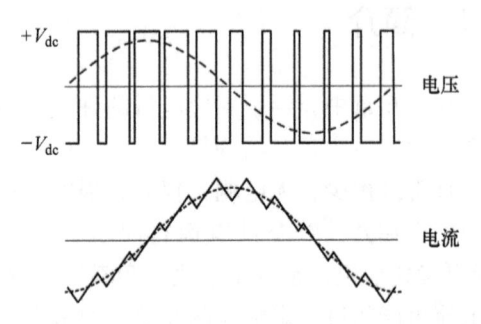

图 7.1 脉宽调制变频器供电下感应电机的典型电压和电流波形（基频分量用虚线表示）

在 7.3 节中，将探讨由变频器供电的感应电机驱动系统的一些实际问题以及驱动系统商业产品的出色性能，并会提到先进控制策略所表现出的卓越性能（见第 8 章）。为了更全面地介绍由变频器供电的感应电机驱动系统，还将讨论一个磁场定向控制效果不佳，而直接转矩控制根本不起作用的实际应用情况。

在变速驱动系统中采用标准感应电机并非没有潜在问题，因此在 7.4 节中将关注影响电机的更为重要的实际问题，在 7.5 节中将从公共电源供电的角度考虑利弊。最后，在 7.6 节中将简要介绍变频器和电机的保护手段。

7.2 变频运行

第 6 章解释了感应电机只能在低转差率下高效运行，即运行转速接近旋转磁场的同步速。因此，速度控制的最佳方法必须能够提供连续平滑变化的同步速，这又反过来要求控制系统能够改变供电频率。使用变频器（如第 2 章所述）为感应电机供电可以满足这个要求。一个采用速度反馈的完整速度控制方案的简化框图如图 7.2 所示。

在图 7.2 所示的系统构成中，电机轴上装有速度传感器或增量编码器。除了对动态要求苛刻或需要在静止状态下输出额定转矩的情况外，通常不需要速度传感器。这对实际应用是有利的，因为在标准感应电机上安装速度传感器需要增加额外的成本和电缆。

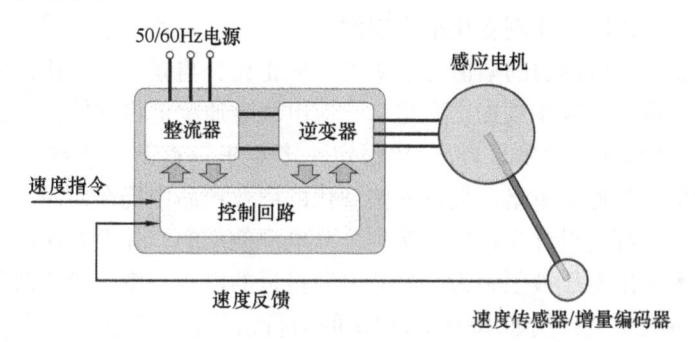

图 7.2 变频调速感应电机驱动系统示意图

功率变换器（即整流器和逆变器）首先从恒频恒压交流电源中吸收电能并对其进行整流，然后再将其逆变成适用于驱动感应电机的可调频调压交流电源。整流器和逆变器都采用开关策略控制（见第 2 章），因此可以完成高效功率变换，并且其结构非常紧凑。

7.2.1 稳态运行——最大磁通的重要性

通过 3 个简单的关系可以理解变频器供电下感应电机的运行表现。第一，在第 5 章中已经明确，一台给定的感应电机产生的转矩取决于旋转磁场磁通密度的大小和转子的转差速度，即转子对于旋转磁场的相对速度。第二，磁场的强度或幅值与定子绕组电压成正比，而与供电频率成反比。第三，旋转磁场的绝对速度与供电频率成正比。

感应电机只有在转差率较低时才能高效运行，此时速度控制的基本方法是通过控制供电频率来控制旋转磁场的转速（即同步速）。例如，如果电机是 4 极电机，以 50Hz 供电时同步速为 1500r/min，以 60Hz 供电时同步速为 1800r/min，以 25Hz 供电时同步速为 750r/min，以此类推。因此，空载转速将几乎与供电频率成正比，因为空载转矩很小，对应的转差率也很低。

现在再来讨论电机带负载运行情况。当施加负载时，电机转子会开始减速，转差率会因此而增大，转子中将产生更大的感应电流及转矩。当转速降低到电机转矩等于负载转矩时，转速将趋于稳定。在实际应用中，通常希望电机在加载时转速跌落尽可能小，这不仅是为了实现转速跌落的最小化，还为了使感应电机效率最大。简而言之，希望在给定负载下使电机转差率达到最小。

在第 5 章中曾介绍过，给定转矩下的转差率取决于每极磁通的大小，磁通越大，达到给定转矩所需的转差率就越小。由此可见，通过控制逆变器的输出频率使磁场旋转速度达到期望值之后，还必须确保磁通的大小得到调整，不管转速如何，都要使磁通处于最大（额定）值[⊖]。从原理上说，这是通过使逆变器的输出电压相对于频率以固定比例变化来实现的。

考虑到感应电机磁通的幅值与电源电压成正比，与频率成反比，那么如果设置变频器供电电压与频率成正比变化，感应电机磁通幅值将保持恒定。这种简单的运行模式，即电压/频率（V/f）比恒定，多年来一直是大多数变频器供电的感应电机所采用的控制策略，且在一些现代的商业产品中仍在使用。

许多变频器都是设计为直接连接到公共电源使用的，并没有连接变压器，因此变频器最大输出电压被限制为与公共电源接近的电压。由于变频器通常为标准设计的感应电机供电，例如 400V、50Hz 的运行条件，很明显，当变频器输出频率设置为 50Hz 时，输出电压应为 400V，该电压在变频器的可输出电压范围内。但是当频率提高到 100Hz 时，理想情况下，电压应该升高到 800V，这样才能保证电机仍然获得最大磁通。但是，逆变器无法提供高于 400V 的电压，因此在这种情况下，只能在基速以下保持全磁通。既定惯例是逆变器在基速以下时（通常 50Hz 或 60Hz）保持 "V/f 比" 不变，更确切地说是保持磁通不变，但在更高频率下只能保持输出电压最大。这意味着，在基速以下，磁通保持不变，但超过基速时，磁通与频率成反比变化。因此，电机高于基速的运行性能会受到影响，详见下文介绍。

用户有时会发现，调节电机转速时变频器输出的电压和频率都会改变，特别是当降低转速时，电压也会降低，这使得他们开始担心，因为他们认为一台额定电压 400V 的感应电机在低于 400V 的电压下运行是不合适的。这种观点显然是错误的，400V 指的是电机直接接入公共电源（比如 50Hz）运行时的电压。如果在频率降低到 25Hz 时仍然施加全电压，这意味着电机磁通将增加到其额定值的两倍。这将导致电机磁路严重过载，铁心过度饱和，产生巨大的励磁电流以及完全不可接受的铁耗和铜耗。为了防止这种情况发生，并将磁通保持在其额定值，根据频率大小按正比调节电压是至关重要的。例如，在上述情况下，25Hz 对应的正确电压应为 200V。

需要强调的是，电机由变频器供电时，电网频率不再有任何特殊意义，此时电机的基频可以被设定为任意值。例如，在上面的例子中，一台电压为 400V、

⊖ 一般来说，感应电机在额定磁通下运行可获得最佳性能，此时对于大多数负载来说电机的效率最高。某些商用变频器会提供这样一种控制模式，即磁通与转速的二次方成反比。这对驱动低速风机和泵类负载有益，因为励磁电流是导致电机损耗的主要原因。

100Hz 的电机在 100Hz 以下都可以保持恒磁通运行。

7.2.2 转矩-转速特性

在不同频率下调节电压,并在基速以下使 V/f 比保持恒定,可以得到如图 7.3 所示的一组转矩-转速曲线。这组曲线是一台输出功率为几千瓦的标准感应电机的典型转矩-转速曲线。

从图 7.3 可以看出,空载转速与频率成正比,当频率保持 25Hz 恒定时,转速从空载(a 点)到满载(b 点)仅略微下降。电机从空载到满载的转速都保持得较好,其开环特性良好。如果要求电机在加载前后转速保持不变,则可以通过提高频率来实现,这时的满载工作点将移动到 c 点。

失步转矩和转矩刚度(即正常运行区域中转矩-转速曲线的斜率)在低于基速的所有工作点上几乎都是不变的;而在低频下,由于定子电阻上压降的影响,电机端电压下降得非常显著。因此,如图 7.3 所示,对于简单的 V/f 控制系统,在低速时磁通会明显降低且转矩也会随之减小。

电机的低频性能可以通过提升低频时的 V/f 比的方法来改善,这样可

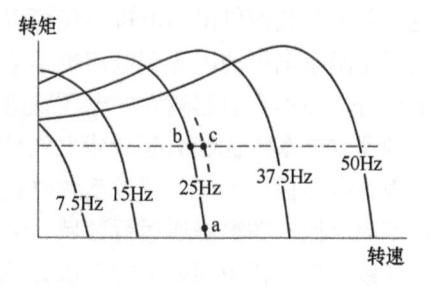

图 7.3 恒定 V/f 比下变频感应电机的转矩-转速曲线

以在低频下全磁通运行,该技术被称为"低频电压提升"。在基于电机模型(见第 8 章)计算磁通的现代驱动控制方案中,会根据由模型所计算出的理想线性 V/f 特性进行自动升压。通过电压提升改善低速转矩特性后的一组典型的转矩-转速曲线如图 7.4 所示。

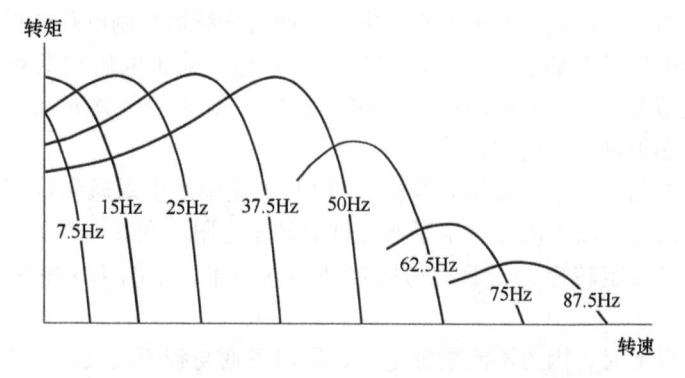

图 7.4 变频器供电感应电机的典型转矩-转速曲线

图 7.4 中的特性曲线表明，电机能够在从零到基速（50Hz）范围内的所有转速下都产生几乎相同的最大转矩，该区域被称为"恒转矩"区域，这意味着在基频以下电机能够输出的最大转矩与转速无关。电机在峰值转矩下不能连续运行，因为这会使电机过热，所以控制器会设定一个电流上限，这将在后面讨论。增加了这个电流限幅后，感应电机在基速以下的运行情况将对应于直流驱动系统中不同电枢电压下的转矩-转速曲线，如图 3.9 所示。

低速（尤其是零速时）大转矩的特性意味着可以避免工频运行时会遇到的所有起动问题（见第 6 章）。电机低频起动，然后频率再逐渐升高，这样转子的转差速度始终较小，即转子始终在产生转矩的最佳条件下运行，从而避免了在公共电源供电下直接起动（DOL）所带来的高转差率（低转矩和大电流）问题。这意味着由变频器供电的电机不仅可以在低速时提供额定转矩，而且更重要的是在满载工况下电机的电源侧电流也不会更大，这意味着使用高阻抗电源供电也能安全运行，而不会引起较大的电压跌落。对于一些要求恒速运行的应用场合，仅是变频器供电系统优越的起动能力就足以证明其成本的合理性。

因为电压保持不变，超过基频时磁通（"V/f比"）会降低，此时磁通的大小与频率成反比。在恒磁通运行区域，失步转矩总是对应相同的绝对转差率，但在恒压区域，失步转矩与频率的二次方成反比，此时转矩-转速曲线变得平缓，如图 7.4 所示。

虽然图 7.4 中的曲线说明了电机在每个频率和转速下可以产生的转矩，但是并没有说明在每个点上是否可以连续运行，这个问题对于用户来说是非常重要的，下面将进行讨论。

7.2.3 变频器限制——恒转矩和恒功率区域

就主要开关器件和电机而言，变频器首先要考虑的是将电流限制在安全范围内。电流限值一般设置为电机的额定电流，而且变频器控制电路的设置应确保输出电流在任何情况下都不会超过该安全（热）值，除了电机和变频器已被明确规定的过载情况（例如 60s 内驱动 120% 负载）。对于一些频繁起停的应用，电机和变频器必须进行专门的设计。

在现代控制方案中（见第 8 章），可以对电流中产生磁通和转矩的分量进行独立控制，因此电流上限也规定了所允许的转矩上限。在基速以下的区域，通常对应于电机的额定转矩，一般约为失步转矩的一半，如图 7.5 中深色阴影区域所示。

在基速以上时，因为不能增加电压，所以磁通与频率成反比。由于变频器电流受到热限制（正如在恒转矩区域所示），允许的最大转矩也会随转速的升高而下降，如图 7.5 所示。因此，该区域被称为"恒功率"区域。在该区域中，电机的磁通下降，因此电机必须以高于基速时对应的转差率运行，才能产生额定转子电流，但相应的转矩也会降低。这与直流驱动系统相类似，在恒功率区域两个系统都在弱磁条件下运行。注意，如果使用具有更高额定电流的变频器，电机也仍将在高转差率下运行，这意味着高转子损耗和电机的额定热容量将成为关键因素，在后面将继续探讨这一点。

图 7.5 恒转矩、恒功率和高速运行区域

在恒功率范围内的所有转速下，可输出的最大转矩都受变频器的电流限制，电机本身在达到其失步转矩之前留有一定裕量。然而，因为电压恒定，失步转矩与频率的二次方成反比，因此转矩的上限最终受电机本身的限制而不是受变频器的限制。如图 7.5 中斜线区域所示，一般在大约两倍基速时进入这个"高速区域"。

7.2.4 电机限制

对于使用晶闸管变换器供电的直流驱动系统，传统做法是使用专门设计的电机。该电机采用带有散热片的机壳，可能会装有测速器，最关键的是，电机将采用贯穿式通风冷却设计并配有辅助风扇。这样能够保证电机在所有转速下都有足够的通风，因此即使在最低转速下也能以全转矩（即全电流）连续运行。

相比之下，对于变频器供电系统，使用标准的工业感应电机仍然很常见。这些电机通常是完全封闭的，并在轴上装有风扇，用于将空气吹过带有散热片的机壳（还有一个内部风扇，可以使空气在电机内部循环，以避免局部过热）。这些电机原本设计为采用固定频率公共电源供电，并以基速连续运行。

如前所述，当这样一台电机在低频（例如 7.5 Hz）下运行时，转速比基速低得多，冷却风扇的效率将大大降低。在较低转速下，电机能够产生与基速运行时相同的转矩（见图 7.4），但同时定子和转子的损耗也将与基速运行时大致相同，因此，如果运行时间过长，电机将会过热。

如今已经出现了"变频"感应电机或类似名称的感应电机。除了具有增强的绝缘系统（见 7.4.5 节），它们还被设计成在低于额定转速运行时可提供较低的恒定转矩，该转矩通常低至额定转矩的 30%，因此不需要使用外部冷却风扇。此外，这种电机还可以通过配备单独的外部冷却风扇，将恒（额定）转矩运行区域拓宽至零速。

7.2.5 四象限运行能力

到目前为止，本章只重点介绍了感应电机运行在转矩-转速平面第 1 象限的特性（见图 3.12），这是因为电机大部分时间都工作在该区域。但需要着重提醒的是，感应电机同样也可以作为发电机运行，即使是驱动普通负载，电机在减速时也经常会进入发电运行状态。在本节，我们将学习变频运行的基本原理，并且需要注意，不同驱动系统的控制策略在细节上将有所不同。

借助于如图 7.6 所示的转矩-转速曲线，可以看到间歇发电是如何发生的。这已经扩展到第 2 象限，即负转差率区域，在该区域，转子转速高于同步速，并且受到一个制动转矩的作用。

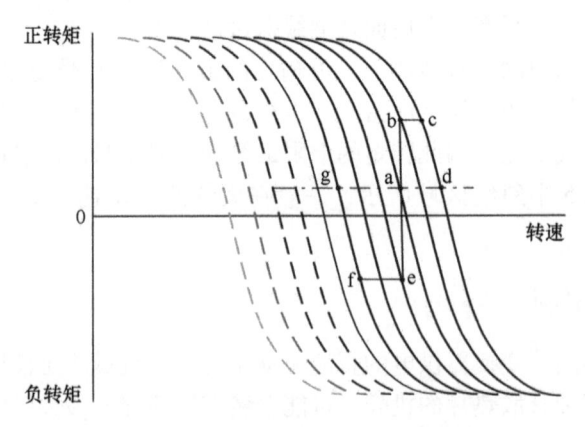

图 7.6 转矩-转速平面中的加速和减速曲线

这一组曲线表明，笼型感应电机具有相对陡峭的转矩-转差特性，因此在所有设定转速（即频率）下电机的转速都基本保持不变。如果负载增加到超过额定转矩，此时电流限幅开始起作用，以防止电机进入超过失步转矩的不稳定区域，此时电机的频率和转速都会下降，因此系统的运行方式类似于直流驱动系统。

给定转速的突变会被抑制，因此频率将逐渐增加或降低。如果负载惯量小，或者加速时间足够长，则电机无需进入限流区域即可完成加速。如果惯性较大或加速时间非常短，加速过程介绍如下。

假设电机以恒定负载转矩稳定运行在工作点 a，此时要求电机提升到 d 点所对应的更高转速。首先提高频率，使电机转矩上升至 b 点，此时电流已达到所允许的极限。随后频率的增加速率会自动降低，电机将在恒定电流条件下加速至 c 点，此时电流降至限值以下。之后频率保持不变，电机的工作轨迹将沿转矩-转速曲线从 c 点移动并最终稳定在 d 点。

典型的减速轨迹如图7.6中的路径aefg所示。转矩在减速过程的大部分时间内都是负的，电机在第2象限运行，即电机处在再生运行状态并将动能转换成电能。假设电机由理想电压源供电，多余的能量会自动回馈到电源。然而，在实际中，许多变频器没有向交流电源回馈能量的能力，因此多余的能量只能通过变频器内部的电阻消耗掉。(电阻通常连接在直流母线两端，并由一个斩波器进行控制。当由于能量回馈引起直流母线电压升高时，斩波器接通电阻以吸收能量。因此，频繁减速的大惯量负载会导致该"储能"电阻功耗过大。)

如果电机需要在第3象限中运行，所需要做的就是改变电源相序，例如从ABC变为ACB。与公共电源供电的电机不同，因为变频驱动的电机可以通过逆变器的低功率逻辑电路方便地更改相序，所以不需要交换电机的两条电源线。通过改变相序，可以得到一组"电动运行"特性的镜像曲线，如图7.7所示。阴影区域与之前图7.5所示的相同，虚线表示短时过载运行（第1象限和第3象限）或减速时再生制动（第2象限和第4象限）。

注意，与在第4章中讨论的直流电机控制策略不同，在目前所讨论的感应电机控制策略中从未提及任何形式的电机电流和转矩的表达式（除非电流达到极限）。

变频器供电的感应电机是一种非常通用的调速装置。目前提出的控制系统相当简单，本质上都是基于保持定子电压与工作频率之比不变，试图保持气隙磁通恒定，并使电机能够在所需频率下提供额定转矩。这种控制方式有许多缺点，所以近年来大量商业驱动系统采用磁场定向（有时称为矢量）控制或直接转矩控制，这些将在第8章中进行介绍。然而，在继续讨论之前，有许多与变频供电的感应电机相关的实际问题，无论使用哪种类型的变频器，理解这些问题都很重要。

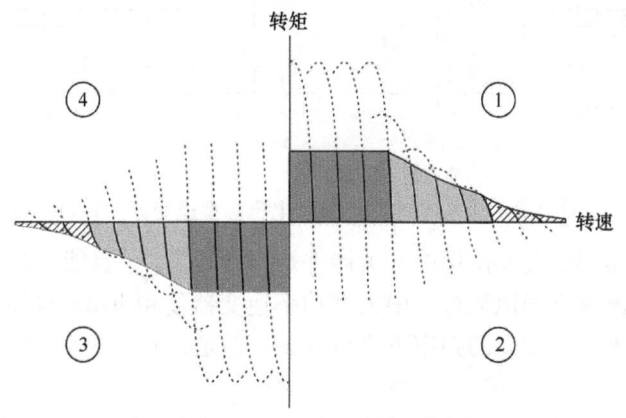

图7.7 转矩-转速平面所有象限的工作区域

7.3 变频器供电驱动系统的实际问题

在本节中，将研究由变频器供电的感应电机驱动系统的一些实际问题，并简要分析现有商用驱动系统的出色性能。通过使用磁场定向或直接转矩控制（将在第 8 章中介绍），不仅可以实现稳态速度控制，还可以获得优于晶闸管直流电机驱动系统的动态性能，这种性能来自于对电机快速/实时建模和对电机电压幅值、相位的快速控制能力。

毫无疑问，目前工业驱动市场认可度最高的就是采用变频器供电的感应电机，但在变速驱动系统中使用标准感应电机也存在一些潜在的问题，亟需意识到这些问题的存在并找到解决方法。因此，我们将考虑标准（为使用公共电源供电设计）电机采用变频器供电运行时可能引起的一些更为重要的实际问题。

7.3.1 PWM 电压源型逆变器

已有几种可选的变频器拓扑结构被用于感应电机驱动中，其中最常用的拓扑结构已在第 2 章中进行了介绍。还有一种很少使用的感应电机专用变频器拓扑结构，将在 7.3.2 节中进行简要介绍。然而，到目前为止，对于大多数工业应用而言，最重要的是二极管桥式整流器（仅允许能量从电源侧流向直流侧）和脉宽调制（PWM）电压源型逆变器（VSI），如图 7.8 所示，这将成为之后讨论的重点。

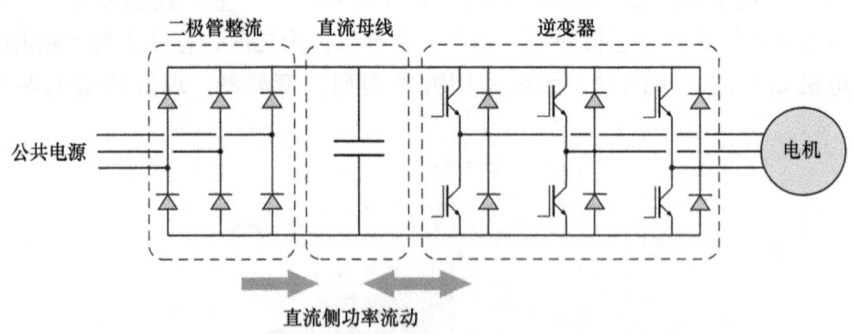

图 7.8 脉宽调制（PWM）电压源型逆变器（VSI）

大多数低功率逆变器使用的开关器件是 MOSFET，并且能以超声波的频率进行开关，使其能够安静地运行。中大型功率逆变器使用 IGBT 器件，该器件可以在大多数人听不到的较高的频率下进行开关。但是，开关频率[⊖]越高，逆变器的

⊖ 值得注意的是，此处讨论的是开关频率。碳化硅和氮化镓等复合功率半导体器件开关时间更短，可以降低开关损耗。

损耗也就越高，效率也越低，所以必须进行综合考虑。

变频器供电的感应电机驱动系统的额定功率可高达数兆瓦。尽管采用变频器供电意味着可以使用几乎任何额定/基准频率的电机，但通常使用的都是标准50Hz 或 60Hz 电机。本章已经介绍，在基频以上运行会限制电机性能，因此在选择驱动系统时需要慎重考虑这一点。商用变频器的输出频率通常为零到数百赫兹，在某些情况下频率甚至可以更高。低频极限通常由控制方式决定，而高频极限则取决于电力电子电路的控制方式和实际尺寸（如果变频器内部接线过长，则杂散电感将会成为一个问题）。

大多数变频器为三相输入和三相输出，但也有单相输入的变频器，其功率最高可达 7.5kW。也有一些专门为单相电机设计的逆变器（通常小于 3kW），但是并不常见，在此不再赘述。最高工作频率一般受转子机械强度的限制。用于离心机和木材加工机械等设备的超高速电机具有特殊的转子结构和轴承设计，其转速可达 50000r/min 甚至更高。

变频器经常被忽视的一个基本特性是瞬时能量平衡。原则上，对于任意的三相对称负载，总负载功率在任意时刻都保持恒定，因此，一台理想的三相输入、三相输出的变频器中不需要包含任何储能单元。然而实际上，所有变频器都需要将一部分能量存储在电容或电感中。当输入为三相时，这些需要存储的能量相对较小，因为其瞬时能量相对平衡。但是，如上所述，许多低功率变频器（也有一些高功率变频器，例如轨道牵引）是由单相电源供电的。在这种情况下，瞬时输入功率在每个供电周期至少有 4 次为零（因为电压和电流每半个周期分别过零一次）。如果电机是三相的，并且持续从直流侧获取功率，则显然需要在变频器中存储足够的能量，以便在负载功率大于输入功率的短时间内为电机供电。这解释了为什么许多变频器中体积最大的部件是直流母线上的电解电容⊖。（一些变频器制造商现在正在设计采用三相电源供电的产品，这些产品直流电容较小，可满足控制或性能要求不高的应用需求。）

在交流驱动系统中，PWM 逆变器产生的输出波形也会给电机带来一些问题，这将在后面讨论。当直流电机采用变频器供电时，其输出表现主要受平均直流电压的影响，因此在大多数情况下可以忽略谐波分量的影响。在分析由变频器供电的感应电机的性能时，也可以用类似的方法。变频器提供的电压波形虽然不是正弦波，但可以合理假设电机的性能主要取决于所加电压的基波（正弦波）分量。这样就可以利用正弦电压供电下感应电机的表现来预测其在变频器供电下的性能。

⊖ 在航空航天和汽车等应用领域中，出于安全方面的考虑，一般不允许使用电解电容，因为此类电容电介质易干涸而产生故障。在这些情况下，会使用体积更大的薄膜电容。

从本质上讲，外加电压中谐波分量的重要性远小于基波分量的原因是，电机在谐波频率下的阻抗远高于基频阻抗。这使得电机电流比电压更正弦（如之前在图 7.1 中所示），这意味着可以如第 5 章中所介绍的，建立一个正弦的行波磁场。

商用变频器的开关频率很高，因此不容易对实际波形进行测量和分析。例如，图 7.9 所示的是一台开关频率为 3kHz 的工业变频器的电压和电流波形。可以注意到各个电压脉冲是模糊不清的（受限于示波器采样的结果），而电流基波分量是近似正弦的。一些读者可能会担心波形图上出现的电流尖峰，但考虑到电机存在漏感且所施加电压有限，所以可以确定电流不可能出现这种突变，实际上尖峰是电流传感器信号受噪声干扰的结果。

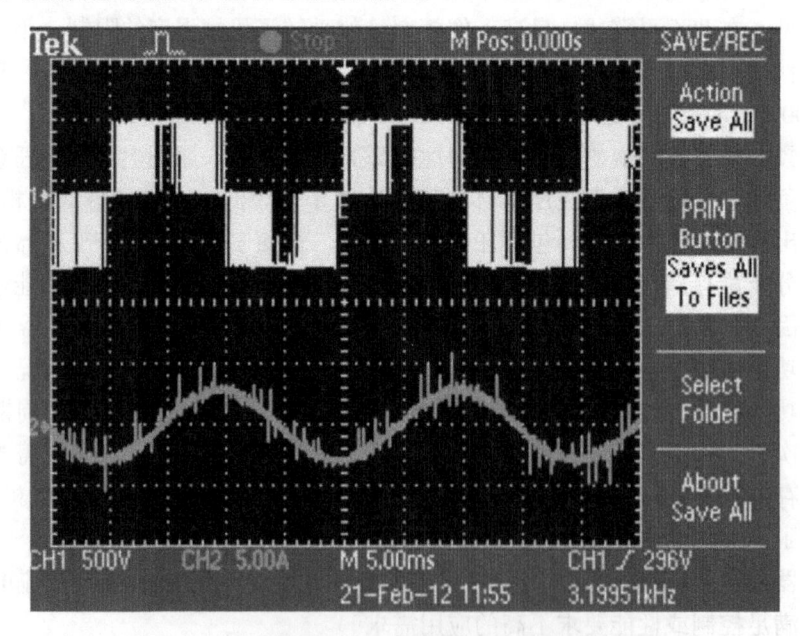

图 7.9　星形联结的 PWM 供电感应电机的实际电压和电流波形。上方波形为 UV 端线电压。下方波形为电机 U 相电流

几乎所有电力电子变换器的相关参数都很难测量，所以在仪器选择和结果说明时必须要格外小心。在检查逆变器直流母线输出波形时，清楚了解如何接地是很重要的。因为与公共电源不同的是，逆变器没有明确的接地参考点。

7.3.2　电流源型逆变器

虽然大多数用于电机驱动的逆变器都是电压源型逆变器（VSI），如第 2 章和上一节所述，但有时也会使用电流源型逆变器（CSI），尤其是在大功率应用

中，因此值得简要介绍。

串联二极管式晶闸管电流源型逆变器拓扑如图7.10所示，该电流源型逆变器曾广受感应电机单机运行应用场合的青睐，其电压一般在690V以下，功率范围为50~3500kW。之前已开发出3.3kV/6.6kV的高压版本，但事实证明它们在成本上不具有竞争力。如今，该类型逆变器已不再有实际应用价值，且已被大多数公司放弃。此处仅做简要说明，以供参考。

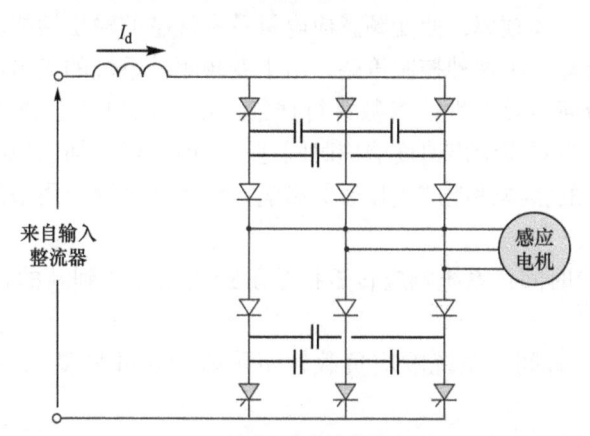

图7.10 串联二极管式晶闸管电流源型逆变器拓扑图（仅显示电机侧逆变器）

直流母线电流I_d是从恒流源（通常采用晶闸管整流桥串联直流母线电感的形式）中获取的，以所需的频率按顺序切换到感应电机的定子绕组中。电容和附加串联二极管为晶闸管换流提供了一种机制，即巧妙地利用了电容与电机漏抗之间的谐振所产生的反向电压。这使得逆变器所产生的电机电压波形近似正弦，但在每次换流时会存在由于电机电流的上升和下降所引起的电压尖峰。

这种逆变器的工作频率范围通常为5~60Hz，其上限由相对较慢的换流过程所限定。低于5Hz时，会存在转矩脉动较大的问题，但可以在低频下使用PWM电流控制来缓解此问题。

感应电机串联二极管式晶闸管电流源型逆变器常被用于电机单机运行的场合中，例如风机、水泵、挤压机、压缩机等。这些应用不需要电机驱动系统具有非常好的动态性能，且可以接受电源功率因数随电机转速的下降而降低。

7.3.3 变频器供电驱动系统的性能

人们常说变频器供电感应电机的稳态性能与工业直流电机大致相当。但事实上，现代变频感应电机的性能几乎在所有方面都优于工业直流电机。

采用磁场定向控制（见第8章）的感应电机能够快速改变输出转矩的特点说明了这一点。即使没有安装速度/位置传感器，感应电机的转矩也可以在不到

1ms 的时间内从零增加到额定转矩，并保持在该转矩上。相比之下，晶闸管供电的直流电机可能需要多达 1/6 个供电周期的时间（对应 50/60Hz 系统大约为 3ms）才能开始增大输出转矩，完成整个提高转矩的任务需要花费更长的时间。

相较于直流电机，感应电机更加坚固耐用，也更适用于危险环境，且拥有更高的运行速度，而直流电机的转速会受到换向器的限制。

将在第 8 章中介绍的磁场定向控制，可以通过 PWM 逆变器快速改变定子电压相量幅值、相位和频率，使变频感应电机具有优越的输出性能。目前大多数商用变频驱动系统都采用这种控制策略，由于变频驱动系统的输出性能受到诸多因素的影响，制造商需要对性能参数进行详细说明。用户关心的是电机的调速时间，制造商通常会对应给出速度响应时间这一性能指标并加以说明。但许多其他因素也会对系统的整体性能产生显著的影响，对于大多数应用来说，其中最重要的因素是

- 转矩响应时间：系统响应转矩指令阶跃变化并达到新的稳定状态所需的时间。
- 速度响应时间：系统响应负载转矩阶跃变化并恢复到给定速度所需的时间。
- 可实现 100% 转矩输出的最低供电频率。
- 频率 1Hz 对应的最大转矩。
- 速度环响应：有多种不同的定义方式，其中常用的定义为变频器以非零速运行，施加方波速度指令，并观测实际速度曲线的超调量。对于大多数应用来说，15% 的速度超调在工程应用中是可以接受的。对用户而言，需要向制造商确认数字变频器速度（或电流/转矩）环带宽参数的具体含义，因为该参数可能有多种不同的定义方式（通常是对制造商有益，而不是对用户有益）。

注意，应在避免达到电流限制的条件下对上述系统性能进行测试，测试通常应在负载惯量近似等于电机惯量的标准电机上进行。

感应电机开环和闭环磁场定向控制方案的性能指标如下：

	开环（无位置反馈）	闭环（有位置反馈）
转矩响应时间/ms	<0.5	<0.5
速度响应时间/ms	<20	<10
实现 100% 转矩的最低频率/Hz	0.8	静止
频率 1Hz 时对应的最大转矩（%）	>175	>175
速度环响应/Hz	75	125

变频器供电感应电机的闭环性能可与永磁电机的闭环性能相媲美，这一点将在第 9 章中进行介绍。这是令人振奋的，因为大多数感应电机驱动系统通常使用

的是为定速运行和广泛应用而设计的标准电机,而永磁电机往往是定制的,许多永磁电机的惯量设计得比较小(细长转子),这便于转速的快速变化。也有一些永磁电机的惯量设计得比较大(短粗转子),可在负载变化时保持平稳运行。而感应电机的定制化设计也是可行的,且有时会是更好的解决方案。

下文给出了几种不同配置驱动系统适用性的大致说明,在面对特定应用时应该会有所帮助。

1. 开环(无速度/位置反馈)感应电机驱动系统

开环感应电机驱动系统适用于一些中等性能要求的应用中(例如风机、泵、输送带、离心机等)。该驱动系统的性能特征总结如下:

- 中等瞬态性能,输出额定转矩时对应转速可低至额定转速的2%。
- 对定子电阻的准确估算可以改善低速时的转矩输出性能,即使电阻估算不准确,控制系统仍然可以运行,但输出转矩会降低。
- 对电机转差率的准确估算可以提高驱动系统保持给定转速的能力,但即使估算不准确,控制系统仍然可以运行,尽管转速保持能力会降低。

开环感应电机驱动系统的性能正不断提高。无速度或位置传感器感应电机转速控制技术的相关学术文献已非常普遍,并将应用到商业变频器中。

2. 闭环(有速度/位置反馈)感应电机驱动系统

闭环感应电机驱动系统与直流电机驱动系统的应用场合相似(如起重机和提升机、卷绕机和开绕机、纸张和纸浆加工、金属轧制等)。闭环感应电机驱动系统也特别适合于严格要求超高速运行且需要高度弱磁的应用场合,例如主轴电机。该驱动系统的性能特征总结如下:

- 当使用位置反馈时,在低至零速的转速范围内具有良好的动态性能。
- 使用增量式位置传感器或无传感器方案。与使用位置传感器相比,无传感器方案的瞬态性能会下降,并且在极低转速下产生的转矩也更低。
- 转子的鲁棒性较强,感应电机特别适合需要弱磁的高速应用场合。电机电流随着速度的增加和磁通的减小而下降。
- 由于存在转子损耗,感应电机一般比永磁电机效率低。

3. 无法使用磁场定向或直接转矩控制的应用场合

磁场定向和直接转矩控制都依赖于电机的磁通模型,如果需要使用一台变频器驱动多台电机(见图7.11),则两种控制策略都无法使用。

单台变频器无法对多电机组中的任一电机进行单独控制,唯一可行的控制方式是给整组电机提供一个幅值和频率可控的电压。实际上,这正是在早期变频器中占主导地位的传统V/f控制。输出频率以及电机的空载转速都是由速度指令信号(通常为0~10V或4~20mA)设定的。在大多数自动化应用中,速度指令来自于远程控制器,例如PLC。而在简单的应用中,用户一般可以通过变频器或驱动系统的控制面板进行设置。该变频器能够调节 V/f 比,并在低频下提升电压以补偿定子绕组电阻带来的影响。

磁场定向控制方案使用了矢量调制器/PWM 控制器(见第 8 章的图 8.19),这表明磁场定向方案在多电机驱动系统(即单台变频器并联多个电机)中的应用相对简单,只需要提供合适频率的三角波作为 PWM 控制器的输入即可(见图 8.18)。然而,直接转矩控制方案(见第 8 章)没有这样的控制器,为了实现多电机运行,采用这种控制策略的制造商不得不提供一个额外的 PWM 控制器。

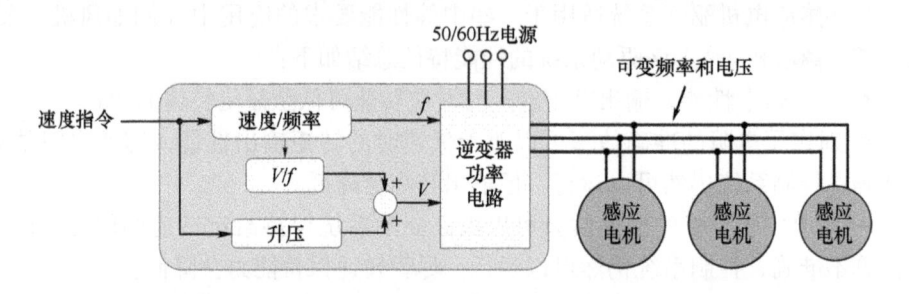

图 7.11 应用于多电机系统中的 V/f 感应电机控制策略

7.4 变频器对感应电机的影响

通常来说,现有的标准交流电机可直接采用现代 PWM 变频器供电。尽管这种说法在很大程度上是正确的,但变频器确实也会对电机产生一定的影响和限制。特别是变频器产生的电压和电流的谐波分量,不但会引起噪声还会产生更大的铁耗和铜耗,并且还可能伴有一些其他不太明显的影响。此外,标准电机的冷却系统是为满足定速运行而设计的,这可能是一个重要的限制因素,在此也将予以考虑。

7.4.1 噪声

一般可以通过选择较高的开关频率(以较高的变频器损耗为代价)来降低噪声。需要注意的是,并非所有的电机在采用同一变频器驱动时都表现出相同的特性。这种差异通常很小,并且主要与电机定子铁心的叠压系数有关。某些开关频率可能会在一些电机中引起共振,这通常与端盖的紧固螺钉有关。这种振动可能会影响使用,但可以通过改变开关频率来解决,如果紧固螺钉在电机机壳的外面,则只需添加一个垫片就能改变螺钉的固有频率来避免共振。

7.4.2 电机绝缘及长电缆线的影响⊖

PWM 波较高的电压变化率（dV/dt）会产生一个较为严重但不易察觉的后果，即可能导致绕组绝缘的损坏。现代 400V（硅）IGBT 功率变换器中，直流母线电压约为 540V，电压通常在 100ns 内进行切换，因此在变频器的输出端口处会有超过 5000V/μs 的超高 dV/dt。（对于 SiC 和 GaN 等宽禁带器件，开关速度会更快。）

流过电容的电流与电容两端电压的关系为 $i = Cdv/dt$。因此，如果电压变化率足够大，即使很小的电容也可能导致产生相当大的电流。在本书中曾提到，在每相绕组内部和各相绕组之间，以及电机电缆中导体和电缆屏蔽层之间，不可避免地会存在"杂散"电容。例如，电缆对地的电容可能约为 100pF/m，因此，当 dV/dt 为 5000V/μs 时，30m 长电缆的对地电容电流可以达到 15A。但是，这个问题只可能出现在带有很长电机电缆的小功率驱动系统中，在极端情况下，对地电容电流可能超过电机的额定电流，并决定了变频器额定电流的选择。

高频电流脉冲使低频领域中的问题转变为高频问题，而在高频领域中，以往一些在低频领域被忽略的影响开始显现出来。在低频领域中可以忽略电流在电路中流动所需要的时间，并因此可以使用简单的集总参数模型（即由 R、L 和 C 组成）对电路进行描述，但在高频下这些简化将不再适用。本质上，当电缆长度与电磁波的波长相当时，我们必须借助于更精细的分布参数来表示其基本属性。例如，电流通过 50m 长的电缆传输到电机，若把电缆看成是一条传输线，电流以 60% 光速的速度传播，但仍然需要近 300ns 才能到达电机。电缆的浪涌阻抗一般小于电机的浪涌阻抗，因此会产生一个反射脉冲，在极端情况下，这可能导致电机端电压加倍。快速上升的电流脉冲还会导致电机绕组内电压分布不均匀，从而对绕组绝缘有更高的要求。

这一切听起来让人有所担忧，但事实上这样的问题极其罕见，通常出现在采用老式或低成本电机（绝缘较差）的驱动系统中，或者是在额定电压超过 690V 的驱动系统中。上述问题在中压驱动系统中更加显著，因此在中压驱动系统中一般会在变频器和电机之间加装 dV/dt 滤波器。

现在一些知名的电机制造商对这些问题已经非常了解。相关的绝缘系统国际标准也已出版，主要是 IEC 34-17 和 NEMA MG1pt31 这两个标准。

7.4.3 损耗及其对电机额定值的影响

与采用正弦公共电源供电的方式相比，采用变频器供电的感应电机在运行时

⊖ 有关这方面的详细信息，请参阅 W. Drury 所著的 *The Control Techniques Drives and Controls Handbook*, 2nd Edition, 第 337~351 页。

必然会产生额外损耗。这些损耗主要分为三类：

1）定子铜耗。该损耗主要与电流有效值的二次方成正比，尽管与高频分量相关的趋肤效应所引起的附加损耗也会造成定子铜耗。但从图 7.1 中可以看出，电机电流是正弦波，因此，正如所预期的那样，铜耗增加得并不多。

2）转子铜耗。受趋肤效应的影响，转子中每个谐波电流对应的转子电阻都不同（在深槽转子中尤为明显）。由于转子电阻是关于频率的函数，因此必须针对各次谐波独立计算转子铜耗。尽管在开关频率较低的早期 PWM 逆变器中这些附加损耗很大，但在开关频率高于 3kHz 的现代变频器中，附加损耗是很小的。

3）铁耗。电机中的电压谐波分量会增加铁耗。

对于使用正弦调制且开关频率为 3kHz 及以上的 PWM 电压源型逆变器，增加的损耗主要是铁耗且其值通常不大，一般导致电机效率下降 1% ~ 2%。对于高效电机，如满足 IEC IE2/IE3 或 NEMA EPACT 标准和超高效率要求的电机，由于使用了低损耗的硅钢材料，受变频器供电影响所增加的损耗也相对较低。

损耗的增加与标准电机的降额运行系数没有直接关系，因为分布在电机中的谐波损耗是不均匀的。谐波损耗主要产生在转子中，并会使转子温度升高，因此电机在设计过程中采用定子临界标准（定子温度决定热极限）还是转子临界标准显然会对是否降额运行和降额幅度产生重大影响。然而冷却系统（见下文）同样重要，实际上，标准电机在采用变频器供电时其额定功率可能需要下降 5% 甚至 10%。

直流电机通过辅助风机提供通风冷却，使其能够在低速下连续运行而不会过热，但标准感应电机并没有这种配置。为固定频率/全速运行而设计的感应电机大多是完全封闭的（IP44 或 IP54），风扇安装在非驱动轴一端，冷却风扇在风扇罩内运行并将冷空气吹向带有散热片的电机主体，如图 7.12 所示。值得注意的

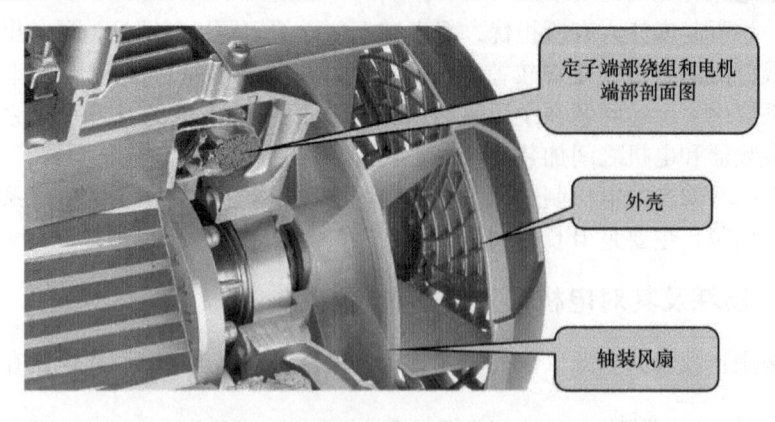

图 7.12 交流感应电机典型轴装式冷却风扇（由西门子提供）

是，转子端环上装有"叶片"形铸件，它能够在电机内部形成空气循环和湍流，帮助热量从转子传递到定子外壳，再散放到周围环境中。

综上所述，尽管变频器可以驱动感应电机在低速下以额定转矩运行，但以额定转矩连续低速运行是不太可能的，因为标准轴装冷却风扇在低速下冷却效果会降低，电机将会出现过热问题。对于风机和水泵类负载（负载转矩与速度的三次方成正比）应用不存在此类问题；但对于其他类型的应用来说，需要考虑电机过热问题。

7.4.4 轴电流

行业媒体和学术期刊上经常出现关于变频交流电机轴承故障的恐慌性报道。应该指出的是，这种故障其实很少发生，而且主要出现在中压电机系统中。

在三相对称正弦电源供电的情况下，交流电机定子三相电流之和为零，电机外壳不会有电流流过。但实际上，即使采用50Hz或60Hz的正弦电源供电，也有可能导致电流流过交流电机轴承，而采用变频器供电时，这种风险会进一步增加。电机内部任何分布不对称的磁通都可能在转轴两端产生感应电压，如果超过了轴承的"击穿电压"（润滑膜的电气强度约为50V），或者轴承的运动和静止部件之间发生电接触，都将导致轴电流的产生。轴电流的频率很低（通常是转差频率），其幅值仅受转轴和轴承的电阻限制，因此可能具有破坏性。在一些大型电机中，通常会在非驱动轴端安装绝缘轴承以阻止轴电流的流动。

如果电机转轴连接的负载装置与电机机壳的接地电位不同，则也可能产生轴电流。因此，必须要确保电机机壳经由低电感回路连接到负载装置上。如今这一问题已经得到了很好的解决，现代电机中很少发生这种问题。

7.4.5 "变频器专用"感应电机

为解决上述潜在危险，现在已经出现名为"变频器专用"感应电机或类似名称的感应电机。它们通常具有加强的绕组绝缘等级，并且热容量设计能够满足更宽的运行范围，通常能够在低至30%额定转速范围内保持恒定转矩，而无需额外的冷却措施。此外，这些电机还可以选择安装热电偶、独立冷却风扇（用于低速运行）和速度/位置反馈装置。

国际标准可对这个复杂领域内的用户和制造商提供帮助。NEMA MG1-2016标准第31章给出了笼型感应电机调压调频控制下的运行指南。IEC 60034-17和IEC 60034-25标准分别对变频器供电感应电机的运行和专用于变频器供电的电机设计提供了指导。

7.5 对公共电源的影响

通常人们会认为电机的电流谐波含量和功率因数会直接反映在公共电源上，但事实并非如此。由于变频器中存在作为能量缓冲的直流母线电容，从电源侧看，无论负载或转速如何，理想情况下电机功率因数都接近于1。但由变频器供电的电机驱动系统对公共电源也存在不利影响，下面将具体介绍。

7.5.1 谐波电流

谐波电流是由如图7.8所示的交流变频器输入侧的整流器所产生的。公共电源经由二极管桥式电路整流，产生的直流电压通过直流母线电容进行滤波，对于额定功率超过2.2kW的变频器，母线电流通过母线回路中的电感进行滤波。母线电压在逆变器侧采用PWM斩波，产生幅值和频率可调的正弦输出电压。

虽然小功率变频器可以使用单相电源供电，但本书仅考虑由三相电源供电的情况。从图7.13中可以看到，当电源电压超过直流母线电压时，二极管开始导通，电流以一系列脉冲的形式流过整流器。这些脉冲的幅值远大于图7.13中虚线所示的基波分量。

图7.14给出了图7.13中电流波形的频谱分析结果。

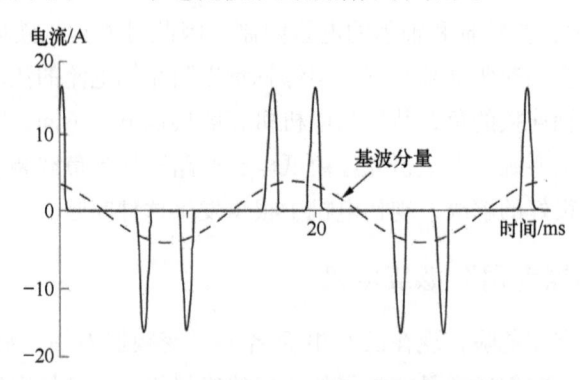

图7.13 公共电源供电1.5kW三相变频器典型电流波形

注意，频谱中显示的所有电流频率均为50Hz的整数倍。虽然电流波形远非正弦，但由于波形在正负两个半周期内是对称的，因此偶次谐波含量非常低。奇次谐波电流含量很大，但幅值会随着谐波次数的增加而减小。对于三相输入的桥式变流电路，不存在3次（3倍频）谐波，且25次及以上的谐波可以忽略不计。对于50Hz供电电源，25次谐波对应的频率为1250Hz，该频率在电磁频谱的音频范围内，并且远低于射频范围（通常被认为始于150kHz）。这很重要，因为它表明变频器整流侧的电流谐波属于低频问题,与射频电磁兼容(EMC)问题有很大不同。因此,电流谐波几乎不受电路布局和屏蔽以及传统电力技术(如功率因数调谐电容和移相变压器等)补救措施的影响。不应将此与用于解决快速开关器件、电火花接触等引起的射频干扰相关技术相混淆——所有这些都与7.4.2 节中提到的"高频领域"问题有关。

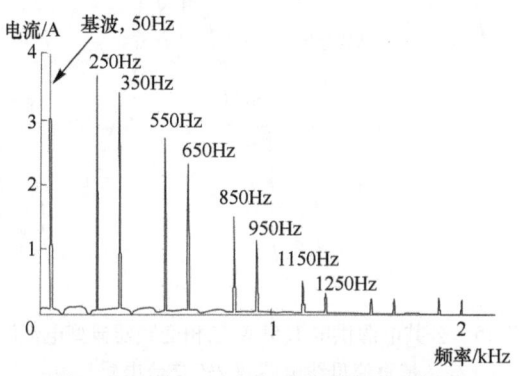

图 7.14 图 7.13 中电流波形的谐波频谱

电流谐波的实际大小取决于变频器的具体设计参数,特别是直流母线电容和直流母线电感,以及公共电源阻抗和系统中其他非线性负载的大小。

应该明确指出的是,尽管随着电子设备应用的不断增长,谐波问题在未来会变得越来越普遍,但由谐波引起的工业问题并不常见。在个人计算机密度很高的办公楼中,以及在大部分供电容量被电子设备(如变频器、变换器和不间断电源等设备)使用的情况下,会经常发生问题。

一般来说,如果电力系统中的所有整流型负载(即变频器、不间断电源、个人计算机等)总和小于其供电容量的 20%,那么电流谐波不会成为限制因素。许多工业装置的供电容量大大超过了负载容量,并且大部分负载,比如直接挂网运行的感应电机和电阻加热元件,产生的谐波极少。

如果整流型负载超过 20%,则应对谐波进行抑制。这需要一些经验,通常可以从设备制造商处寻求指导。即使谐波水平超标,也有许多方法可以将其降低到可接受的水平。

设计额定功率超过 2.2kW 的交流变频器时,通常会在直流母线或交流输入电路中内置电感。这会使供电电流波形更正弦,并显著改善电流频谱特性,如图 7.15 和图 7.16 所示,这也是为了便于与图 7.13 所示波形进行比较。(2% 的电感值指当回路中流过额定基波电流时电感上的压降等于供电电压的 2%。)注意图 7.13 和图 7.15 中纵坐标刻度是不同的,后者电流脉冲幅值约为 5A,而前者电流脉冲幅值约为 17A,但因为负载是相同的,实际上两者基波分量幅值都为 4A。(虽然根据上述说明,我们已经得知通过在 1.5kW 的变频器中加入直流母线电感，可以明显改善电源谐波，但事实上一般的标准变频器很少使用直流母线电感。尽管电流谐波频谱图显示存在很多电流谐波，但由于电流较小，很少会引起实际问题。）

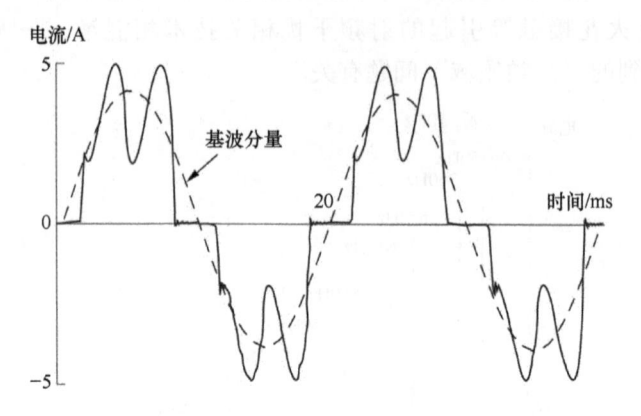

图 7.15 公共电源供电 1.5kW 三相变频器典型电流波形
（带直流母线电感或 2% 交流电感）

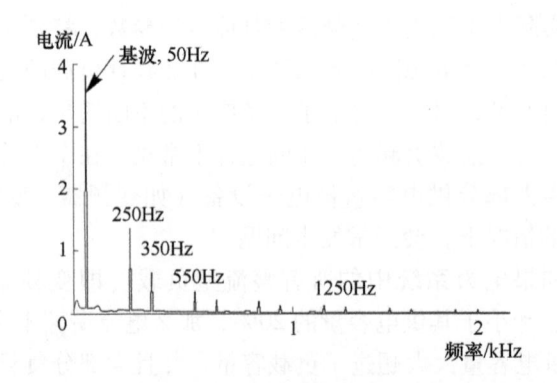

图 7.16 图 7.15 所示的改善后电流波形谐波频谱

额定功率 200kW 以下的标准三相变频器倾向于使用传统的 6 脉冲整流器。而在更大功率的变频器中，可能有必要增加脉冲数以改善电源侧电流波形，这就需要使用带有两个独立二次绕组的特殊变压器，如图 7.17 所示。

变压器二次侧星形绕组和三角形绕组的线电压幅值相同，相位相差 30°。每个绕组都连接了一个由 6 个二极管构成的整流器，每个整流器将产生一个 6 脉冲输出电压。变压器两路输出通常并联，由于两路电压存在相位差，所以合成的电压每周期包含 12 个 30°脉冲，而不是如图 2.13 所示的 6 个 60°脉冲。

基波相移 30°对应 5 次和 7 次谐波（同样对于 17 次、19 次、29 次、31 次等）相移 180°，因此这些谐波的磁通和一次电流在变压器中相互抵消，由此产

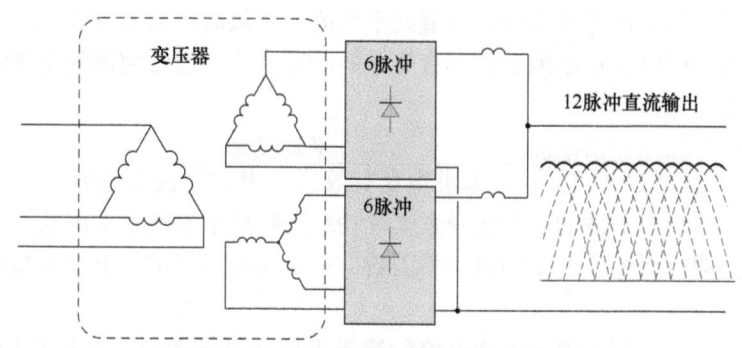

图7.17 12脉冲整流装置基本结构图

生的一次电流波形非常接近正弦波，如图7.18所示。

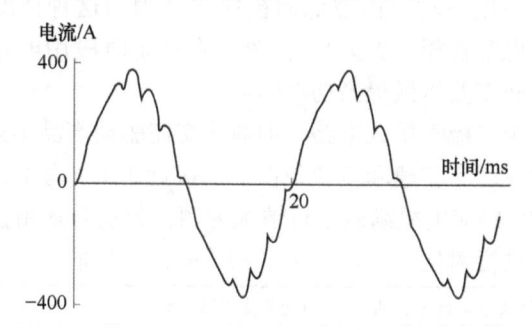

图7.18 公共电源供电的150kW变频器典型电流波形（带12脉冲整流器）

正如2.4.6节所述，使用带有输入整流器/PWM逆变器的变频驱动系统正越来越普遍，该驱动系统在公共电源中产生的谐波电流基本可以忽略，并且允许能量从负载回馈给电源。

7.5.2 功率因数

交流负载的功率因数是平均功率与电流、电压有效值乘积之比，可由下式计算：

$$功率因数 = \frac{平均功率}{电压有效值 \times 电流有效值}$$

在正弦电源电压和线性负载的情况下，电流也是正弦的，电流与电压的相位差为 ϕ。因此，功率可由下面简单的公式表示：

$$W = VI\cos\phi$$

式中，V 和 I 是有效值（等于正弦曲线的峰值除以 $\sqrt{2}$），在这种情况下，功率因数就等于 $\cos\phi$。显然，功率因数最大值为1。

但是，在电力电子电路中电压或电流，抑或两者总是非正弦的，因此没有简单的公式可以用来计算功率的有效值或平均值，必须通过对电流或电压波形进行积分来完成。所以，功率因数也没有简单的计算公式，通常使用的是基波功率因数，由下式计算：

$$基波功率因数 = \frac{平均功率}{基波电压有效值 \times 基波电流有效值}$$

非正弦波形中谐波的影响将导致实际功率因数低于基波功率因数，因此用户应注意，制造商所提供的变频器功率因数，通常是忽略了谐波电流的基波功率因数 $\cos\phi$。

也许有必要提醒不熟悉工业电价的读者为什么要最大限度地提高功率因数。所有工业用户都需要为使用的电能付费，这取决于有功功率和时间乘积的总和，但是大多数用户也因用电功率因数低而被罚款（因为这种情况下电流较大，导致开关设备和电缆也都要相应更大）。此外，在特定时段用电容量过大也可能会受到处罚，因此同样需要尽量提高功率因数。

幸运的是，对于二极管桥式电路，即商业交流驱动产品中最常用的整流器形式而言，功率因数在所有转速和负载条件下都接近于1。为了说明这一点，在此以一个典型的11kW感应电机满载运行情况为例，分别对采用公共电源直接供电和交流变频器供电进行对比。下表列出了相关的比较数值。

供电端	由公共电源直接驱动	由交流变频器驱动	参数说明
电压/V	400	400	无明显区别
电流有效值/A	21.1	21.4	
基波电流/A	21.1	18.8	电流减小，因为励磁电流不是直接从公共电源中获得的
基波功率因数	0.85	0.99	功率因数提高，因为整流器的输入电流与供电电压同相位
功率/W	12440	12700	由于变频器存在损耗，满载时略有增加

与直接连接公共电源的方式相比，典型的PWM感应电机变频器提高了功率因数，因为它降低了电源为电机提供励磁电流的要求，但同时也会产生谐波。由于变频器存在损耗，满载时的功率略有增加。

7.6 变频器和电机保护

之前曾强调过，功率半导体器件不能承受过电流，因此，即使在最早出现的这类变频器中也要检测电流，以便在电流超过阈值且对逆变器造成损坏之前能够自动断开变频器。一些保护方案也会检测过电流，并降低供电频率以降低电流。

在变频器、电机电感和电容中存储的能量也需要考虑，以确保不会产生可损坏系统元器件的过电压或过电流。如前所述，基本功率变换电路本身并不具备将能量回馈电源的能力，当制动过程导致能量流入直流母线时，电路中必须采用一个阻值合适的"制动电阻"（见2.4.5节）来限制电压。

电机保护也需要检测电流，但这里主要关注的是电机的热保护。通过计算电机电流的二次方与时间乘积，可以近似得到电机损耗或发热量。这种所谓的"i^2t"保护仍被称为驱动系统中的电机热保护，尽管现在使用的许多热保护算法比其最初的算法复杂和精确得多。

现代商业变频器产品包含大量内部保护以及电机热力学模型，但这种变频器是为不同的电机和应用设计的，因此必须在安装和使用过程中进行配置。当使用一台变频器驱动多台电机时（如7.3.3节所述），每台电机必须配有独立的热保护单元，因为当许多电机连接到同一变频器时，单个电机的故障电流可能并不显著。

7.7 习题

（1）一台感应电机采用频率范围在30~75Hz之间的调频电源供电，转速范围为400~800r/min，请选择合适的电机极数。

（2）计算一台2极、440V、50Hz的感应电机在2960r/min转速下产生的额定转矩，相应的定子和转子电流分别为60A和150A。如果调整定子电压和频率使磁通保持恒定，分别计算当电源频率为（a）30Hz、（b）3Hz时产生额定转矩所对应的转速。

（3）计算习题（2）中电机在30Hz和3Hz情况下的定子和转子电流以及转子频率。

（4）开环电压源型逆变器中的"低频电压提升"是什么意思？为什么需要"低频电压提升"？

（5）同步速为N_S的感应电机在基频下驱动恒转矩负载，转差率为5%。如果电源频率翻倍，电压保持不变，估算新的转差速度和转差率。

（6）假设负载转矩在所有转速下均为100%，且额定转速下电机效率为80%，则变频器供电的电机以额定转速、50%额定转速和10%额定转速运行时，其效率如何变化？

（7）为什么一台标准感应电机不能驱动高转矩负载连续低速运行？

（8）简要解释为什么变频器供电的感应电机，每安培电流产生的起动转矩可能比该电机直接由公共电源供电时产生的起动转矩大。为什么这在电源阻抗很高时特别重要？

（9）为什么变频器供电感应电机的电流谐波含量小于电压谐波含量？

答案参见附录。

第 8 章

感应电机的磁场定向控制

8.1 简介

本章将讨论采用逆变器供电的感应电机现代控制方法。磁场定向/矢量控制使得感应电机+逆变器的组合具有优于传统工业用直流电机驱动系统的性能。自20 世纪 80 年代以来，磁场定向控制策略得到了逐步完善，这是电力驱动历史上的一个重要的里程碑。因此，本书将用一章的篇幅来介绍磁场定向控制策略，以便于读者充分理解感应电机及其驱动系统，并能够更好地与驱动器制造商和供应商进行沟通。控制系统的设计者往往执着于描述磁场定向的数学方程，而疏于对基本原理的理解，本章可能会给这些读者提供一个关于磁场定向控制的新思考角度。

在本章中将不再使用"逆变器供电"一词，因为尽管电机还是从逆变器获取电能的，但是逆变器中逆变部分的功率开关器件在每个瞬间的开关状态都取决于电机磁通和电流的状态，且需不断优化开关状态以提供所需的转矩。只有开发出快速、廉价的数字处理器，才能实现电机实时建模和电机控制所需的高速计算，并使磁场定向控制和与之接近的直接转矩控制方法成为可能。

即使对于有经验的电机控制从业者来说，理解磁场定向控制也是有一定难度的，因为这需要一定的数学基础。查阅有关磁场定向控制的文章或教科书时会发现，大多数论述都涉及大量的矩阵和坐标变换理论，并且使用了大量的专业术语，这会让尚未学习电机分析的读者感到很陌生。

本章旨在从新的角度介绍磁场定向控制，与传统的方法相比，其无需经过严格的数学推导，而是通过相对简单的作图法来理解磁场定向控制的基本原理。但是，本章会涉及一些之前尚未讨论过的新观点，在 8.2 节会详细介绍。该节由三部分组成，分别涉及空间相量、坐标变换以及电路的瞬态和稳态条件。对于这些内容已经熟悉的读者可以略过该节内容。

8.3 节将介绍基于磁路耦合的感应电机建模方法，而不是常用的基于物理场的建模方法。该节简要介绍了该方法，并重点解释了分析结果，对方程求解不做详细讨论。

8.4 节研究了感应电机在定子电流给定条件下的稳态性能。高带宽的电流闭环控制器可以实现定子电流的快速精确控制，这会导致电机的运行性能与之前讨论过的大不相同。在整个转差率范围内，可以通过控制定子电流使转子磁链始终保持恒定，进而使转矩与转差率成正比。这是一种十分简单的转矩控制方法，电机和逆变器组合所产生的运行性能与之前在第 4 章中讨论的晶闸管直流驱动系统相似，但效果更好。

8.5 节揭示了转矩控制系统的真正优点。该节中介绍了稳态转矩控制方法同样可以很好地适用于动态条件下，例如，几乎可以在瞬间完成转矩的阶跃变化。8.6 节讨论了该种转矩控制方法的实际应用。8.7 节介绍了一种直接转矩控制方法。

8.2 基本方法

8.2.1 磁动势空间相量

空间相量（或空间矢量）表示了在空间中按照正弦分布的物理量，如第 5 章中讨论过的磁动势和磁链。这种表示方法可以不必分析每相电流单独作用的结果，而只需要关注三相电流的整体效应，从而使问题更容易理解。

首先假设三相绕组中的每一相绕组都会沿气隙圆周产生正弦分布的磁动势，这同时意味着绕组本身也是呈正弦分布的（而不是像前文介绍的实际电机那样均匀分布在定子槽中）。为了方便起见，本节将以 2 极绕组为例进行讨论。

图 8.1 展示了绕组在空间中的相对位置，尽管（ABC）仍然被经常使用，但在下文中，三相绕组将用标准符号（UVW）表示。

在图 8.1a 中，V 相和 W 相处于开路状态，因此仅需关注 U 相磁动势的情况。当 U 相电流为正（即电流流入同名端）时，用一个沿绕组轴线指向绕组并远离同名端方向的矢量来表示其产生的正弦磁动势（见图 8.1a）；当电流为负时，该矢量方向指向线圈（见图 8.1b）。矢量的长度与电流瞬时值的大小成正比，表示矢量的相对幅值。

在图 8.1c 中，U 相电流达到最大值且方向为正，此时 V 相和 W 相电流为负且大小都只有最大值的一半。由于每相磁动势在空间中都呈正弦分布，所以可以使用交流电路中常见的矢量相加的方法来得到合成磁动势（R）。在本例中，合成磁动势 R（见图 8.1d）与 U 相磁动势同相位，幅值是 U 相磁动势的 1.5 倍。

利用上述方法可以得到当向绕组中通入幅值相等、相位相差 120°的三相对称电流时的合成磁动势。三相绕组轴线在空间上的分布如图 8.1 所示。图 8.2 的

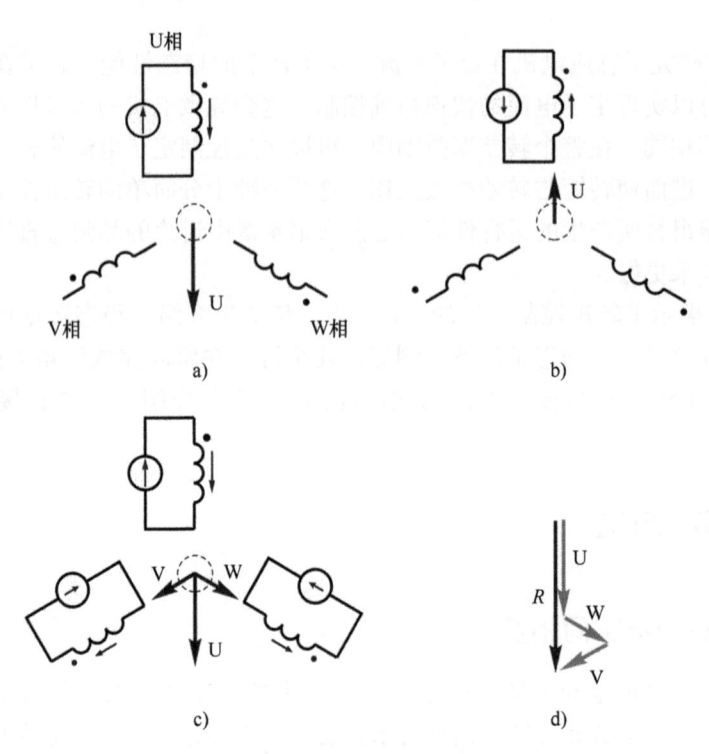

图 8.1 磁动势空间相量

上图显示了随时间变化的三相电流，下图显示了合成磁动势在 4 个不同时刻的空间相量图，时间间隔为一个完整周期的 1/12（30°电角度）。

图 8.2 的下图以空间相量图的形式表示了每个瞬间三相磁动势的大小和位置以及三相合成的总磁动势（R）。例如，在 t_0 时刻（即对应图 8.1 的情况），U 相电流达到最大值且方向为正，V 相和 W 相电流为 U 相的一半；而在 t_1 时刻，V 相电流为零，U 相和 W 相电流大小相等、方向相反。

4 幅空间相量图表明，合成磁动势沿一条半径不变的圆周变化（可以通过解析法来证明）。这说明，每相绕组会产生一个沿绕组轴线的脉振磁动势，三相合成磁动势的幅值恒定不变（等于每相磁动势峰值的 1.5 倍），并以恒定的转速旋转。2 极电机磁动势矢量每周期旋转一圈，如果是 4 极电机，则每周期旋转半圈，以此类推。这与第 5 章中得出的结论一致。

值得注意的是，虽然空间相量的概念是针对正弦稳态运行状态提出的，但是对任意时刻的瞬时电流同样有效，因此也适用于瞬态条件，例如可以用于分析电机加速期间电流瞬时频率发生连续变化的情况。

上文介绍了另一种表示三相对称绕组合成磁动势的方法，即将磁动势表示为

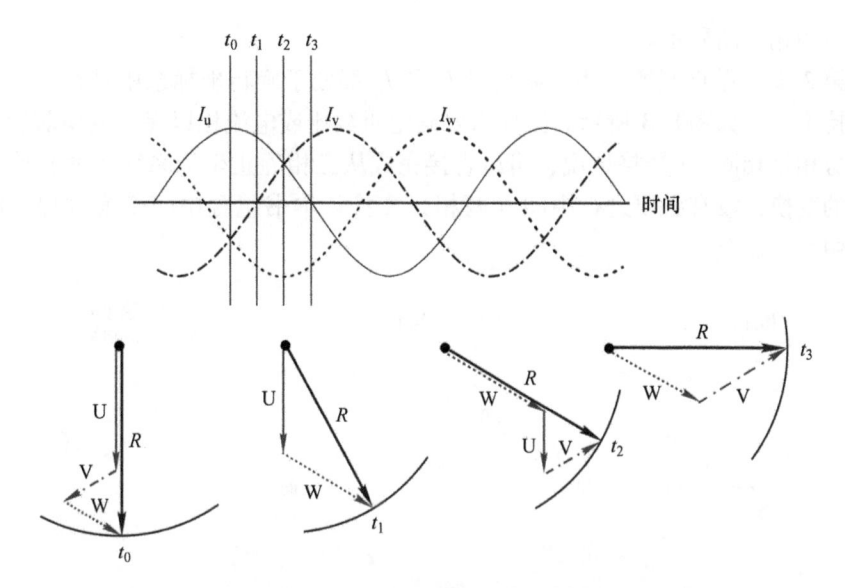

图 8.2 三相对称电流在 4 个不同时刻产生的合成磁动势空间相量示意图,每个时间间隔为 1/12 周期（即 30°）

一个幅值恒定,并以同步速相对于定子旋转的矢量。该方法非常适用于研究逆变器供电感应电机的运行性能。因为这种情况下,可以通过控制电流精确地控制定子磁动势矢量的幅值、转速和角度,从而实现精确的转矩控制。

8.2.2 坐标变换

通过上一节的分析可知,三相对称绕组产生的合成磁动势幅值恒定,并且相对于定子静止坐标系以恒定的角速度旋转。从静止坐标系的角度来看,该磁动势也可以通过正弦分布绕组产生,只需向该绕组中通入恒定（直流）电流,并使该绕组以同步速旋转即可。如果从一个与磁动势同步旋转的坐标系上看,磁动势空间相量则是恒定不变的。

在快速信号处理技术出现之前,坐标变换仅用于简化电机分析,特别是分析电机的动态运行性能,很少用于电机的实时控制。在本章的后续部分,这种坐标变换的方法将被用于磁场定向控制中,通过将定子电流从静止坐标系变换到转子磁通空间矢量的同步旋转坐标系上,从而更易于电机控制。

坐标变换通常分为两个步骤,如图 8.3 所示。

第 1 步,将三相绕组替换为两个正交的绕组,通以相同频率、互差 90°相位的对称正弦电流。其中,αβ 静止坐标系下的 α 相与 U 相对齐。为了产生相同的磁动势,替换为两个绕组时需要更多的匝数或更大的电流。该变换称为克拉克变换。两相绕组合成的空间相量与左边三相绕组合成的空间相量相同,如图 8.3 最下方空间相量图所示。

第2步（派克变换）中，新变量 I_d 和 I_q 都处于旋转坐标系中且在稳态条件下保持不变，如图8.3所示。同样需要确定匝数比或电流比以保证变换前后合成磁动势相量相同。[严格地说，可以直接完成从三相静止坐标系变到两相旋转坐标系的变换，没有必要进行中间（两相）变换。本书包含中间变换过程是因为文献中经常提及。]

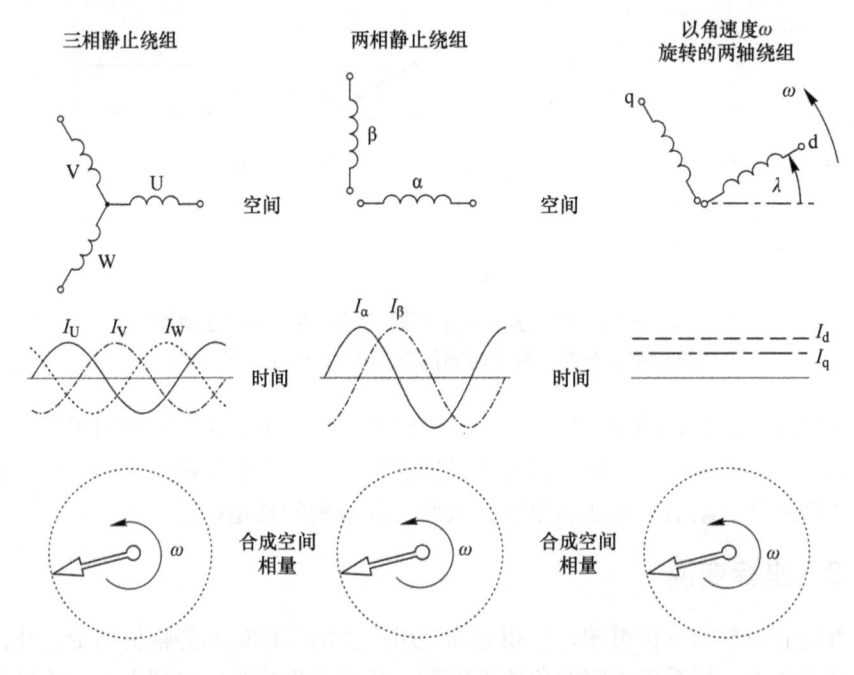

图 8.3 三相静止坐标系到两轴（d-q）旋转坐标系的变换

电流 I_d 和 I_q 的幅值取决于角度 λ，该角度为某一特定时刻（通常是在 $t = 0$ 时）两个参考坐标系之间的夹角。就上述变换而言，无论是正变换（从 U、V、W 到 d、q）还是逆变换，相应的输入和输出变量都有完善的公式，因此很容易构造算法来完成坐标变换。虽然上述讨论的是正弦稳态电流的变换问题，但该方法对瞬时值同样有效。

8.2.3 瞬态和稳态电路

磁场定向控制实现了对电机转矩的实时控制，其实质是从一个稳态变化到另一个稳态，而没有任何多余的瞬态调整过程。

鉴于感应电机在负载或供电电源突然变化时自身固有的瞬态响应能力较差

（见图 6.7），所以稳态之间的转换只能通过精确控制定子电流空间矢量的幅值、频率和角度来实现。而成功实现这种状态转换的关键在于系统存储能量不发生突变。

以一个由理想电压源供电的电阻、电感串联电路为例（见图 8.4），介绍从一个稳态变化到另一个稳态而不存在瞬态过渡过程的基本原理。虽然该电路中只有一个电感作为储能元件，结构也比感应电机简单得多，但该电路足以揭示无瞬态状态转换的关键。

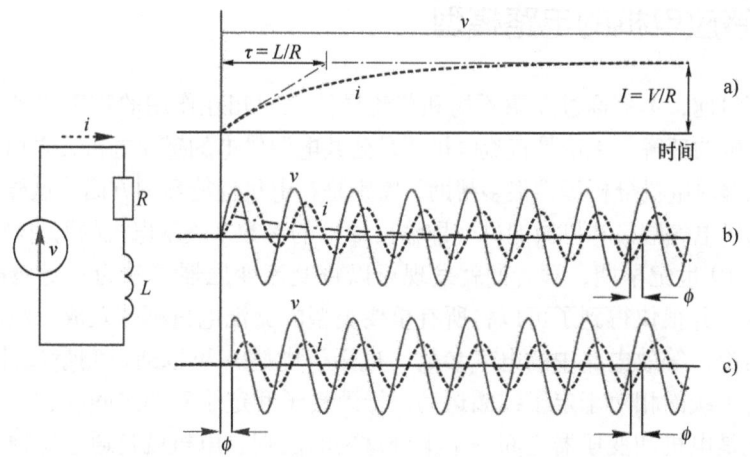

图 8.4 $R\text{-}L$ 串联电路稳态之间的过渡过程（彩图见插页）

图 8.4a 表示该电路在 $t=0$ 时施加一个阶跃电压后的电流响应。电路的稳态电流为 $\frac{V}{R}$。由于存储在电感中的能量 $\left(\frac{1}{2}Li^2\right)$ 无法在瞬间释放出来（相当于一个功率无穷大的脉冲），因此电流不能瞬间达到稳态值。电流除了稳态项 $i_{ss}=\frac{V}{R}$ 外，还存在一个暂态项 $i_{tr}=-\frac{V}{R}e^{-\frac{t}{\tau}}$，其中，时间常数 $\tau=\frac{L}{R}$。如图 8.4a 中的蓝色虚线所示，实际电流为稳态分量和暂态分量之和。

但在实际中，通常希望电流能够瞬间从 $t<0$ 时的某个频率下对应的稳定状态（在本例中，电流在零频率（直流）时的幅值为零）过渡到 $t>0$ 时的正弦稳定状态。

在图 8.4b 中，$t<0$ 时，电压幅值为零。在 $t=0$ 时刻施加一个正弦电压，从而产生相应的电流变化。值得注意的是，图中电流并没有马上达到稳态，而是在持续衰减了几个周期后才达到稳态，最终电流滞后电压一个角度 ϕ。从图中的波形可以看出，进入稳态后，在电压上升沿过零点时的电流为负。所以该电路注定无法瞬间进入新的稳态，因为这需要电路在施加电压之前就已经存在负电流。

存在如图 8.4b 中所示瞬态过渡过程的根本原因是电感中存储的能量不能突变。如果想要避免瞬态过渡过程，则必须在不改变电路储能的情况下实现状态的突变，在该例中，如果当电流通过零点时施加的电压突变为 $V\sin\phi$，电流会立即进入稳定状态而不存在暂态分量，如图 8.4c 所示。

在下文中将看到，为了使感应电机的转矩实现阶跃变化，必须遵循不改变磁场储能的原则。

8.3 感应电机的电路模型

截至目前，本书通过介绍磁场和载流导体之间相互作用的物理原理，加深了读者对电机的理解。无论是直流电机还是公共电源供电的感应电机，采用等效电路模型都能够对电机分析提供很多帮助，特别是在电机性能预测方面。这样我们就可以借助电机电气端口和机械端口（即输出轴）的参数来表示电机的所有特性。

早在19世纪早期，学者们就发现可以将交流变压器等效为一对磁耦合线圈进行分析，并很快得到了可以将所有重要类型的交流电机都等效成一组电路进行分析的结论，等效电路中的电气参数（电阻、电感）可以通过测量或计算获得。电机的转子线圈相对于定子线圈运动，导致转子和定子磁场之间的相互作用发生变化，这是电机和变压器之间一个十分重要的区别。电机就是通过这种变化来产生转矩并进行能量转换的。

8.3.1 耦合电路、感应电动势和磁链

"耦合电路"是指在两个或多个电路中，多匝线圈通常会共享一个磁路。其中一个线圈中电流产生的磁通不仅与同相绕组线圈相交链，还与其他相绕组线圈相交链。耦合介质是磁场，耦合的电场效应会在磁通变化时表现出来。

由法拉第定律可知，当一个 N 匝线圈的磁通（ϕ）发生变化时，会在线圈中产生感应电动势（e），数学表达式为

$$e = -N\frac{d\phi}{dt}$$

由该式可以看出，感应电动势与磁通的变化率成正比。（负号表明，如果线圈为闭合回路，那么感应电动势将在线圈中产生电流，该电流产生的感应磁动势与线圈原磁通的方向相反。）该式只适用于磁通与 N 匝线圈都交链的情况，常见于变压器中。变压器一、二次绕组共享同一个磁路，线圈间的耦合是非常紧密的。

感应电机的绕组是分布式的，绕组中电流产生的磁通也沿气隙圆周分布。因此，一个绕组产生的磁通并不都与该绕组中的所有线圈相交链，"总有效自感磁链"可以通过对所有"匝数乘以其交链磁通"进行积分得到，用符号 ψ 表示。

当定子（下标 S）绕组内的自感磁链发生变化时，所产生的感应电动势为

$$e_S = \frac{d\psi_S}{dt}$$

在感应电机中，定子上存在三相分布绕组，转子上有一个笼型绕组或三个分布绕组，其中任意一个绕组产生的磁通都会与其他绕组交链，称为"互感磁链"。其下标用两个符号表示，例如 ψ_{SR} 表示定子绕组和转子绕组之间的互感磁链。

就像绕组自身磁通变化时会在该绕组中产生感应电动势一样，互感磁链与其他绕组耦合也会产生感应电动势。例如，定子绕组产生的磁通发生变化时，转子（下标 R）中的感应电动势为

$$e_R = \frac{d\psi_{SR}}{dt}$$

8.3.2 自感和互感

一个绕组产生的自感磁链和互感磁链与该绕组电流成正比，磁链与产生磁链的电流之间的比值定义为绕组的电感。自感 L 的表达式为

$$L = \frac{自感磁链}{电流} = \frac{\psi_S}{i_S}$$

互感 M 的表达式为

$$M_{SR} = \frac{互感磁链}{电流} = \frac{\psi_{SR}}{i_S}$$

因此，自感和互感取决于磁路设计和绕组分布情况。在感应电机中，绕组自感是恒定的，但定子和转子绕组之间的互感会随转子位置角的变化而变化。

如果将磁链表示为电流和电感的乘积，就可以用一个集总参数来表示磁耦合的程度，并由此得到简化后的感应电动势表达式。简化后的自感电动势和互感电动势分别为

$$e_S = L \frac{di_S}{dt}$$

$$e_R = M_{SR} \frac{di_S}{dt}$$

上文提到，定、转子绕组之间的互感随着转子位置的变化而变化，因此 M_{SR} 是关于 θ 的函数，转子电动势可以表示为

$$e_R = M_{SR} \frac{di_S}{dt} + i_S \frac{dM_{SR}}{dt} = M_{SR} \frac{di_S}{dt} + i_S \frac{dM_{SR}}{d\theta}\left(\frac{d\theta}{dt}\right)$$

公式的第 1 项是由定子电流变化引起的"变压器电动势"；第 2 项与转子转

速成正比,即使定子电流恒定时该项也依然存在,在电路模型中通常被称为运动电动势。前文已经说明运动电动势在能量转换过程中的重要作用。

8.3.3 由电路模型推导转矩

如图 8.5 所示,用 6 个虚拟的"等效"线圈表示感应电机的两组三相分布绕组。(在第 5 章中提到,笼型转子与绕线转子本质上是相同的。)当 θ 角变化时,3 个定子线圈保持静止,转子线圈旋转。

假定转子磁场均匀分布,由于气隙是均匀的,因此所有线圈的自感都与转子位置无关,定子线圈之间的互感以及转子线圈之间的互感也是如此。对称结构还意味着定子或转子任意两相之间的互感是相同的。

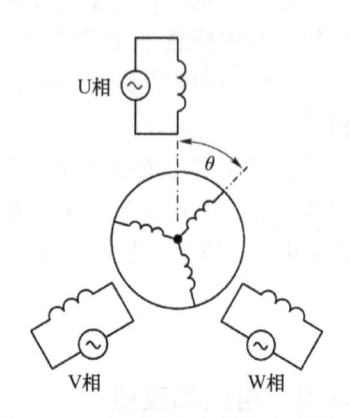

图 8.5 三相感应电机耦合电路模型

定子和转子绕组之间的互感会随转子位置的变化而变化。当定子绕组和转子绕组对齐时,互感磁链最大;当两个绕组正交时,互感磁链为零。对于产生正弦磁通的分布绕组,其互感将随转子位置角 θ 呈正弦变化。

从电路理论的角度来看,正是互感随位置的这种变化表明电机可以产生转矩。当图 8.5 中的各绕组通有电流时,其产生的转矩可由下式来表示:

$$T = \sum i_S i_R \frac{dM_{SR}}{d\theta}$$

总转矩需要通过对 9 个转矩分量进行求和得到,其中每一个转矩分量分别为 9 个定转子绕组互感之一所产生的转矩。此外还需要知道 6 个电流的瞬时值,以及每一个定转子互感随转子位置的变化率。例如,定子绕组 U 与转子绕组 V 相互作用产生的转矩可以表示为

$$T_{SURV} = i_{SU} i_{RV} \frac{dM_{SURV}}{d\theta}$$

上述转矩表达式可以根据各种条件进行简化,例如,互感具有互易性,即 $M_{UV} = M_{VU}$,而且根据结构对称性,任意两相绕组互感相等,$M_{UV} = M_{VW} = M_{WU}$。所以只需知道电流和电感随角度变化的函数,就可以直接根据电路模型计算出电机转矩。

8.3.4 转子电流推导

在感应电机中,转子电流是感应产生的。可以通过求解一组根据基尔霍夫电

压定律列写的关于转子电流和定子电压的 6 个方程对转子电流进行求解。

例如，在下面关于转子 U 相绕组的电压方程中，第 1 项代表电阻压降，第 2 项代表自感电动势，另外 5 项代表该绕组与其他绕组的耦合作用。电机的完整方程还包括另外 2 个转子绕组电压方程和 3 个类似的定子绕组电压方程。

$$v_{RU} = i_{RU}R_R + L_{RU}\frac{di_{RU}}{dt} + M_{RURV}\frac{di_{RV}}{dt} + M_{RURW}\frac{di_{RW}}{dt} + M_{RUSU}\frac{di_{SU}}{dt} +$$

$$M_{RUSV}\frac{di_{SV}}{dt} + M_{RUSW}\frac{di_{SW}}{dt}$$

在感应电机中，转子绕组通常是短路的，因此没有外加电压，$v_{RU} = 0$。

如果要在定子端电压给定的条件下（如公共电源供电时）求解这 6 个联立的微分方程，即使在稳态条件下也需要计算机的辅助才能完成。然而，当定子电流给定时（对于基于矢量控制的变频电机来说很常见），方程组的求解就变得简单许多。实际上，在转子堵转稳态条件下可以通过采用诸如复数计算和相量图等方法来手动求解这些方程。

现在已经从原理上了解了如何计算电机转矩以及在定子电流给定时如何求解转子电流。接下来将具体分析上述定子电流给定和转子堵转条件下的转矩情况。

在下一节中将研究转子静止条件下向定子绕组中通入幅值恒定、频率变化的三相对称交流电时电机转矩的变化情况。虽然这种情况在实际中并不重要，因为几乎没有电机工作在转子静止条件下，但这很具有启发性，它说明了一个非常重要的性质，即转子合成磁通在所有频率下均保持恒定，这构成了磁场定向控制的基础。

8.4 电流源供电条件下的电机稳态转矩

由于以前没有直接控制定子电流的方法，学者们很少对电流源供电条件下的电机稳态转矩进行分析。但是由于逆变器供电的电机驱动系统的出现，使得无论绕组中的感应电动势是多大，都可以快速、精确地控制定子电流。精确的电流可以对转矩进行量化，并推导出简洁的定量计算公式，根据这些表达式，即使在动态条件下也能够实现精确的转矩控制。

首先，假设具有三相对称绕组的绕线转子静止，并且绕组处于开路状态，即绕组中不存在电流。由前文可知，当向定子通入幅值为 I_S 的三相对称电流时，可以用一个以同步速旋转的空间相量来表示定子旋转磁动势，并且因为在转子中不存在任何电流（忽略铁心饱和），磁通将与磁动势同相位且幅值与之成正比。如图 8.6a 所示，转子和定子是静止的，但磁动势和磁链都以同步速旋转。

图 8.6a 左图表示出某一时刻定子上正弦电流的分布情况，以及相应的磁通

分布图（虚线），此时转子绕组内没有电流。图8.6a右图是一个表示定子磁动势或互感磁链的相量，两者均与定子电流成正比。其中，互感磁链表示定子旋转磁通与转子交链的总有效磁链。该磁链与定、转子绕组之间的互感（M）以及定子电流（I_S）成正比，用MI_S来表示。

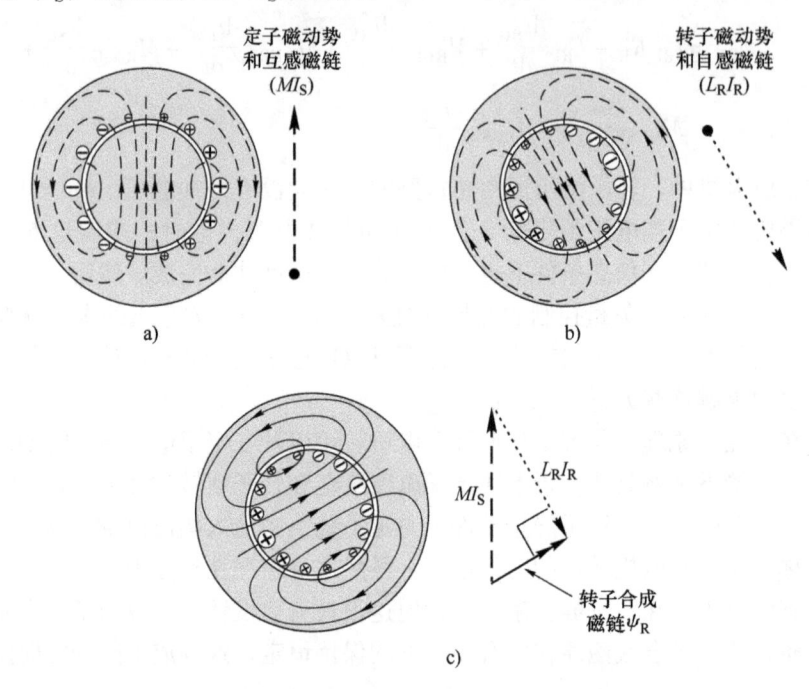

图8.6 堵转条件下转子磁动势与磁链的空间相量

接下来求解转子绕组短路后的转子电流稳态方程组。求解得到的转子电流也是三相对称的，其频率与定子频率相同，但与定子电流之间存在相位差。转子电流分布情况及其单独作用产生的磁通分布情况（虚线）如图8.6b左图所示。需要注意的是，为了突出转子的响应，在图8.6b中忽略了定子电流的作用。

图8.6b右图表示由转子电流作用产生的磁动势相量，同时这也能够表示感应电流引起的转子自感磁链（$L_R I_R$）。定子和转子磁动势之间的空间相位差是由定子和转子电流之间的相位差导致的，转子磁动势大体上倾向于抵消定子磁动势。如果转子电阻为零，则转子磁动势将正好与定子磁动势相反。如图8.6b所示，转子电阻的存在使转子磁动势的相位发生偏移，这个相位角变化很大，并由频率所决定。

只需将定子和转子磁动势相量相加即可得到作用在转子上的合成磁动势，如图8.6c所示。该合成磁动势作用在转子上产生了合成磁通，因此也可以用它来表示转子合成磁链（ψ_R）。在图8.6c中，转子磁通分布图用实线表示。（需要注意的是，图 8.6 所示的磁力线数量并不反映磁通密度的大小，因为如果不存在饱和效应，图 8.6a、b 中的磁通密度应该更大）。和预料的一样，磁通分布与转子位置角 θ 无关。由于转子结构的对称性，从定子的角度观察，转子总体上看起来总是相同的，这一特点会使感应电机的磁场定向控制变得更容易。

在图 8.6c 中，转子合成磁链矢量（ψ_R）垂直于转子电流矢量。此时转子电流矢量（见图 8.6c 左图）位于理想的空间位置，此时最大电流所在位置对应的磁通密度最大，所以产生的转矩也达到最大值。如果回顾图 3.1 和图 3.2 可以发现，直流电机中磁通和电流的分布方式同样是 N 极对应正电流，S 极对应负电流。

在上述条件下，可以得到转矩的表达式，转矩等于转子磁链和转子电流的乘积，即

$$T = \psi_R I_R$$

该表达式与直流电机的转矩表达式相似，并且进一步证明了第 1 章中介绍的电机转矩产生机理"Bil"的有效性。

在图 8.6c 中，磁链矢量的合成过程形成了一个直角三角形，其中的一条直角边为 ψ_R，而另一条直角边与转子电流 I_R 成正比。因此，该三角形的面积与转矩成正比，这也形象地说明了转矩如何随频率变化。（本书第 9 章中介绍同步电机时，将接触到一个类似的（但不是直角的）转矩三角形，其相邻两条边的边长分别与定子和转子电流成正比。在那种情况下，三角形的面积（即转矩）可以用两个电流和它们之间夹角正弦值的乘积来表示。）

第 5 章是根据气隙磁通和转子电流的乘积来计算转矩的，除了在极低的转差率下，气隙磁通和转子电流相位一般不同。现在讨论的转矩计算方法更为简单，就转矩计算而言，磁通和电流总是被理想化处理。因为现在主要关心的是转子合成磁链，而不是气隙磁通，这与第 5 章中的原理相同，但采用转子合成磁链的方法使转矩产生机理变得更加简单。

在后面的章节中将了解到，转子磁链是磁场定向控制和直接转矩控制中的核心，这种电机控制方法目前在逆变器供电的电机驱动系统中占主导地位。为了充分利用转子铁心的磁通承载能力并实现转矩的阶跃变化，需要保持 ψ_R 的幅值恒定，稍后将对此进行深入探讨。但是首先需要了解定子电流大小保持不变时转矩和转差率的关系。

8.4.1 转矩与转差率——定子电流恒定

到目前为止的分析都首先假设转子是静止的，在这种情况下转差率为 1，转子中的转差频率始终与定子频率相同，为什么本节还要讨论转差率呢？这是因为对于转子而言，最重要的是定子磁场对转子的相对速度。

对于转子转差频率为 2Hz 时的静态模型，该模型对应的转矩可以表示定子频率为 2Hz 而转子堵转时的转矩；或表示定子频率为 20Hz 而转子以 0.1 的转差率运行时的转矩；或表示定子频率为 50Hz，转差率为 0.04 时的转矩，等等。总而言之，在电流源供电条件下，将定子侧频率设为转差频率可以正确分析包括转矩在内的转子特性。（值得注意的是，此模型无法分析定子侧其他特性，特别是如何调节定子电压以保持电流恒定。）

图 8.7 说明了假定定子电流幅值不变时，磁链矢量三角形随转差率的变化情况。当转差率发生变化时，合成转子磁链的轨迹为一个半圆；转子电流随着转差率的增大而逐渐增大，同时它与定子互感磁链矢量的相位差也越来越大。

图 8.7 右图代表转差率较低时的情况。此时转子自感磁链比定子互感磁链小得多，所以合成的转子磁链相比转差率为零时的情况并没有小很多。换句话说，在低转差率时，转子电流对合成磁链的大小影响很小，这也与第 5 章中的结论相符。这种低转差率的情况在变频驱动控制系统中十分常见。

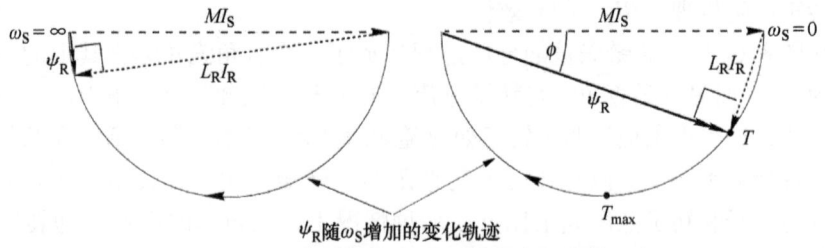

图 8.7　转子磁链空间相量随转差率变化的轨迹

图 8.7 左图代表转差率较高时的情况。此时转子中会有很大的感应电流，因此产生的转子磁动势几乎可以与定子磁动势相抵消，此时的合成转子磁链较小。这种情况在变频驱动系统中可以忽略不计。

角 ϕ 满足下述简单公式：

$$\tan\phi = \omega_S \tau \tag{8.1}$$

式中，转子时间常数 $\tau = \dfrac{L_R}{R_R}$。

在前文提到，转矩与磁链矢量三角形的面积成比例，所以当转差率从 T 点增加到 T_{max} 点时，转矩将达到峰值。此时，$\phi = \pi/4$，转差频率 $\omega_S = \dfrac{1}{\tau} = \dfrac{R_R}{L_R}$。由于电流恒定条件下的转子自感远远大于转子漏感，因此此时最大转矩对应的转差率远小于电压恒定条件下的转差率。

8.4.2　转矩与转差率——转子磁链恒定

在前文中提到过，通过保持转子磁通大小不变以充分利用转子铁心载磁的能力。由于大部分转子磁通 ψ_R 与定子交链（见图 8.6c），因此在大多数运行工况下，保持转子磁通恒定就意味着定子磁通也几乎保持恒定，这与第 5 章中的假设相同。

本节将探讨在转子磁链保持恒定的条件下，稳态转矩如何随转差率的变化而变化。这将为本章最后一节讨论如何在动态条件下实现对电机转矩的精确控制做铺垫。

从图 8.7 中可以看出，为了使转子磁链保持恒定，需要通过增大转差率来增大定子电流，这在图 8.8 中进一步说明。图 8.8 中将转子磁链 ψ_R 置于竖直方向以便于观察它是否保持恒定。在图 8.8 左图中，转差率非常小，因此感应出的转子电流和转矩（与三角形的面积成比例）都很小。由于转子磁动势只能抵消很小一部分定子磁动势，所以转子磁链与定子磁链相位非常接近。

在图 8.8 中图和右图中，转差率逐渐升高，转子感应电流也随之增大。为了保持转子磁链恒定，定子电流也必须随之增大。

有一个简单的解析公式，能够求出当转差率变化时保持转子磁链恒定所需的定子电流值。但相比之下，转子感应电流和转差率之间的关系更为重要。从图 8.8 中可以得到角 ϕ 正切值的表达式为

$$\tan\phi = \frac{L_R I_R}{\psi_R}$$

结合式（8.1）可得到转子电流的表达式为

$$I_R = \left(\frac{\psi_R}{R_R}\right)\omega_{\text{silp}} \tag{8.2}$$

式中，括号项为常数，因此转子电流与转差率成正比，即图 8.8 中三角形的水平直角边与转差率成正比。又因为三角形垂直直角边是恒定的，所以每个三角形的面积（即转矩）也与转差率成正比。图 8.8 右图的转差率是中图的 3 倍，因此右图中三角形的水平边长是中图的 3 倍，并且三角形的面积（即转矩）也是中图的 3 倍。

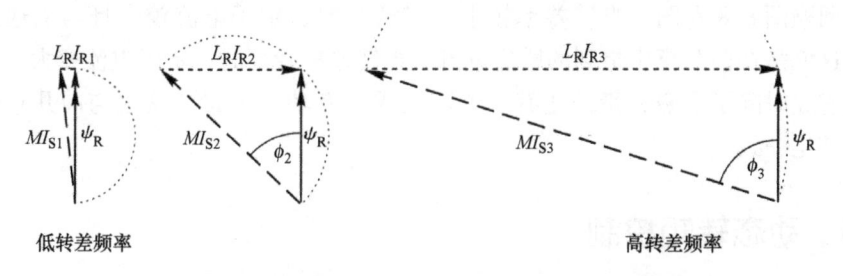

图 8.8　低、中、高转差率下的定子电流变化图（转子磁链恒定）

当转子磁链保持恒定时，感应电机的转矩-转速曲线将与直流电机的转矩-转速曲线完全相同。这与恒压或恒流条件下的特性不同，因为在那两种条件下峰值转矩或失步转矩对应某一确定的转差率。在转子磁链恒定条件下，理论上转矩不存在上限。但在现实中，转矩上限受限于转子和定子电流产生的热量。

本节讨论的结果可以直接从图 8.6c 中推导得出，这表明转子合成磁链和转子电流矢量始终对齐（即峰值磁通密度与峰值电流密度相对应）。因此，如果磁通保持恒定，则转矩与转子电流成正比。转子电流与感应电动势成正比，而感应电动势又取决于磁通相对于转子的速度，即转差速度。

8.4.3 定子电流的磁通分量和转矩分量

如果将定子磁链矢量 MI_S 分解成与转子磁通平行和垂直的两个分量，那么定子电流的"磁通分量"和"转矩分量"的重要性就变得显而易见（见图 8.9）。

可以将定子电流"磁通分量"看作是负责建立转子磁通的，并且必须保持该分量恒定，以便使电机在所有转差率下都能维持相同的工作磁通。其作用类似于在直流电机中建立磁通的励磁电流。

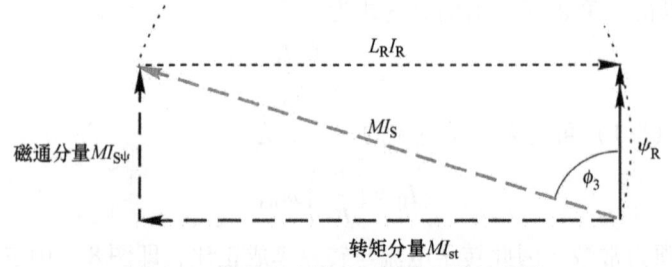

图 8.9 定子电流的磁通分量和转矩分量

另一个定子电流"转矩分量"（与转子电流成正比）起到了抵消转子导体切割旋转磁场时所产生的转子电流的作用。因此，该电流分量与直流电机中的电枢电流相对应。

回顾图 8.8 左图，当转差率较小（轻载）时，定子电流较小且与磁通同相位；这就是在前几章中提到的励磁电流。当转差率较高时，定子电流变大，这反映出它此时除了励磁分量外还有一个转矩或"有功"分量，这也与前几章中得出的结论一致。

8.5 动态转矩控制

"磁场定向控制能够根据需要，（几乎）实现转矩的瞬时（阶跃）变化，并且使电机从一个稳态直接跃迁到另一个稳态。"这是一个很简洁的结论，因此常被忽视，但它非常重要。

如果需要瞬间改变转矩，可以通过瞬间改变转子磁链或转子电流来实现，使得电机从一种稳定运行状态瞬间跃迁到另一种稳定运行状态。但是前文中提到，在磁场已经存储了一部分能量的情况下，磁链不可能发生瞬间变化。因为对于感应电机来说，转子磁链的任何变化都由转子时间常数决定，即使是额定功率仅为几千瓦的电机，其时间常数也高达0.25s，而大型电机的时间常数则更大。因此很难通过改变转子磁链来实现转矩的瞬间变化。

另一种方法是保持磁链恒定，并使转子电流尽可能快地变化。这也是在磁场定向系统中动态控制转矩的方法。有关如何实现转子电流快速变化的方法将在下一节中讨论。

8.5.1 强耦合电路的特性

在第5章中分析过，从供电端看，处于稳态条件下的感应电机始终呈感性。例如，感应电机空载时的励磁电流相对较小，且滞后电压近90°，因此电机看起来就像一个大电感。但是随着负载转矩和转差率的增加，总电流随定子电流转矩分量的增大而增大，并且相位逐渐接近电压相位。这使电机总体上看起来类似于一个大电阻，但是其仍具有一些电感特性。

定子电感的存在使得转子电流无法发生瞬变。接下来将不再讨论稳态情况（即所有变量在初始瞬间都已经达到稳定状态），而是关注于定子电压突然变化后定转子的瞬时反应。完整的分析过程十分复杂，并且超出了本书的范畴。但是可以用一对耦合线圈为例来说明问题的本质，耦合线圈中一个代表定子绕组，而另一个则代表短路的笼型转子绕组。

为了更直观地说明快速改变电流的难度，首先简要分析电感中电压和电流之间的关系。关于电感电压和电流的微分方程为

$$v = L\frac{\mathrm{d}i}{\mathrm{d}t}, \text{或 } \mathrm{d}i = \frac{1}{L}(v\mathrm{d}t)$$

与电阻电流瞬时跟随电阻电压变化的特性不同，电感电流是由电感两端电压对时间的积分决定的，因此要使电感电流增加 $\mathrm{d}i$，必须改变 $v\mathrm{d}t$（电感两端电压与时间微分的乘积）。

为了增大电流（从而增加电感中存储的能量），可以选择在电感两端施加短时高电压或长时低电压。但是无论电感和施加的电压大小如何，都不可能获得电流的阶跃变化，因为这需要在电感两端施加一个持续时间为零且幅值无穷大的脉冲电压，即一个无穷大的功率脉冲。

图8.10展示了将面积均为 VT（如阴影所示）但幅值分别为 $1V$、$2V$ 和 $4V$ 的连续电压-时间脉冲施加到纯电感 L 上的结果。每个脉冲电压都使电流增大了

$1VT/L$，电流增加的速率与电压大小成正比。在最后，通过施加面积为 $3VT$、方向为负的脉冲电压，使电流下降至零。由此可知，施加的电压越大、电感越小，电感电流变化得越快。

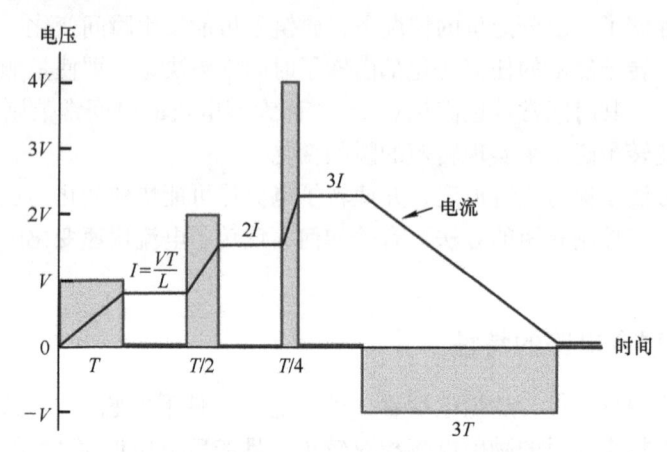

图 8.10　纯电感施加阶跃电压的电流响应曲线（红色为所加电压，蓝色为电流响应）
（彩图见插页）

只有在理想电感中（即电阻为零时），才会出现图 8.10 中电压为零时电流保持不变的情况。然而实际的电感总会存在电阻，一旦电压为零，电流就会以时间常数 L/R 呈指数下降。在上面的讨论中忽略电阻，不仅是为了简化分析，而且因为电压发生阶跃变化后电阻的影响可以忽略不计。

在研究了单个电感的工作特性之后，现在回到瞬态条件，在电源侧分析电机定子的表现。以一对磁耦合线圈为例进行分析，其中一个线圈代表定子，另一个线圈代表转子，并假设两个线圈静止（即转子静止）。但是该分析对转子运动的情况也同样有效，因为从定子角度上看，笼型转子在每一个瞬间看起来都是一样的。

设代表定子和转子的线圈自感分别为 L_S 和 L_R，它们之间的互感为 M，电阻忽略不计。由于磁路良好，这 3 个电感值都很大。如果笼型转子开路，定子将看起来像一个大电感（它在工频下的电抗与上文提到的励磁电抗对应）。然而，转子电路实际上是短路的，所以将基尔霍夫电压方程中的转子电压项设置为零，得到

$$v_S = L_S \frac{di_S}{dt} + M \frac{di_R}{dt}$$

$$v_S = 0 = L_R \frac{di_R}{dt} + M \frac{di_S}{dt}$$

消去转子电流项，得到

$$v_S = L_S\left(1 - \frac{M^2}{L_S L_R}\right)\frac{\mathrm{d}i_S}{\mathrm{d}t}$$

因此，定子线圈的有效电感由下式给出

$$L_S' = L_S(1 - k^2)$$

式中，k 为耦合系数，定义为

$$k = \frac{M}{\sqrt{L_S L_R}}$$

耦合系数始终介于 0（无互感磁链）和 1（无漏磁链）之间，从定子侧看进去的电感减少为开路时的 $1 - k^2$ 倍。如果线圈完全耦合（即 $k = 1$），有效电感将变为零。

初看这个结果非常出乎意料，因为两个绕组各自的自感都很大。（对于那些熟悉变压器中折算阻抗概念的人来说这并不奇怪。）

在感应电机中，良好的磁路意味着耦合系数较高，可能会达到 0.95。在这种情况下，定子的有效瞬态电感仅为其自感的 10%（与漏感的大小差不多）。因此，不需要从逆变器中获得很高的电压也能实现定子电流的快速变化。

接下来讨论定子电流改变时转子电流的变化情况。由于在实际中电流可以快速变化，假设定子电流突然从 0 增加到 I_S，在这种情况下转子电流也会突然增加。通过下式可以计算出转子电流值

$$I_R = -\left(\frac{M}{L_R}\right)I_S$$

为了更好地理解转子产生的磁链，可以将该表达式改写

$$L_R I_R = -MI_S$$

从该式可以看出，转子产生的自感磁链恰好能够完全抵消定子交链到转子的那部分磁链，从而使转子磁链始终保持为 0。前文中提到，在实际中转子电流会因电阻的存在而逐渐衰减，但对于转矩的控制时间来说，这种衰减并不显著。

在物理层面上，可以通过法拉第定律和楞次定律来解释为什么定子线圈的有效电感被紧密耦合的短路转子线圈减小。如果定子线圈上的电流发生变化，那么定子交链到转子线圈的磁链也会发生变化，这会在转子线圈中产生感应电动势。转子线圈短路，感应出的转子电流所产生的磁链方向与产生该电动势的磁链变化量相反。如果该磁路磁阻为零，则产生的反向磁链与定子磁链完全抵消。这种情况下不会产生任何合成磁链，并使得有效定子电感为零。在非理想情况下，定子磁链不会被完全抵消，但有效定子电感总是会被削弱。

本节通过一个十分简单的模型去研究一个较为棘手的问题。虽然不够严谨，但是没有涉及太多复杂而专业的知识，这使得初学者更容易接受。下一节中也将使用类似的方法去讨论如何建立转子磁通。

8.5.2 建立转子磁通

在 8.4 节的讨论中，假设了稳态条件下转子磁链保持恒定，并以一定的转差率相对于转子旋转。接着之前的讨论，本节将探讨如何建立转子磁通。

先假设转子静止，所有绕组中都没有电流，因此也不存在磁通。参照图 8.1，假设向 U 相通入一个阶跃（直流）电流，该电流将各有一半流向 V 相和 W 相，这样就会产生一个静止的呈正弦分布的磁动势，最后将形成如图 8.11c 所示的磁通分布。

转子绕组短路，没有磁通通过。正如前文所提到的，闭合线圈所产生的磁场总要阻碍引起该线圈磁通的变化。换句话说，如果交链一个绕组的磁通发生变化，就会在该绕组中产生一个感应电动势及感应电流，该感应电流产生的磁动势与引起绕组磁通变化的磁动势方向相反。

初始时刻（转子电流最大）
a）

一个时间常数以后（转子电流下降）
b）

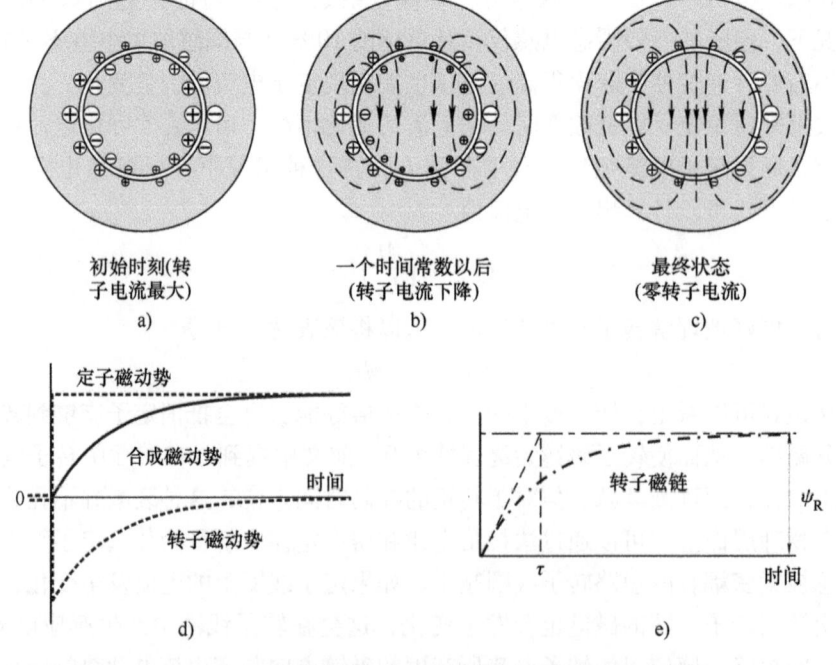

最终状态（零转子电流）
c）

d）

e）

图 8.11 定子磁动势发生阶跃变化时转子磁通的分布情况

在定子磁动势出现的瞬间，转子会立即产生一个负的静止转子磁动势，方向与定子磁动势相反，如图 8.11a 所示。此时，转子磁链与之前一样保持为零。这与前文对两个耦合线圈的介绍一致。

由于转子电阻的存在，转子电流需要电压来维持，但是转子电压只有在磁通变化时才能感应产生。因此，在转子磁通增加的过程中，磁通先迅速增大（产生高电动势），然后磁通增大的速率逐渐变缓，产生的感应电流和转子感应磁动势也越来越小。由于这是一阶响应，会受到转子时间常数限制，因此在一个时间常数（见图 8.11b）后，交链转子的磁通将达到其最终值的 63%，而转子电流下降到其初始值的 37%。最后，转子阻碍磁通变化的过程结束，转子磁链达到与定子电流对应的稳定值。如果合成的转子磁链（ψ_R）正是稳态运行所需的目标值，则此时对应的定子电流就是前文提到的"磁通分量"。

建立磁通是需要一定时间的。因为从物理层面上说，瞬间建立磁通需要无穷大的功率脉冲，这显然在现实中是不存在的。如果想要尽可能快地建立磁通，可以向定子中通入一个更大的阶跃电流。这种情况下磁通的稳态值比实际所需要的磁通更大，然后当磁通接近实际所需时再降低定子电流。

本节首先考虑定子中通入直流电的情况，即对应零转差率且所有磁场在空间上保持静止的情况。由于不存在相对运动，所以不会产生感应电动势，也不会产生转矩。电流的转矩分量只有在转子和转子磁通之间存在相对运动时，即转差率不为零时才存在。因此，需要增大定子电流频率使磁场旋转。正如前文所述，定子电流必须根据转差率和转矩进行调整，以保持转子磁链恒定。

回顾图 8.9，本节所讨论的内容与该图中稳态运行的情况一致。在稳态运行时，转子电流频率为转差频率。图中左侧是定子电流的磁通分量，它的大小保持不变，并与转子磁链 ψ_R 在直轴方向上平行。当初次建立该磁通时，转子上的响应和前文所介绍的一样，但是在几个时间常数之后，磁链将沿直轴（也就是定子磁动势磁通分量的方向）达到稳态值。这也是 ψ_R 的方向与定子电流磁通分量的方向相同的原因。

尽管如此，在图 8.9 中，转子磁链相量（$L_R I_R$）总是与定子互感磁链相量的转矩分量大小相等，方向相反。因此，在该方向上（即交轴方向）没有合成磁动势或产生磁通的趋势。这与前文讨论得出的结论一致，即相互耦合的绕组对任何可能出现的变化会立刻产生感应电流以对抗这种变化。在包括本书在内的各类文献中，当电流转矩分量不影响磁通时，这两个轴被认为是"解耦"的。

8.5.3 转矩控制机理

在上一节中介绍了转子磁通的建立过程，由于磁场中存在储能，转子磁通需要经过一段时间才能达到稳态值。如果保持转子磁通恒定（通过保持定子电流的磁通分量幅值恒定并与转子磁通方向一致），则可以通过突然改变定子电流转矩分量的方式使转子感应电流发生突变。

通过电流闭环控制器的快速调节可以实现定子电流的阶跃变化。前文中曾提到，瞬态时定子有效电感较小（约等于漏感），因此向定子绕组施加高幅值脉冲电压就可以实现定子电流的快速变化。在这方面，定子电流控制器与直流电机驱动系统中所采用的电枢电流控制器非常类似。

要实现转矩的阶跃变化，需要瞬间改变定子电流的幅值、频率和相位，从而使转子电流从一个稳态立刻达到另一个稳态。在这个过程中，只有定子电流的转矩分量发生变化，而磁通分量则与转子磁通的大小和方向保持一致。由于转子磁通的幅值没有发生变化，磁场中的储能也没有发生变化，因此这种变化几乎可以在瞬间完成。

如果能够知道定子磁动势在转矩指令信号发生突变时的变化情况，就可以分析电机在这个瞬态过程中的变化情况。简单起见，假定转子转速保持恒定，并将转矩增加为原来的3倍（对应图8.8中图与右图的情况）。在这种情况下可以发现：

1）定子磁动势的幅值突然增大。

2）定子磁动势的频率突然增大，并产生更高的同步速。由于转子转速没有改变，转差率增大为原来的3倍。

3）如图8.8所示，随着定子磁动势幅值的增大，定子磁动势与转子磁链之间的夹角从 ϕ_2 增加到 ϕ_3。

此后，定子磁动势的幅值一直保持不变，并以更高的转速继续旋转。

转子电流经历了从初始稳定状态（原转差率）到新稳定状态（新转差率）的阶跃变化过程，转子电流的大小和频率为初始值的3倍，转矩也增大为原来的3倍，如图8.12a所示。此时，增大的转子感应电流将对应更大的定子电流和转差频率。

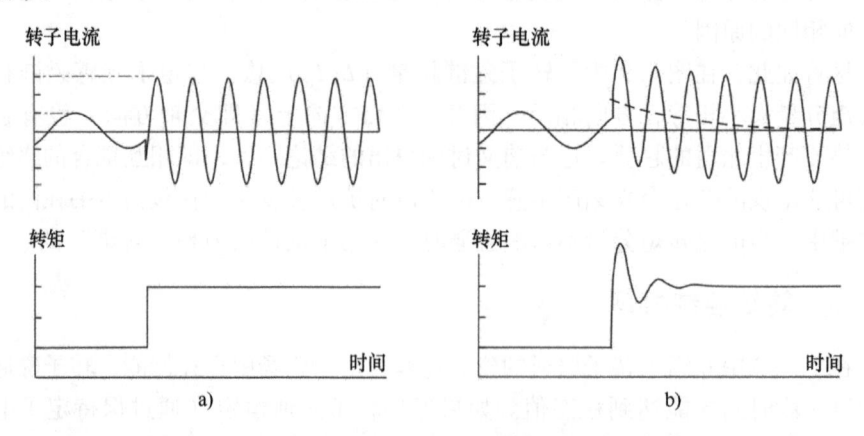

图8.12 转子电流的阶跃变化。a）无瞬态过程，定子磁动势的幅值、频率和瞬时相位发生正确变化（即矢量控制）。b）幅值和频率的变化相同，但相位不变

值得注意的是，定子磁动势相量空间相位的突变（其伴随着幅值和频率的阶跃变化）实现了对转矩的瞬时控制。鉴于矢量的定义是一个具有大小和方向

的物理量，而矢量的角度表明了该物理量的方向，所以这种控制也被称为"矢量控制"⊖。

图 8.12b 所示为定子磁动势的幅值和频率突然变化，而相位不变的情况，从中也可以看出定子电流相位突变对转矩控制的重要性。虽然最终也会达到稳定状态，但是转子电流恢复稳态较慢，需要经过一个较长的、持续几个周期的瞬态控制过程。存在该瞬态过程的根本原因是定子电流的幅值突然增加而相位没有变化，因此电流的磁通分量和转矩分量都会成比例地增加。电流磁通分量的变化会造成转子磁通（以及对应的磁场存储能量）的变化，转子的感应电流会反过来阻止这种变化，直到转子磁通衰减至稳态。

本节介绍了感应电机实现快速、精确转矩控制方法的基本原理，在成熟的电力电子控制方案出现之前，该方法还仅限于学术研究。事实上，现代变频驱动已经能够实现转矩控制，即使应用在固有瞬态性能较差的电机上，也能获得出色的转矩控制性能，这是感应电机历史上的一个重要里程碑。接下来将讨论如何采用这种驱动系统实现感应电机的磁场定向控制。

8.6 磁场定向控制的实现

第 7 章曾提到，早期的逆变器供电系统以内置振荡器的频率为基准来确定逆变器给电机供电的频率，电机自行响应逆变器输出电压波形的变化。对于第 5 章中提到的那些固有瞬态响应性能较差的电机，电机电流会不受控制地变化。例如，改变给定频率后电机通常需要几个供电周期才能重新达到新的稳态，在此期间电机的转矩会不可避免地出现波动。

与此不同的是，在磁场定向控制中，电机的磁通和电流会被实时采集，并通过快速电流控制使电机瞬时转矩满足指令要求。在这种情况下，逆变器中开关器件的开关状态取决于电机内部的瞬时控制状态，而不是由逆变器内部振荡器决定的。因此，读者需要以一种新的思维方式来理解与之前完全不同的逆变器控制原理。

在理解磁场定向控制的工作原理之前，需要先掌握空间矢量脉宽调制的原理，因为这是所有磁场定向控制方案的基础。

8.6.1 PWM 控制器/矢量调制器

在 2.4 节中已经介绍过，逆变器实现近似正弦输出所需的周期性开关信号是

⊖ "矢量控制"这个术语有时被误用来指代那些不包括磁场定向的驱动系统。然而，这个术语使用得如此普遍，以至于我们无法避免使用它，因此当我们提到"矢量控制"时，指的是一个真正的磁场定向系统。

通过振荡器得到的，即施加在电机上的交流电压的频率由振荡器的频率决定，电压幅值则是另外单独控制的。因此，逆变器能够控制电压空间矢量的幅值和频率，但不能控制电压和电流矢量的瞬时相位。而"矢量调制器"的关键特性就是能够瞬时改变输出矢量的相位，这也是实现瞬时转矩控制的关键。

接下来将探讨逆变器可以产生哪些电压矢量。以图 2.21 为例，3 个桥臂上共有 6 个功率器件（开关），为了避免逆变器直流母线发生短路，同一桥臂的上下两个器件（开关）不能同时导通。如果电机的每相绕组必须与直流母线的其中一端相连，则会形成 8 种组合，如图 8.13 所示。

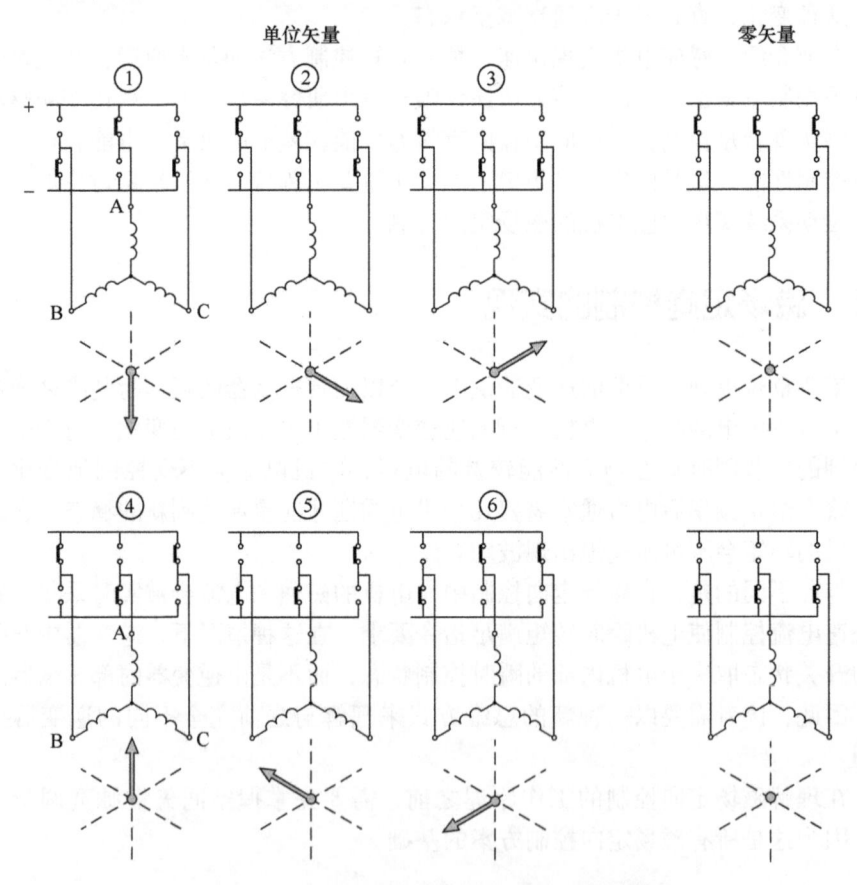

图 8.13 三相逆变器的所有电压矢量和开关组合

标记为 1~6 的 6 个开关组合各产生一个电压矢量，它们的幅值相等但相位相差 60°，如图 8.13 所示。剩下两个开关组合的 3 个同向端口都连接在一起，因此输出的线电压为零。图 8.14 将 U6 置于水平位置，将这 6 个单位电压矢量按照其对应的相位进行排列。

第 8 章 感应电机的磁场定向控制　233

由于需要在任意时刻对电压矢量的幅值和相位进行精确的控制，而只有 6 种固定状态的电压矢量无法满足所需，所以必须引入"时间调制"的概念。例如，在单位矢量 U1 和 U6 之间进行快速切换，并且每个矢量作用相同的时间，就能够合成一个相位在这两个单位矢量正中间的电压矢量，其幅值为 U1cos30°（即 U1 的 86.7%），如图 8.14 右上图中合成矢量 U(x) 所示。如果在一个控制周期内由 U1 作用更长的时间，而由 U6 作用余下的时间，则可以得到另一种合成矢量 U(y)。如果一个控制周期的所有时间都仅由 U1 和 U6 作用，所得到的合成矢量相位将会位于 U1 和 U6 之间，合成矢量末端会落在 U1 和 U6 末端的连线上。

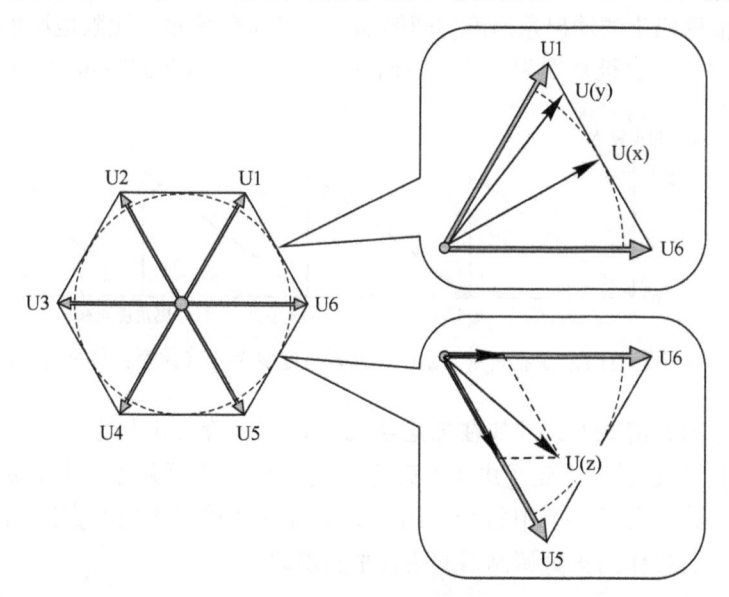

图 8.14　矢量调制器中电压矢量的合成

接下来将解释"快速切换"和"控制周期"这两个词的具体含义。在实际中，开关或调制频率范围可能在几千赫到几十千赫之间，该频率对应的周期为"控制周期"，比如开关频率 10kHz 对应控制周期 100μs。因此，如果需要合成电压矢量 U(x)，则在每个控制周期内使 U1 和 U6 交替作用 50μs 即可。

理想情况下希望能够按照需求输出任意幅值和相位的电压矢量，而将其约束到一个六边形的边线上显然无法满足要求。因此，需要借助零矢量来解决这个问题。例如，以图 8.14 右下图电压矢量 U(z) 为例，它需要 U5 作用半个控制周期，U6 作用 0.3 个控制周期即可得到。因此，在 100μs 的控制周期中，U5 作用 50μs，U6 作用 30μs，而剩下的 20μs 则留给零矢量。

在调制频率对应的一个周期内，如何精确划分每个矢量作用的时间是一个重要的问题，因为它还涉及 6 个开关器件之间的损耗分布和开关切换最少等问题，但在此不做过多的讨论。通过数字软件/硬件处理器实现上述要求非常容易，该处理器的输入信号为输出电压矢量的幅值和瞬时相位，在接收到新的指令之前，处理器不断控制6个开关的切换以产生所需的输出电压。

在介绍空间矢量的概念时，三相对称正弦电压对应的电压矢量幅值恒定，并且以匀速旋转。反过来看，如果逆变器输出的是一个幅值恒定并匀速旋转的电压矢量，那么相应的相电压必然是一个三相对称正弦电压，这就是期望得到的稳定运行状态。

因此可以得出以下结论：在稳态下，矢量调制器输入信号的幅值恒定，并且其角度将根据期望的输出角速度匀速增加。为了避免该角度无限地增加，每当其达到360°时，就会被重置为0并一直循环下去，具体情况如图8.15所示。

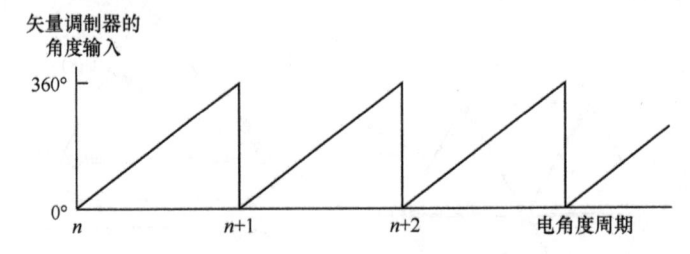

图8.15 恒定频率运行时逆变器矢量调制器的输入角度参考值（注意：每个电周期角度归零）

而在非稳态情况下，例如在加速期间，为了保持转矩和定子电流转矩分量（I_T）之间的线性关系，定子电流的磁通分量（I_F）必须保持大小不变，方向与转子磁通一致。在下一节中将会介绍，这是通过将转子磁通的实际相位角（磁场偏转角）直接作为矢量调制器的输入来实现的。

8.6.2 转矩控制方案

图8.16为典型的磁场定向转矩控制系统的简化框图。

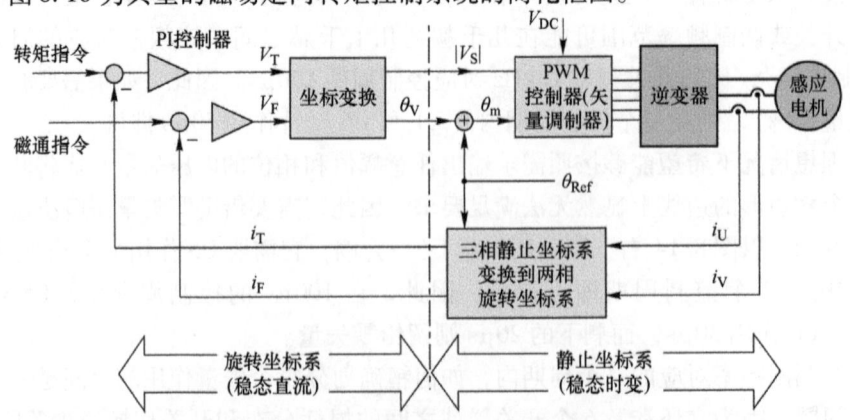

图8.16 典型的磁场定向转矩控制系统的简化框图

第 8 章 感应电机的磁场定向控制

在接下来的讨论中需要时刻牢记，图 8.16 是一个转矩控制方案，对于需要转速控制的应用场合，它将作为转速闭环控制中的"内环"。因此，转速控制器的输出将作为转矩控制环输入的转矩和磁通指令，如图 8.17 所示。值得注意的是，磁通在电机达到基速（额定转速）之前将保持恒定，在电机达到基速后会下降。这就是 7.3 节中提到的弱磁运行，因为此时驱动器的输出电压无法继续抬升，所以只能降低 V/f 比。在磁场定向控制中，最大可用电压同样会受到限制，因此必须相应地减小磁通。一个良好的控制方案，需要保留一定的电压裕度以便快速改变电流，以此获得良好的瞬态运行能力。虽然削弱了磁通（电机在弱磁区域的瞬态性能不如在额定磁通下运行时的性能），电机瞬态性能仍能保持良好。

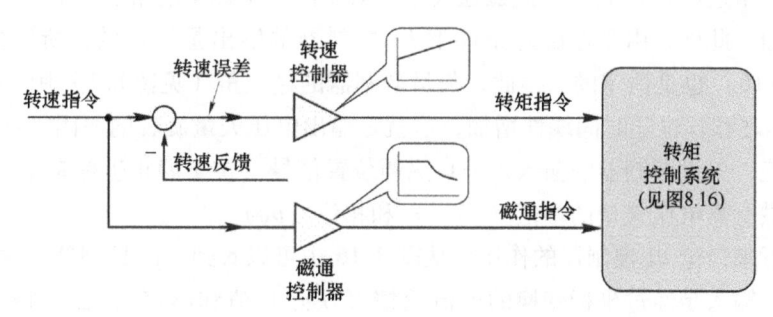

图 8.17 转速闭环控制系统示意图

如图 8.16 所示，磁场定向转矩控制很复杂，为了简化问题，可以将分析重点放在稳态情况上。但值得注意的是，该系统即使在瞬态情况下也能提供精确的转矩控制。

参考第 4 章中直流电机驱动系统的电流（转矩）内环，可以发现它们有相似之处，特别是定子电流反馈部分，以及同样使用 PI 控制器来控制定子电流的转矩和磁通分量。而在现实中只能够直接测量定子电流，定子电流的磁通分量和转矩分量并不是独立存在的，无法直接对其进行测量。假设三相电机的中点悬空，那么仅测量两个线电流（因为 3 个线电流之和为零）

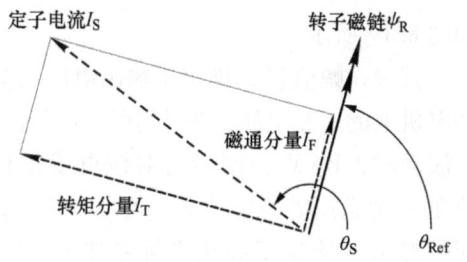

图 8.18 定子电流和转子磁链参考角

就能够获得定子电流矢量在静止坐标系中的角位置（θ_S），如图 8.18 所示。

定子电流反馈信号频率和逆变器的供电频率相同，相应地，定子电流空间矢量以供电频率对应的转速相对于静止坐标系旋转。必须将它们转换（见 8.2.2 节）到转子磁通旋转坐标系上以获得定子电流的磁通分量和转矩分量（I_F 和 I_T），并随后反馈给 PI 控制器。因此，正如前文中所提到的，转子磁通角 θ_{Ref} 是坐标变换的一个重要输入参数，如图 8.16 所示。

图 8.16 中垂直的虚线将静止坐标系（右侧）与旋转坐标系（左侧）相关的参数分开。在稳定状态下，左侧的所有参数均为常数，而右侧的所有参数均随时间变化。

读者可能会困惑，为什么右侧的相电流反馈信号不需要经过相应的"逆变换"从左侧旋转坐标系转变回右侧静止坐标系下的参数。答案在于前文介绍过的脉宽调制/矢量调制器和逆变器的输入信号的性质。假设电机在稳态下运行，输出电压矢量以角频率 ω 对应的恒定转速旋转。在这种情况下，转子磁通矢量也以恒定角速度 ω 旋转，因此磁通矢量相对于静止坐标系的角度（θ_{Ref}）随时间线性增加。此外，由于在稳态条件下 PI 控制器的输出是恒定的，所以角度 θ_V（见图 8.16）也是恒定的。因此，矢量调制器的输入角（见图 8.16 中的 θ_m）是 θ_{Ref} 和 θ_V 之和，也随时间线性增加，这就是输出电压矢量旋转的原因。这是一个闭环系统，矢量调制器的输入角来自磁通位置信号（位于静止坐标系中），PI 控制器提供所需电压矢量的幅值（$|V_S|$）和相位（θ_V）。

接下来讨论 PI 控制器的作用。从图 8.16 中可以看到，PI 控制器的输出是电压指令，输入是经过坐标变换的电流反馈（实际）值和给定值之间的差值。磁通指令在基速以下通常是恒定的，而转矩指令通常是转速或位置控制器的输出，如图 8.17 所示。PI 控制器中的比例环节对误差进行即时响应，积分环节消除稳态误差。然后，将两个 PI 控制器的输出（以正交电压的形式，用 V_F 和 V_T 表示）从直角坐标转换为极坐标形式，以产生电压矢量的幅值和相位信号 $|V_S|$ 和 θ_V：

$$|V_S| = \sqrt{V_F^2 + V_T^2}, \quad \theta_V = \arctan \frac{V_T}{V_F}$$

如图 8.19 所示。

其中，幅值 $|V_S|$ 确定了输出电压矢量（即施加到电机上的三相电压）的大小，当直流母线电压发生波动时，PWM 控制器会对该电压进行补偿；相位角 θ_V 确定所需的定子电压矢量和转子磁通矢量之间的夹角（均位于静止坐标系中）。如图 8.16 所示，转子磁通矢量的相位角为 θ_{Ref}，与 θ_V 相加得到矢量调制器的输入定子电压矢量相位角 θ_m。

将定子电压矢量相位代入到图 8.18 可以得到图 8.20。在稳态条件下，本节中所采用的方法本质上与之前采用的经典矢量分析方法是一致的。

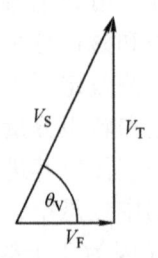

图 8.19 由电压的磁链和转矩分量推导电压矢量

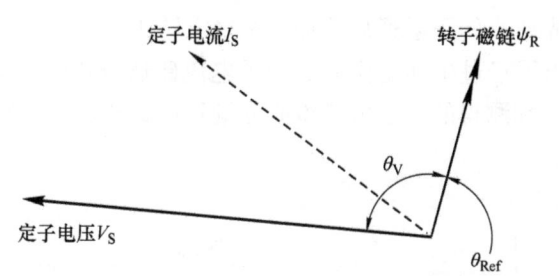

图 8.20 稳态条件下定子电压和电流的时间相量图

8.6.3 瞬态运行

在前文中曾介绍过，为了使电机转矩与定子电流的转矩分量成正比，必须要保持转子磁通的大小恒定，并确保定子电流的磁通分量与转子磁通对齐。这种磁通的对齐是自动实现的，因为输入到矢量调制器的角度就是转子磁通角（θ_{Ref}），具体情况如图 8.16 所示。因此，以加速过程为例，转子磁通的瞬时角速度将始终与定子电流保持同步。

在 8.5.3 节中介绍过，转矩的阶跃变化可以通过瞬间改变定子磁动势的幅值、转速和相位来实现。接下来将讨论如何采用如图 8.16 所示的控制方案来实现转矩的阶跃变化。

转矩的阶跃增大要求极坐标变换器处输出的 $|V_S|$ 和 θ_V 同时阶跃增大，以实现定子电流矢量的幅值和瞬时相位的快速改变。同时，由于定子电流转矩分量的突然增加，根据式（8.3），磁链转差速度会突增。因此，矢量调制器的输入角度（转子磁通角（θ_{Ref}））也会突变，如图 8.21 所示。

回顾上文，稳态定子频率是由转子磁通角速度（$d\theta_{Ref}/dt$）控制的。假设转子转速恒定的情况下，转差率随定子频率的增大而增大，而转矩也会随之增大。

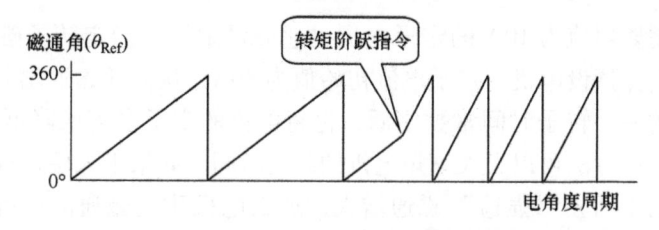

图 8.21 突加转矩阶跃响应下的磁通角指令值

8.6.4 从静止状态起动

图 8.22 直观地展示了磁场定向转矩控制系统良好的控制性能。实验所采用的电机的转子时间常数约为 0.1s，整个实验时间为 0.5s。由于电机不存在初始

238 电机及其驱动：基本原理、类型与应用（原书第 5 版）

励磁，因此需要先建立转子磁通后才加速至稳定转速。

图 8.22a 给出了经过坐标变换后的定子电流磁通分量和转矩分量的指令值；图 8.22b 给出了实际测得的定子电流磁通分量和转矩分量；图 8.22c 给出了三相电流的变化情况。

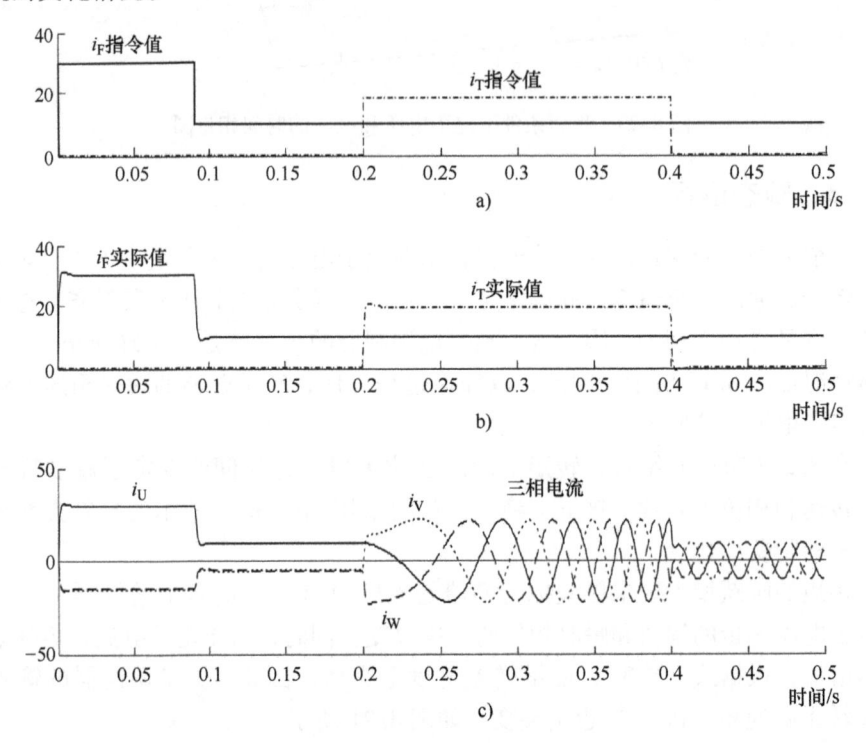

图 8.22 转矩指令阶跃变化的电流响应实验结果 [由日本电产（尼得科）提供]

该电机需要幅值为 10A 的定子电流磁通分量来维持额定转子磁链。但在实际起动时，会先预设电机的定子电流初始值为 30A，从而使磁通增长速率提高 3 倍。经过大约一个转子时间常数之后，再将电机的定子电流值降低到 10A 以维持磁通恒定。该方法可以大大缩短电机的起动时间。如果不采用这种短时且比实际所需更大的激励去"强迫"磁通增大，那么电机建立磁通的过程大约需要 5 个时间常数。

定子电流磁通分量经过坐标变换后的测量值如图 8.22b 所示。图中的测量值与指令值非常接近，仅存在微小的超调。由于定子电流磁通分量的实际值与指令值非常接近，这说明相电流响应迅速，并在磁通建立过程中保持不变，具体情况如图 8.22c 所示。在 0.2s 时，U 相电流是幅值为 10A、方向为正的直流电流，而 V 相和 W 相电流是幅值为 5A、方向为负的直流电流。此时电机转子保持静止，并已建立起了额定转子磁通。由于此时没有要求电机提供转矩，因此电机保持静止，转差率为零。

在 0.2s 时，向电机施加一个转矩阶跃指令信号 I_T（相当于定子电流转矩分量为 20A 时所产生的转矩），以使电机加速。在电机加速期间，定子电流磁通分量指令始终为 10A，以保持转子磁链恒定，从而确保转矩与转差率成正比。转矩阶跃指令持续到 0.4s，然后再下降至 0，使电机停止加速。

在 0.2~0.4s 内，电机三相电流从 0.2s 之前的初始稳态（直流）值瞬间转变为幅值恒定、频率平稳上升的交流电流，几乎不存在瞬态过程。而在 0.4s 时刻后，电机电流几乎瞬间变为幅值更小、频率为 40Hz 的稳态电流。在稳态条件下，由于电机空载，定子电流的转矩分量可以忽略不计，定子电流仅由磁通分量构成，通常将该电流称为励磁电流。

在电机加速期间，控制器始终控制定子相电流与所需定子电流磁通分量和转矩分量所合成的电流矢量相对应（见图 8.19），并不断估计转子磁通位置，以使定子电流磁通分量与转子磁通保持对齐。因此，当转子加速时，转子磁通的瞬时角速度比转子的瞬时角速度大，两者之间的差值等于转差角速度，如图 8.23 所示。这个现在看来显而易见的结论却在 20 世纪 70 年代以前饱受质疑。

最后，将采用磁场定向控制的感应电机和直流电机进行比较。从图 8.23 中看到，当感应电机加速时，定子电流频率随着电机转速的增加而增加。如果从直流电机转子的角度观察，当直流电机加速时，转子线圈中电流换向的速率也随转速成比例地增加，而在静止坐标系下讨论时并没有意识到这一点。

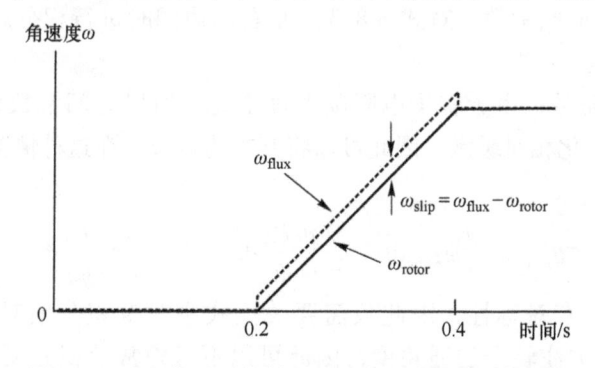

图 8.23 电机加速时的转子磁通角速度和转子角速度

8.6.5 推导转子磁通角

在前文讨论中已经体现出了转子磁通角的重要性，在本章的最后就来讨论如何得到转子磁通角。由于在电机上安装磁通传感器既不实用也不经济，因此在工业电机控制方案中磁通的位置都是通过估算得到的。

首先根据可测量或估算的参数，建立静止坐标系下转子磁通角（θ_Ref）的表达式。如果觉得推导过程太过繁琐，读者可以忽略次要的分析过程，直接关注最重要的结论。

设转子与静止坐标系的夹角为 θ，那么转子磁通和转子本身的瞬时角速度表达式分别为

$$\omega_\text{flux} = \frac{d\theta_\text{Ref}}{dt}$$

$$\omega_\text{rotor} = \frac{d\theta}{dt}$$

转子感应电动势与转子磁链和转差速度成正比，即

$$V_\text{R} = \psi_\text{R}(\omega_\text{flux} - \omega_\text{rotor})$$

由此可推导出转子电流的表达式

$$I_\text{R} = \frac{\psi_\text{R}(\omega_\text{flux} - \omega_\text{rotor})}{R_\text{R}}$$

并得到定子电流的相应分量

$$I_\text{ST} = \frac{L_\text{R}}{M} I_\text{R}$$

整理上述方程式，可得

$$\frac{d\theta_\text{Ref}}{dt} = \frac{MR_\text{R}}{\psi_\text{R} L_\text{R}} I_\text{ST} + \omega_\text{rotor} = \left(\frac{M}{\tau \psi_\text{R}}\right) I_\text{ST} + \omega_\text{rotor} \tag{8.3}$$

式中，τ 是转子时间常数。对式（8.3）左右两边同时进行积分就能够得到 t 时刻的转子磁通角。

互感 M 为常数，由于转子电阻随温度变化，所以时间常数也会随之变化。但时间常数的变化相对缓慢，因此可以将其视为常数，在这种情况下，转子磁通角的表达式为

$$\theta_\text{Ref} = \int_0^t \omega_\text{rotor} dt + \frac{M}{\tau} \int_0^t \frac{I_\text{ST}}{\psi_\text{R}} dt = \theta + \frac{M}{\tau} \int_0^t \frac{I_\text{ST}}{\psi_\text{R}} dt$$

由于转子具有对称性，因此只需要关注式中时变积分项对应的转子角度（θ），而不需要关注转子磁通角度，因此可以不考虑常数积分项。（相比之下，转子磁通角度对于永磁电机的矢量控制很重要，因为其转子可能具有凸极性。）

磁通角位置估算方法的不同是导致各种磁场定向控制与商用算法不同的根源。

如果轴上装有编码器，则可以直接测量转子位置（θ）；或者如果测量转速，则可以对转速进行积分得到 θ。这种方法涉及的估算环节最少，因此通常具有卓越的性能，尤其是在低速情况下。但由于需要额外安装传感器，所以其成本更

高。使用轴位置反馈的系统被称为"闭环"，但在文献中它们也可能被称为"直接矢量控制"。与所有方案一样，转子磁通角表达式中的第 2 项必须通过估算得到。

目前有很多在线参数辨识的方法，但是所有方法都依赖于电机/逆变器系统的数学模型。参数辨识模型实时运行，模型的输入与实际电机相同，然后通过不断地调节模型以使模型预测值与电机实际值相匹配。现代驱动器在调试阶段会自动辨识电路参数，并能够捕获电路参数的变化以不断调节修正模型参数。

大多数矢量控制方案不需要测量转子位置，而是使用式（8.3）对转子位置进行计算，该位置也是将已知的电机电压和电流输入到电机模型中估算出来的。为了将这些方案与带传感器的方案进行区分，这些系统被称为"开环"或"间接"矢量控制。"开环"一词是一个误导，因为这些控制方案的核心是如图 8.16 所示的转矩闭环控制，但"开环"被广泛使用，它真正的意思是"没有轴位置或转速反馈"。

这种"开环"矢量控制方法的主要问题在于低速时控制性能较差。低速条件下，电机电压非常小，此时测量噪声会严重干扰位置的估算。为了解决此问题，已经出现了诸如采用高频电压信号注入实现低速估算的技术，但尚未被市场广泛接受。采用"开环"矢量控制逆变器供电的感应电机通常不适合连续运行在低于 0.75Hz 的频率下，电机在该频率范围内难以产生额定转矩。

另一个问题是，转子电阻随温度的细微变化会导致转子时间常数 τ 的显著变化。转子时间常数实际值和辨识值之间的差异会导致磁通位置计算出现误差，从而导致参考坐标系定位产生误差。如果发生这种情况，磁通和转矩控制将不再完全解耦，控制性能也将因此下降，甚至发生不稳定的情况。为了避免出现这种问题，驱动器通常具有转子时间常数实时估算的功能。

8.7 直接转矩控制

直接转矩控制是除矢量控制（磁场定向控制）之外的另一种高性能电机控制策略，值得在本章最后进行简要的讨论。直接转矩控制在 1985 年被首次提出，其通过采用"bang-bang"控制将磁通和转矩保持在设定的滞环内，以获得尽可能快的转矩动态响应。与磁场定向控制一样，直接转矩控制也是在价格便宜、运算能力强大的数字信号处理器出现之后才变得可行。

直接转矩控制避免了坐标变换，因为所有计算都在定子参考坐标系中完成。此外，也不需要采用 PI 控制器，因为逆变器中功率器件的开关由一个开关表决定。由于使用了滞环控制，逆变器具有连续可变的开关频率，这在降低电机噪声方面具有一定优势。直接转矩控制的缺点在于需要更高的采样频率（高达

40kHz，而磁场定向控制的采样频率为6~15kHz），这会导致逆变器的开关损耗更高，直接转矩控制模型更复杂，电机转矩波动也更大。

前文曾介绍过，在磁场定向控制中，转矩等于转子磁通和定子电流转矩分量的乘积。但是，还可以采用其他方法计算转矩（将在第9章中介绍），例如，采用转子磁通、定子磁通以及它们之间夹角正弦值的乘积，或者采用定子磁通、定子电流以及它们之间夹角正弦值的乘积。后者会在8.7.2节进行讨论，8.7.1节将先介绍滞环控制。

在本书第11章的步进电机"斩波驱动"中，将介绍一个便于理解滞环控制原理的实例。另一个更为人熟悉的示例是家用烤箱的温度控制。两个示例都能表明滞环控制是一种简单的控制方法，每当被控量低于设定的阈值时，就会采取纠正措施，而当被控量达到目标值时，就切断电源，直到被控量再次低于阈值。开关频率取决于控制过程的时间常数和滞环的带宽，带宽越窄，时间常数越短，开关频率就越高。

例如，在家用烤箱中，"开"和"关"的温度可以相差几摄氏度，因为烹饪过程并不需要精确的温度控制，时间常数可以是几分钟。这样，开关不会太频繁以至于造成继电器的损坏。如果滞环带宽被缩小到零点几摄氏度来更严格地控制烹饪温度，会导致开关频率很高，这会大大缩短继电器的使用寿命。

8.7.1 控制原理

典型直接转矩控制系统框图如图8.24所示，与图8.16所示的磁场定向转矩控制系统框图有一些相似之处，特别是在逆变电路、相电流反馈以及转速控制器生成定子电流磁通分量和转矩分量指令（见图8.17）等方面。

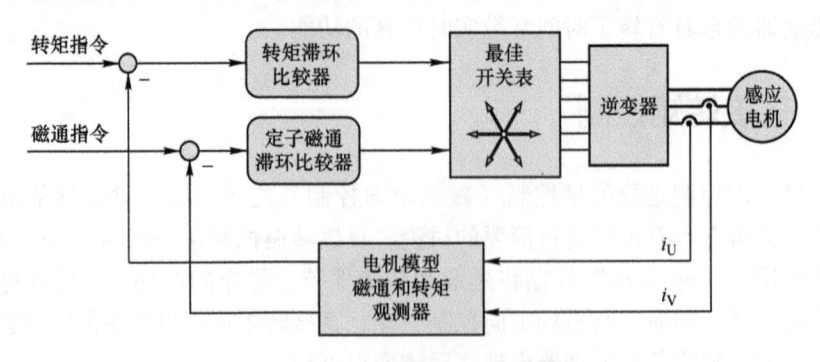

图8.24 直接转矩控制框图

但是，两种控制方式有实质性的区别。之前介绍过逆变器输出电压空间矢量只有6个有效矢量和2个零矢量（见图8.14），对应于6个开关器件的8种可能组合。这意味着，在任一瞬间施加到电机两端的电压只有8种可能。在磁场定向控制方法中，脉宽调制技术通过相邻两个单位电压矢量交替作用以产生所需的任意幅值和相位的有效电压矢量。然而，对于直接转矩控制，在每个采样周期内，8个电压矢量中只有一个被使用，在此期间，将对定子磁通和转矩进行观测。

电机模型采用电机实际测量值作为输入，控制算法会根据这些输入变量持续对定子磁通和转矩的估计值进行更新。控制器实时将这些估计值与指令值进行比较，一旦任何一个超出目标滞环，就会做出一个逻辑判断，选择6个有效电压矢量中最适合的一个驱使磁通或转矩重新回到目标值。在这一瞬间，开关状态发生改变，输出所需的电压矢量。因此，采样周期将随两个被控参数变化速率的变化而变化，如果被控量变化缓慢，则需要很长时间才能达到滞环的上限或下限，采样周期就会相对较长；而如果被控量变化很快，则采样周期将缩短，采样频率将提高。有时，控制器选择的最佳电压矢量是零电压矢量，这时就会切换至两个零矢量中的一个。

8.7.2 定子磁通控制和转矩控制

在电机始终运行在基速以下的前提下，本节将介绍如何将定子磁通保持在额定值，以使磁路得到充分利用。此外，当定子磁通为额定值并处于稳态时，转子磁通也是如此。

掌握直接转矩控制本质的最好方法是关注定子磁链，尤其是如何将定子磁通的大小保持在滞环内，以及如何根据定子磁通与电流的相位角选择合适的电压矢量来控制转矩。

使用定子磁链作为参考量的原因主要是它易于控制。在第5章介绍感应电机的基本运行原理时曾得出一个结论，即定子电压和频率决定了磁通。下面的定子电压方程可以帮助读者理解这一点：

$$V_S = I_S R_S + \frac{d\psi_S}{dt}$$

（这里将电压空间矢量视为一个实际的变量不够严谨，但这对分析没有影响。）为了清晰起见，可以忽略相较于 V_S 较小的电阻压降，从而将上式进一步简化为

$$V_S = \frac{d\psi_S}{dt}, \text{或以积分形式 } \psi_S = \int V_S dt$$

微分形式的定子电压表达式表明，定子磁链的变化率由定子电压决定；而积分形式的表达式则表明，磁链的建立（例如从零开始）必须通过施加一个固定的伏秒乘积来实现，这可以通过在短时间内施加一个高电压或在长时间内施加低电压完成。磁链建立之后，将仅对磁链进行微调，因此，采样时间间隔（Δt）很短，在该时间间隔内的磁链变化（$\Delta \psi_S$）可由下式给出：

$$\Delta\psi_S = V_S \Delta t$$

式中，ψ_S 为定子磁链空间矢量，它的幅值和方向是相对于定子参考坐标系定义的，而 V_S 为逆变器可以提供的 6 个有效定子电压空间矢量之一。以图 8.25a 所示的初始磁链矢量 ψ_S 为例，假设在时间 Δt 内施加 6 个有效电压矢量中的一个，那么将产生 6 个新的磁链矢量。为了清晰起见，图中只画出了其中一种新磁链矢量（ψ_S），并用虚线表示。新得到的磁链矢量的末端在图中标记为 $\psi_1 \sim \psi_6$，除此之外，还可以选择施加零电压矢量，这会使初始磁链保持不变。

图 8.25a 中选择 U4 作用导致初始磁链的幅值减小，相位滞后（假设逆时针旋转），但如果初始磁链相位不同，如图 8.25b 所示，选择 U4 则会导致初始磁链幅值增大，相位超前。磁链变化的结果会根据初始条件的变化而变化，因此需要一个包含大量信息的开关矢量表。

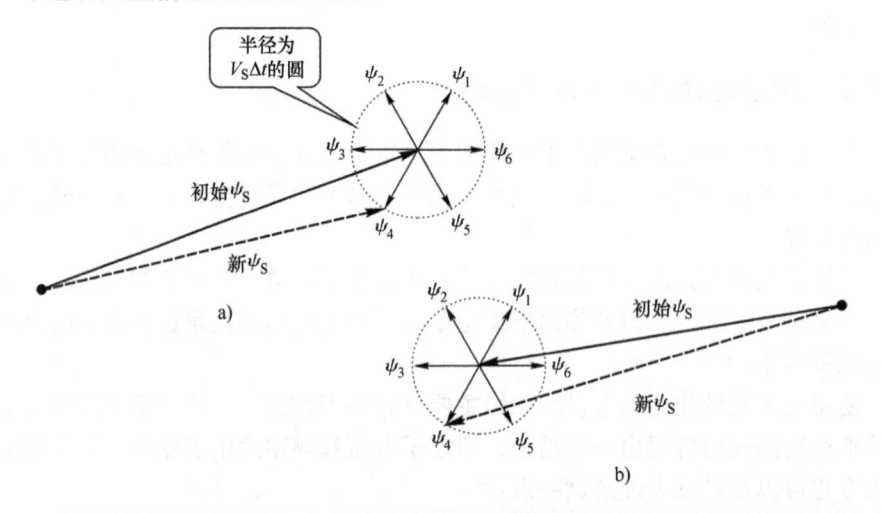

图 8.25 定子磁链的空间相量图。相同伏秒乘积作用后磁链的幅值和相位与初始磁链相位有关。在图 a 中，新磁链幅值减小，相位滞后，而在图 b 中，新磁链幅值增加，相位超前

在了解了如何改变定子磁链的大小和相位后，现在分析在转速和转矩不变的稳态运行期间的磁链矢量，理想情况下，此时所有的空间矢量都将以恒定的角速度旋转。

定子磁链空间矢量（ψ_S）的轨迹如图 8.26 所示。

在图 8.26 中，故意放大了由最内侧和最外侧虚线表示的滞环带宽，以便更清楚地显示磁链矢量的轨迹。理想情况下，磁链矢量应沿滞环带的中心虚线平滑旋转。

在此示例中，初始磁链位于滞环的下限，因此，第 1 次切换 U1 作用，以驱动磁链幅值向上并使相位向前。当达到滞环上限时，切换到 U3，然后依次在 U1

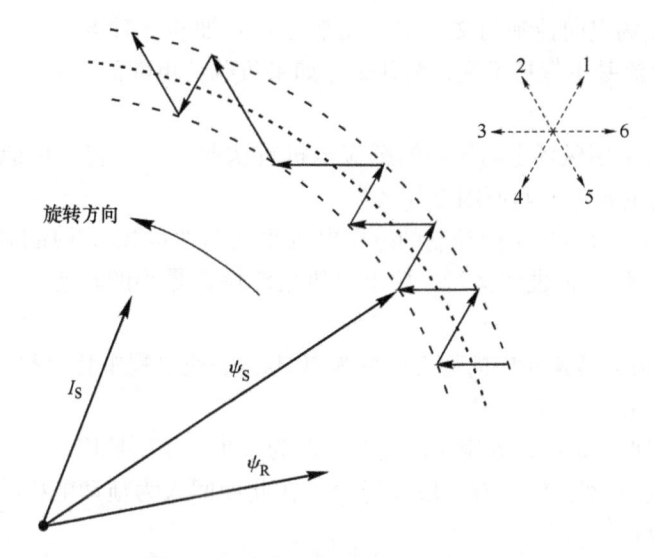

图 8.26　稳态下的电机定子磁链轨迹

和 U3 间进行切换。磁链的变化还取决于施加电压矢量作用的时间，从图中可以看出，第 2 次 U3 的作用时间比第 1 次更长。(此例中，当磁链旋转 60°时，仅进行了几次电压矢量切换；实际上，滞环带宽非常窄，可能会发生数百次切换。)

考虑到电机稳态运行情况，需要保持转矩恒定。鉴于磁链实际上是恒定的，这意味着需要保持磁链与定子电流之间的夹角不变，而这就是图 8.24 所示的转矩滞环控制器所起到的作用。它决定了如何选择电压矢量以能够最佳地保持所需的磁链相位，因此相位控制器将与之前介绍的幅值控制器同步运行。每个控制器将输出一个信号，控制其相应变量（即幅值或相位）增大或减小，然后将这些信号传递到最佳开关表，以确定在当前情况下的最佳切换策略（见图 8.24）。

正如在磁场定向控制时所介绍的那样，由于磁场存在储能，电机的转子磁通无法迅速地改变。并且由于转子和定子紧密耦合，因此定子磁链的大小也不能快速变化。然而，正如磁场定向控制那样，转矩的突变可以通过突然改变磁链的相位来实现，即改变图 8.26 所示磁链矢量的切向分量。

8.8　习题

（1）一台采用磁场定向控制的电机在满载工况下转子电流为 30A，当负载转矩降低到 50% 时，试估算其转子电流的大小。

（2）图 8.17 中磁通控制器对应框内图形的坐标轴代表什么？其形状的含义是什么？

(3) 在磁场定向控制的文献中，经常提到 d 轴和 q 轴电流。当负载发生变化时，哪个电流基本保持不变，为什么？如果负载转矩翻倍，另一个电流会发生什么变化？

(4) 一台采用磁场定向控制的感应电机首次起动时，转子可能在开始转动之前出现短暂的延迟，其原因是什么？

(5) 使用一台磁场定向控制的感应电机驱动惯性负载，并控制电机以图 Q5 所示对称的转速-时间曲线运行，要求电机始终保持最小的转速误差，假设摩擦可以忽略不计。

图 Q5 中最大转速对应的稳态频率为 40Hz，加速过程中转差频率为 2Hz，点画线处转速为最大转速的一半。

每个标记点（a~f）处定子的瞬时频率为多少？说明原因。

假设转速-时间曲线含有一段零速段，在此期间人为拖动电机转轴旋转，电机将如何反应？

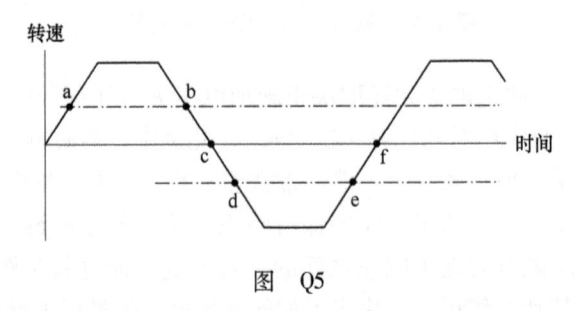

图 Q5

(6) 一台采用磁场定向控制的感应电机以额定转速（基速）在额定负载下稳定运行时，定子磁链矢量（MI_S）与转子磁链矢量（ψ_R）之间的夹角为 70°。

估算电机在以下条件运行时定、转子磁链矢量的夹角：

(a) 100% 转速，50% 额定转矩。

(b) 50% 转速，100% 额定转矩。

(7) 两台相同的感应电机驱动相同的负载，其中一台采用 V/f 控制，而另一台采用磁场定向控制。两者以相同的转速和转矩在稳态下运行，是否能区分这两台电机？

答案参见附录。

# 第 9 章

同步电机、永磁电机和磁阻电机及其驱动系统

9.1 简介

第 6~8 章介绍了感应电机的优点，以及如何与电力电子控制技术相结合，以满足各种苛刻应用场合对电机驱动系统的性能和效率要求。本章将介绍另一类交流电机，它产生机械能所需的电能全部都由定子侧输入。因此，与笼型感应电机一样，这类电机中也不存在电刷或集电环。这类电机的定子结构大多与感应电机相同（或非常相似），但一些小功率电机采用了新的结构和绕组技术，比如分段式结构，这些将在后文中进行介绍。

值得注意的是，工业界和学术界经常对一些本质相同的电机赋予不同的名称，这可能会造成一定的混乱，因此有必要首先介绍一些电机名称方面的术语，包括：

1) 传统同步电机，转子含有励磁绕组（转子电励磁）。这是此类电机中唯一可能存在电刷的电机，但该电刷只用于接入转子电励磁电流，而非用于电机的交流供电。

2) 永磁电机，用永磁体代替了转子电励磁绕组。

3) 无刷永磁电机（与2）相同），前缀"无刷"是多余的。

4) 无刷交流电机（与2）相同）。

5) 无刷直流电机（与2）类似，只是在磁场分布上有细微差别）。该命名源于 20 世纪 70 年代，描述了这种电机在结构上与其所替代的传统直流电机是"相反"的（传统直流电机电枢绕组位于转子上，而该电机的电枢绕组位于定子上），从这个意义上理解，这种命名有一定的道理。

6) 永磁伺服电机（与2）相同）。

磁阻电机在本质上不同于以上所有类型电机。虽然它以同步速旋转，但它的转子上没有任何形式的励磁，产生转矩的原理也有所不同。磁阻电机是一种越来

越受到关注的电机。

传统的同步电机一般设计为直接接入公共电源运行,通常额定频率为50Hz或60Hz。与感应电机转差率受负载影响的特性不同,同步电机能够在很宽的负载变化范围内,以恒定转速运行(运行转速由绕组极对数决定)。因此,若严格要求电机以恒速运行时(运行在公共电源频率允许的频率误差范围内),同步电机比感应电机更具优势。同步电机的应用范围相当广泛,小到单相的家用钟表,大到兆瓦级的大型工业装备,如空气压缩机。(同步电机用于钟表意味着供电公司需确保一天24h内的公共电源平均频率为精确的额定频率,以保证钟表时间准确。而为了达到这个目的,供电公司必须精确控制用以驱动同步发电机的大型汽轮机的转速,这与要求电机恒速运行的要求有所矛盾。)

为了克服公共电源频率恒定导致电机同步速无法调节的问题,采用变频器供电的同步电机驱动系统被广泛使用。这种采用变频器调节电机同步速的系统,几乎所有的变频器开关状态(以及开关频率)都是由转子位置决定的,而不是由外部振荡器决定的。在这种"自同步"的驱动模式下,转子不会发生失步和失速(这是采用公共电源直接供电的主要缺点之一)。同步电机同样可以采用磁场定向控制,以获得最佳的性能和效率,同步电机比感应电机具有更高的功率密度。

9.2 同步电机类型

同步电机和感应电机的定子绕组在本质上是相同的。所以,当同步电机定子接入三相电源时,同样会产生一个旋转磁场。不同于感应电机笼型转子可以自动匹配定子磁极对数,同步电机转子上的直流励磁绕组(通过集电环或采用辅助励磁机供电⊖)或者永磁体的极对数必须设计为与定子绕组极对数相等。通过这样的设计,可以使同步电机的转子准确跟随定子磁场同步旋转。当转子达到同步后,即使存在负载扰动,转子也将以磁场旋转速度稳定运行。只要电源频率稳定,在恒频运行状态下同步电机的转速将保持不变。

在前文中提到,同步速(r/min)可由下式得到

$$N_S = \frac{120f}{p}$$

⊖ 辅助励磁机是一个与主电机同轴安装的小电机,由三相定子和转子绕组构成,定子三相电源通过变压器耦合到转子绕组,转子感应电动势经整流后为主电机励磁绕组供电。辅助励磁机定子电源的相序与主电机相反,因此,当主电机以同步速运行时,辅助励磁机的转子感应电动势仍能保持较高水平。

第 9 章 同步电机、永磁电机和磁阻电机及其驱动系统　249

式中，f 为电源频率，p 为绕组极数。在 50Hz 的电源频率下，2、4、6 极同步电机的转速分别为 3000r/min、1500r/min 和 1000r/min；而当电源频率为 60Hz 时，转速将分别变为 3600r/min、1800r/min 和 1200r/min。该公式同样也适用于极数更多的电机，以一个用于定时开关的 20 极小型同步磁阻电机为例。该电机的"杯型"转子上存在 20 个轴向凸极和 1 个夹在凸极间的环形线圈，在 50Hz 的电源频率下，这种电机的转速为 300r/min。如果所需转速并非上述转速值，则需要通过变频器改变电源频率以满足转速要求。

对于同步电机来说，在转子与定子旋转磁场之间发生失步之前，其最大转矩（失步转矩）是有限的（见 9.3 节）。该失步转矩通常为额定转矩的 1.5 倍，但对于一些高性能永磁电机，失步转矩可以设计成持续额定转矩的 4 倍甚至 6 倍以上，以适用于短时间内需要高加速转矩的应用场合。在运行转矩小于失步转矩的状态下，同步电机的稳态运行转速都将保持恒定。同步电机稳态转矩-转速曲线为一条在同步转速上的垂直线，如图 9.1 所示。这条直线可以延伸到第 2 象限内，这意味着当同步电机转速超过同步速时，该电机将运行在发电状态。

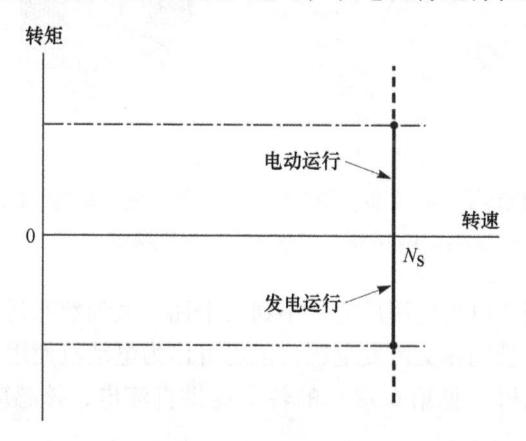

图 9.1　恒频运行状态下的同步电机稳态转矩-转速曲线

传统上，采用公共电源供电的同步电机常被用于要求转速恒定、效率高和功率因数可控的场合。同步电机也被用于一些需要多台电机以相同转速运行的场合中。然而，多台采用公共电源供电的同步电机并不能完全取代传动轴[○]的作用，因为即使所有电机的转速都相同，但每台电机的转子位置角还是会根据每台电机轴上负载大小的不同而有所不同。

[○] 传动轴早期多被用于纺织设备中，通常一根传动轴可能会穿过整个厂房或机器设备，许多的功能组件通过皮带与该轴相连。所有连接在轴上的设备将同步运行，如果与齿条配合，还可实现位置的同步。

9.2.1 转子电励磁电机

传统同步电机的转子上带有励磁绕组，一般通过轴上的一对集电环由外部电源直接供电，或由一台同轴安装的无刷励磁机供电。转子电励磁绕组会建立气隙磁场，该磁场与定子绕组产生的磁场极数相同，这两个磁场的空间分布也相同（通常为正弦分布）。转子基本都是圆柱形的，励磁绕组分布在各个转子槽内（见图9.2a），或被集中绕制在转子凸极上（见图9.2b）。

隐极转子几乎没有磁阻（自动对齐）转矩（将在后文讨论），只有在转子绕组中通入电流后才能产生转矩。而对于凸极转子电机来说，即使转子绕组中不存在电流也能产生一定的磁阻转矩。这两种结构的同步电机，转子上的"励磁"功率都相对较小，所有的机械输出功率都主要由定子侧提供。

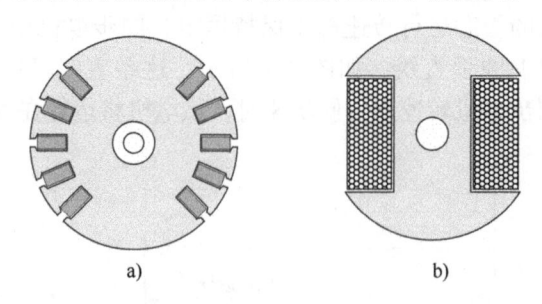

图9.2 同步电机转子。a) 2极，隐极转子，分布绕组（绕组分布嵌放在各槽中）。
b) 2极，凸极转子，集中绕组

转子电励磁同步电机应用广泛，小到几千瓦，大到数兆瓦。大功率转子电励磁同步电机很适合被用作交流发电机，但也可作为电动机使用。如果通过集电环向绕线转子感应电机（见第6章）的转子提供直流电，该感应电机也可实现同步运行。

后文将提到，转子电励磁同步电机的一大优点是可以通过改变转子电励磁电流在较宽范围内调节电机的功率因数。

9.2.2 永磁电机

目前所讨论的同步电机需要两个输入电源，一个给转子供电进行励磁，另一个给定子供电。无刷永磁电机通过安装在转子上的永磁体产生磁场，因此仅需一个电源给定子供电即可。图9.3分别给出了4极表贴式和10极内置式永磁电机的转子结构示意图。这种永磁电机的输出功率通常从100W到500kW不等，事实上也存在更大功率的永磁电机。

永磁电机的优点在于不需要向转子供电，且转子结构可以做得更坚固可靠。

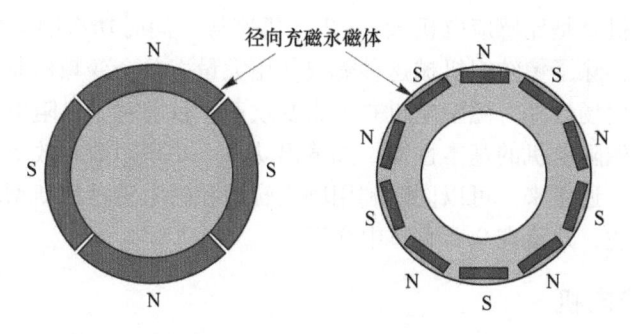

第9章 同步电机、永磁电机和磁阻电机及其驱动系统 251

图 9.3 永磁电机转子（左图：4 极；右图：10 极）

缺点是励磁固定不变，所以在设计永磁电机时必须选择合适的永磁体形状和排列方式以满足特定负载的要求，或者寻找一种既能保证转子结构稳定又能满足励磁要求的折中方案。对于永磁电机来说，通过改变励磁来调节功率因数的方法不再适用。除了上述不同之处，无刷永磁电机与对应的转子电励磁同步电机相差无几。

9.2.3 磁阻电机

磁阻电机被认为是最简单的同步电机，它的转子仅由硅钢片叠制而成，转子形状经过特殊设计，使其更易于与定子磁场对齐。"磁阻转矩"的产生原理将在9.3.3 节进行详细介绍。

磁阻电机通常直接接入公共电源运行，为了使转子足够接近同步速并最终实现同步，转子会配备一个笼型绕组来提供起动时的加速转矩。当转子转速达到同步速后，笼型绕组中便不再有电流。磁阻电机转子结构如图 9.4a 所示，其结构与笼型感应电机类似，通过削去没有笼型绕组的部分，定子磁通被迫从气隙较小的凸极部分进入转子。也可以在转子铁心内部挖槽来优化磁路，以便使磁通沿规划路径导通，如图 9.4b 和 c 所示。图 9.4c 所示的磁阻电机采用变频器供电，不需要依靠笼型绕组起动。这些类型的转子都被视为"凸极"结构。

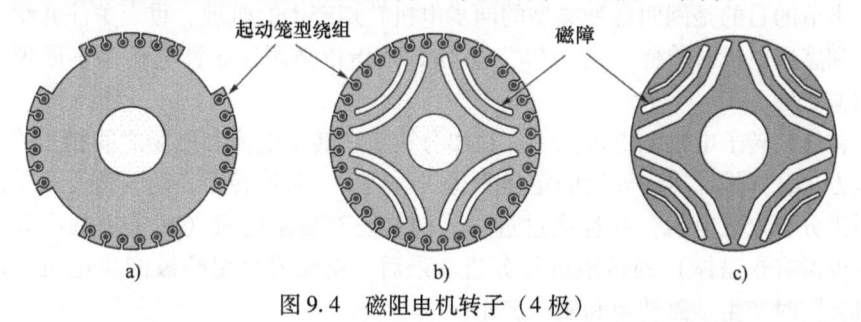

图 9.4 磁阻电机转子（4 极）

磁阻电机转子自身趋向于与磁场对齐，因此与永磁电机类似，磁阻电机的转子也能与定子三相绕组建立的旋转磁场保持同步。在功率和转速相同的条件下，早期的磁阻电机总是比感应电机大 1~2 个机座号，同时功率因数较低，带载性能较差。因此，除了像纺织机械这种需要使用大量由单个变频器驱动的廉价同步电机的特殊应用场合外，磁阻电机并不太受欢迎。目前对于磁阻电机的研究正逐步加深，但是磁阻电机的基本性能，如输出功率、功率因数和效率等方面仍然落后于感应电机。近年来，可以同时利用励磁转矩和磁阻转矩的新型转子结构获得了更广泛的关注，这将在 9.3.5 节中介绍。

9.2.4 磁滞电机

虽然大多数电机在拆卸时都可以较为容易地分辨其类型，但磁滞电机很可能会令从未接触过的人感到困惑。磁滞电机的转子看上去像一个薄薄的铁筒，定子装有常规的单相或三相绕组。转子上能够检测到微弱的磁场，但是并没有隐藏的磁铁或笼子存在。这种电机的起动非常流畅，并能以精确的同步速稳定运行，没有任何从异步到同步运行突然过渡的迹象。

这种电机（工作原理非常复杂）主要依赖转子套筒的特殊性能，这种转子套筒是由具有很强磁滞效应的高碳钢材料制成的。通常设计电机时希望电机铁磁材料中的磁滞效应尽可能小，但在此类电机中，材料的磁滞效应（磁通密度 B 滞后于磁动势的现象）被有意加强以产生转矩。磁滞电机在起动阶段实际上与感应电机有一定相似性，但最终转矩在任意转速下都将大致保持恒定。

小型磁滞电机曾广泛应用于风扇等设备中。起动时几乎恒定的起动转矩和适中的起动电流（约为额定电流的 1.5 倍）意味着它还适用于如陀螺仪和小型离心机等大惯量负载场合。

磁滞电机多用于特殊场合，因此不再赘述。

9.3 转矩产生机理

本节的目的是阐明各种类型的同步电机转矩产生的机理。重点关注介绍直流电机和感应电机时曾使用的"BIl"方法，并借以强调这 3 种电机基本原理之间的相似之处。

首先从转子电励磁电机入手，得出分析定、转子电流和磁场之间相互关系的一般方法，并推导得到转矩的定量表达式。然后，对该转矩表达式进行简单修正以用于分析永磁电机，并且通过进一步的修正对磁阻电机（转子上既没有励磁绕组也没有永磁体）的转矩进行分析。最后，将简要介绍凸极同步电机，这种电机会同时产生励磁转矩和磁阻转矩。

在本章后续部分中，将使用空间相量图分析稳态时的电压和电流关系。熟悉电机理论的读者会发现，其他相关书籍经常会忽略本节的内容，而倾向于使用

8.3 节中简要介绍的等效电路来分析电机的电压和电流关系。然而，我们相信本书读者会更倾向于使用空间相量图的分析方法。

9.3.1 转子电励磁电机

在分析感应电机的转矩产生机理（见第 5 章）时，侧重分析由空间中均呈正弦分布的转子电流与合成径向磁通密度（由转子和定子磁动势共同建立的合成磁场）之间相互作用所产生的安培力以及由此力产生的转矩。

对于转子电励磁同步电机，可以用相同的方法进行转矩分析，但由于永磁电机和磁阻电机在同步运行时转子中没有电流，所以通常用定子转矩来替代。读者应该能够很容易理解转子受到的电磁转矩始终与定子转矩大小相等、方向相反。

首先，通过截取运行时的某个瞬时状态来分析转矩的产生机理。如图 9.5 所示，假设转子表面光滑，定子和转子电流幅值沿圆周呈正弦分布，且定、转子电流保持不变。蓝色的磁力线（为清晰起见，仅用少量磁力线示意）表示由转子电流产生的正弦磁动势和磁通密度，它们将跟随转子同步旋转。为了简化分析，通过在转子转轴上悬挂重物的方式向转子施加机械转矩。

根据实际经验可知，定、转子磁场相互作用所产生的转矩总是倾向于使两个磁场对齐。为了避免重叠，定子绕组产生的磁通未在图 9.5 中表示出来，但由于定子磁通与转子磁通相似，所以 5 张图中定子磁通方向都是向上的。

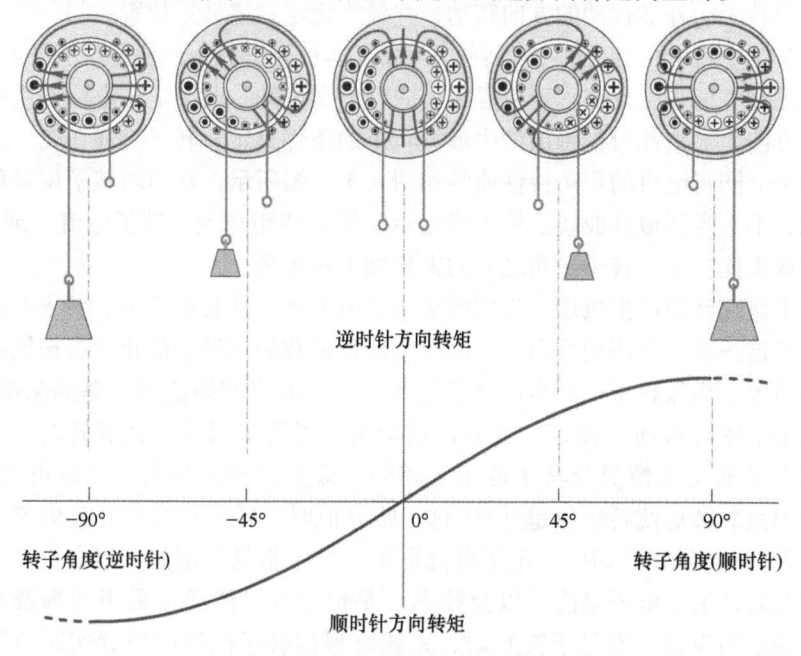

图 9.5 转子电励磁电机的静态转矩

如果转子可以自由转动，且没有对其施加外部转矩，那么它将以零转矩状态保持静止，对应图9.5中转子角度为0°的情况。通过分析定子载流导体与转子磁通相互作用产生的安培力，可以确定在此位置上电机的合成转矩为零。此时，定子电流为正，位于电机上半部分的定子导体处于正向（向外）磁场中，将受到顺时针方向的作用力，而下半部分定子导体处于负向（向内）磁场中，都将受到逆时针方向的作用力，由于电机结构的对称性，定子绕组上的合成作用力为零。同理，当定子电流为负时，合成作用力也将为零，所以定子转矩为零，转子转矩也为零。

当转子在负载的作用下沿顺时针方向偏转时，对应图9.5中转子角度为正的情况，更多载有正电流的定子导体将处于转子电流所产生的正向磁场中，同样，更多负电流的定子导体处于负向磁场中。根据左手定则可知，此时在定子上会产生顺时针方向的转矩，所以，在转子上会产生同样大小的逆时针转矩，并且转矩随转子偏转角度的增大而增大。当转子转矩与负载转矩相等时，转子将处于稳定平衡状态，即将转子朝任意方向偏转，释放后转子都将回到原平衡位置。

零转矩状态也是一种稳定平衡状态，当转子沿顺时针方向偏转时，转子上会产生逆时针方向的转矩使转子恢复平衡状态，反之亦然。然而，当偏转超过90°时，转子会变得不稳定。理论上在180°位置还存在另一个零转矩状态，但处于该位置的转子即使在空载状态下也很难保持静止的稳态平衡，因为任何微小的扰动都会使转子沿外加扰动的方向转动，并最终稳定在零转矩位置。

图9.5中转子角度90°代表转矩最大的位置，此时转子磁通在水平方向上，定子电流最大值也出现在水平位置上。回顾前文可知，此时定子电流产生的磁通在垂直方向上。由此可推测出产生最大转矩的条件是定、转子磁通正交。

理论上同步电机的矩角特性曲线如图9.5下图所示，转矩随转子位置角呈正弦变化，不稳定区域在曲线上用虚线表示。最大转矩与定、转子电流（或磁通）的乘积成正比。定、转子磁通之间的夹角称为转矩角。

为了研究转矩产生机理，先假设定子电流不变，并且牢记定、转子磁场总是趋于对齐这一非常有用的原则，它能有效地帮助我们从转子静止状态拓展到转子旋转的情况。想象转子以同步速稳定运行，定子电流的幅值和频率都保持不变，转子被定子旋转磁场"锁定"或者说被牵引。当转子以同步速旋转时，"转矩角"随负载的变化情况与转子静止时相同，即负载转矩越大，转矩角也越大。显然，当负载转矩使转矩角超过90°这一临界值时，转子将失步并且失速。需要强调的是，在实际应用中，"定子电流恒定"并不常见。例如，当电机接入公共电源运行时，定子电压幅值（以及频率）是恒定的，然而在采用变频器对电机进行磁场定向控制（参见下文）时，系统将根据转子的瞬时位置实时控制定子电流的幅值、频率和相位，以输出所需要的转矩。

转矩——转子电励磁电机

截至目前，通过"BIl"来解释转矩的产生机理时，我们认为 B 是由定子和转子电流共同作用产生的合成磁通密度，然而，上文仅考虑了转子磁通和定子电流相互作用所产生的转矩。下文将介绍，如果绕组为正弦分布且转子表面光滑（转子可以有槽，但不具有明显凸极性），转矩可以有多种表示方式，其中并不全都与合成磁通相关，读者可以根据实际情况选择最合适的转矩表达方式。

根据 8.2.1 节中的内容可知，在空间上呈正弦分布的物理量可以用相量表示。因此，磁动势（或相应的磁通密度分布函数）也可以用一个相量来表示，该相量的模与磁动势（即电流）的大小成正比，相量的方向由电流的瞬时相位决定。

图 9.6 给出的是一般情况下的合成磁动势相量图。其中，F_S、F_R、F 分别代表定子磁动势、转子磁动势和合成磁动势。定子和转子磁动势之间的夹角（转矩角）为 λ，转子磁动势和合成磁动势之间的夹角（δ）为负载角（参见下文）。在此空间相量图中，将转子磁动势置于水平轴上，这样与本章后文要介绍的永磁电机的时间相量图保持一致。

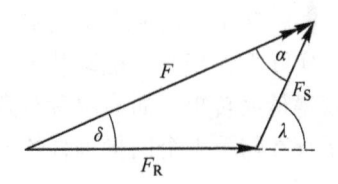

图 9.6 定子、转子和合成磁动势的相量示意图

转矩与定、转子磁动势以及 λ 正弦值三者乘积成正比，即

$$T \propto F_S F_R \sin\lambda$$

$F_S F_R \sin\lambda$ 的大小即为由 F_S 和 F_R 构成的三角形面积，基于该面积可以对电机转矩有一个直观的认识。当 F_S 和 F_R 重合时，转矩为零；而当它们相互垂直时，转矩最大。

熟悉向量运算的读者应该发现，这个三角形面积的表达式为两个向量"叉乘"（向量积）结果的模（如果两个向量的模分别为 A 和 B，它们之间的夹角为 λ，那么它们叉乘结果的模为 $AB\sin\lambda$）。

由 F 和 F_R、F 和 F_S 构成的三角形与由 F_S 和 F_R 构成的三角形面积相同，因此转矩也可以有另外两种表示方式，可以得到下列 3 个叉乘公式：

定子磁动势和转子磁动势（$F_S F_R \sin\lambda$）
合成磁动势和转子磁动势（$F F_R \sin\delta$）
合成磁动势和定子磁动势（$F F_S \sin\alpha$）

前面章节里，在分析转矩时使用了第 1 个公式的变形形式，用合成磁通密度代替合成磁动势，用转子电流代替转子磁动势。这两个替代用的物理量都与各自对应的磁动势成正比，而且之前并非进行定量分析，所以与本节介绍的转矩表达式并无矛盾。事实上，在后续讨论转矩的决定因素时，我们会经常用"磁通密度"或者（对于某一确定电机）"磁通"代替磁动势。

对于转子电励磁同步电机，当电流确定时（如采用变频器供电的情况），用第 1 个公式形式描述转矩产生机理最为简单，特别是它定义了转矩角的概念。需要强调一个多数读者可能认为是显而易见的结论：如果转子磁动势为零，仅由定子进行励磁，那么电机将不会产生转矩。然而，该结论只对转子表面光滑的隐极式电机成立，后面将看到该结论对于凸极转子电机不再适用。

分析采用公共电源供电的电机稳态运行时，第 2 个转矩公式将更方便，此时用负载角 δ 取代了转矩角。

值得一提的是，叉乘运算还可以从另一个角度进行理解，即将其理解为第 2 个向量在第 1 个向量方向上的投影与第 1 个向量的乘积。在后文中也将使用该方法，并将转子磁通所在轴线定义为"直轴"，与之垂直的轴线则定义为"交轴"。

实际上，当定子磁动势和转子磁动势（或定、转子磁通）相互垂直时，可以获得最大转矩，而当两者对齐时转矩为零。换个角度看，可以认为只有第 2 个向量存在与第 1 个向量垂直的分量时才会产生转矩。

9.3.2 永磁电机

永磁（PM）电机的运行与转子电励磁电机类似，主要的不同之处在于永磁体产生的磁场强度在其被磁化后就无法改变。为了避免过于深入探讨永磁材料的特性，可以将永磁体当成一个磁动势源，其外部磁路由 3 部分磁阻串联而成，即转子铁心、定子铁心和定、转子铁心之间的气隙。气隙在任何电机中都是很重要的，对于表贴式永磁电机尤为突出，因为其气隙必须大于永磁体的径向厚度，这比转子电励磁同步电机的气隙要大得多。尽管表贴式永磁电机的气隙相对较大，永磁体磁动势在定子中产生的磁通密度还是能满足所需。当永磁体随转子转动时，磁阻不会发生变化，所以可以认为永磁电机转子磁通的大小保持恒定，其方向由转子位置角决定。在后文中，将用符号 φ_{mag} 表示转子位置角。

下面将从定子侧入手，进一步分析永磁体对磁阻（从定子磁动势的角度来看）的影响。为简化分析，可以认为永磁体与空气的磁导率相同。由于永磁体的径向厚度较大，表贴式永磁电机的等效气隙比普通电机大得多，导致等效气隙磁阻较高。这就意味着永磁电机的定子自感远低于同规格的转子电励磁同步电机，而这有利于实现电流的快速控制。

转矩——永磁电机

根据上面的讨论，如果将定子（或电枢）磁通用 Φ_{arm} 表示，将永磁体轴线与定子磁通之间的夹角（转矩角）用 λ 表示，则转矩可由下式表示：

$$T \propto (\Phi_{mag})(\Phi_{arm})\sin\lambda$$

永磁电机转矩的大小取决于转子磁通、定子磁通及转矩角正弦值三者的乘积。需要注意的是，当将该转矩表达式中的磁通改用相应的磁动势表示时，转矩表达式将与转子电励磁同步电机的转矩表达式完全相同。

9.3.3 磁阻电机

第1章曾介绍过，磁路中的磁阻这一物理量类似于电路中的电阻，其被定义为磁动势与磁通之比。所有电机都存在磁路和磁阻，下面将分析为何有一类特定的电机会被称为"磁阻电机"。

在本章中，已经探讨了如何根据合成磁通转子分量与定子电流之间相互作用产生的"安培力"来得到转矩表达式。然而，磁阻电机的转子上不存在载流导体（除了用于起动的笼型绕组，其仅在转速低于同步速时发挥作用），所以定子绕组就是唯一的励磁源。但磁阻电机仍能产生转矩，有读者可能会认为其转矩产生机理与前文介绍的完全不同，似乎无法用"Bll"法来解释（阅读某些磁阻电机相关的文献可能会加深这种想法，因为这些文献都采用等效电路的分析方法）。然而，在下面的分析中能够看到，"Bll"法不仅阐明了磁阻转矩的产生机理，而且能根据定子电流获得简单的转矩表达式。

图 9.7 所示为一个理想（简化）的电机模型，其定、转子铁心磁导率无穷大，且定子电流为理想的正弦分布。基于这个理想模型，可以近似地模拟三相正弦电源供电下电机（具有三相正弦分布的绕组）实际产生的磁场。

该电机转子是隐极式的，为一个均匀的同质圆柱体，且无载流导体。

定子电流产生的磁通如图 9.7 中红线所示。对于此例这种理想情况，可以通过作图来进行辅助分析，假设转子内部的磁通密度是均匀分布的，用 B 表示。尽管该示意图无法详细描绘气隙磁通密度的具体分布情况，但是可以对磁通密度 B 进行分解得到与垂直轴夹角为 θ 时的径向磁通密度，进而得到径向气隙磁通密度表达式为

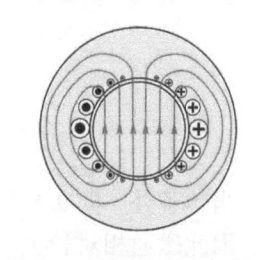

$$B_r = B\cos\theta$$

图 9.7 2 极正弦分布定子绕组产生的磁通示意图

由于气隙均匀，所以径向磁通密度与定子磁动势成正比且同相位，并与定子电流正交。此时最大气隙磁通密度出现在顶部位置，而最大电流则位于水平轴上，因此不会产生转矩。

如果上述分析不够令人信服，也可以使用"Bll"法直接分析定子绕组的受力情况。首先，考虑左半边最上方的导体，该导体承载电流方向为垂直纸面向外，导体所在位置的气隙磁通密度方向为径向向上，因此它受到一个向左的力，与此同时，转子将受到一个大小相等且方向相反的力。右半边对应的导体承载电流方向为垂直纸面向内，且所在位置气隙磁通密度同样为径向向上，因此其受

方向向右，转子因此会受到向左的反作用力。由于转子具有对称性，所以可知转子在任意位置的合成转矩都为零。（从电路的角度来看，转矩大小与电感随转子位置的变化有关。对于定子绕组来说，此时磁路不随转子位置的变化而变化，所以电感是恒定的，由此可以推断出转矩为零。）

接下来分析图 9.8 所示"凸极"转子的情况。将圆柱形转子两侧的部分切除就形成了两个"凸极"，从而得到了一个 2 极磁阻电机的转子。（此处特意选择了一个最简单的形状来说明原理，转子的实际结构更像图 9.4 所示的转子结构。图 9.8 中转子上的灰点的作用是为了便于与下面的矩角特性曲线对应起来。）

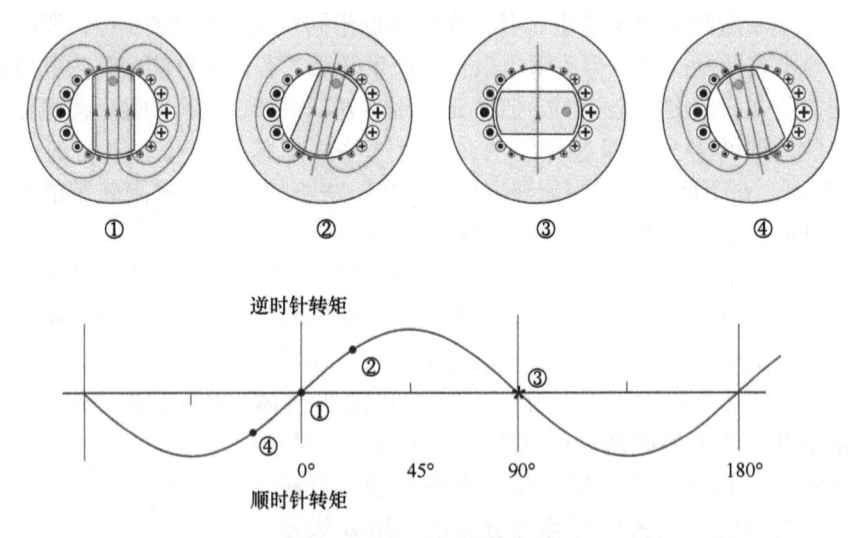

图 9.8 磁阻电机的静态转矩

当转子处于图 9.8①所示位置时，正弦定子磁动势通过磁阻相对较低的磁路，因此磁通相对较大（但磁通比转子为圆柱形时小，因为此时磁路中的总磁阻更大）。磁通从图 9.8①所示的低磁阻路径通过时被称为穿过"直轴"。电感为定子绕组磁链与产生该磁链的电流之比，图 9.8①位置对应的电感被称为直轴电感 L_d，这将在下文中进行讨论。

另外一种特殊情况是转子位于图 9.8③所示位置，相同的磁动势作用在磁阻相对较高的磁路上（交轴），所以磁通较低。在这种情况下，定子绕组电感被称为交轴电感（L_q），交轴电感比直轴电感小得多。

直轴和交轴定义了一组固定在转子上相互垂直的轴线，这在本章后文中将被广泛使用，特别是在讨论使用变频器控制这些电机时。

由于气隙不均匀，磁通密度将不再呈正弦分布，这意味着之前得到的简单转矩表达式（两个相位不同的正弦波的乘积）将不再适用。但实际上，可以通过分析磁通密度的基波分量来计算转矩。

前文没有提到绕组产生的磁动势与磁通密度之间的关系，以及该绕组对自身内部或外部磁场的作用。这个"作用"指的是绕组自身磁场和外部磁场在绕组中产生的电动势，或当该绕组通入电流时产生的转矩。例如，如果绕组磁动势仅由基波和5次谐波组成，则绕组仅会与外部磁场的基波和5次谐波分量相互作用。（举例进一步说明，如果将4极永磁转子放入2极定子中并通入电流，则定子上的各个导体都会受到安培力，这些力或正或负，但合力为零。）

在现在的讨论中，绕组是正弦分布的，但磁通密度呈非正弦分布，只需考虑磁通密度的基波分量，就可以继续利用之前介绍的方法研究磁阻电机转矩产生的机理。

由于转子结构具有对称性，当利用"Bil"法计算图9.8①和③中的定子绕组受力情况时，可以发现定子绕组上的转矩为零，因此转子转矩也为零，如图9.8所示。

如图9.8②所示，当转子发生偏转时，与转子顶部位置（灰色标记）对齐的定子导体中电流方向为垂直纸面向内，因此该定子导体会受到一个向右的力，而与转子底部对齐的定子导体中电流方向为垂直纸面向外，因此会受到一个向左的力。此时作用在转子上的反作用力会产生逆时针转矩，该转矩趋于将转子转动到图9.8①所对应的位置。同理，如果逆时针转动转子（见图9.8④），则转子转矩变为顺时针方向，并且同样趋于将转子转动到图9.8①所示的位置。因此，图9.8①所示的位置是一个稳定的平衡位置，即转子在该位置沿任意方向偏移，都会在转子上产生恢复转矩，并且偏移越大，所产生的恢复转矩也越大。

图9.8所示的矩角特性曲线表明，转矩在45°位置时达到最大值。超过该位置后，转矩逐渐减小，并在90°位置减小为零，然后转矩反向增大并在135°位置再次达到峰值。在90°位置上转矩为零，但是在该位置上转子的任何偏移不仅会产生一个使偏移继续增大的转矩，而且该转矩还会随着转子偏移的增大而增大。因此，90°位置是一个不稳定的平衡位置（用星号标记）。如果转子位于该位置，任何微小的扰动都将使其发生偏转，并在摆动后停止在稳定平衡位置处，该稳定平衡位置如图9.8①所示，对应于矩角特性曲线上的圆点①。

为了简化分析，上述分析都假设定子电流不变，但在实际运行中，磁场以定子电流频率对应的速度同步旋转。在稳态条件下，转子转矩需要与负载转矩匹配，所以在理想空载条件下，转子直轴的方向会与定子磁场的方向对齐（见图9.8①），即转子上产生的转矩为零。当负载转矩增加时，转子将立即开始减速，转子轴线落后于旋转磁场，因此会产生一个电动转矩，该转矩随负载角的增大而增大，直到与负载转矩相等时转速重新恢复为同步速。还值得注意的是，当负载角为负值时，一旦磁阻电机达到同步状态，其将作为发电机运行。

转矩——磁阻电机

对于前两节中介绍的非凸极转子，其转矩表达式非常简单，因为定子磁场和转子磁场的幅值是恒定的，不随转子位置的变化而变化。而本节所介绍的情况更加复杂，定子磁场的幅值会随转子位置变化而变化（这是由于磁阻随转子位置变化），因此，想要通过定子电流推导出转矩公式会变得比较棘手。不过，前文对非凸极转子转矩产生机理的分析是有意义的，因为在后文对凸极转子电励磁同步电机转矩产生机理的分析中，还会涉及前两节分析所引入的一些基本概念。

图9.9所示的电机为图9.8所示的磁阻电机。如图9.9a所示，该电机为凸极转子，其定子电流沿圆周呈正弦分布。而图9.9b~d分别给出不同转子位置的空间相量图。（在第8章中介绍过，用空间相量表示在空间中呈正弦分布的电流、磁动势和磁通非常方便。）

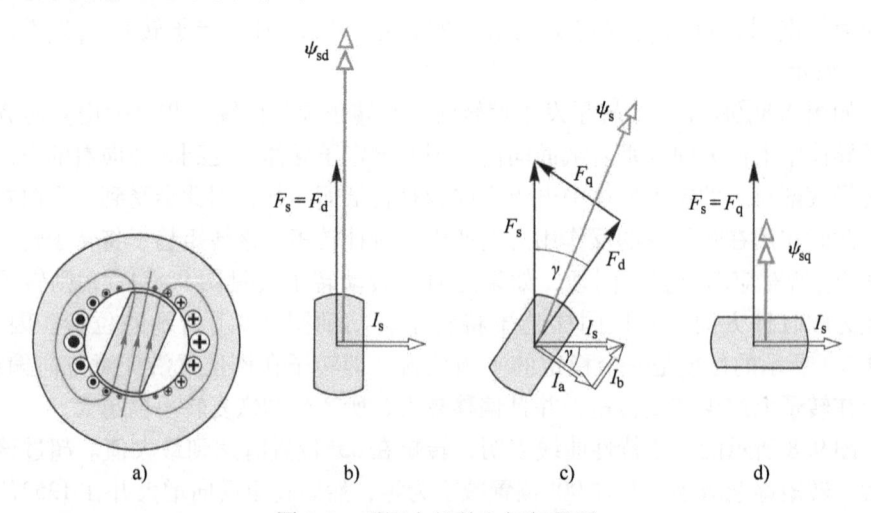

图 9.9 磁阻电机的空间相量图

现在分析定子磁链的幅值和相位是如何随转子位置的变化而变化的，以此进一步通过"Bll"法来推导转矩表达式。图9.9c表示转子在一般位置的空间相量图，最好的方法是先通过分析图9.9b和d所示的特殊情况来确立一些基本概念。

呈正弦分布的定子电流（I_s）的峰值位于水平轴上，所以定子电流矢量的方向为水平向右，并且在3个图中都保持不变。定子磁动势矢量（F_s）方向为垂直向上，并且也保持恒定⊖。下标d和q分别表示转子的直轴和交轴，d轴为低磁阻轴，q轴为高磁阻轴。

⊖ 电流与磁动势在空间上存在90°的相位差，这是因为磁动势是电流密度函数沿分布路径的积分。这可以从图5.4中看出，每当线圈流过正电流（数学概念上是一个电流脉冲）时，磁动势的大小就会相应增加一个固定值。

第9章 同步电机、永磁电机和磁阻电机及其驱动系统

在图 9.9b 中，定子磁动势 F_s 与转子直轴同方向，因此标记为 F_d。电机在直轴方向的磁阻较低，因此定子磁链 ψ_{sd} 较大。而在图 9.9d 中，同样大小的定子磁动势 F_s 位于转子交轴上，标记为 F_q；由于交轴磁阻较大，所以相应的定子磁链 ψ_{sq} 较小。

在图 9.9c 中，定子磁动势矢量被分解为直轴和交轴两个分量。如果每个磁动势分量作用在相同的磁阻上，最终所合成的磁链将与 F_s 同向。由于 d 轴磁阻远小于 q 轴磁阻，因此，合成定子磁链（ψ_s）会向直轴偏移。这与之前讨论的转矩产生需要两个磁场之间互相偏移一个角度的说法有一些相似。转子位置处于图 9.9b 和 d 之间时，会在不同程度上满足该条件，其中磁动势和磁通是不对齐的；但在图 9.9b 和 d 这两处转子特殊位置中，磁动势和磁通同相位，输出转矩为零。

为了得到转矩随转子角度和定子电流的变化关系，我们需要得出一个与 "Bll" 类似的表达式。到目前为止，都只是采用磁通密度（B）对转矩产生机理进行分析，但同样也可以使用磁链相量进行分析，因为之前已经说明这两个物理量都是正弦分布的。

图 9.10a 即为图 9.9c 的空间相量示意图，在此图中，定子电流被分解成了 I_a 和 I_b 两个分量，分别产生对应的磁动势分量 F_a 和 F_b。（必须强调一点，不要将图 9.10 中分解得到的电流分量与本章后面介绍的交、直轴电流混淆，前者是空间相量，在此处用白色空心箭头表示，而后者是时间相量，在时间相量图中用灰色实心箭头表示。）

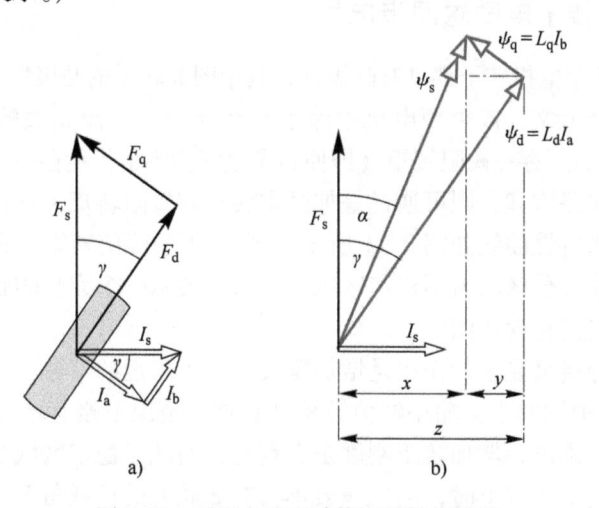

图 9.10 磁阻电机磁动势和磁链相量图

接下来需要找到合成磁链中与定子电流同相位的分量，以便利用 "Bll" 法

计算转矩。该磁链分量的幅值用 x 表示，但由于定子磁链与磁动势之间的夹角 α 未知，因此只能通过计算 z 和 y 之间的差值，得出该磁链分量（等效于 BIl 中的 "B"）为 $(L_d I_a \sin\gamma - L_q I_b \cos\gamma)$。$BIl$ 中的 "I" 代表定子电流 I_s。因此，转矩（严格来说是力，此处为了能够得到适用于一般电机的通用定性表达式，因此没有考虑电机尺寸）可由下式得到

$$T \propto (L_d I_a \sin\gamma - L_q I_b \cos\gamma) I_s$$

如果用 I_s 来表示 I_a 和 I_b，即 $I_a = I_s \cos\gamma$，$I_b = I_s \sin\gamma$，则转矩表达式如下：

$$T \propto I_s^2 (L_d - L_q) \sin 2\gamma$$

该表达式表明，转矩与电流的二次方成正比，而与电流的正负无关。同时，转矩是 2 倍转子位置角的正弦函数。通过之前的讨论可知，只有凸极转子才能产生磁阻转矩，现在又发现转矩与交、直轴电感之间的差值成正比。从增大磁阻转矩的角度来说，交、直轴电感差值越大越好。但是，磁阻转矩并不是衡量磁阻电机性能的唯一标准，交、直轴电感之比对磁阻电机的稳态运行也有着重要的影响。

在实际的磁阻电机中，随着电流的增加，铁心开始饱和，并且转矩与电流之间呈现出更线性的关系。由于磁路饱和的影响很大，需要在设计阶段使用计算机对每个转子位置的磁场分布进行有限元分析，然后使用 "BIl" 或麦克斯韦张量法来计算磁阻转矩。有限元法还可以用于分析电机电感的变化情况，可以在此基础上使用 "等效电路" 法（见 8.3 节）对磁阻电机的各项性能进行预测。

9.3.4 凸极转子电励磁同步电机

图 9.2 中两个电机转子都具有凸极性，其中图 b 转子的凸极性相较于图 a 转子更加明显。结合上文，该类型电机中除了存在与转子电流相关的励磁转矩（见 9.3.1 节）之外，还存在磁阻转矩（即使转子电流为零也仍然存在，见 9.3.3 节）。

如果忽略磁路饱和，则可通过叠加励磁转矩和磁阻转矩来获得电机的矩角特性，典型的矩角特性曲线如图 9.11 所示。图 9.11 中峰值转矩的右侧区域没有实际意义，因为这部分区域为不稳定区域，但为了展示一个完整的磁阻转矩周期变化情况，还是将其包含在图中。

磁阻转矩分量最显著的作用是增加零转矩位置附近的 "刚度"（即矩角特性曲线的斜率），但同时也会缩小峰值转矩（在这种情况下略有增加）左侧的稳定区域范围。一般来讲，增加转矩刚度是有利的，而减小稳定区域范围的影响并不大，因为在额定电流以下时，电机一般不会在如此大的负载角下运行。

励磁转矩和磁阻转矩的相对大小是电机设计的关键考虑因素。如今，有大量关于减少永磁体用量的研究，这就要求在电机设计中增大磁阻转矩在总转矩中的比例，这将在 9.8 节中进一步讨论。

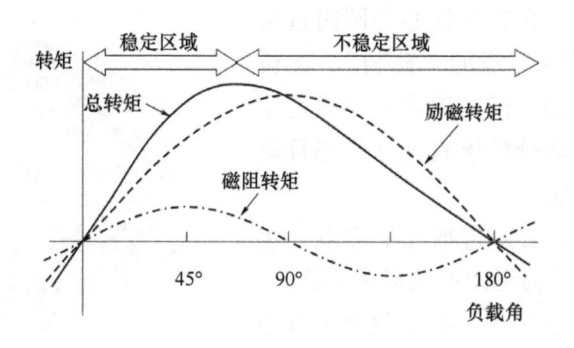

第 9 章 同步电机、永磁电机和磁阻电机及其驱动系统 263

图 9.11 凸极转子电励磁同步电机的矩角特性曲线

9.3.5 凸极永磁磁阻电机

在 9.3.4 节中曾介绍到，对于凸极转子电励磁同步电机而言，在磁阻转矩单独作用下，电机空载时转子将保持稳定的静止状态，同时转子直轴与定子磁动势轴线对齐，稳定静止位置与励磁转矩单独作用时一样。这是因为电机的低磁阻轴线与励磁直轴重合。磁阻转矩的存在会增加矩角特性曲线的"刚度"，并且根据这两个转矩分量的相对大小，峰值转矩也可能增加，如图 9.11 所示，这两种转矩分量的组合是一个受关注的研究方向。

用更为简便的永磁体替代转子电励磁绕组，同时继续利用磁阻转矩的方法在理论上是可行的，但实际上并不像预期的那样容易实现。为了使永磁体产生的磁通沿转子直轴（即凸极）导通，必须在铁心中添加空气磁障以容纳永磁体，并且永磁体的磁性越强，空气磁障就越厚。然而，这会极大地增加电机直轴的磁阻，这与最大化磁阻转矩的目的是相悖的。

上文已经讨论过，出于对保证全球供应链安全的担忧，许多行业都在减少对稀土永磁材料的依赖。这种不确定性，加上快速发展的低成本电机市场（尤其是在混合动力汽车中），重新激发了人们对永磁转矩和磁阻转矩相结合的新型结构电机的兴趣。这种电机意图使用更少的永磁材料来达到与纯永磁电机相当的性能。永磁转矩与磁阻转矩的比例变化范围很大（一般从 4∶1 到 1∶1），具体数值取决于电机设计以及应用情况，简而言之，永磁材料用得越少，磁阻转矩的比例就越高。

一个典型永磁磁阻电机的 6 极转子如图 9.12 所示，它是在同步磁阻电机转子的基本结构上，在转子磁障中增加了永磁体。以图 9.12 中顶部的 N 极为例，它的两个永磁体实际上是串联的，直轴（磁通）在垂直方向上。除了磁障外，每对永磁体外部的主磁路都通过磁阻很小的铁心，与纯永磁电机类似。但是，由于结构上的原因，在转子铁心外圆附近需要存在由铁磁材料形成的"磁桥"，磁桥会使部分磁通短路，使其偏离原本通过定子的磁路。磁桥部分处于磁饱和状态且对转矩没有任何贡献。

就磁阻大小而言，直轴（低磁阻）用点画线表示，磁桥为无用的磁通短路路径。如果磁阻转矩单独作用，则空载转子将静止在定子磁动势与点画线对齐的位置上；如果永磁转矩单独作用，则空载转子将静

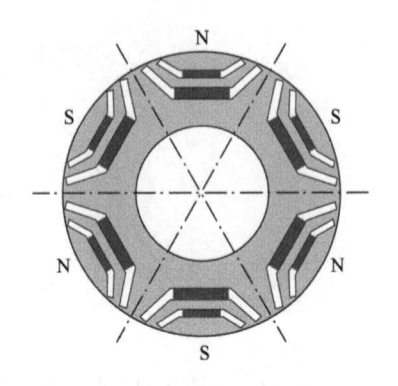

图9.12 6极永磁磁阻电机

止在N极轴线与定子磁动势对齐的位置。因此，与凸极式转子电励磁电机不同，永磁磁阻电机具有两个不同的零转矩平衡位置，且两位置之间相隔90°电角度。

目前关于直轴的定义还存在争议，有两种不同意见，一种认为直轴是图9.12中的点画线，而另一种则认为穿过永磁体中心的轴线才是直轴。在实际中，通常根据后者的定义作为直轴，即与纯永磁电机中直轴的定义保持一致。

现在通过叠加磁阻转矩和永磁转矩曲线来获得完整的矩角特性曲线，如图9.13所示。但这仅是转矩的近似值，它忽略了磁路饱和的影响。

为了与永磁磁阻电机进行比较，在图9.13中还同时给出了转子电励磁电机的矩角特性曲线。与9.3.4节中所分析的一致，转子电励磁电机的总矩角特性曲线在零转矩位置附近的刚性更大（斜率更大），并且电机的电动和制动区域是对称分布的，对应的最大电动转矩角 γ_m 和制动转矩角 γ_b 相同。

为了比较转子电励磁电机和永磁磁阻电机在矩角特性方面的差异，假设磁阻转矩和永磁转矩的幅值相同。（实际上，转子电励磁电机的磁阻转矩要小得多，而永磁磁阻电机的两个转矩分量也不相同。）

在永磁磁阻电机中，磁阻转矩和永磁转矩曲线之间存在90°的相位差，所以稳定运行区域会有所不同，同时其零转矩稳定平衡位置也不同。电动和制动转矩的峰值与转子电励磁电机相同，但是它们不再关于某个平衡位置对称。最大电动转矩角由 γ_m 表示，而最大制动转矩角由 γ_b 表示。因此，当要求转矩从最大电动转矩切换到最大制动转矩时，控制系统（见9.6节）将对定子电流矢量相对于转子位置的角度 κ（见图9.13）进行重新定位。

这种新型结构电机仍有许多工作需要继续研究，还需要一段时间才能获得不同应用场景下的优化解决方案。

图 9.13 磁阻转矩和永磁转矩

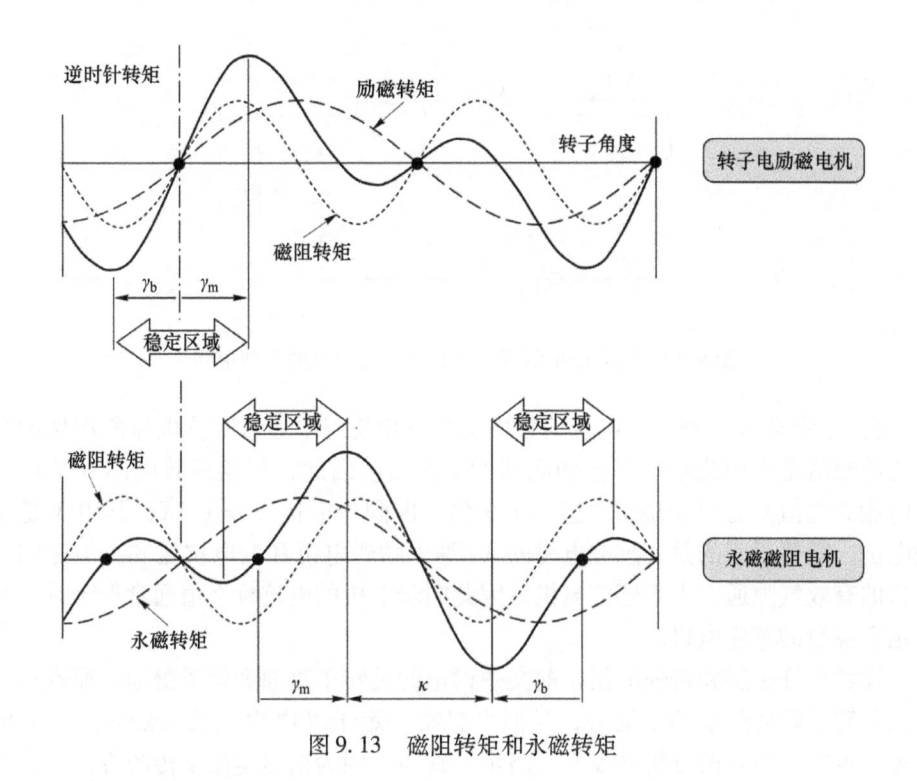

9.4 同步电机的恒压恒频运行

一直以来，大多数同步电机都是直接由公共电源供电运行的，因此，不妨先来了解一下恒压恒频电源供电下同步电机的运行情况。

上一节分析了磁动势、磁通和电流的空间分布情况以及转矩产生的机理。现在，从时域的角度分析恒压恒频对称正弦电源供电下同步电机的稳态性能。此时定子电流将不再像之前讨论的那样保持不变，而是会随着转子电励磁（如果是绕线转子）和转子负载的变化而改变。转速将保持恒定，所以功率与转矩成正比。

通过图 9.14 所示的单相交流等效电路，可以预测由三相对称电源供电的转子电励磁或永磁电机的电流和电源侧功率因数。尽管该简化等效电路采用了一些理想化处理（主要是与磁路饱和有关），但由于只需进行简单分析，因此该等效电路能够满足要求。

在该电路中，X_s（称为同步电抗或简称为电抗）表示定子每相绕组的等效电感电抗；R 为定子绕组电阻；V 为端电压；E 为感应电动势，由直流转子电流或永磁体产生的转子旋转磁通在定子绕组中感应产生。

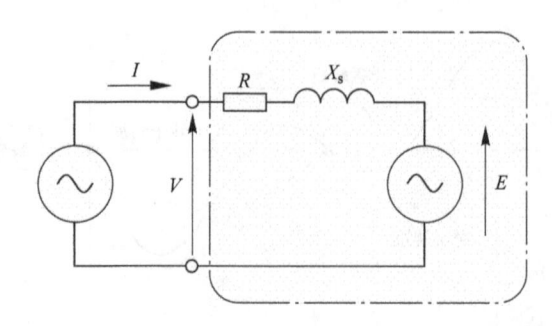

图 9.14 转子电励磁同步电机和永磁电机的等效电路

将 X_s 定义为"等效"电抗的意思是在三相绕组中通入对称电流所产生的总磁通的幅值是每相绕组所产生的磁通的 1.5 倍。因此，每相等效电感（即磁链与电流的比值）是每相绕组自感的 1.5 倍，即同步电抗 $X_s = 1.5X$，其中 X 是每相电抗。需要说明的是，感应电机的 X_s 等于励磁电抗和漏电抗之和，但是同步电机的有效气隙通常大于感应电机，因此同步电机的电抗标幺值通常低于具有相同定子绕组的感应电机。

读者也许会感到奇怪的是，前文中讨论的是转子磁通和定子磁通，而现在只讨论了转子磁通产生的电动势，且似乎忽略了定子（电枢）旋转磁通产生的电动势。事实上现在的分析并没有忽略定子磁通，因为这里遵循了传统方法，即由定子合成磁通（与定子电流成正比）产生的自感电动势可以用感抗 X_s 两端的电压（IX_s）来表示。

不熟悉交流电路和相量图的读者可能会面临一定的困难，因为通过交流等效电路和相关相量图进行分析对理解电机的运行特性很有帮助。9.4.3 节将对相量图进行简要介绍，前文的分析也已经积累了一些经验，因此暂时没有扎实理论基础的读者也不会有严重的阅读阻碍。

9.4.1 转子电励磁电机

从图 9.14 所示等效电路中可以看出，电机的定子电流受到电路中所有参数的影响。对于一台在恒压恒频电源下运行的电机，变量只有转子负载和转子直流（励磁）电流，因此接下来将首先从负载入手，分析两者对电机定子电流的影响。

由于转速保持恒定，所以电机机械输出功率（转矩与转速的乘积）与电磁转矩成正比。在稳态条件下，电磁转矩与负载转矩大小相等、方向相反。假设忽略电机的所有损耗（特别是电阻 R 可以忽略不计），电机输入功率将由轴上负载决定。电机每相输入功率为 $VI\cos\varphi$，其中 I 为电流，φ 为功率因数角。由于 V 固定不变，所以定子电流的同相分量（$I\cos\varphi$）是由轴上的机械负载决定的。在前几章中曾提到过,直流电机的电流(见图3.6)也是由负载决定的。虽然图9.14和图3.6中的等效电路显示了足够丰富的信息,但是两个独立变量之一的负载转矩并没有直接体现在电路图中。

现在分析转子直流励磁电流对同步电机定子电流的影响。在给定的电源频率(即转速)下,定子感应电动势的大小与转子直流励磁电流成正比。如果需要测量该电动势,可以将定子绕组与电源断开,拖动转子以同步速旋转,并测量定子端的电压,进行所谓的"开路"试验。如果改变转子的转速,同时保持直流励磁电流不变,那么会发现 E 与转速成正比。在研究直流电机时(见第3章)曾得到过一个相似的结论,即直流电机的感应电动势或反电动势(E)与励磁电流和电枢的旋转速度成正比。直流电机与同步电机的主要区别在于,直流电机的磁场是静止的,电枢是旋转的,而同步电机的磁场是旋转的,定子绕组是静止的。换句话说,可以将同步电机看成是一个定、转子互换位置的直流电机。

在第3章中曾介绍过,当直流电机连接到恒压直流电源时,它空载运行时的感应电动势几乎等于电源电压,因此空载电流接近于零。当在电机转轴上施加负载时,转速将下降,反电动势 E 会减小,因而电枢电流将开始增大,直至产生的电磁转矩等于负载转矩为止。结论是,如果 E 小于 V,则直流电机作为电动机运行,而如果 E 大于 V,则作为发电机运行。

同步电机的情况与此类似,但是由于现在转速恒定,因此可以通过控制转子的直流励磁电流来单独控制 E。如果 E 小于 V,则同步电机将吸收电流并作为电动机运行,反之(如果 E 大于 V)则作为发电机运行。但是,现在不再是分析简单的直流电路,在直流电路中,诸如"吸收电流"之类的词语能明确地表明能量流动的方向。但在同步电机的等效电路中,电压和电流都是交流的,因此必须更加谨慎地措辞,并考虑电流的相位和幅值。这与在直流电机中碰到的情况大不相同,但也有相似之处。

相量图和功率因数控制

首先来分析电动势(E)在空载运行时对电机性能的影响。控制两个变量中的负载转矩不变,以便分析另一个变量(转子电流)在励磁或建立磁通过程中起到的作用。

如果忽略绕组电阻、铁耗和摩擦损耗,则电机输入功率等于其机械输出功率。因此在空载运行下,电机的输入功率为零,这意味着相电流的"实部"(即与 V 同相位的分量)为零,从电源侧看,电机始终处于无功运行状态。图9.15展示了定子电流(以及等效电感电抗)随感应电动势的变化情况。对于如图9.14所示的等效电路,根据基尔霍夫电压定律,可以得到电压方程 $V = E + IR + jIX_s$,在忽略 R 的情况下,V 仅由电抗压降 IX_s [超前电流(I)90°]和 E 相加组成。

图9.15a中转子电流（也包括E）为零。参考图9.14，从电源的角度看，此时电机是一个纯电感，电流I_o（下标"o"表示空载）等于V/X_s，其中X_s是电源频率下的同步电抗。空载电流（相当于大型电机中满载电流的60%左右）滞后电压90°，因此电机此时仅消耗无功功率。在这种特殊情况下，由于没有转子电流，电机处于无励磁状态，但事实上电机必须产生一个旋转磁场来产生反电动势使其等于端电压，此时所需的电动势由每相的定子电流提供。现在所讨论的情况与空载感应电机的情况类似，空载电流滞后于电压接近90°，由于它负责建立旋转磁通，所以也被称为励磁电流。"励磁"一词的使用可以追溯到直流电机，当然"磁化"一词同样适用。

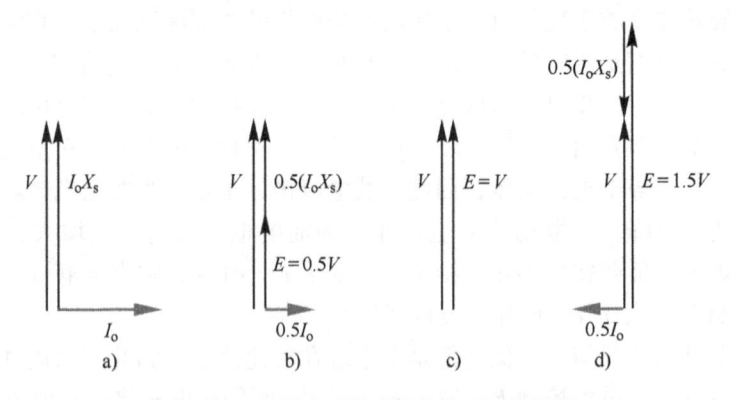

图9.15 空载时不同励磁条件下的相量图

在图9.15b中，转子电流产生的磁通可以使电动势达到端电压的一半，此时定子电流为图9.15a中的一半，以弥补励磁的不足。此时电机消耗的无功功率减小，但电流仍然滞后于电压。这种情况中的感应电动势E小于V，通常称为"欠励"状态。

在图9.15c所示的特殊情况下，感应电动势等于电机端电压，电流为零，对于电源而言，电机呈现开路状态。

图9.15d表示"过励"的情况。此时，转子电励磁比用来平衡电压V所需的励磁大50%，因此定子电流将反向抵消转子电励磁。此时，电流超前电压90°，电机可以看作输出滞后的无功功率或消耗超前的无功功率，即电机看起来是容性的。（当同步电机转轴两端都不外接时将不涉及机械功率的转换，这样的同步电机被称为"调相机"，具有"类似"电感或电容的作用，在相关电力电子技术出现之前，它们一直被用于电力系统的无功调节。）

接下来分析电机运行在电动运行状态，向外输出机械功率的情况。可以再次借助图9.16中的相量图来研究电动势大小对电机性能的影响。

首先需要说明，图中采用了电动机惯例，即电机在电动运行时对应的输入电

第9章 同步电机、永磁电机和磁阻电机及其驱动系统 269

功率为正。输入功率为 $VI\cos\phi$，当电机运行在电动（正功率）状态时，角度 ϕ 处于 $\pm 90°$ 范围内。如果电流滞后或超前于电压的角度大于 $90°$，则电机将工作在发电状态。

图 9.16 中的 3 张图分别代表在负载（即机械功率）恒定的情况下，感应电动势大小分别为低、中和高的 3 种情况。如果机械功率不变，则 $I\cos\phi$ 也不变，因此电流的轨迹可由水平点画线表示。相量图中 V 和 E 之间的夹角即为前文介绍过的负载角 (δ)。

图 9.16a 表示欠励的情况，此时反电动势 (E) 的幅值小于 V，这会产生较大的滞后无功电流分量。当励磁电流增加 (E 的幅值增加) 时，定子电流幅值减小，并且与 V 的相位差减小。图 9.16b 表明，可以通过调节励磁电流使电机工作在单位功率因数下。

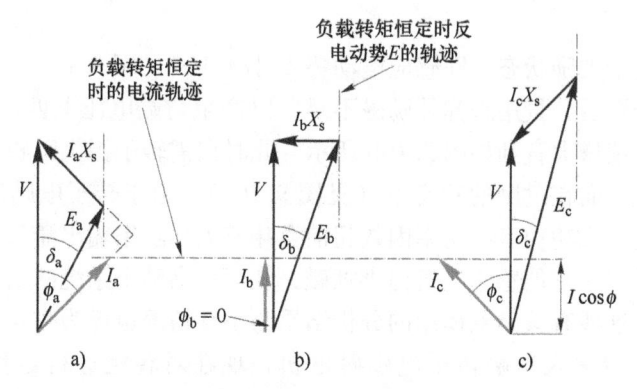

图 9.16 恒定负载转矩运行时的转子电励磁同步
电机相量图，对应 3 种不同的转子（励磁）电流

在此需要将时间相量图与图 9.6 的空间相量图联系起来。当图 9.6 所示的定、转子磁动势空间相量均以同步速旋转时，两者都将在定子中产生感应电动势。转子磁动势空间相量 (F_R) 产生 E（与转子中的直流电流成比例），而定子磁动势空间相量 (F_S) 产生的电动势（与电枢电流成正比）用 IX_s 表示。合成磁动势空间相量 (F) 在定子绕组中产生合成磁链 (ψ_s)，该磁链必然会感应出与端电压 V 相同大小的电压，因此，根据 E 的大小不同，电枢电流会相应地进行调整。

图 9.16b 表明在单位功率因数运行条件下，保持端电压 V 和频率不变，可以在给定负载功率（或转矩）下获得最小电流。此时空间相量三角形的面积由负载转矩决定，合成磁动势 (F) 是固定的，调整 F_R 可以使 F_S 达到最小值，即图 9.6 中的角度 α 为 $90°$ 且 F_S 垂直于 F。这表明了在合成磁动势和转子磁动势确定时，获得最大转矩的条件，该情况下的空间相量图是图 9.16b 的等比例缩放。

再看图 9.16c，励磁电流处于过励状态，这将导致定子电流继续增大，但此时电流相位超前于电压，功率因数为 $\cos\phi_c$。因此，可以通过调节转子电励磁来获得任意所需的功率因数，甚至可以实现电机在超前功率因数下运行，这是感应电机无法实现的。

在感应电机中，端电压 V 的大小和频率决定了磁通密度的大小，而电机的定子电流分为有功分量和无功分量。电流的有功（同相）分量表示将电能转换为机械能的有功功率，因此该分量随负载变化。另一方面，滞后的无功（正交）分量代表负责建立磁通的励磁电流，无论负载如何，它都保持恒定。

同步电机的定子绕组与感应电机基本相同，因此，合成磁通也将由端电压的大小和频率决定。并且，无论负载如何，该磁通都将保持恒定，且对励磁磁动势会有相应的要求。转子直流电流和定子电流中的滞后分量是提供励磁磁动势的两个来源。

当转子处于欠励状态，即感应电动势 E 小于 V（见图 9.16a）时，定子电流中会存在一个滞后分量用来弥补励磁不足，以产生与端电压 V 匹配的合成磁场。当励磁电流继续增大直到如图 9.16b 所示，此时仅需转子提供励磁，定子中将不存在滞后电流。而在过励的状态下（见图 9.16c），由于转子电励磁过大，此时会产生不必要的无功功率。功率因数超前意味着无功功率输出滞后，这些无功功率可为同一系统中其他感应电机提供励磁，从而提高整个系统的功率因数。正如预期的那样，这些有关励磁作用的分析结果与空载情况也极为吻合。

为了进一步深入理解转子电励磁电机，现在对转矩进行定量分析。根据图 9.16 可以得到有功功率的表达式：

$$W = VI\cos\phi = \left(\frac{V}{X_s}\right)IX_s\cos\phi = \frac{V}{X_s}E\sin\delta = \frac{EV}{X_s}\sin\delta$$

转速不变，因此转矩可由以下表达式计算：

$$T \propto \frac{EV}{X_s}\sin\delta$$

这与 9.3.1 节中得出的结论一致，即转矩由合成磁场（此处以 V 表示）、转子磁场（此处以 E 表示）和负载角（δ）正弦值三者的乘积决定。如果负载转矩恒定，则负载角（δ）随 E 变化以使 $E\sin\delta$ 保持恒定。随着转子电励磁减小，则反电动势 E 减小，负载角将增大，直到最终达到 90°，此时转子将发生失步。这意味着如果电机要能提供一定转矩，其所需励磁的大小是有下限的。

9.4.2 永磁电机

虽然绝大多数永磁电机都是采用变频器供电，但还是有些直接由公共电源供电，因此可以再次使用图 9.14 所示的等效电路来研究它们的性能。由于采用永磁体作为恒定励磁源，所以电动势的大小取决于永磁体的强度和电机转速，而转速由电源频率所决定。因此，负载转矩决定了永磁电机定子电流的同相（或有功）分量 $I\cos\phi$，如图 9.16 中的相量图所示。

为了确定永磁电机电动运行状态对应于图 9.16 中的哪一种情况，我们需要知道转子以同步速运行且定子开路时的感应电动势。如果 E 小于公共电源电压，则对应图 9.16a，此时称电机处于欠励状态，功率因数滞后，且随着负载的增加而降低。相反，如果 E 大于 V（过励状态），如图 9.16b 或 c 所示，功率因数将超前。

9.4.3 磁阻电机

图 9.17a 和 b 分别展示了空载和负载条件下磁阻电机一相绕组的时间相量图。在两图中，为了避免磁链与电压、电流重合，将磁链时间相量向右进行了平移。这些磁通相量可以与图 9.10 所示的空间相量进行比较。为了简化分析，此处忽略电阻。

图 9.17 有两个新的特征，首先是电流分解成了 I_d 和 I_q 两个分量；其次是在表示时变电路物理量的示意图中，增加了一个凸极转子结构的示意图。因此先不考虑磁阻电机的具体情况，在充分理解时间相量的特性后，再说明图 9.17 中转子结构存在的意义。

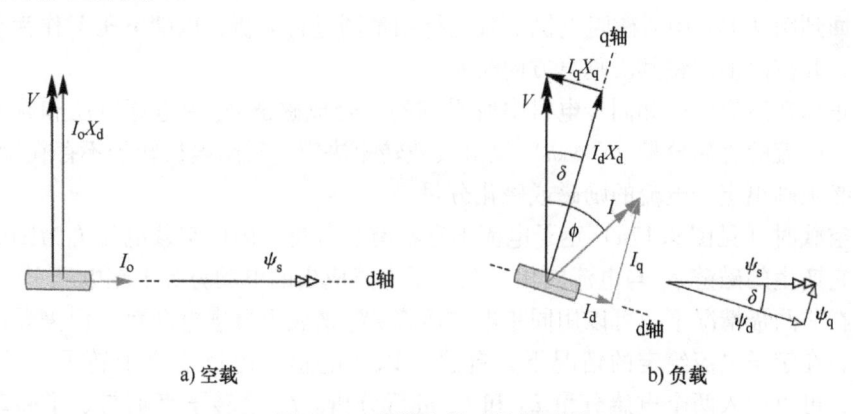

a) 空载　　　　　　　　　　　　　b) 负载

图 9.17　磁阻电机时间相量图

相量图提供了一种有效的图解方法，用以表示随时间正弦变化的物理量之间的稳态关系。假设所有的相量以恒定的速度逆时针旋转，每个供电周期旋转一周。每个相量的长度与其所代表物理量的幅值（通常为有效值）成正比，其角位置表示与其他物理量的相位关系。每个相量的末端在垂直轴上的投影表示其瞬时值，该值也随时间呈正弦变化。假设我们将笔固定在每个相量的末端上，将一张无限长的白纸以恒定的速度从左到右移动，笔尖将在纸上画出一条正弦轨迹。

相量图阐释了定子绕组内部各个物理量之间的关系，其可以在静止坐标系中表示两种不同类型的相量（时间相量与空间相量）。首先是端电压和电流（可以用电压表和电流表进行测量）或"等效电路"中的电压和电流，这些电压和电流都是关于时间的单值函数，不具有任何空间意义。其次，如磁链这种在空间中呈正弦分布的物理量也可以用相量表示，因为旋转的磁链空间相量在绕组中是正弦时变的（磁链在绕组中的变化会产生感应电动势）。

为了使这些时空相量图更有意义，所有同类的物理量（例如电压）必须按相同的比例绘制，而不同类的物理量（例如电流）可以各自按一定的比例绘制。

根据上述讨论，虽然我们不希望在图 9.17 中显示凸极转子结构，同时也不认为转子是一个时变的物理量，但转子在每个电周期中会旋转一对极，并且在转矩产生机理的分析（见 9.3.3 节）中可以看到，稳态下转子与合成磁通相量之间的夹角是固定的，所以可以通过在图中加入转子结构来定位直轴和交轴，将电流分解为 I_d 和 I_q，用以帮助理解相量图。

在 9.3.3 节中，将通过转子低磁阻的路径定义为直轴，将通过转子高磁阻的路径定义为交轴。因此，在相量图中加入转子结构后，也同时定义了直轴（见图 9.17a 中的水平轴）和交轴（见图 9.17a 中的垂直轴）。（这里采用了最为广泛使用的惯例，即交轴超前直轴 90°，如果读者在其他教科书中发现了不同定义方式时也不必感到迷惑。）

回到图 9.17a 中对磁阻电机空载运行相量图进行分析，以端电压 V 作为参考相量，并按照惯例将其沿垂直方向绘制。

正如在感应电机和同步电机中所看到的，合成磁链 ψ_s 由电源电压和频率决定，而电流的有功分量（$I\cos\phi$）仅由负载转矩决定。磁阻电机转子不存在励磁，因此必须画出定子电流的励磁或磁化分量。

空载时（见图 9.17a）定子电流不存在有功分量，因此空载电流 I_o 为励磁电流，它产生的磁链 ψ_s 与电流同相，在定子中感应出的电动势等于端电压 V。

在非凸极情况下，可以用同步电抗压降 IX_s 来表示自感电动势。但需要注意的是，在定子电流给定的情况下，自感（以及电感）磁链取决于转子位置角。因此，可以引入两个电感分量 L_d 和 L_q 进行分析。L_d 是转子直轴与定子磁动势轴线对齐时的电感，而 L_q 是转子直轴垂直于定子磁动势轴线时的电感。相应的稳态电抗分别是 X_d 和 X_q，但是在相量图中反映这些电抗是有难度的。因此，转子结构在示意图中变得尤为重要。

回顾图 9.10，转矩与两倍 δ（直轴与合成磁通之间夹角）的正弦值成正比。因此，电机空载时的磁通方向为直轴方向。随着磁通旋转，转子与磁通保持同步，因此可以在时间相量图中再添加一个"空心相量箭头"，并将其标记为"转子直轴"。

空载时转子的直轴与磁通对齐。因此，空载条件下的转子位置与磁通处于同相位，即图9.17a中的水平方向。定子磁动势将完全沿着直轴方向分布，此时的电流被称为"d轴"电流。空载情况下，所有的定子电流均为d轴电流（$I_o = I_d$）。

d轴电流产生的磁通由d轴电感决定，因此磁通产生的电动势与d轴电抗产生的电流有关。图9.17a中的相量$I_d X_d$表示该电动势的压降。

电机带载时的相量图如图9.17b所示。同样以端电压V为参考，与空载时一样，合成磁通保持不变，因为该磁通所产生的电动势仍等于V。合成磁通方向不再沿着直轴方向，转子滞后于磁通的角度称为负载角（δ）。负载转矩决定了电流有功分量（即$I\cos\phi$，未在图中标出），但最终决定电流相位的无功分量取决于两个电抗，这将在下文中具体解释。

读者现在应该已经明白了I_d和I_q的重要性。与I_d相关的磁动势沿转子的直轴作用，产生的磁链分量ψ_d的大小为$L_d I_d$，相应的感应电动势为$I_d X_d$。I_d用于建立磁场，因此称为定子电流的励磁分量。这就是为什么在空载情况下，所有的定子电流都为直轴电流。而I_q是定子电流的转矩分量，与I_q相关的磁动势沿交轴作用，产生磁链分量ψ_q的大小为$L_q I_q$，相应的感应电动势为$I_q X_q$。

需要重申一点，时间相量图表示了静止坐标系中随时间正弦变化的电压和电流，因此不应将上述讨论的相电流直轴和交轴分量I_d和I_q与第8章旋转参考坐标系中的i_d和i_q相混淆。后者在稳态条件下是恒定电流，可以在转子处产生与交流定子绕组产生的相同磁动势。稍后，在分析磁场定向控制时，将重新讨论经过坐标变换后的电流。

从相量图推导每相输出功率是一个直观但却繁琐的过程，下面直接给出每相输出功率的表达式：

$$P = \frac{V_S^2}{2 X_d X_q}(X_d - X_q)\sin 2\delta$$

由于转速恒定，因此该表达式还给出了转矩和负载角δ之间的关系。从物理上讲，δ是合成旋转磁场与转子直轴之间的夹角，即转子"滞后"于合成磁场的相位，因此它与转子电励磁电机的负载角有一定相似之处。

9.3.3节中的静态分析表明，转矩与$(L_d - L_q)$和$\sin 2\gamma$成正比，其中γ是转矩角，而在这里可以发现转矩与$(1/L_d - 1/L_q)$和$\sin 2\delta$成正比，其中δ是负载角。在静态情况下，电流保持恒定，合成磁通随转子角度变化。而在稳态运行情况下，电压和频率迫使合成磁通保持恒定，而电流则会相应变化。

9.4.4 凸极转子电励磁同步电机

利用与隐极电机类似的等效电路（见图9.14）对凸极转子电励磁同步电机进行建模，其中感应电动势E是由转子电励磁产生的。由于凸极结构电机具有磁阻转矩分量，同步电抗（X_s）需要分解为直轴电抗（X_d）和交轴电抗（X_q）。这些电抗与上一节中讨论的一致。

凸极转子电励磁同步电机时间相量图本质上是图9.16和图9.17的组合，此处再次忽略了电阻。在确定无功压降$I_d X_d$和$I_q X_q$之前，绘图时需要先将电流分解为直轴和交轴分量。图9.18a和b分别给出了过励和欠励情况下的典型时间相量图，两种情况具有相同的输出功率或转矩。

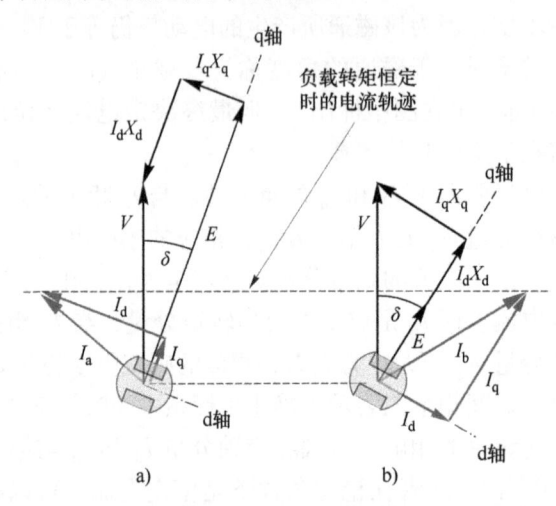

图9.18 过励和欠励情况下凸极转子电励磁同步电机的时间相量图

在过励情况下，电流超前于电压，即电机输出滞后的无功功率，而在欠励情况下，需要额外的滞后无功功率来补偿转子电流励磁的不足。

功率和转矩关于V、E和负载转矩的表达式可以从图9.18中推导得出：

$$T \propto \frac{EV}{X_d}\sin\delta + \frac{V^2}{2X_d X_q}(X_d - X_q)\sin 2\delta$$

转矩表达式中第1项与之前的转子电励磁电机相同，但此处用X_d代替X，第2项与磁阻电机相同。应注意到，即使转子电励磁为零（即$E=0$），凸极转子电励磁同步电机也可以单独通过磁阻作用产生转矩，磁阻转矩的大小取决于转子凸极率。例如图9.2a中的电机，它能通过磁阻作用产生占总转矩5%的磁阻转矩，而图9.2b中的电机则能产生占总转矩30%甚至更多的磁阻转矩。

9.4.5 工频起动

从对转矩产生机理的分析可知，只有当转子转速与旋转磁场速度相同时，才能产生稳定的转矩。如果转子以非同步速旋转，则两个磁场之间存在相对运动，这样会产生一个平均值为零的脉动转矩。因此，同步电机一般不能自起动，需要使用其他方法来提供电机所需的起动转矩。

对于大多数采用公共电源供电的自起动同步电机，除主励磁绕组外，一般还会有类似于感应电机的笼型转子。当电机接入电源时，它在起动阶段作为感应电机运行，直到转速逐渐上升到接近同步速后接通励磁绕组，只要负载不是太大，转子就能够实现最后阶段的加速并最终牵入与旋转磁场的同步状态。由于笼子仅在起动阶段起作用，所以可以按照短时工作制进行设计，因此体积相对较小。一旦转子实现同步且负载稳定，由于转差率为零，在笼中将不再产生感应电流。然而，当负载发生变化时，笼子就会发挥作用，它能够在转子到达新的稳态负载角的过程中，有效地减小转子振荡。

大型电机在起动阶段会产生非常大的电流，可能是额定电流的 6 倍以上，并且持续数十秒乃至更长的时间，因此通常需要减压起动器（见第 6 章）。在某些场合，也会另外使用一台小型电机，用于在达到同步速之前拖动主电机，但这仅仅适用于在主电机同步运行之后才进行加载的情况。

9.5 同步电机的变频运行

正如在第 7 章和第 8 章中所介绍的，使用变频器供电时，电机的性能将显著提升，并且能够克服许多由公共电源供电带来的缺点。

采用变频器供电使同步电机摆脱了工频运行下无法调速的限制。感应电机在采用变频器供电时，运行转速与同步速之间总是存在一定的转差率，而同步电机的转速完全由供电频率决定。但不足之处在于采用变频器供电的转子电励磁电机所具有的功率因数调节能力将被削弱。

原则上，精确控制变频器开关频率（振荡器）的精度是对同步电机进行精确转速控制的必要条件。而对于感应电机而言，转速反馈才是实现高精度控制的关键因素。在实际应用中，很少使用开环控制，因为开环控制时的供电电压和频率是直接由变频器提供的，与电机的运行情况无关。在大多数情况下会使用磁场定向控制（FOC），该控制策略与变频器供电的感应电机几乎完全相同（见 9.6 节）。磁场定向控制的主要优点在于，它可以实现定子电流转矩分量和励磁分量的独立控制。对于永磁电机，磁场定向控制可以通过控制电源频率与转子转速同步以防止电机发生失步。

在稳态时，电机定子电压和电流为稳定的正弦波，因此可以使用等效电路来研究电机的稳态特性，其方法与采用公共电源供电的永磁电机非常相似。为了使相量图更易于理解，在此将继续忽略电阻，这并不会严重影响结论的准确性。

在本节中，将再次借助包含电压、电流的时间相量图分析电机性能，此外还给出了对应的磁通（随时间变化）空间相量图，以强调两种相量图之间的联系。

和前文一样，可以将永磁体产生的磁通和定子磁通视为相互独立存在的，尽管实际上只存在一个合成磁通。由于两个磁场同步旋转，因此转矩的大小取决于两个磁场的强度和它们之间夹角的乘积。当两个磁场对齐时，转矩为零；当两个磁场互相垂直时，转矩达到最大值。因此当定子电流与永磁磁通对齐时，转矩将达到最大值，即上文所述的"Bll"原理。

由9.4节的分析可知，在采用公共电源供电时，电机的合成（定子）磁通是恒定的，因为电源电压和频率是固定的。而转子电励磁电机可以通过调节转子电流以实现单位功率因数运行。但对于公共电源供电的永磁电机，转子电励磁是恒定的，定子电流需要自行调节以满足合成磁通不变的要求，因此无法控制功率因数。

在使用变频器供电时，电机的定子电压和频率是可控的，再考虑到负载转矩，永磁电机将具有3个独立的控制变量，而对于转子电励磁电机来说，则有4个独立的控制变量（还包括转子电励磁电流变量）。尽管存在使用磁阻电机的变频驱动系统，但绝大多数变频驱动系统采用的是永磁电机，因此本节的剩余部分将对永磁电机进行集中讨论。⊖

9.5.1 永磁电机相量图

图9.19所示为欠励运行状态，即在给定转速下，电机的感应电动势 E 小于端电压 V。转子上红色和绿色的部分分别代表永磁体的两个磁极，并在图中定义了直轴（水平）位置。永磁磁通（Φ_{mag}）保持恒定，其方向为水平向右。

图9.19与图9.16相似，区别在于图9.19中加入了磁通相量，这为之后分析磁场定向控制奠定了基础。如下所述，磁通三角形和电压三角形相似，每个磁通都与对应的磁动势成正比（见图9.6）。例如，转子磁通（Φ_{mag}）对应于转子磁动势（图9.6中的 F_R）。

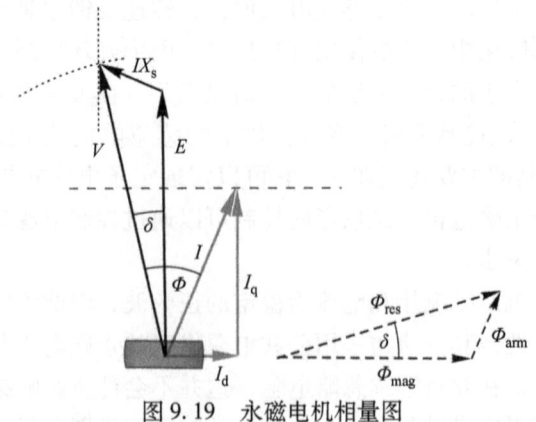

图9.19 永磁电机相量图

⊖ 读者如果希望了解其他类型同步电机在变频器供电下的运行情况，可以参考9.4节中的相量图进行理解。

第9章 同步电机、永磁电机和磁阻电机及其驱动系统

E 是转子磁通（Φ_{mag}）产生的开路电动势，它与永磁磁通和转子转速成正比，而转子转速与定子电流频率 ω 成正比。一旦确定了电流频率，反电动势 E 的大小也随之确定，因此可以从反电动势 E 开始绘制图 9.19 左图，E 的方向为垂直向上，因为感应电动势应超前永磁磁通 90°。

Φ_{arm} 是电枢（定子）电流单独作用时的磁通。假设转子为隐极式，那么该磁通的大小和方向仅取决于定子电流（I）的幅值和相位。

Φ_{res} 是合成磁通，在忽略电阻的情况下，该磁通由端电压的大小和频率决定，因此在相量图中，该磁通的大小与 V 成正比，方向与 V 垂直。

按照惯例，定子磁通产生的自感电动势等于定子等效感抗 X_s 上的电压降，在相量图中，电压相量 IX_s 将超前电流 90°。

V 是定子电压，可以将其视为一个变量，若定子电流为 I，则定子电压相量可以表示为 $V = E + IX_s$（这些变量均为相量），对于喜欢复数表示法的读者来说，也可以表示为 $V = E + jIX_s$。

画相量图时需要考虑的另外一个变量是负载转矩。在图 9.16 中曾处理过相同的问题，但那时是采用公共电源供电。由于现在电压可变，因此将使用另一种方法进行分析，其重点在于如何控制电流来获得所需的转矩。这将有助于读者理解本章后面介绍的永磁电机转矩闭环控制策略。

在稳态下，电机输出转矩等于负载转矩，与电流（I）、磁通（Φ_{mag}）和它们之间夹角（δ）的正弦值三者的乘积成正比。换句话说，转矩与磁场强度和与磁通正交的电流分量的乘积成正比。因此，负载转矩决定了定子电流的转矩分量（I_q），如图 9.19 所示。电流 I 的轨迹如图中水平虚线所示，而 V 的轨迹为垂直虚线。因此，当 V 的幅值（如圆弧虚线所示）确定后，通过圆弧和垂直线的交点即可确定定子电流的相位，电流直轴分量 I_d 也随之确定，并最终完成该图的绘制。

与电动势 E 同相位的电流分量为电流的有效分量或转矩分量 I_q，而与磁通同相位的是电流的磁通分量 I_d。磁通三角形的面积与 I_q 和 Φ_{mag} 的乘积成比例，因此该面积可直观地体现转矩大小。

通过调整 V 使定子电流与 E 同相位（即电流磁通分量 I_d 为零），可以获得单位定子电流所能产生的最大转矩，据此可以在给定转矩时使定子铜耗最小。如果忽略铁耗，这最有利于电机的运行。

需要强调的是，"转矩与电流的交轴分量成正比"这一结论不仅仅局限于目前假设的稳态条件。事实上，这也是磁场定向控制系统的基础，这将在 9.6 节中进行讨论。

每相功率的表达式可以利用相量图的几何关系（借助几条辅助线）推导得

出（可以得到两种形式）。第1种与转子电励磁电机相同，即 $P = \dfrac{EV}{X_s}\sin\delta$，而第2种更适用于电流控制情况，为 $P = EI_q$。第2种形式的表达式与第3章中直流电机的转矩表达式完全相同。

在继续讨论之前，回想一下曾介绍过的一个例子，该例中端电压仅比反电动势 E 稍大一点，电流的大小适中，并且功率因数良好。但是，如果继续增大端电压 V，电流滞后于磁通的分量将会增大（而电流转矩分量不变，由负载决定），此时功率因数将变差很多。与此相反，端电压过小将导致超前的电流分量增大。这两种情况都不理想，因为都会额外增加铜耗。

9.5.2 调速和负载情况

在9.7节中，将讨论变频器供电永磁电机的转矩-转速特性和运行性能。与直流电机驱动系统和感应电机驱动系统相同，永磁电机驱动系统在额定转速下也存在一个恒转矩区域。在该区域内，永磁电机能保持额定转矩连续运行。在转速较高时，也同样存在一个弱磁区域，在该区域中可获得的最大转矩会减小。但是，与其他驱动系统相比，由于受最大供电电压和最大允许连续定子电流的约束，永磁电机在弱磁区域的运行会受到更加严格的限制，甚至只能在该区域间歇运行。

考虑到涉及的参数较多且不同电机的参数设计存在较大差异，在此仅进行简要概述。下文将以一台假想的电机作为研究对象，并通过它来深入探讨其中存在的一些问题。重点讨论3种稳态条件下的相量图，其中2种处于恒转矩区域，1种处于弱磁区域，这有助于后续对磁场定向控制策略的讨论。

为了便于借助稳态相量图进行计算，将额定转速（ω_B）时的开路电动势 E 设为1pu（实际上，通常将额定电压设为1pu，当然也可以取其他值）。假设绕组在额定转速下的电抗（X）为0.3pu [这意味着在额定电流（和额定频率）下，电抗两端的电压为额定电压的0.3倍]。

1. 满载（额定转速时输出额定转矩）

满载是指电机以额定转速运行并输出额定转矩。由之前的分析可知，电流取决于端电压，因此通过调节端电压可以使电流达到最小，就如 $I_d = 0$ 磁场定向控制那样，图9.20对应于这

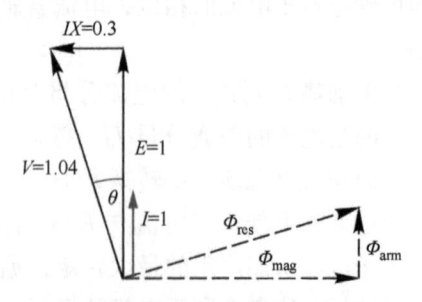

$IX=0.3$；$E=1$；$V=1.04$；$I=1$；Φ_{res}；Φ_{mag}；Φ_{arm}

额定转速；频率ω_B；额定转矩；最大效率；
转矩角：90°；额定功率

图9.20 永磁电机磁场定向控制相量图——额定转速下的额定转矩

种情况。

在图 9.20 中，定子电流的励磁分量为零，因此电枢磁通垂直于转子永磁磁通，即处于最大转矩产生位置。在这种情况下将电流定义为 1pu，因此电抗两端的电压降为 $1 \times 0.3 = 0.3$pu。由勾股定理可以得到，端电压 V 的大小为 1.04pu。由于此前已将这种情况定义为额定功率条件，所以将 $1.04V$ 作为变频器可以提供的最大电压。如果忽略铁耗，对于给定电流和转矩而言，此时的定子铜耗最小，效率最高。

2. 1/2 额定转速时输出额定转矩（半功率）

这种情况下的相量图如图 9.21b 所示，调节端电压可以在输出额定转矩时得到最高效率对应的定子电流。（为方便比较，在图 9.21a 重复展示图 9.20。）

该情况下的磁通与图 9.20 一样，并且由于（额定）转矩相同，定子电流也同样为 1pu。但是现在频率变为之前的一半（$\omega_B/2$），因此开路电动势也减少为之前的一半。定子电抗与频率成正比，因此电抗也减半到 0.15pu，电压降 IX 也降为 0.15pu。由于两图之间相似，端电压也变为原来的一半，即 0.52pu。这再次证明交流电机的磁通由 V/f 比决定。

V 和 I 之间的夹角 θ（功率因数角）在额定转速和 1/2 额定转速时相同，并且因为输入功率等于 $VI\cos\theta$，所以 1/2 额定转速时的输入功率是额定转速时的一半。在忽略电阻的情况下，输入功率等于机械功率，在图 9.21 和图 9.20 中输出转矩相同，但前者的转速是后者的一半，所以前者的机械功率为后者的一半。

前面的两种情况已经说明了如何在最大可用电压对应的转速以下，使电机产生最大额定转矩，也就是使电机运行在之前所说的"恒转矩区域"。在此区域中，采用磁场定向控制的永磁电机的稳态性能与直流电机驱动系统非常相似，所施加的电压（和频率）与转速成正比，且定子电流与转矩成正比。

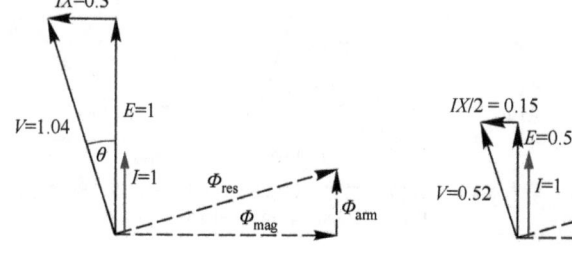

额定转速；频率 ω_B；额定转矩；最大效率；
转矩角 90°；额定功率
a)

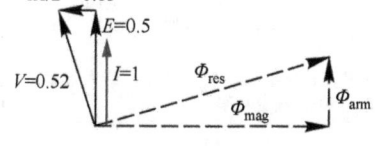

1/2 额定转速；频率 $\omega_B/2$；额定转矩；最大效率；
转矩角 90°；1/2 额定功率
b)

图 9.21 永磁电机磁场定向控制相量图。a) 额定转速，额定转矩；
b) 1/2 额定转速，额定转矩

对于直流电机驱动系统和感应电机驱动系统来说，在电压和电流达到额定值之后，电机转速的提升只能以降低转矩为代价，因为此时电机的输入功率已经达到最大值（即额定值）。此时，电机可以进入"弱磁区域"以获得更高的转速。

对于直流电机，励磁磁通可以直接控制，只需减小励磁电流即可。而对于感应电机，磁通是由 V/f 比间接决定的，因此如果增大 f 而保持 V 恒定，则磁通会减小。永磁电机的特性与感应电机有些类似，如果在额定转速以上保持电压恒定，V/f 比会随着频率（转速）的增加而减小，最终导致磁通也减小。然而感应电机中的励磁只来自于定子绕组，而永磁电机中的励磁源自永磁体，其磁场强度始终保持恒定。为了减小磁通，需要利用定子电流来削弱永磁磁通，所以电机在弱磁区域中运行时性能会有所下降。

3. 弱磁——1/2 额定转矩，2 倍额定转速（全功率）

现在分析永磁电机运行在弱磁区域的情况，假设电机工作在额定功率状态，此时运行转速为额定转速的 2 倍，输出转矩为 1/2 额定转矩。下文将介绍，电机只能在这种状态下间歇运行，并且电流将大于额定值，这一结论适用于永磁电机的整个弱磁区域。

图 9.22b 为该情况对应的相量图，为了便于比较，在图 9.22a 也同样给出了额定转速、额定转矩对应的相量图。

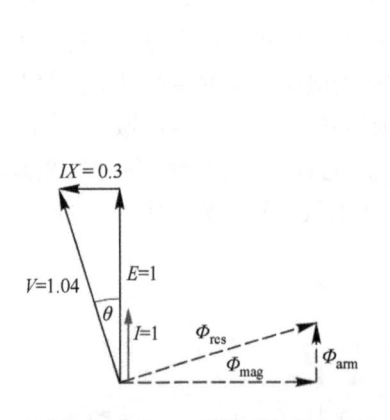

额定转速；频率ω_B；额定转矩；最大效率；
转矩角90°；额定功率

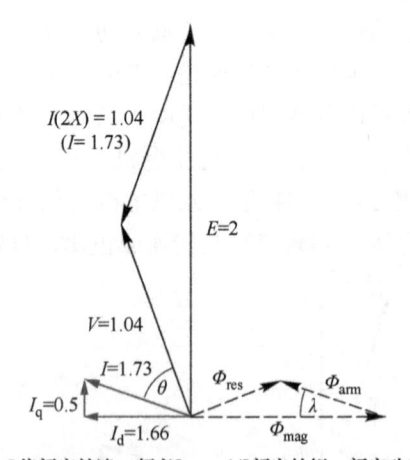

a)

2倍额定转速；频率$2\omega_B$；1/2 额定转矩；额定功率；
电流为1.73pu；转矩角λ=16.8°。

b)

图 9.22 永磁电机磁场定向控制相量图。a）额定转速，额定转矩；
b）2 倍额定转速，1/2 额定转矩

图 9.22b 中对应的频率是额定频率的 2 倍，即 $2\omega_B$，因此开路电动势的大小为 2pu。电机在额定转速以上运行时的定子端电压应为最大值，在本例中为

1.04pu。由于不能继续增大电压，电流与 E 不能同相，只能选择一个并不理想的折中方案。

输出转矩为额定值的一半，意味着电流的转矩分量为 0.5pu。此时 E 和 V 相差很大，这导致定子电抗压降非常大，$IX_s = 1.04$pu。由于频率加倍，此时定子电抗变为额定转速时的两倍，因此电流为 1.04/0.6 = 1.73pu，比其额定值高 73%，所以铜耗将增加为 1.73^2，即额定值的 3 倍。在这种情况下，定子将过热而导致电机无法连续运行，因此在弱磁状态下，电机只能以 1/2 额定转矩间歇运行。

通过比较图 9.22 中的磁通三角形，可以理解为何图 9.22b 所示的情况被称为弱磁状态。在额定转速下（见图 9.22a），通过自由调节 V 以确保定子（或电枢）磁通与转子永磁磁通正交（即转矩角 λ 为 90°），从而获得最大的合成磁通，并通过控制给定转矩下的电流最小来实现效率最大化。

由于端电压 V 受到限制，永磁电机运行在 2 倍额定转速时，有很大一部分定子磁通用于抵消转子永磁磁通，使合成磁通远小于转子永磁磁通，且转矩角（λ）很小，只有 16.8°。从某种意义上讲，大部分定子电流都被"浪费"于抵消永磁磁通。这种运行状态并不理想，但这是在端电压有限时实现更高转速运行的最佳方案。

最后计算电机的输入功率。θ 的大小为 90° − 2λ = 56.4°，因此输入功率（$VI\cos\theta$）的大小为 1.04 × 1.74 × 0.553 = 1pu，这与预期相符，因为在忽略电阻时电机的机械输出功率就等于额定功率（2 倍额定转速，1/2 额定转矩）。

9.5 节分析了电压、频率和负载在典型变频驱动范围内变化时，电机参数对稳态性能的影响。很少有读者会注意到所有细节，认为这些细节难以理解的读者将发现，实际上驱动器会进行自动控制，下一节将对此进行介绍。

9.6 同步电机驱动器

随着用户愈发追求（相对于感应电机驱动系统）更高的系统效率和功率密度，同步电机变频驱动系统，特别是永磁电机驱动系统，开始在电机驱动领域中扮演更重要的角色。已有的相关优化设计和控制策略使得永磁电机驱动系统具有非常好的动态性能，这使其在许多要求苛刻的应用场合中成为首选。

9.6.1 简介

9.4 节和 9.5 节中，分析了各类同步电机在正弦对称电压（其电压和频率都是独立控制的，不受电机参数影响）供电下的稳态性能。

作为感应电机的竞争者，同步电机也具有适应负载变化的能力。如果转子负载增加，则转子会瞬间开始减速，负载角和电流转矩分量将会增大，直到产生的转矩与负载平衡，最终转子将以原来的转速重新进入稳定状态。在"电压源供电"条件下，负载角为90°时，电机将获得最大转矩，负载角如果超过90°，转子将会发生失步，电机的平均转矩将降为零并最终停转。此外，当电机频率增加过快时，也可能发生失步。在合成磁场加速时，负载角（合成磁场与转子直轴之间的夹角）会增大，转矩也会随之增大，转子将开始加速。由于惯性的存在，负载角可能会超过最大转矩点（90°），此时转子将发生"极滑"并失速。对于通用型驱动系统，失步显然是不可接受的，这也解释了为什么早期变频器供电的同步电机驱动系统没有得到广泛使用。

如果能够根据电机的运行情况实时控制供电电压，将可以完全避免公共电源供电带来的所有缺点。与感应电机驱动系统一样，这在高速数字处理器问世（实现逆变器的快速控制）后才得以实现。

在这种"自同步"驱动系统中，转子不会发生失步或者失速，因为逆变器的开关状态（即开关频率）取决于转子的位置，而非外部振荡器。此外，磁场定向控制可以很容易地应用在同步电机（相比于同规格感应电机具有更高的功率密度）上以获得最好的性能和效率。

读者可能已经注意到，在9.3节中介绍了转矩产生机理的核心是定子电流，而定子电流在9.4节和9.5节中都被当作是一个因变量，并且不再是分析的关键因素。这是因为在电压幅值、频率和负载转矩给定之后将无法直接控制定子电流，此时其大小和相位就取决于所需转矩。而本章所有驱动器转矩控制系统的核心部分都是电流控制器，电流将再次成为分析的重点。因此，可以继续根据9.3节介绍过的转矩产生机理相关知识进行分析。（也可以继续利用之前通过相量图得到的结论，但只在驱动系统处于端口电压和频率恒定的稳态时才适用。）

同步电机驱动系统和直流电机及感应电机驱动系统有许多相似之处，但就转矩的方向而言，同步电机与直流电机或感应电机有很大不同。对于直流电机，转矩的方向取决于电枢电流的极性；对于感应电机，转矩的方向取决于转差率；但是对于同步电机，转矩的方向取决于转矩角，如图9.23所示。

图9.23所示为简易转子和定、转子磁动势（分别为F_S和F_R），以及相应的正弦分布定子电流（仅用简单的单匝线圈表示）。当定、转子磁动势（F_S和F_R），表示定子电流的单匝线圈和简易转子都以同步速逆时针旋转时（正弦分布定子电流的旋转是三相交流绕组共同作用的结果），或当电机静止且每相（直流）电流不变时，同样可以使用图9.23所示的3张图进行转矩分析。

正如前文所述，两个磁动势总是试图相互对齐，由于定子磁动势相对于转子轴线偏移了一个正的转矩角（γ_m），因此图 9.23 左图中的转子转矩为逆时针方向。如果定子磁动势在转子轴线右侧，即转矩角（γ_b）为负，则转子转矩为顺时针方向。需要强调的是，当电机定子电流（而不是电压）为分析的关键时，需要重点关注的是转矩角（定子和转子磁动势之间的夹角），而非负载角。

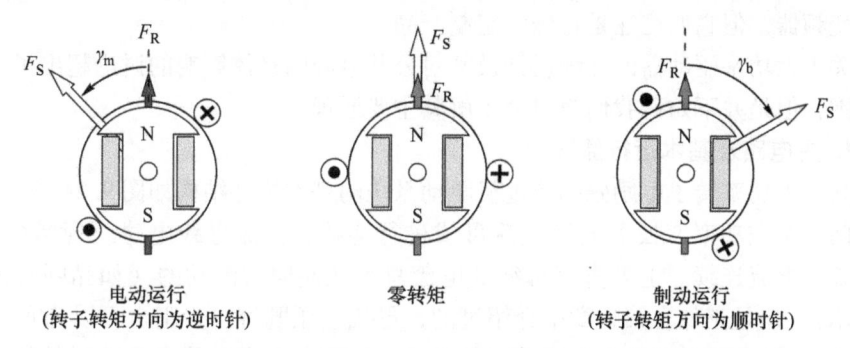

电动运行
（转子转矩方向为逆时针）

零转矩

制动运行
（转子转矩方向为顺时针）

图 9.23　同步电机的转矩角（左图为电动运行，对应转矩角 γ_m；右图为制动运行，对应转矩角 γ_b）

同步电机的电动运行对应图 9.23 左图，转子朝逆时针方向偏转，此时转子滞后于定子磁动势，能量由电能转化为机械能。下面分析如何控制定子电流的大小和相位以产生所需的转矩。电机在大多数情况下（例如在加速过程中）需要提供最大转矩，此时转矩控制系统将为每相绕组施加额定电流，并使转矩角保持或接近 90°的状态。随着电机的加速，每个电周期逐渐缩短，转子将始终保持同步。

图 9.23 不仅适用于电机稳态运行的分析，也适用于加减速运行和静止状态，所以该图对本章的后续分析也会有所帮助。

下面将以本章前几节相同的顺序依次介绍各类同步电机使用的电力电子驱动器和控制策略。其中转子电励磁同步电机通常由电流源型逆变器（CSI）供电，而其他 3 种（永磁电机、磁阻电机和凸极永磁电机）均采用脉宽调制电压源型逆变器（VSI）供电，因为后者更适合于大功率（兆瓦级）应用场合。

9.6.2　转子电励磁电机

这类驱动器的应用主要分为两类。

第 1 类，作为驱动大型同步电机的起动器，使其在并网前加速至接近同步速。该驱动器的额定功率较电机的额定功率小得多，主电机空载起动，并网后再驱动负载。

第 2 类，用于多种场合的大功率（有时是高速）调速系统。额定功率通常为2~100MW，转速可达8000r/min。对于大功率应用场合，提高工作电压以最大程度地减小电流是有利的，这样便于对绕组和接口电缆进行管理维护。典型的供电电压通常为12kV，但也有驱动系统的供电电压超过25kV，其通常会使用类似高压直流（HVDC）变换器所采用的高压变换技术。

一些中等功率（例如几十千瓦）同步电机的制造商也会提供采用晶闸管的低压变频器，但它们往往是特殊的定制产品。

关于大功率驱动器的详细设计及其对公共电源的具体影响的讨论超出了本书的范围，但是并不妨碍我们简单地了解其主要原理。

1. 主电路及基本运行原理

高压大功率转子电励磁同步电机驱动系统的基本拓扑结构如图9.24所示。

两个全控功率变换器通过直流母线进行连接，直流母线电感（通常较大）可以确保电流连续。上方直流母线的电流总是从左向右流动的（如晶闸管的方向所示），但是正如在第2章中介绍过的，母线电压既可以为正也可以为负（参见下文），因此能量可以双向流动。电机的旋转方向由变频器内开关器件的切换顺序确定，因此无需额外的硬件即可实现四象限运行。图9.24中的"整流器"和"逆变器"表示了同步电机电动运行时两个变换器的工作状态，当电机处于制动或发电运行时它们的作用相反。

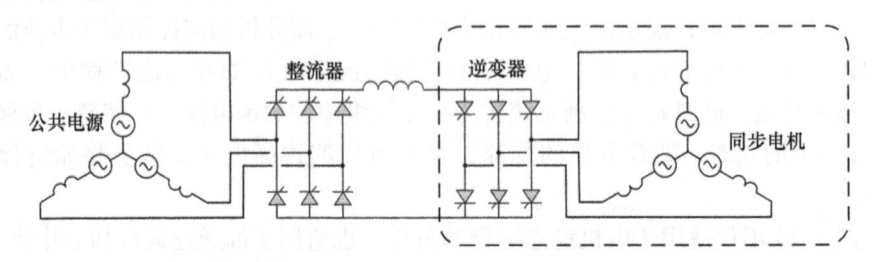

图9.24 变频器供电的大型转子电励磁同步电机驱动系统

鉴于IGBT器件的诸多优点，我们希望逆变器开关器件采用IGBT，并使用PWM控制。然而大功率IGBT器件价格高昂，因此高压大功率驱动系统的开关器件与直流电机驱动系统供电侧同样使用大功率晶闸管。

之所以可以使用这种更便宜的逆变器，是因为同步电机一旦旋转，就会在每相绕组中产生交流感应电动势，该电动势可以帮助逆变器进行换流。这也是它通常被称为负载换流型逆变器（LCI）的原因。实际上，机侧变换器的表现与它连接到公共电源时的表现是一样的。

机侧逆变器和同步电机的组合方式（见图9.24中虚线内的部分）与传统有刷直流电机之间存在相似之处，这也解释了为什么有时将这种组合称为定转子互换的直流电机。接下来将具体分析两者的相似之处，这将有助于我们了解该驱动器的工作原理。

同步电机的直流励磁绕组位于转子上，转子旋转磁场在三相定子绕组中感应出正弦的电动势，电动势的幅值和频率与转子转速和励磁电流成正比。逆变器中开关器件的开通和关断与感应电动势同步（即与转子位置同步），这样母线电流可以在最佳转子位置依次流入各相绕组，从而获得最大转矩，逆变器有效地充当了"电子换向器"。在直流母线上，三相电压被整流成直流电压，但电压波形并非平滑的直流（见图9.26），可以将其等效视为有刷直流电机的"反电动势"。

相反，在传统直流电机中，磁场是静止的，磁通在转子电枢线圈中感应出交流电动势。机械换向器和电刷对感应电动势进行整流，此时在电枢端口就得到了非常平滑的直流感应电压，其被称为反电动势，用符号 E 表示。

因此对于直流母线来说，这两者基本相同。与直流电机一样，同步电机的空载转速取决于变频器提供的直流母线电压，施加负载后，转速将下降，感应电动势降低，直流母线电流会自动增大，从而产生更大转矩，直到达到稳态为止。同步电机转子直流励磁电流变化带来的影响也与直流电机一样，对于给定的母线电流，弱磁可以获得更高的转速，但同时转矩会降低。

回到同步电机本身，假设直流母线电流恒定（参见下文），且变频器开关器件的通断与感应电动势同步，即与转子位置同步。在稳态时，电机每相绕组将在1/3 个电周期内（120°电角度）和直流母线接通，此时绕组电流即为直流母线电流（I_{dc}），而在之后的 60°电角度内电流为 0。在负半周期内将重复上述过程，最终电流波形将如图 9.25 所示。（图中均为理想波形，为了简单起见，假设电流恒定且可以突变。实际上电流肯定会存在波动，并且由于"瞬态电抗"的存在，电流会有一定的上升和下降时间，幸运的是，"瞬态电抗"相对较小。）

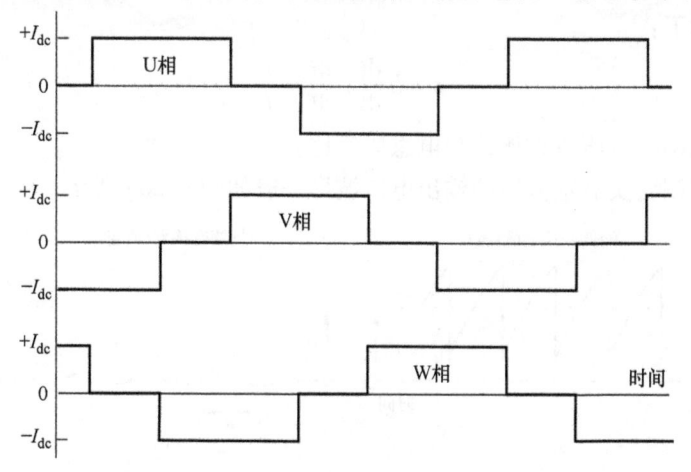

图 9.25　同步电机稳态时的理想相电流波形

尽管电流波形非正弦，但如果绕组是正弦分布的，则合成定子磁动势在电机中会呈正弦分布。此时磁动势并非平滑地旋转（在相电流也随时间呈正弦变化时才会平滑旋转），每当逆变器将直流母线和电机各相绕组接通时，磁动势在空间上向前跃过60°电角度（即1/3极距）。因此，在稳态下，电机转矩会不可避免地产生脉动，这是使用负载换流型逆变器所带来的问题。幸运的是，由转矩脉动引发的共振很少见，通常可以通过防止电机持续运行在可能引起机械共振的特定转速范围内来避免。

尽管现在分析的是稳定状态下驱动系统的基本工作原理，但这也与之前介绍的公共电源供电的情况大不相同。在公共电源供电的情况下，如果负载超过失步转矩，电机将发生失步并失速。而现在电机是自同步的，如果轴上负载超过了直流母线电流所能产生的最大转矩，电机将会减速，当轴上负载减小时，电机将再次加速，就如直流电机的表现一样。

2. 电流源型逆变器（CSI）

"电流源型逆变器"一词在之前已被用来描述图9.24所示的功率变换电路，现在该解释一下该词的含义了。

首先要指出"电流源型逆变器"并不意味着直流母线电流不会改变，而熟悉电流源在其他场合，尤其是在低功率电子设备应用的读者可能会认为直流母线电流会始终保持不变。不过在本节的分析中（均为正常运行状态），即使在最低运行速度下，母线电流也不会发生突变，即在一个完整电周期内电机的电流波形不会有明显变化，这是通过直流母线电感实现的。

本书曾多次提到过，电路中的电感会使电流波形比电压波形更平滑（见图8.10），并且电感越大，电流越平滑。电感两端的电压与流过电感的电流有关，公式如下：

$$v = L\frac{di}{dt}, \quad \frac{di}{dt} = \frac{v}{L}$$

即电流变化率与电压成正比，与电感成反比。

经过网侧变换器整流后的输出电压波形一般如图9.26a所示，为变换器直流

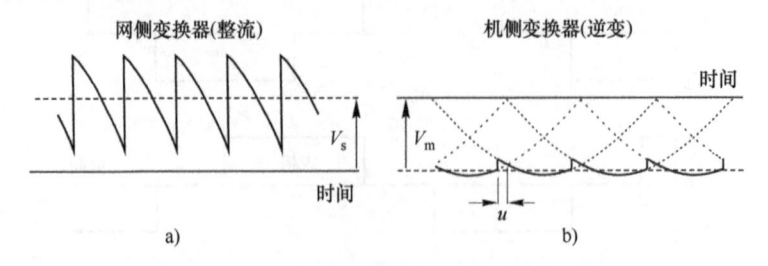

图9.26 电流源型逆变器的直流母线电压波形

第9章 同步电机、永磁电机和磁阻电机及其驱动系统

母线上方（即电感左端）相对于下方的电动势。波形中存在明显的六倍频（相对于公共电源频率）纹波，其平均（直流）电压为 V_s。

同时，机侧变换器（可以看作一个上下翻转的网侧变换器）工作于逆变状态，电感右端相对于下方母线的电动势如图9.26b所示，平均（直流）电压为 V_m。当直流母线电流恒定时，电感两端的平均电压为零，这就意味着 V_s 等于 V_m，即两个变换器的直流电压相同。为此，电流控制器将调节网侧变换器的触发角。（实际上，由于电感中的电阻，电感两端会存在一个很小的电压降。）

电感两端的瞬时电压是图9.26中两个电压波形的差值。由于两个电压波形并不实时同步，因此难以直接得到它们的差值，但是可以看到在电感两端会存在较大的电压，尤其是在网侧变换器换向引起电压的阶跃变化时。如果不存在电感，那么母线电流将发生很大的阶跃变化，电机转矩也会出现剧烈波动。因此，需要确定系统可接受的纹波电流，并相应地确定直流母线电感的大小。实际上，对于大多数应用而言，一般可接受的最大纹波电流为额定电流的5%。

由于电感（用于抑制电流纹波）的存在，当想要快速提高或降低平均电流以改变转矩时会不可避免地受到阻碍，电流控制环的响应会变慢。幸运的是，大型电机通常不追求高带宽的转矩控制，因此这种折中方案是可以接受的。

现在，用"电流源型逆变器"一词来描述这种变换器的原因应该更加清楚了。尽管当母线电流从某一相切换到另一相时，两相中的瞬时感应电动势差别很大，但母线电流基本保持不变，因此认为母线电流与电机的负载大小无关。

3. 起动

由于此前假设电机在稳态下运行，因此可以用电机的端电压（或反电动势）来确定转子位置，但在起动或转速很低时电机的反电动势太小，无法帮助机侧变换器进行电流换向。换向通常是通过暂时切断直流母线电流实现的（通过网侧变换器的相位控制），当电流减小到零时，下一对晶闸管将被触发，电流会再次增大。安装在电机转轴上的绝对位置传感器可以提供转子位置信号，以确定何时在不同的开关之间切换电流。整个过程听起来很缓慢且费力，但事实并非如此，大型电机可以在几秒钟内完成加速。当电机转速大于5%额定转速时，电机将能产生足够大的反电动势进行自然换向，随后可按照与直流电机类似的方式进行驱动控制。

当可以准确知道负载大小时，某些系统实际上会通过施加预设的电流脉冲序列（按顺序施加到电机各相），先将电机加速至一定转速以获得能够用于位置检测和换向的反电动势，从而不再需要额外安装位置传感器。

与直流电机驱动系统一样，当同步电机转速较低时，交流电源的功率因数较差，但从积极的角度看，这种驱动方式无需任何额外设备就能实现四象限运行。

4. 控制

同步电机/自换流晶闸管变换器的组合与常规直流电机的性能几乎相同，这意味着其同样可以采用在第 5 章中介绍过的控制策略，如图 9.27 所示。

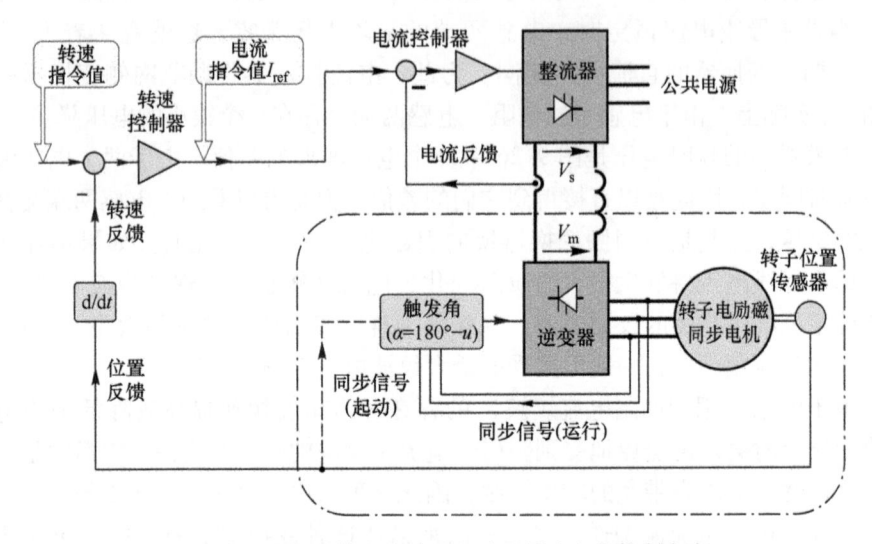

图 9.27 变频器供电的转子电励磁同步电机控制方案

电流控制内环提供转矩控制，转矩指令值是通过转速控制外环的误差信号获得的，通过钳位电流 I_{ref} 来限制最大电流。

图 9.27 中点画线内的部分为同步电机驱动系统的基本结构，其运行只需一个直流电源，如图 9.27 中的 V_m 所示。控制方案与常规直流电机驱动控制方案相同（见图 4.12），其运行方式与前文所述一致，包括弱磁控制——当母线电压达到最大值时，需要逐渐减小转子电励磁电流。

回到图 9.26，电机侧电压波形的频率和幅值显然与转速成正比，在电动运行状态下，机侧变换器的触发角保持为略小于 180° 的恒定值，从而使转矩角维持在 +90°，这样能够保证转矩在给定电流下达到最大值。死区 "u"（见图 9.26）是确保换向成功的必要条件。

当需要能量回馈时，机侧变换器的触发角减小为零，使转矩角变为 -90°，以获得最大的制动转矩，机侧变换器整流得到最大电压（即最大功率和转矩）。能量回馈至网侧变换器，此时网侧变换器将进入逆变状态并对电流进行控制。

最后，值得说明的是，功率在 5MW 以下的电流源型逆变器目前正受到电压源型逆变器的挑战，其基本电路和控制策略与即将介绍的永磁电机驱动系统相同。

9.6.3 永磁电机

永磁电机驱动器发展迅速，现已成为电机驱动市场中非常重要的产品，在 9.7 节中将详细介绍该驱动器的出色性能。商用永磁电机驱动器中的变换电路与之前在第 7 章和第 8 章中已经介绍过的感应电机驱动器完全相同，并且控制方式也非常相似。

1. 主电路

永磁电机（以及除转子电励磁型以外的所有同步电机）控制系统的基本结构一般如图 7.2 所示。

桥式逆变电路如图 9.28 所示（与图 2.21 相同，在此给出以避免重复翻阅）。

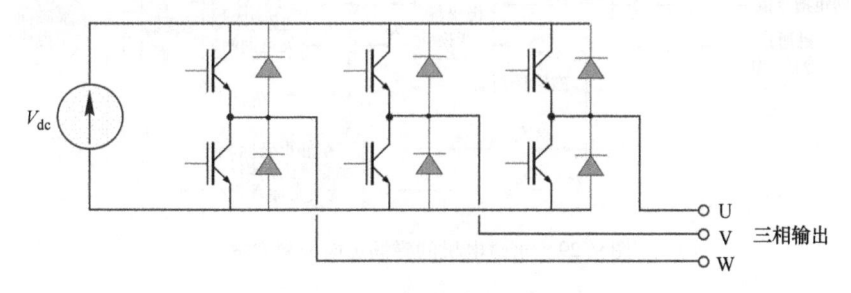

图 9.28 三相逆变器主电路拓扑

在第 2 章中曾介绍过，电机在电动运行状态时（功率从直流母线流向电机），有功功率流经主电路开关器件（通常是 IGBT），而无功功率流经开关器件的反并联二极管。当向感应电机供电时，电流的励磁（无功）分量很大，但是对于永磁电机来说，在电机低于额定转速运行时不需要励磁电流，因此可以通过使用更小功耗的反并联二极管来提高逆变器的效率。稍后，将分析永磁电机运行在额定转速以上（在弱磁区域）的情况。

2. 控制

永磁电机通常由电压源型逆变器供电，因此其控制策略与图 9.27 所示的电流源型逆变器不同。图 9.29 为永磁电机磁场定向控制系统的典型结构，其中星号（*）表示指令值。如前所述，该控制方案与感应电机非常相似（见图 8.16）。

由于磁通是由永磁体提供的，因此电流励磁分量指令值通常为零。如果励磁电流指令值不为零，则控制系统提供的定子电流将含有励磁分量，该电流分量可能会加强或削弱永磁磁通，具体取决于电流励磁分量指令值的极性。受到磁路饱和的影响，磁通会存在上限。在实际应用中，一般更多的是削弱磁通，这样可以使电机运行在弱磁模式下，从而在恒功率状态下扩大永磁电机的运行转速范围，如 9.5 节所述。

根据不同转速适当调节电流分量（i_d）可以实现永磁电机的弱磁控制，但这并不容易。参考直流电机的弱磁控制，可以采用一种更简单的方法实现弱磁控制（见第2章）。直流电机在额定转速以下稳态运行时，转速随定子电压的增加而增加，但是在达到额定转速后，定子电压将无法再进一步增加（此时为了继续提高转速只能减小励磁电流）。对于永磁电机驱动系统而言也是一样，必须在定子电流中增加负的 i_d 分量，这可以简单地通过图9.29所示的"电压控制（弱磁）"环来实现。

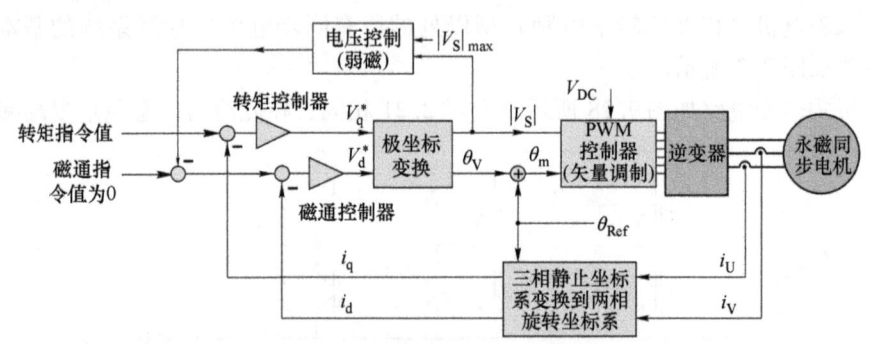

图9.29 永磁电机的磁场定向控制方案

永磁电机的弱磁运行带来了一个有趣的实际问题，如果控制系统在高速运行时发生故障，则可能会发生以下现象：假设电机正以3倍额定转速运行，突然由于某种原因控制系统失控，削弱永磁磁通的定子电流分量消失，此时转子在全磁通下以3倍额定转速高速旋转，端电压将升至其额定值的3倍。电机的绝缘系统和功率变换器中的元器件通常无法承受如此高的电压，这将导致灾难性的故障。将所有元器件的耐压值都提升为原来的3倍以上会使成本过高，因此需要寻求其他保护手段，常见的解决方案是在电机端口附近安装一个简单的过电压保护电路。这样，如果发生此类故障，可以将电机端电压限制在可接受的范围以内。

9.6.4 磁阻电机

在早期使用功率半导体器件的交流驱动系统中，磁阻电机曾是用户的首选，但在现如今以感应电机和永磁电机为主导的市场，磁阻电机几乎已被遗忘。然而，近年来磁阻电机重新获得关注，并在一定程度上成为感应电机的竞争对手。通常，磁阻电机比同功率等级的感应电机稍大，目前市场已经出现一些可靠的磁阻电机及其驱动器产品，如图9.30所示。

1. 主电路

磁阻电机驱动器主要使用的是电压源型功率变换器（见图9.28），并且由于这种变换器在感应电机和永磁电机驱动系统中很常见，因此可以使用标准的硬件

第 9 章　同步电机、永磁电机和磁阻电机及其驱动系统

平台来控制各种不同形式的交流电机。事实证明，磁阻电机的控制策略与感应电机和永磁电机也有很多共同点。

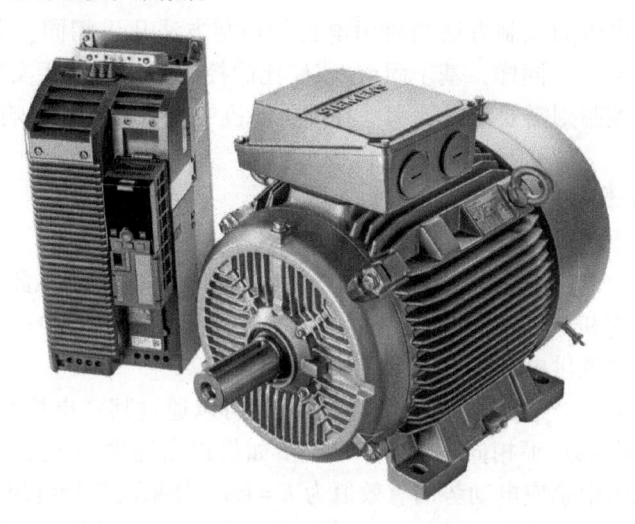

图 9.30　磁阻电机和驱动器产品（由西门子提供）

2. 控制

虽然磁阻电机可以通过非常简单的控制策略进行驱动，但多数商用驱动器都使用了磁场定向控制。通过 9.3.3 节的分析可知，只要能够控制定子电流相量与转子凸极位置之间的夹角，就能够直接控制电机的转矩，转矩取决于电流的二次方，并且是转子角的两倍频函数。

磁阻电机的转子设计和建模近年来受到了学术界和工业界的广泛关注，考虑饱和影响下的定子电流相角优化等研究领域已超出了本书范围。为简化分析，我们将在控制框图中引入一个未定义的"电流参考值"函数模块，如图 9.31 所示。通常，该函数只是简单地确定了一个固定的 i_q/i_d 比，以得到与峰值转矩对应（接近 45°）的转矩角，如图 9.8 所示。

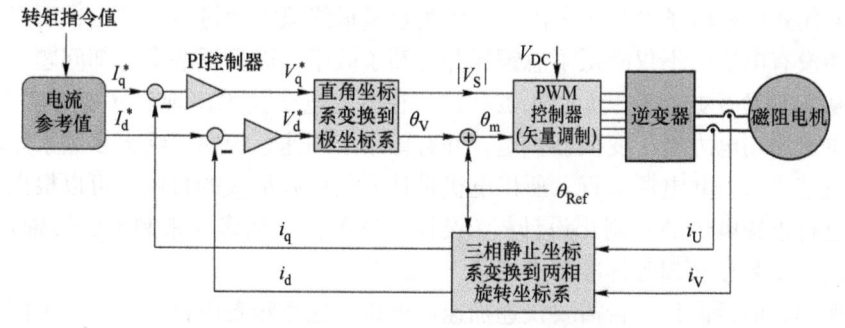

图 9.31　磁阻电机的磁场定向控制方案

9.6.5 凸极永磁电机

凸极永磁电机的控制方法与磁阻电机的控制方法几乎相同，但"电流参考值"函数更为复杂。同样，基于固定 I_q/I_d 比的控制方法更易于实现，但要实现进一步的优化控制则需要考虑饱和（在此类电机中很常见）的影响。

9.7 永磁电机的性能

在本节中，"无刷"电机和"永磁"电机具有同样的意思，此外，将不再使用"无刷直流电机"这样容易引起混淆的名称，正如9.1节中已经提到的，此类电机都是由交流供电。

应该注意的是，永磁电机的固有电磁特性可以通过其"电机常数"来量化，其方式与直流电机几乎相同（见第3章）。如果以角速度 ω 旋转永磁电机的转子，则每相绕组中感应电动势的有效值为 $E=k\omega$，如果向三相绕组中通入有效值为 I_a 的电流，所产生的磁场与永磁磁场正交，由此产生的转矩可以表示为 $T=kI_a$，k 为电机常数，其国际单位制单位为"V/(rad/s)"或用等效的"N·m/A"表示。[实际上，制造商通常以"V/(kr/min)"来表示。]这与之前在直流电机中介绍的相同，并且再次说明永磁电机转矩的产生机理同样遵守"Bll"原理。

之前曾指出永磁电机与感应电机和直流电机相比，具有更高的功率密度和更出色的性能，在本节中将简要地探讨其根本原因，然后分析永磁电机控制性能的局限性，最后将通过示例说明一个重要结论。

9.7.1 永磁电机的优势

永磁电机的定子绕组不必像感应电机一样承载励磁电流，因此定子绕组可以在不产生更多热量的前提下承载更大的电流转矩分量，这提高了电机的电负荷和单位输出功率（如第1章所述）。

封闭式电机转子冷却十分困难，因为热量最终只能通过定子散出，所以如果转子中没有电流，不仅降低了总铜耗并提高了效率，而且缓解了冷却问题。

从电机发展史上看，无刷永磁电机是在电力电子技术出现后才变得实用的。这种电机采用电力电子变换器供电，并有望用于调速系统中。绝大多数永磁电机都不直接接入公共电源运行，所以电机设计人员拥有更大的自由，可以根据特定要求进行永磁电机的定制化设计。（设计人员不会受到多年来制定的转轴尺寸、中心高、安装和冷却等标准的束缚。）

例如，假设设计一台需要快速加速的电机，这意味着电机应具有尽可能大的转矩惯量比。在第1章中曾介绍过，在给定电磁负荷的情况下，转矩在很大程度上取决于转子的体积，因此可以自由选择细长形或短粗形转子。转子的惯量与转子半径的四次方成正比，所以针对这种应用需求，要将转子半径设计得尽可能小，需要选择细长形转子。幸运的是，转子磁钢的形状和尺寸设计具有很大的灵活性，因此对转子直径没有严格的限制。如图 9.32 所示，许多伺服电机都采用了这种细长形转子设计。

图 9.32　永磁伺服电机［由日本电产（尼得科）提供］

如果另一个工作场合要求电机具有相同的输出转矩和功率，那么两台电机的转子体积应当相同。但是，如果要求电机在负载转矩发生阶跃变化时的转速波动最小，则应使电机的转动惯量最大化，即应选用短粗形转子。

图 9.33 所示为一台额定转矩为 100N·m、额定转速为 3000r/min 的典型高转动惯量永磁电机的剖面图。值得注意的是，电机中的有效材料，即定子和转子叠片以及安装在转子表面的磁钢所占电机总体积的比例很小，可见定子绕组端部对电机整体体积有很大影响。（使用链式分段定子绕组（见图 9.38）可以减少绕组端部的影响，从而显著减小电机总体积。）大多数永磁电机使用磁能积（衡量磁体所存储能量大小的重要参数之一）比传统材料（如铝镍钴）更高的稀土永磁材料，因此可以显著降低电机体积，如图 9.33 所示。

与其他电机一样，永磁电机定子产生的热量将通过机座传导到散热片，进而传导到周围的空气中。然而，一些永磁电机的设计要求将很大一部分比例（可能 40%）的损耗通过安装法兰盘传导到散热器，此时需要注意安装部件的热性能。

9.7.2　工业永磁电机

在上一节中曾提到永磁电机通常都是定制设计的，但是近年来永磁电机也逐渐开始使用之前用于感应电机的工业电机（IEC 或 NEMA）机座，如图 9.34 所示。

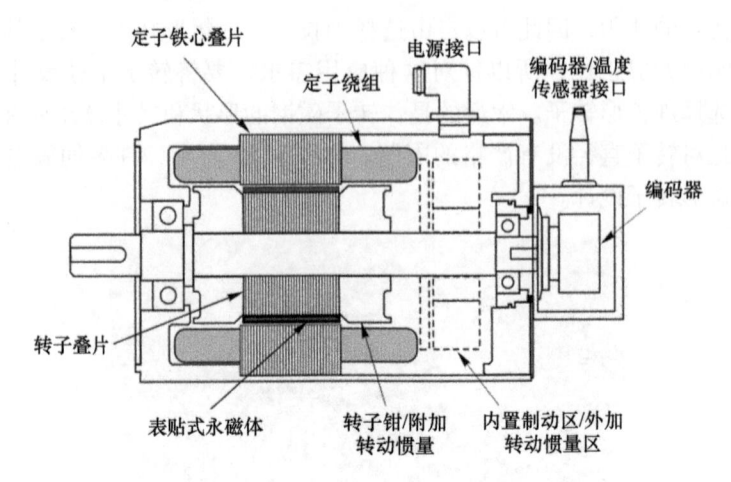

图 9.33 典型的高惯量永磁电机 [由日本电产（尼得科）提供]

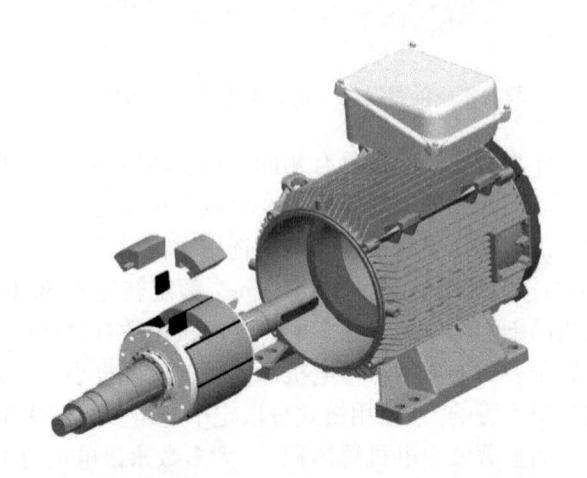

图 9.34 符合 IEC 标准的永磁电机 [由日本电产（尼得科）提供]

在调速领域，永磁电机成为了感应电机的直接竞争对手。对于一般应用场合，永磁电机高效率和高功率密度带来的收益能够抵消电机本身较高的成本。永磁电机转子中产生的热损耗比同等级感应电机要小得多，因此转子运行温度更低，这也有利于延长轴承寿命。

9.7.3 性能特点总结

具有低转动惯量转子的永磁电机适用于高性能伺服应用领域，例如机床或需要进行快速精准控制的分拣系统等；而具有高转动惯量转子（多极）的永磁电机则适合低速领域，例如直驱系统。

第9章 同步电机、永磁电机和磁阻电机及其驱动系统

永磁电机驱动系统的性能特点总结如下：
- 当配有位置反馈时，在转速低至零速的宽调速范围内都具有出色的动态性能。
- 为了精确定位，位置反馈必须能在一个电周期内准确确定电机转子的位置。这可以通过安装位置传感器，或者使用无传感器控制方案来实现。采用无传感器控制方案的电机性能比使用位置传感器时差。
- 永磁电机的弱磁控制可以扩展其调速范围，但是（如9.5节所示）这会增大电流，导致电机在弱磁区域内的效率降低。这种控制方案还会增加转子损耗并使磁钢的温度升高，增加了磁钢退磁的风险。在此类应用中，当控制器失效时，需要注意避免电机和驱动器端口出现过电压，在高速运行时，开路电压将超过额定值。
- 永磁电机齿槽效应会引起转矩波动。它主要是由作用在定子齿上的磁阻力引起的，可以通过电机优化设计降低永磁电机的齿槽转矩，但在某些精密应用领域，这仍然是个问题。
- 永磁电机的效率很高，因为转子损耗很小。

图9.35所示的测试结果可以证明永磁电机的出色性能，测试中转速给定值在0.06s内从零线性加速至额定转速6000r/min，随后很快要求将转速反转至 −6000r/min，接着恢复至额定转速，最后停止，整个过程持续不到1s。

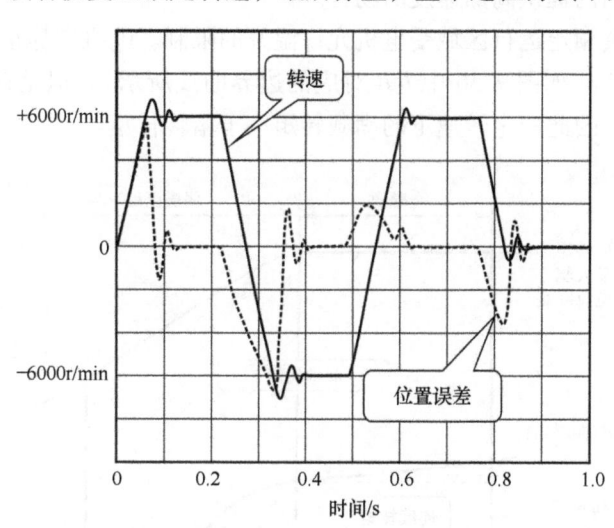

图9.35 永磁电机在快速反转测试下的驱动性能

该电机驱动高转动惯量负载（转子转动惯量的78倍），在仅仅不到120ms内就完成了从正向全速到反向全速的变化过程。电机转子只用了3圈就减到零

速，再转 3 圈就可以反向加速至额定转速。与许多高性能应用场合相同，这种驱动控制实际上是以位置控制的形式实现的，转子位置角按所需转速增加。图 9.35 中的虚线显示了在整个转速反转过程中电机转轴的位置误差，最大误差只有不到 0.05°，以任何标准来看其性能都是十分优越的。所以，无刷永磁电机经常被用于需要精确运动控制的应用场合。

最后，值得指出的是，无刷永磁电机有时也被称为"伺服（servo）"电机。伺服（servo）一词源自"servomechanism"，定义为用于控制速度或位置的机械或电气系统。"伺服"这个词的使用往往比较宽泛，但从广义上讲，当它用于描述电机时，说明该电机具有非常优越的性能。

9.7.4 无刷永磁电机的运行范围

之前已经讨论过其他类型电机的额定值和运行范围，现在同样通过进一步讨论无刷永磁伺服电机（通常没有散热片或风扇）的运行范围来结束本节内容。无刷永磁电机的典型负载特性曲线如图 9.36 所示。

下面将对图 9.36 所示曲线的各个极限运行点进行讨论，该电机最显著的特点是在额定转矩以上仍有非常大的运行区域（尽管在该运行区域内电机只能间歇运行）。宽阔的运行区域为电机带来了潜在的应用价值，例如快速定位系统等需要在较短时间内提供高加速度的场合。

通常，连续额定运行区域受电机允许温升的限制。电机在静止状态下，主要损耗是定子铜耗（如图 9.36 中 I^2R 对应的边界曲线所示），但是在更高转速下，铁耗变得更大，因此额定转速下的满载转矩小于堵转转矩。

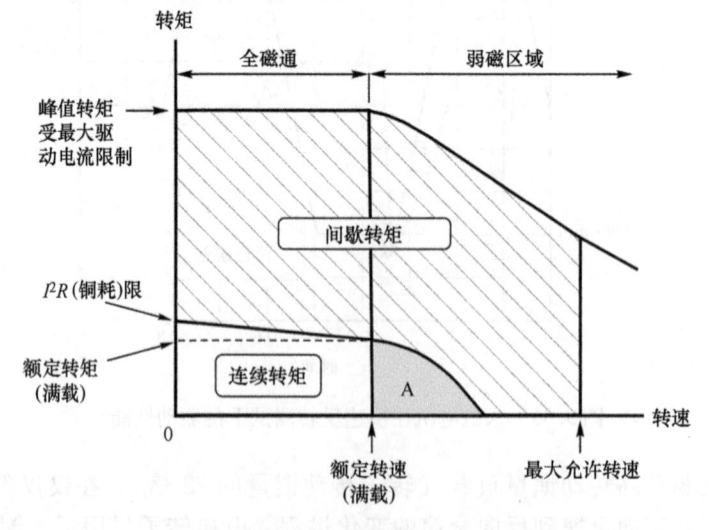

图 9.36 典型的无刷永磁电机的运行范围

间歇运行区域的上限通常由驱动器可以提供的最大电流决定,在这个区域电机只能间歇运行,否则电机会过热。

即使在弱磁控制下,电机也不能连续运行,因为如9.5节所述,这时定子电流增大会削弱永磁磁通。受发热影响,与典型的感应电机弱磁运行区域相比,图9.36所示的区域A可能会在一定程度上更小。

永磁电机在高温下运行会导致电机中的磁钢退磁,同时也存在其他电机所有常见的危险,例如绝缘性能下降等。因此,永磁电机必须有良好的热保护。在额定转速以下,如果很少工作在连续运行区域以外,那么在驱动控制方案中使用一个相对简单的电机热模型就基本足够了。而对于需要经常运行在间歇运行区域中以及需要使用弱磁控制的应用场合,将需要采用更加复杂的热模型,一般还会通过在定子绕组中嵌放热敏电阻作为补充。

9.7.5 无刷永磁发电机

与大多数电机一样,永磁电机也可以作为发电机运行,这时输入到电机轴上的机械能将被转换为电能。并且当永磁电机用作发电机时,同样具有高功率密度和高效率的优点。

许多功率最高可达75kW的商用风力发电机都使用永磁同步电机。在一些直驱式风力发电机中(即风轮和发电机之间没有齿轮箱),也会采用更大的兆瓦级多极永磁电机作为发电机。

9.8 永磁电机的新兴发展

到目前为止,本书对交流电机的讨论(包括感应电机和永磁电机)都集中在极数较少的电机上(例如2、4、6极等),因为它们使用最为广泛。在使用50Hz或60Hz的公共电源时,电机相应的转速范围从1500r/min(50Hz)到3600r/min(60Hz),因此非常适合大多数工业应用场合。

对于具有相似磁负荷、电负荷和冷却装置的电机,输出功率与转速成正比。一台4极、频率50Hz、额定转速1500r/min的风冷感应电机,当然比一台相同功率的12极、50Hz、500r/min的同类型电机体积更小。

能够在1000Hz频率范围内高效运行的逆变器极大地消除了频率限制,无论极数多少,电机都可以平滑地运行在比公共电源频率所对应转速更高的同步速上,而不再需要采用低极数电机来实现高速运行。

近年出现的多极定子绕组永磁电机与之前的产品完全不同,所以可能需要使用新方法来分析它们的工作原理。但事实上,这些多极永磁电机的定子绕组本质上就是传统多槽双层定子绕组，绕组线圈通常横跨多个槽（见第5章），这也就意味着仍可以采用之前介绍过的方法来分析它们的特性。

9.8.1 多极永磁电机的优点

永磁电机的主磁场由转子上的永磁体产生，多极设计能够减少铜和铁的用量，从而降低成本。此外，多极永磁电机通常易于制造，缺点也相对较少，因此现在多极永磁电机占据了市场的主导地位，特别是在电动汽车驱动等新兴领域。（相反，值得指出的是，当由定子绕组提供励磁时，例如感应电机，电机极数不能过多，除非需要在50Hz或60Hz下低速运行。这是因为如果想要获得一定的磁负荷，就要保证足够大小的每极磁动势，此时每极可用的槽面积会随着极数的增加而减少。如果每极槽中用于励磁的面积增加，留给电流有功分量的面积将相应地减少。因此，多极感应电机功率因数较低，不具有优越性。）

永磁电机主磁通是由转子上的永磁体提供的，因此（如9.3节所述）转矩是由气隙磁通与定子电流相互作用产生的，而非定子磁通与转子电流相互作用的结果。因此，当提及永磁电机的电负荷（见1.5.1节）时，指的是定子而不是转子。

多极（与2极相比）电机最显著的优点是，对于给定的磁负荷，每极磁通较小，因此铁心轭部尺寸也较小（能在不饱和的情况下，将磁通沿圆周从N极传递到S极），这样可以节省定子和转子铁心材料。在图9.37中给出了相同转子直径和磁负荷条件下2极和8极定子的示意图。

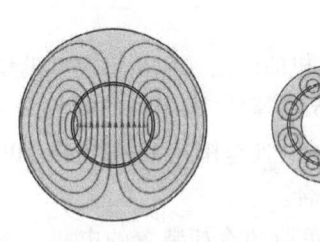

图9.37 2极和8极定子铁心的比较

另外，多极电机随着极数的增加，绕组端部的长度也逐渐减小。绕组端部的作用仅仅是将线圈的两个有效元件边连接起来，对输出功率没有任何贡献，且绕组端部的电阻还会带来不必要的"铜耗"。因此，当极数增加时，不仅可以节省铁心材料，还可以减少电机损耗。

9.8.2 分段定子铁心和集中绕组

与传统叠压式定子铁心相比，采用分段定子铁心在绕制线圈和节省材料方面具有明显的优势（对于多极电机）。图9.38所示为一组典型的链式分段定子铁心。

图9.38 链式分段定子铁心

永磁电机现在普遍采用在装配前进行预绕的单齿型线圈，这样可以获得相对较高的槽满率，但是这种"集中"绕组的缺点在于无法自由选择线圈节距（而双层绕组可以）。在仅跨一个齿的集中绕组中，线圈节距只能等于槽距，在下一节中将看到，这会导致磁动势波形变差。

9.8.3 分数槽绕组

为了理解多极少槽的定子绕组是如何从传统绕组衍生而来的，首先需要简要回顾5.2.3节中关于分数槽绕组的介绍。这部分内容对于理解本章的剩余部分内容不是必需的，读者也可以略过。

从电机的发展历程来看，大多数交流电机（同步电机和感应电机）的定子都有多个槽（槽数范围可能是24~100），且槽中绕制了如5.2节中介绍过的三相双层绕组。这种类型的绕组目前仍然占主导地位，尤其在较大尺寸的电机中。

在5.2节中强调了使用传统定子分布绕组是为了产生特定极数的正弦旋转磁场。显然，对于同样的线圈，采用节距小于一个极距并且每极每相槽数大于1的双层绕组结构，能够得到非常接近于正弦波的合成空间磁动势，从而将谐波带来的不良影响降至最低。

即使槽数很多，也会出现每极每相槽数不是整数的情况，例如定子为54槽的4极三相双层绕组电机，每极每相槽数为4.5。该电机每极每相槽数并不是整数，因此被称为"分数槽"绕组。对于这种分数槽绕组，不同相带占用的槽数也不同。对于上述示例，第1和第3相带将占用4个相邻的槽，而第2和第4相带将占用5个相邻的槽。通常，三相绕组都是相同的，但是彼此偏移1/3个极距。这种绕组的性能已被证明是十分优越的。

示例：12槽10极三相绕组

回顾对双层绕组的介绍，通过比较图5.4和图5.3可以看出，当每极每相槽数从3降至1时，磁动势波形从近似正弦波退化为矩形波，此时存在较多谐波。

采用集中绕组的永磁电机定子正在向每极每相槽数更少的方向发展，一般远少于图 5.3 所示的槽数，并且通常每极每相槽数小于 1。例如，对于如图 9.39 所示的 12 槽 10 极三相绕组，每极每相槽数为 0.4。

图 9.39 中转子上装有 10 块永磁体，说明这是一台 10 极电机。即使是经验丰富的专业人士，也不会认为向 12 槽定子绕组中通入三相对称电流会理所当然地产生 10 极旋转磁场。实际上，如果仅看定子，非专业人士很可能认为这是一台 12 极电机，或一台开关磁阻电机，抑或是一台步进电机（见第 10 章）。

为了证明该绕组的确会产生一个与转子配合的 10 极旋转磁场，必须采用第 5 章中介绍的方法来分析定子磁动势。

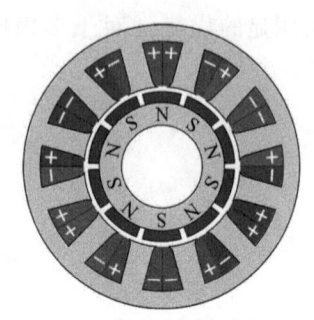

图 9.39　12 槽 10 极三相绕组（彩图见插页）

考虑到每相绕组需要产生一个 10 极磁动势，如果每相绕组仅占 4 个槽，得到的磁动势结果肯定不够理想。如图 9.39 所示，以 U 相绕组为例，在某些槽中与 V 相和 W 相线圈共用，将分别在 V 相和 W 相上各产生 4 个幅值减半的相磁动势波形（见图 9.40）。在图 9.40 中，U 相电流为正的最大值，而其他两相电流为 U 相电流一半大小的负电流。显然，每相绕组单独产生的磁动势波形远非一个 10 极的正弦波，只能说是一个缺失了 6 极的 10 极方波。

其他两相绕组与 U 相相同，但在空间上分别相差 120°和 240°电角度，当三相磁动势相加时，将得到如图 9.40 所示的合成磁动势波形，该合成磁动势波形显然比每相磁动势波形好得多。

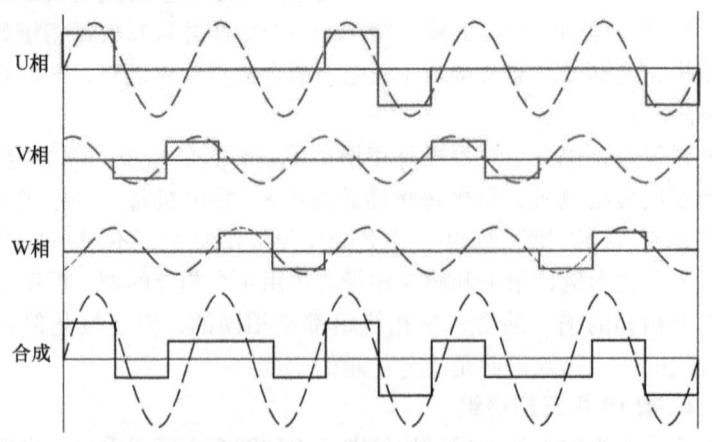

图 9.40　12 槽 10 极三相绕组的磁动势波形（彩图见插页）

在混合动力汽车等应用中，电机可能会集成在动力系统中，并由发动机机油冷却，这种情况下，会优先考虑制造的便利性和成本问题，而非磁动势波形。电机的"容错性"在此类应用中非常重要，这意味着即使电机的一个或多个部件发生故障，仍要求电机能继续产生转矩。在图 9.39 所示的电机中，每相绕组的 4 个线圈可以单独由逆变器供电，以便在某个线圈发生故障时，其他正常的线圈还可以继续工作。

9.9 习题

（1）如果一台额定电压420V、额定频率60Hz 的 4 极同步电机的供电频率变为 50Hz，为使电机能正常运行，供电电压应变为多少？

（2）两台三相同步电机（其中一台电机的转子有 10 个凸极，另一台则为 12 个凸极）的转轴相互连接在一起可以实现什么目的（两台电机转子未连接的两端均没有伸出轴）？

（3）本书解释过，在转子电励磁同步电机中，可以通过集电环向励磁绕组提供直流电。既然励磁绕组跟随转子旋转，为什么在转子电路中没有任何感应电动势？

（4）一台大型同步电机空载运行时，如果将转子直流励磁电流设置为最大值或最小值时，定子电流都会很大，而当转子直流励磁电流大小适中时，定子电流将几乎为零，且无论转子电流如何变化，定子功率似乎都很低。

请借助等效电路和相量图解释以上现象，并分析从供电侧看，电机在什么情况下看起来像一个电容？

（5）对于图 9.5 右侧所示的电机，如果定子电流的极性突然改变会发生什么？

（6）在 4 极磁阻电机中有几个稳定平衡位置？（提示：假设定子电流为直流，如图 9.8 中的 2 极电机所示。）

（7）对电流源供电的磁阻电机的转子进行重新设计，使其交轴电抗减小而直轴电抗保持不变，如果电机的直轴/交轴电抗之比从 4 增加到 5，该磁阻电机的峰值转矩将会增加多少？

（8）通过直流电源向一台 10 极永磁电机的定子提供稳定的（直流）电流，假设转子空载时静止的位置为 0°。

（a）用手转动转子然后松开。当转子偏转的角度为 15°、45°时，转子最终将分别静止在什么位置？

（b）在什么位置可以获得最大转矩？

（c）如果电流反向，转子最终将稳定在什么位置？

(9) 简要说明为什么永磁电机不同的定子电流可以产生相同的转矩。

(10) 一台由电压源型逆变器驱动的永磁电机以额定转速轻载运行，此时电流可以忽略不计。当转速增加到额定转速的两倍时，尽管轴上几乎没有负载，但电流增大了很多。请借助相量图解释此现象。

答案参见附录。

第 10 章

步进电机和开关磁阻电机

10.1 简介

本章将步进电机和开关磁阻（SR）电机归为一类，尽管两者运行方式（和额定功率）存在很大差异，但基本工作原理是相同的，即都产生磁阻转矩。但是，与第 9 章中介绍的（同步）磁阻电机不同，步进电机和开关磁阻电机具有"双凸极"结构，即定子和转子都是凸极（见图 10.5）。

在第 9 章中，我们解释了磁阻转矩是转子（没有任何绕组或永磁体）凸极趋向与光滑定子上的绕组产生的多极磁场轴线对齐而产生的转矩。当采用带有励磁绕组的凸极定子代替光滑定子时，磁阻转矩会进一步增强。实际上，这种凸极结构加强了平衡位置的定子磁场强度，从而增大了平衡位置的转子受力。

双凸极电机要求其每个独立的定子绕组按顺序依次在直流电源两端切换。研究者认为这些结构简单的电机很适合用于电力牵引，但在 19 世纪时要做到这一点是非常困难的。当时的机械开关设备无法满足这样的需求，直到 20 世纪 60 年代功率半导体器件问世，人们才重新对这类电机产生了兴趣。

双凸极电机的理论研究不像前几章中提到的具有光滑定、转子的电机，如感应电机或非凸极同步电机那样简单和直观。对于那些电机，可以相对容易地用"导体受力"公式（Bll）来解释转矩的产生原理，并且由于绕组在空间上呈正弦分布，电流也是随时间变化的正弦量，我们能充分利用空间和时间相量来分析电机性能。我们甚至设法用同样的方法去解释和量化单凸极电机所产生的磁阻转矩。

不幸的是，"Bll"并不适用于双凸极电机的分析。大多数双凸极电机的分析和设计是在复杂磁通分布模式（通常涉及磁路高度饱和）下，利用计算机辅助建模完成的，这可以揭示每个绕组的磁链随转子位置和绕组电流的变化关系。双凸极电机的转矩主要采用通过第 8 章 8.3.4 节中介绍的基于磁路的方法进行估算。由于几乎不存在能够帮助理解的分析方法和结论，所以在本章中将主要采用定性的描述方法。我们将从步进电机开始介绍，它会为后续介绍的开关磁阻电机提供基础。

10.2 步进电机

步进电机长期为用户所青睐的原因主要是它可以由计算机、微控制器和可编程逻辑控制器（PLC）直接控制⊖。步进电机的独特之处在于其输出轴的旋转运动是由一系列的单步旋转构成的，电机每接收到一个脉冲指令，就以固定的角度或者步长旋转一步。当接收到确定数量的脉冲指令后，步进电机也就转过相应的角度，这使得步进电机非常适合用于开环位置控制系统。

步进电机这种转轴一步步转动的方式很容易让人联想到一个笨重的设备费力地前进，直到达到指定的步数，但事实并非如此。实际上步进电机完成每一步的时间很短，通常不到 1ms，而当需要转动的步数很多时，脉冲指令能快速传送给步进电机，有时能达到每秒数千步。在这么高的步频下，步进电机转轴的转动是非常顺滑的，看起来就像是一个普通的电机。步进电机典型的应用包括驱动磁盘磁头，驱动小型数控机床的进给系统，直接或者通过传动带驱动打印机的进纸系统。

大多数步进电机看起来很像常规电机，一般可以认为步进电机的转矩和功率与相同尺寸和转速的常规全封闭式电机的转矩和功率相似。步进电机每一步所移动的步距角一般为 1.8°~90°，转矩范围为 1μN·m（一个直径 3mm 的微型手表电机）到 40N·m（机床用直径 15cm、转速 500r/min 的步进电机），但在大多数应用中，步进电机的体积都不大。

10.2.1 开环位置控制

一个基本的步进电机驱动系统如图 10.1 所示。

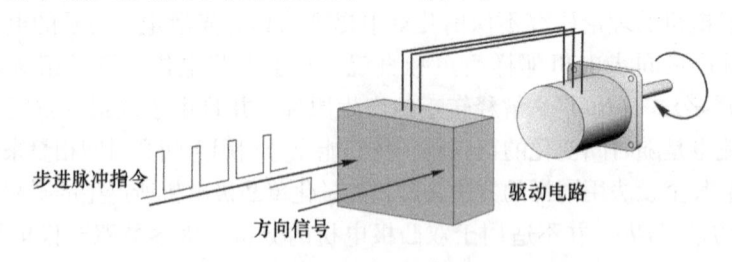

图 10.1 开环位置控制系统中的步进电机

该驱动系统包括为步进电机供电的驱动电路，稍后将对其进行深入讨论。系统输入为两个低功率数字信号，输出是步进电机的转子位置角。步进电机每接收

⊖ 现在许多伺服驱动系统也采用数字脉冲序列输入，这在某种程度上削弱了步进电机的独特性。

到一个脉冲指令信号，便转动一步，在接收到下一个脉冲信号前，它会在这个位置保持静止。输入的方向信号（"高电平"或"低电平"）决定步进电机是顺时针转动还是逆时针转动，输入的指令脉冲数将决定步进电机转子转动的角度。

转动步数和脉冲数之间这种一一对应的关系是步进电机的优势所在，即步进电机能很方便地实现位置控制，因为系统的输出就是电机转轴的位置角。这是一个数字控制系统，步进电机旋转的角度由脉冲数决定，同时，这还是一个开环系统，因为不需要从电机轴上获得位置反馈。

10.2.2 脉冲指令信号的产生及电机响应

脉冲指令信号可以由数字控制器或微处理器（甚至是模拟电压控制的振荡器）产生。当步进电机需要移动一定步数时，脉冲信号被输入到驱动器中并对其进行计数，当电机移动了指定的步数时，就不再输入脉冲信号。图10.2 显示了在一个六脉冲序列下步进电机的运行情况，这里有 6 个时间间隔相等的步进指令脉冲，步进电机每收到一个脉冲便转过一个步长。

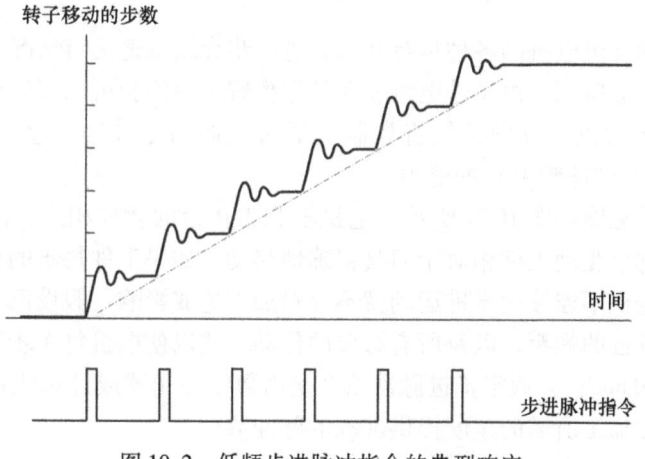

图 10.2 低频步进脉冲指令的典型响应

图10.2 表明了步进电机 3 个重要的特性。第一，步进电机的旋转角度（6步）取决于脉冲数，但平均转速（图 10.2 中的点画线斜率）取决于脉冲频率。脉冲频率越高，步进电机完成这 6 次步进动作所需的时间就越短。

第二，步进动作并不是完美的，转子在有限时间内从一个位置移动到下一个位置，期间会超过目标位置并在该位置附近振荡，最后停在目标位置上。单步所需的时间与步进电机尺寸、步距角和负载性质有关，一般在 5~100ms 之间。这种单步运行是很快的，通常难以察觉，但可以听到步进电机在单步运行时所发出的声音。小型步进电机运行时通常发出"滴答"声，大一点的步进电机则发出悦耳的"咔嗒"声或"咚咚"声。

第三，步进电机是一种增量式设备，为了确定它移动后的绝对位置，必须知道它的起始绝对位置。只要没有出现故障，每输入一个脉冲，它就移动一步。为了能够通过对驱动脉冲信号进行计数来确定步进电机的绝对位置（这毕竟是步进电机驱动系统的主要优点），必须从已知的基准位置开始计数。通常，计步器会在步进电机转轴的基准位置"归零"，如果电机顺时针旋转则计步器计数增加，逆时针旋转则计数减少。如果没有丢步（参见后文），就能通过计步器的计数结果得到步进电机的绝对位置。

10.2.3 高速运行

到目前为止讨论的步进电机仅在频率恒定的脉冲指令下运行，并且在脉冲之间具有足够长的时间间隔，允许转子在进行一次步进运动后保持静止。手表和时钟中的大量小型步进电机就是以这种方式连续运行的，在这些应用中，步进电机每秒步进运动一次，但大多数商业和工业应用对步进电机有更苛刻和多样化的性能需求。

为了说明步进电机的各种运行状态并进一步介绍高速运行情况，先简要了解一个典型的工业应用。由步进电机驱动的数控铣床进给台可以很好地说明步进电机的两个运行特点，分别是位置控制（通过控制指令脉冲数量）和速度控制（通过控制指令脉冲频率）的能力。

该装置示意图如图10.3所示。电机轴和工作台的丝杠相连，因此步进电机每运行一步都会驱动工件相对于刀具精确地移动。如果工件每步的移动距离足够短，那步进电机不连续的步进运动就不会对加工造成影响。假设已经选好了电机的步距角、丝杠的螺距，以及所有必要的传动装置以使电机每次步进运动驱动工作台移动0.01mm。并假定步进脉冲指令是由数字控制器或计算机产生的，可以通过编程按照加工所需的速度提供准确的脉冲数。

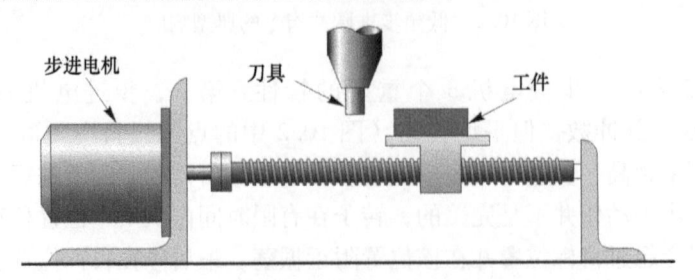

图10.3 步进电机在开环位置控制中的应用

如果该机床为一个通用型机床，则需要完成多种不同的操作。当进行重切削或工件材料很硬时，工件相对刀具必须以缓慢的速度移动，如工件进给速度为0.02mm/s时，对应的步进速度为2步/s。如果希望铣出一条1cm长的槽，需要对控制器进行编程，使其能让步进电机以2步/s的速度步进1000步并最终静止下来。相反地，如果工件材料较软，切削速度会高得多，步进速度可能在10～100步/s。在一次切削完成且下一次切削开始之前，必须将工件移回初始位置。为了节约时间，需要尽快完成这一过程，这时电机可能需要达到2000步/s（甚至更高）的步进速度。

前面提到过，单步运动（从静止状态开始）一般需要几毫秒以上的时间。因此，如果电机以2000步/s的速度（即0.5ms/步）运行，它不可能像在低速步进运行时那样，在每一次步进运动开始时处于静止状态。事实上电机在高步进速度下的运行相当平稳，并没有表现出任何步进运动的迹象。并且电机始终保持着转动步数和脉冲数之间的一一对应关系，保留了开环位置控制的特点。这种以极高的步进速度（如20000步/s）运行并且仍然与脉冲指令保持同步的能力是步进电机系统最显著的特征。

高速运行被称为"急转"。从单步运行（见图10.2）到高速急转的过渡是一个平缓的过程，如图10.4所示。粗略地说，如果电机的步进速度高于其单步振荡的频率，它就会"急转"。当步进电机处于调速范围内时，它们通常会发出呜呜的噪声，该噪声基频等于步进速度。

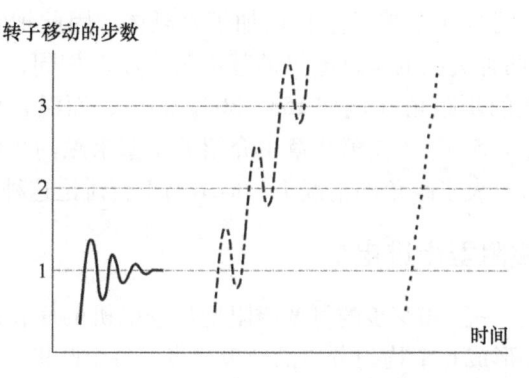

图10.4 在低、中、高步进速度下的转子位置-时间响应曲线

步进电机从静止状态起动时，不能立即与高频脉冲指令保持同步，比如说2000步/s，即使该速度处于步进电机的调速范围内。它必须以较低的步进速度起动，然后逐渐加速（斜坡起动），这将在10.7节中进行更全面的介绍。在要求不高的应用中，加速过程可以缓慢地进行；但如果要求快速达到高步进速度，单个步进脉冲指令的时长必须非常精确。

如果加速过程太快，电机将不能保持"同步"并发生失速。此时驱动器仍然发出脉冲指令，计步器将对其进行累加，驱动系统会把计步器中的数值当作步进电机实际移动的步数，此时电机驱动系统就失效了。如果步进电机在高速转动时，脉冲指令突然停止，而不是逐渐减速，也会出现类似的问题。电机（和负载）存储的动能将使其继续转动，因此步进电机实际转过的步数将大于指令脉冲数。此类问题可以通过闭环控制来解决，闭环控制将在后文中进行介绍。

最后值得一提的是，在步进电机绕组中通入额定电流时，转子可以长时间保持在固定（平衡）位置。因此对于步进电机来说，失速后通常不会发生过热的问题。

10.3 步进电机的工作原理

步进电机的工作原理非常简单，当把一根铁条或钢条悬吊起来，使其可以在磁场中自由旋转时，它就会自动与磁场对齐。如果磁场的方向发生改变，那么钢条就会随之转动，直到与磁场再次对齐，这就是磁阻转矩的作用，与之前在第9章中提到的（同步）磁阻电机的工作原理相同。

步进电机的两种最重要的类型为可变磁阻（VR）型步进电机和混合型步进电机。这两种类型的步进电机都利用了磁阻原理，不同之处在于产生磁场的方法不同。在可变磁阻型步进电机中，磁场仅由定子上的载流绕组产生。混合型步进电机也有绕组，但同时（在转子上）增加了永磁体，因此把它称为"混合型步进电机"。虽然这两种类型的步进电机的基本工作原理相同，但实践证明，可变磁阻型适用于较大的步距角（例如15°、30°、45°），而混合型适用于较小的步距角（例如1.8°、2.5°）。（在第9章中介绍的小型永磁同步电机也可用作步进电机，特别是在需要大步距角的情况下，但本书不会讨论这种情况。）

10.3.1 可变磁阻型步进电机

图10.5给出了一台30°/步的可变磁阻型步进电机的简化示意图。定子由硅钢片叠制而成，并形成6个均匀分布的凸极或齿，每个凸极上都有一个线圈。转子可以是实心的，也可以是硅钢片叠成的，转子上有4个凸极，转子凸极与定子凸极的宽度相同。转子和定子凸极之间的气隙非常小，通常在0.02～0.2mm之间。当所有定子线圈都不通电时，转子可以自由旋转。

径向相对的一对定子线圈相互串联，当其中一个为N极时，另一个就是S极。因此，整个电机具有3个独立的定子电路，也称为三相，每相都可由驱动电路（图10.5中未画出）通入直流电流。

当A相绕组通电时（如图10.5a中的粗线所示），其产生的磁场轴线沿A相的定子极方向。如图10.5a所示，图中用箭头标记的那一对转子被吸到与磁场对齐的位置，即与 A 相磁极对齐。当 A 相关断而 B 相导通时，第二对转子极将被吸到与 B 相定子极对齐的位置，此时转子顺时针转过 30°，如图 10.5b 所示。当 B 相断开而 C 相导通时，转子将再次顺时针移动 30°。在这一阶段中，最初被标记的那对转子极再次发挥作用，但这一次它们被吸到与 C 相定子极对齐的位置，如图 10.5c 所示。按照 ABCA 的相序重复导通各相定子绕组，转子将以 30°的步距角顺时针旋转。而如果相序为 ACBA，则转子将逆时针旋转。这种运行方式被称为"单相导通"，也是实现电机步进运行最简单的方法。注意，此时通入的电流的极性并不重要，无论电流的方向如何，转子最终都将停止在相同的位置。

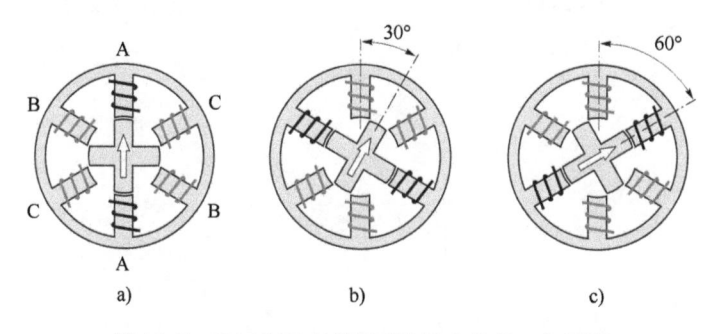

图 10.5 30°/步可变磁阻型步进电机的工作原理

这个例子说明了双凸极磁阻电机与第 9 章讨论的单凸极电机之间存在一个有趣的区别。在单凸极电机中，定子产生的磁场极数由绕组分布决定，且与转子凸极数相同，两者一起沿同一方向旋转。然而，在大多数双凸极电机中，转子的旋转方向与定子励磁相序的方向相反。例如，在图 10.5 中，定子（2 极）励磁轴线每步逆时针旋转 60°，而转子（4 极）每步顺时针旋转 30°。

10.3.2 混合型步进电机

一台典型的 1.8°混合型步进电机截面图如图 10.6 所示。该步进电机定子有 8 个主极，每个主极上有 5 个齿并绕有 1 个线圈。转子由两段铁心构成，每段铁心上有 50 个齿，并由一块永磁体隔开。

转子齿距与定子极上的齿距相同，转子两段铁心上的齿是错开的，即一段铁心上的齿与另一段铁心上的槽重合。永磁体是轴向充磁的，因此一组转子齿的极性是 N 极，而另一组转子齿的极性是 S 极。可以通过拉长定子并增加转子铁心段数来获得更大的转矩，如图 10.7 所示。

当绕组中没有电流时，永磁体是气隙磁场的唯一来源。磁通从 N 极铁心穿过气隙进入定子极，沿轴向通过定子铁心，穿过气隙回到 S 极铁心。如果两组转子齿之间没有错开，转子转动时就会产生一个很强的周期性的保持转矩，每当有

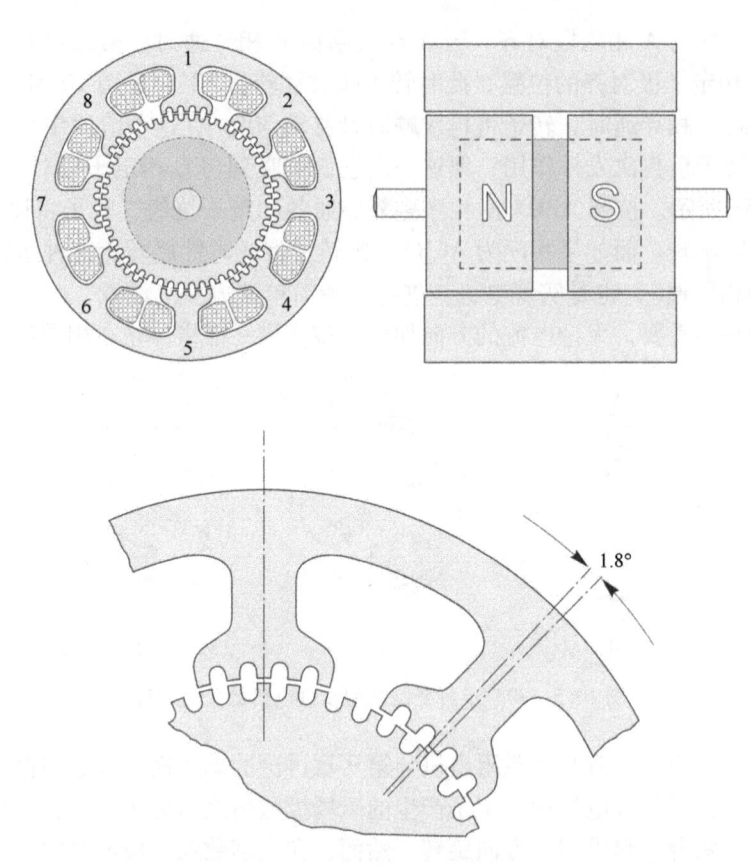

图 10.6 混合型（200 步/转）步进电机。局部放大图中显示转子和定子齿对齐，步距角为 1.8°

图 10.7 混合型 1.8°步进电机 3 层铁心转子，转子直径为 3.4in 或 8cm。针对单层铁心转子对铁心和相关的轴向磁化永磁体的尺寸进行了优化。可以在转子上增加第二层或第三层铁心以获得额外的转矩，定子只需拉伸以匹配加长的转子
（由 Astrosyn International Technology Ltd 提供）

一组定子齿与转子齿对齐时，就会达到一个稳定的平衡位置。然而，因为两组转子齿存在偏移，这几乎消除了由永磁体引起的保持转矩。实际上，还是存在一个很小的定位转矩，如果在电机断电时转动电机轴，可以感觉到定位转矩的存在，电机转子往往被定位转矩固定在平衡位置。定位转矩有时非常有用，它能在电机断电时保持转子固定不动，防止转子意外移动到一个新的位置。

图 10.6 中的 8 个线圈连接成两相绕组。磁极 1、3、5、7 上的线圈构成 A 相绕组，而磁极 2、4、6、8 上的线圈构成 B 相绕组。当 A 相通入正电流时，定子磁极 1 和 5 被磁化为 S 极，定子磁极 3 和 7 被磁化为 N 极。N 极转子齿被吸到与定子磁极 1 和 5 对齐的位置，而 S 极转子齿则被吸到与定子磁极 3 和 7 对齐的位置。为了使转子步进，需要关断 A 相，并根据所需的旋转方向，向 B 相通入正电流或负电流。这样，转子会转过 1/4 个齿距（1.8°），到达一个新的平衡（步进）位置。

按相序 +A、−B、−A、+B、+A（顺时针）或 +A、+B、−A、−B、+A（逆时针）向各相绕组通入电流，电机将连续步进运动。由此可见，混合型步进电机需要一个双极性电源（即可以提供正电流或负电流的电源）。当步进电机以这种方式运行时，它被称为"两相，双极性导通"。

如果没有双极性电源，只要将电机绕组改为两个相同的反向绕制的线圈（"双线绕组"），就可以实现与双极性导通相同的励磁状态。为了将磁极 1 磁化成 N 极，要在一组 A 相线圈中通入正电流。如果要将磁极 1 磁化成 S 极，只需在另一组 A 相线圈中通入同样大小的正电流，这两组线圈绕向相反。这样，总共有 4 个独立的绕组，当步进电机以这种方式运行时，称为"四相，单极性导通"。由于每个绕组只占一半的空间，所以每个绕组的磁动势只有整个绕组的一半，因此与双极性运行（使用整个绕组）相比，此时步进电机的输出功率明显降低。

200 步/转的混合型步进电机是使用最广泛的通用步进电机，有多种尺寸可供选择，如图 10.8 所示。

最后，我们用一个识别绕组的方法和一个建议来结束这一节关于混合型步进电机的内容。如果电机细节未知，通常可以通过测量从公共端到两个出线端的电阻来识别双线绕组。如果电机仅用于单极性驱动，则每个绕组的一个出线端可能在机壳内部连接在一起；例如，一台四相单极性步进电机可能只有 5 根出线端，每相各一根出线端，还有一根公共出线端。出线通常也会用不同的颜色表示不同的绕组。例如，在同一组定子极上的双线绕组，有一根出线是红线，另一根出线则是红白线，公共出线为白线。最后，不建议拆卸混合型步进电机的转子，因为它们是后置充磁的，拆卸通常会导致磁通减少 5%~10%，额定电流下的静态转矩也会相应降低。

图 10.8 混合型 1.8°步进电机，尺寸包括 34（直径 3.4in）、23、17 和 11 等规格
（由 Astrosyn International Technology Ltd 提供）

10.3.3 小结

步进电机的结构简单可靠，转子作为唯一的运动部件，没有绕组、换向器或电刷。转子仅通过定子和转子之间的磁力作用保持在平衡位置。步距角是由齿的几何形状和定子绕组排布决定的，因此定子和转子叠片需要准确冲压和组装，以保证相邻平衡位置的间距完全相同。不过由冲压造成的任何误差都不会累积。

步距角可由下式获得：

$$步距角 = \frac{360°}{转子齿数 \times 定子相数}$$

图 10.5 中的可变磁阻型步进电机有 4 个转子齿，3 相定子绕组，根据公式计算得步距角为 30°。根据上式，还能看出为什么步距角小的步进电机必须要有很多转子齿。200 步/转的混合型步进电机（见图 10.6）有 50 个转子齿、4 相定子绕组，因此步距角为 1.8°[=360°/(50×4)]。

磁阻转矩的大小显然取决于绕组相电流的大小。然而，平衡位置本身与电流大小无关，因为它是转子齿和定子齿对齐的位置，这体现了步进电机的数字化特性。

10.4 步进电机特性

10.4.1 静态转矩特性曲线

从前面的讨论中可知，静态转矩特性曲线和最大静态转矩取决于转子的电磁

第 10 章　步进电机和开关磁阻电机　　313

设计，需要对转子齿和定子齿的形状以及定子绕组（和永磁体）进行优化设计，以获得最大的静态转矩。

现在我们来讨论一条典型的静态转矩特性曲线是如何影响步进电机性能的。我们将从以下几个方面展开讨论，包括对基本步进运动的解释（之前已经定性地讨论过）；负载转矩对定位精度的影响；绕组电流幅值的影响；半步运行和细分运行。为简单起见，以前面介绍的30°/步的三相可变磁阻型步进电机为对象进行讨论，但得出的结论适用于所有步进电机。

图10.9显示了一台三相30°/步的可变磁阻型步进电机的典型静态转矩特性曲线。图10.9说明了将转子从其平衡位置移开所需的转矩。由于转子/定子的对称性，当转子在一个方向上移动给定角度时的回复转矩与在相反方向上移动相同角度时的回复转矩大小相等，方向相反。

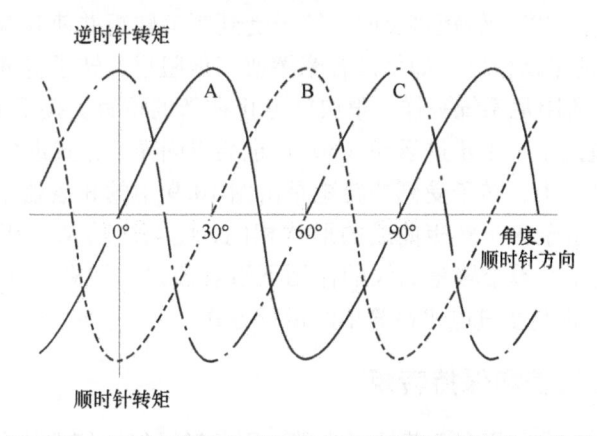

图10.9　30°/步的可变磁阻型步进电机静态转矩特性曲线

图10.9中有3条曲线，三相绕组各对应一条曲线，假设每条曲线对应的相绕组中通入的都是额定电流。如果相电流小于额定电流，步进电机的峰值转矩就会降低，曲线的形状可能会有所不同。图10.9中采用的惯例是，转子沿顺时针方向旋转对应于向右移动，而正转矩使转子逆时针旋转。

当只有一相，比如A相通电时，其他两相不产生转矩，因此它们的静态转矩特性曲线可以忽略不计，只需要关注图10.9中实线所示的转矩特性。当A相通电时，稳定的平衡位置在$\theta=0°$、90°、180°和270°处。这4个位置是稳定位置，如果试图将转子从这些位置移开，都会受到一个抵抗转矩或回复转矩的作用。这些位置对应于4个转子极（相距90°）与A相定子极对齐的位置，如图10.5a所示。还有4个不稳定的平衡位置（分别为$\theta=45°$、135°、225°和315°），在这4个位置上电机的转矩也为零。当电机转子位于这些不稳定的平衡位置时，定子极位于两个转子极的中心线上，但这些位置是不稳定的，如果转子在任一方向上略有偏转，转子将沿该方向继续加速转动，直到到达下一个稳定位置。如果转子可以自由转动，它最终总会停在4个稳定位置中的一个位置上。

10.4.2 单步运行

假设A相通电，转子静止在$\theta=0°$的位置上（见图10.9），如果我们想让电机沿顺时针方向运行，则必须以ABCA的相序依次通电，此时应该使A相断开，B相通电。此外，假设在转子发生明显转动之前，A相电流的衰减和B相电流的上升都发生得非常快。

转子此时处于$\theta=0°$的位置，但它现在受到由B相产生的顺时针转矩（见图10.9）。因此，转子将沿顺时针加速，并持续受顺时针转矩，直至转过30°。由于转子一直在加速，因此它将超过30°，也就是B相的目标（平衡）位置。然而，一旦转子超过30°，转矩将反向，转子受到制动转矩并使其减速至停止，然后加速回到30°的平衡位置。如果没有摩擦或其他阻尼，转子将继续振荡，但实际上，转子像二阶阻尼系统一样，很快就停止在新的位置。接下来，关断B相，接通C相，电机的下一个步进运动（30°）也会以同样的方式进行。

在上面的讨论中，转子受到的转矩是由图10.9中的3条独立的转矩曲线依次作用产生的。由于3条转矩曲线的形状相同，每当电流从一相切换到下一相时，可以认为转子在单个转矩曲线的作用下沿着曲线"跳跃"了一步（在本例中为30°），这通常是步进电机最简单的运行方式。

10.4.3 定位误差和保持转矩

在前面的讨论中，假定负载转矩为零，因此转子能够停在某个转子极与通电定子极完全对齐的位置。然而，当存在负载转矩时，转子将不能停在上述对齐位置上，因此"定位误差"将不可避免。

借助图10.10所示的静态转矩特性曲线，可以判断出定位误差产生的原因和大小。平衡位置处于图中的原点，也就是没有负载转矩时转子静止的位置。假设转子最初处于这个位置，此时对步进电机施加一个顺时针方向的负载转矩（T_L），转子将沿顺时针方向转动，与此同时，转子上将受到逐渐增大的逆时针方向的电机转矩作用。当电机转矩与负载转矩大小相等且方向相反，即转子位于图10.10中的A点位置时，电机达到平衡位置。该位置与稳定平衡位置之间的偏差（图10.10中的θ_e）就是定位误差。

步进电机的缺点之一就是存在定位误差。电机设计者试图使平衡位置附近的静态转矩特性曲线更陡峭来解决这个问题，用户必须意识到步进电机存在定位误差，并选择具有足够陡峭的静态转矩特性曲线的步进电机，让误差保持在可接受的范围内。在某些情况下，为了保证平衡位置附近的静态转矩特性曲线足够陡

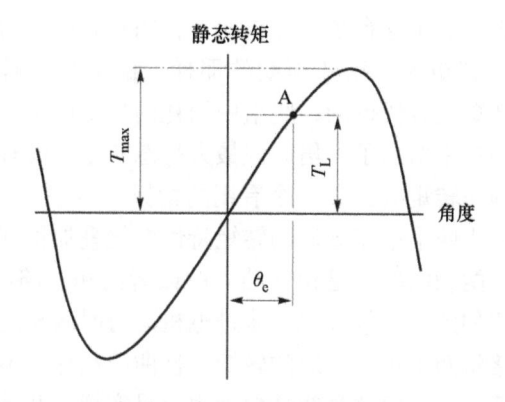

图 10.10 静态转矩特性曲线，负载转矩 T_L 引起的定位误差（θ_e）

峭，需要选择峰值转矩比所需转矩更高的步进电机。

只要负载转矩小于 T_{max}（见图 10.10），转子就可以稳定地静止在平衡位置，但如果负载转矩超过 T_{max}，转子将无法稳定在其平衡位置。因此，T_{max} 被称为保持转矩（最大静态转矩）。最大静态转矩直接体现了步进电机的整体性能，并且它是在选择步进电机时除步距角之外最重要的一个参数。在描述步进电机的转矩性能时，"最大静态转矩"通常会被省略，例如，"1N·m 步进电机"一般可以理解为最大静态转矩为 1N·m 的步进电机。

10.4.4 半步运行

按 ABCA 的顺序依次为每相通电，可以使步进电机每一步前进 30°。这种单相导通模式是最简单的，应用也最广泛，但还有另外两种模式也经常被使用。这些模式被称为"两相导通"模式和"半步运行"模式。与单相导通模式相比，两相导通模式可以提供更大的最大静态转矩和更好的单步响应；而半步运行模式可以使步距角减半，分辨率翻倍，从而使转子旋转更加平滑。

在两相导通模式下，步进电机的两相绕组同时通电。例如，当 A 相和 B 相同时通电时，转子会受到两相转矩的共同作用，并停在两个相邻的平衡位置的中点。如果以 AB、BC、CA、AB 的顺序依次通电，步进电机将以每步 30°的步距角前进，与单相导通模式相同，但此时的平衡位置与单相导通时不同，在单相导通的两个平衡位置之间。

为了让电机半步运行，需要按照 A、AB、B、BC 的顺序通电，即交替地以单相导通和两相导通模式运行。这有时也被称为"交替"导通，它会使转子以 15°的步距角（整步的一半）前进。连续的半步运行通常会使转子的旋转比整步运行时更加平滑，而且电机的分辨率也会翻倍。

图 10.11 显示了两个单相的静态转矩特性曲线叠加成的两相静态转矩特性曲

线，从图中可以看出，对于这台步进电机而言，两相导通时的最大静态转矩比单相导通时的最大静态转矩大。正如预期的那样，稳定的平衡位置在15°的位置上。增加最大静态转矩是有代价的，绕组中消耗的功率也增加了，与单相导通模式相比，绕组消耗的功率增加了一倍，但最大静态转矩并没有增大一倍，因此单位功率产生的最大静态转矩（这是一个有用的指标）减小了。

值得注意的是，将两个单相导通的转矩特性曲线叠加得到两相导通的转矩特性曲线时，需要保证两相的磁路是相互独立的或者两相磁路的公共部分未饱和，然而大多数情况并非如此。一般来说，步进电机运行时两相的部分磁路重合且高度饱和，因此，直接将两个单相导通的转矩特性曲线相加，不能得到两相导通时转矩特性曲线的准确结果，但这种线性叠加很容易实现，并且可以得到相对合理的转矩估算结果。

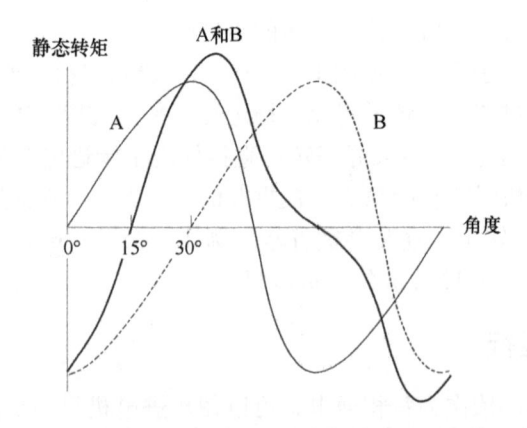

图 10.11 两相导通模式下的电机静态转矩特性曲线（实线）

除了最大静态转矩较大外，步进电机的静态特性在两相导通模式时与单相导通模式时还有另一个重要的区别。在单相导通模式时，平衡位置完全由转子和定子的几何形状决定，它们是转子磁极和定子磁极对齐的位置。然而，在两相导通模式下，转子将停在转子磁极和定子磁极对齐的中间位置，这个位置并不像单相导通时那样仅由相对的磁极确定。只有当转子和定子在几何上精确对称，且两相电流完全相同时，其平衡位置才会恰好位于两相的正中间。如果其中一相电流大于另一相电流，转子就会离电流较大的那相更近，而不会处于两相的正中间。该模式的缺点是需要平衡两相电流以获得精确的半步距，然而矛盾的是，有时在相电流不等的情况下，电机的性能更好。

10.4.5 细分运行——微步进

有些应用要求非常高的分辨率，需要一个步距角非常小（可能只有零点几度）的步进电机。通过步距角的计算公式可知，只能通过增加转子齿数或定子相数来减小步距角，但实际上四相或五相以上的步进电机的制造是很不方便的，而且很难加工出 50~100 个齿以上的转子，这意味着步进电机的步距角很少小于 1°。当需要较小的步距角时，需要使用一种称为微步进（或细分运行）的技术。

细分运行是一种基于两相导通模式的技术，它是一种将每个步距角细分成多个大小相等的"子步"的技术。与半步运行模式必须保持两相电流相等不同，细分运行模式下两相电流被故意设置为不相等。通过精确控制两相电流的幅值，可以将转子的平衡位置控制在两个独立的平衡位置之间的任何位置上。

为了防止电流因绕组温度变化或电源电压变化而改变，需要采用电流闭环控制。如果需要确保最大静态转矩在每一小步都保持恒定，则必须根据规定的算法控制两相电流。尽管存在上述困难，细分技术仍被广泛使用，特别是在需要高分辨率的摄影和打印设备中。将 1.8°/步的步进电机细分成 3~10 个子步的方案很多，甚至已经出现了超过 100 个子步（20000 步/转）的案例。

到目前为止，我们只关注了那些仅由步进电机本身决定的性能，即静态性能。静态转矩特性曲线的形状、最大静态转矩以及平衡位置附近的转矩特性曲线斜率都是能体现步进电机运行状态的重要指标。然而，所有这些特性都取决于绕组中的电流，而在步进电机的实际运行中，瞬时电流将取决于所采用的驱动电路的类型。

10.5 稳态特性——理想（恒流）驱动电路

在本节中，首先介绍步进电机由理想的驱动电路供电时是如何运行的，该电路能够根据需要向每相绕组提供矩形脉冲电流，而无需考虑步进速度。由于绕组存在电感，没有驱动电路能够真正实现这一点，但极复杂（也极昂贵）的驱动电路能够接近理想状态运行，并且达到非常高的步进速度。

10.5.1 驱动器的要求

驱动器的基本功能是将接收到的步进脉冲指令转换成适当的电流，输出到步进电机绕组中。这是通过转换器和功率模块这两个部分实现的，如图 10.12 所示，该驱动系统能应用到三相步进电机上。

"转换器"将输入的步进脉冲指令转换为一系列开关指令，分别发送给 3 个功率模块。例如，在单相导通模式中，第一个脉冲指令将使 A 相导通，第二个脉冲指令将使 B 相导通，以此类推。在简单的驱动器中，转换器可能只提供一种运行模式（例如单相导通模式），但大多数商用驱动器可以提供单相导通、两相导通和半步运行等不同运行模式的选项。具有这 3 种运行模式以及三相和四相输出的单片机已被广泛应用。

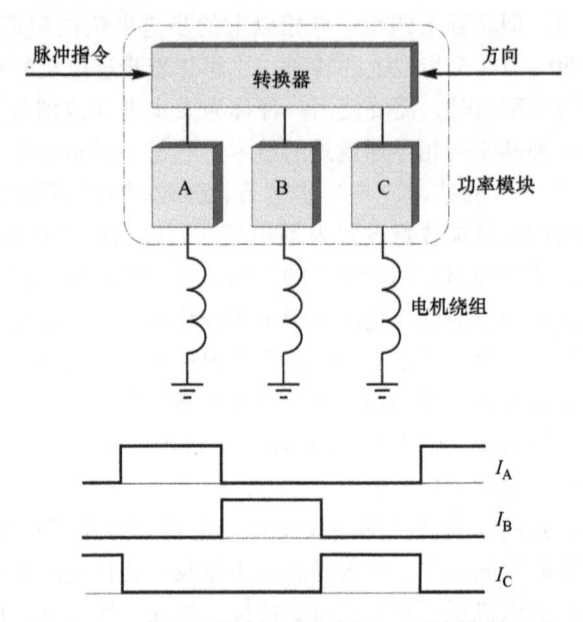

图 10.12 三相步进电机驱动系统，及理想绕组电流

功率模块（每相各一个）向绕组提供电流，它的类型多种多样，包括从每相由一个晶体管组成的简单电路到每相由 4 个晶体管组成的复杂斩波电路，其中一些将在 10.6 节讨论。下面列出"理想"功率级的要求。首先，当转换器要求给步进电机的某一相通电时，功率级应立即产生全（额定）电流；其次，能够在导通期间保持额定电流不变；最后，当转换器要求断开某一相时，应立即将其电流降低至零。

图 10.12 的下半部分给出了步进电机单相导通连续运行时的理想电流波形。为了使步进电机的转矩达到最大，理想电流波形应该是一个方波。尽管许多驱动器在很高的步进速度下也能产生接近理想的电流波形，但是由于绕组电感的存在，没有一个驱动器能够产生真正理想的方波电流。产生这种方波电流的驱动器被称为恒流驱动器，如果将步进电机在理想恒流驱动器下运行时所产生的转矩作为评估其他驱动器性能的标准，那所有驱动器的性能都无法达标。

10.5.2 恒定电流下的失步转矩

如果相电流是理想的，即它们可以瞬间产生和消失，并且在导通期间保持额定值不变。可以想象磁场轴线会在驱动器的驱动下旋转，转子在磁阻转矩的作用下跟随磁场轴线旋转。如果惯性足够大，那转子的转速波动就非常小，转子将以恒定速度旋转，该速度与步进速度相等。

如果转子位置落后于旋转的磁场轴线，转子将受到一个驱动转矩的作用。转子落后得越多，在一定程度上作用在它身上的驱动转矩就越大。但是，如果转子落后磁场轴线太远，驱动转矩又将开始减小，并最终发生反向。因此可以得出结论，在一定程度上增加转子滞后角能增大转矩。

现在，我们将利用前面讨论的静态转矩特性曲线对转子转矩进行定量分析，研究当轴上负载发生变化而步进速度保持不变时会发生什么。步进电机沿顺时针方向旋转时，ABC 三相被依次导通，在下述情况下，可以得出转子受到的瞬时转矩：①转子速度是恒定的，每接收一个步进指令脉冲将前进一个步距角（30°）；②转子依次受到每相转矩特性曲线的作用。

当负载转矩为零时，转子产生的净转矩也必须为零（除了克服摩擦所需的非常小的转矩）。这种情况如图 10.13a 所示，瞬时转矩用粗线表示，每相先产生顺时针转矩，然后再产生逆时针转矩，同时转子旋转 30°。步进电机的平均转矩为零，与负载转矩相同，平均转子滞后角为零。

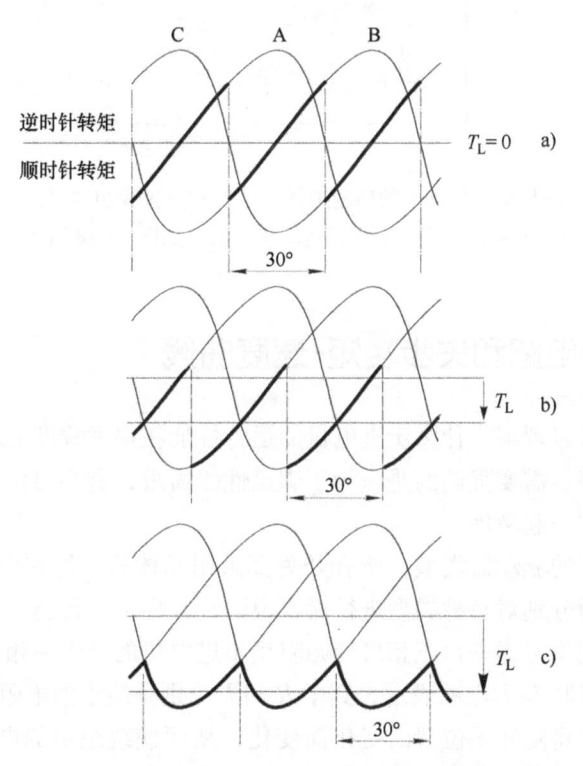

图 10.13 静态转矩特性曲线，这显示了步进电机在恒定速度下平均稳态转矩（T_L）的产生方式

当负载转矩增加时，转子将滞后于磁场，这导致顺时针转矩增加而逆时针转矩减小。当滞后角增加到转子转矩等于负载转矩时达到平衡状态。图10.13b中的粗线为步进电机在中等大小的负载下产生的转矩。图10.13c中的粗线为步进电机能产生的最高平均转矩，如果负载转矩超过该值（称为失步转矩），步进电机将发生失步并停转，此时脉冲数和步进数之间重要的对应关系也将不复存在。

步进电机在理想的恒流驱动下运行时，失步转矩与步进速度无关，理想条件下的失步转矩-速度曲线如图10.14所示。阴影区域表示允许的工作区域，在任何步进速度下，只要负载转矩小于失步转矩，步进电机将保持原速度运行。但是，如果负载转矩超过失步转矩，步进电机将不再保持同步并失速。前文解释过没有任何一个驱动器能够提供理想的电流波形，因此，现在简要介绍一下常用的驱动器类型及其失步转矩-速度特性。

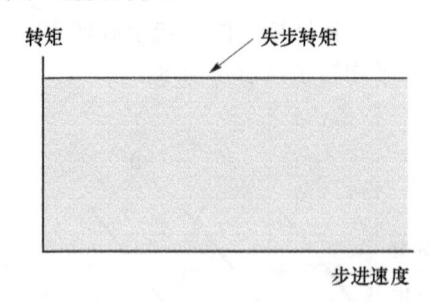

图10.14　理想恒流驱动下的稳定工作区域（在这种理想情况下，步进速度没有限制，但实际上步进速度有上限，如图10.18所示。）

10.6　驱动电路和失步转矩-速度曲线

用户常常难以理解为什么步进电机的运行性能在很大程度上取决于所使用的驱动电路的类型。需要强调的是，为了满足性能需求，有必要将步进电机和驱动器作为一个整体一起考虑。

有3种常用的驱动器类型，所有开关都采用晶体管，即它们要么完全导通，要么截止。下面分别对每种类型进行简要说明，并指出每种类型的优缺点。为了简化讨论，我们将考虑一台三相可变磁阻型步进电机的其中一相，并假定它可以由一个简单的串联 R-L 电路表示，其中 R 和 L 分别是绕组的电阻和自感。（在实际运行中，电感将随转子位置的变化而变化，从而使绕组中的电动势发生改变，这在机电能量转换过程中是不可避免的。如果需要全面分析步进电机，就必须在分析过程中考虑电动势的影响。幸运的是，仅考虑绕组的电阻和自感并进行建模，就可以很好地理解步进电机的性能。）

10.6.1 恒压驱动器

这是最简单的驱动方式,图 10.15 的上半部分所示为一相的驱动电路,下半部分显示了低速和高速时的电流波形。直流电压应能使开关器件(虽然图上画的是 BJT,但通常采用 MOSFET)导通,并保持额定电流。

与常见的一阶系统相同,在恒压驱动方式下步进电机的电流以指数形式上升。时间常数是 L/R,经过几个时间常数后电流达到稳定状态。当晶体管关闭时,电感中存储的能量无法立即消失,因此尽管通过晶体管的电流突然变为零,但由电感和续流二极管形成的回路中依旧有电流,并将以时间常数 L/R 指数衰减至零。在此期间,磁场中存储的能量以热量的形式在电机绕组和二极管的电阻中消耗。

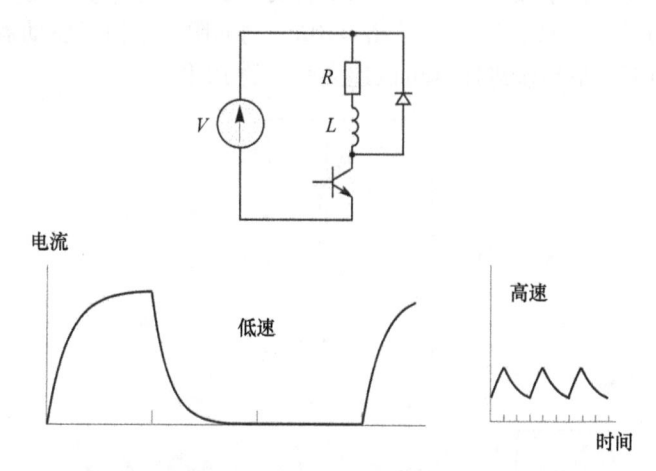

图 10.15 基本的恒压驱动电路和典型的电流波形

在低速下,驱动器可为步进电机提供近似于理想的方波电流。(考虑一台三相步进电机,在理想情况下,一个步进脉冲指令到来时一相导通,而接下来两个步进脉冲指令到来时该相关断,如图 10.12 所示。)但是在较高的频率下(图 10.15 中的右侧波形),与绕组时间常数相比,导通周期短,电流波形会变差,并且与理想的方波电流完全不同。在导通期间,电流无法接近其额定值,转矩也会因此降低。更糟的是,当该相断开时仍会存在较大电流,此时该相将为转子施加负转矩。毫无疑问,这些都会导致失步转矩随速度上升而快速下降,如图 10.18 曲线 A 所示。

通过将图 10.18 曲线 A 与图 10.14 所示的理想恒流条件下的失步转矩进行比较,可以看出在简单恒压驱动器驱动下的步进电机性能受限严重。

10.6.2 电流限制型驱动器

串联 R-L 电路中电流的初始上升速率与外加电压成正比，因此，为了在导通时更快地建立电流，需要更高的电源电压（V_f）。但是，如果仅增加电压，稳态电流（V_f/R）将超过额定电流，并且导致绕组过热。

为了防止电流超过额定值，必须在绕组上串联一个附加的"限流"电阻。该电阻（R_f）的阻值必须使得 $V_f/(R+R_f)=I$，其中 I 是额定电流。图 10.16 上半部分为驱动器的电路图，下半部分为低速和高速下的电流波形。由于电流的上升和下降速率较高，所以电流波形更接近于理想的矩形，特别是在低步进速度下。然而在较高的步进速度下，电流波形仍与理想波形相差甚远。因此，在较高的步进速度下失步转矩较低，如图 10.18 曲线 B 所示。通常，R_f 是步进电机电阻（R）的 2~10 倍。一般来说，如果 $R_f=10R$，与非限制型恒压驱动器相比，在相同的失步转矩下，最高步进速度可以达到原来的 10 倍。

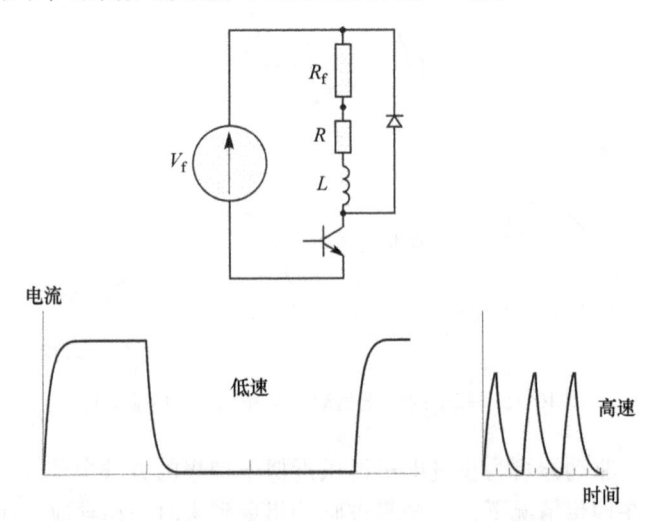

图 10.16 电流驱动（L/R）电路和典型电流波形

制造商有时将此类型的驱动器称为"R/L"驱动器或"L/R"驱动器，甚至简称为"电阻驱动器"。产品手册中的失步转矩-速度曲线可能标记有 R/L（或者 L/R）=5、10 等，这意味着这些曲线适用于限流电阻为绕组电阻 5 倍（或 10 倍）的驱动器，也意味着已对驱动器电压进行了调整以将静态电流保持在其额定值。显然，R_f 越大，所需电源的额定功率就越大，而更大的额定功率正是改善动态转矩性能的主要原因。

这种驱动器的主要缺点是效率低，因此需要较高功率的电源。限流电阻中会产生大量热量，尤其是在步进电机静止且相电流连续的情况下，这会导致限流电阻选型困难。因此，这种驱动器仅在低功率情况下使用。

前面提到过，绕组中的电动势被忽略了。但实际上，电动势对电流的影响很大，尤其是在步进电机高速运行时，因此图 10.15 和图 10.16 所示的波形仅是近似值。事实证明，电动势往往会使电流波形比上面讨论的更差。因此，我们需要一种驱动器，无论电动势大小，都能在整个导通期间保持电流恒定。闭环斩波型驱动器（下文会提到）能提供最接近理想的电流波形，并且避免了 R/L 驱动器所造成的功率浪费，因此，闭环斩波型驱动器现已成为使用最广泛的步进电机驱动器。

10.6.3 恒流斩波型驱动器

可变磁阻型步进电机的单相基本驱动电路如图 10.17 的上半部分所示，电流波形如下半部分所示。这种驱动器需使用高压电源，以便在导通或断开时电流响应迅速。

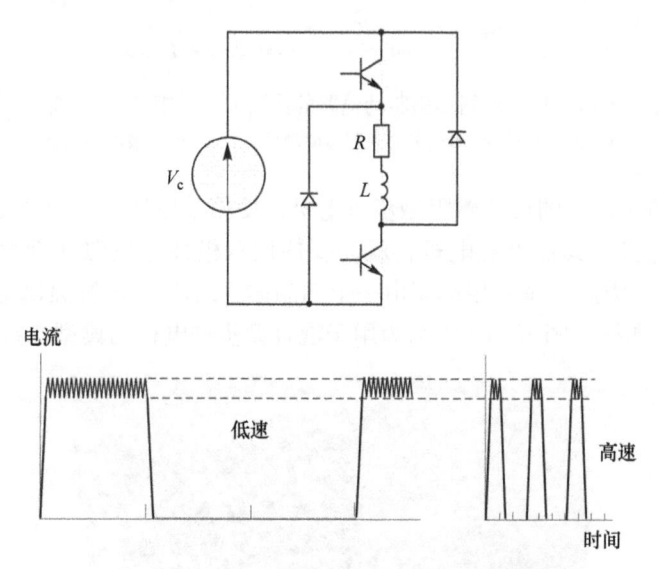

图 10.17 恒流斩波型驱动器和典型电流波形

在需要通入电流时，下方晶体管导通。每当实际电流低于电流滞环的下限值（见图 10.17 的虚线）时，上方晶体管就会导通，而当电流超过上限阈值时，上方晶体管关断。斩波电路产生的电流波形非常接近理想波形（见图 10.12）。在该相导通结束时，两个晶体管均关断，电流通过两个二极管续流并回馈给电源。在此期间，电感中存储的能量返回到电源，由于绕组端子电压为 $-V_c$，因此电流的衰减与建立时一样迅速。

电流控制系统是一个闭环系统，所以能尽量减小由电动势引起的电流波形失真，这意味即使在高步进速度下，该驱动器也能产生接近理想的（恒定电流）转矩-速度曲线。但是，如果导通时间比电流上升时间还短，那么步进电机就永远无法达到额定电流，此时斩波动作停止，驱动器基本恢复到恒压驱动模式。如图10.18曲线C所示，随着步进速度的提高，失步转矩迅速下降。毫无疑问，斩波型驱动器比起其他两种类型驱动器的整体性能更具优势，现在它被作为一种步进电机的标准驱动器使用。对于小型步进电机，可以购买单片机控制的斩波驱动器；对于大型步进电机，完整的嵌入式斩波器可提供高达10A或更高的额定电流，未来更多步进电机可能将驱动器集成在电机机壳内。

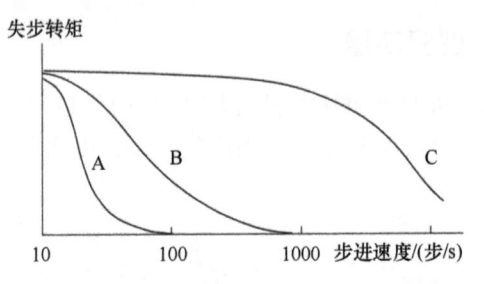

图10.18 不同类型驱动电路的典型失步转矩-速度曲线
A—恒压驱动器 B—电流限制型驱动器 C—恒流斩波型驱动器

对于本节中涉及的可变磁阻型步进电机，使用单极性电流源就足够了。对于混合型步进电机或其他永磁电机，就需要使用双极性电流源（即可以提供正电流或负电流），为此，每一相都需由一个四晶体管组成的H桥提供电流，正如第2章中介绍的那样。图10.19所示为用于混合型步进电机的典型双极性驱动器。

图10.19 具有集成散热器的双极性驱动器，分辨率最高可达25600步/转。电源电压为14~40V，驱动电流为0.25~2.0A（由Astrosyn International Technology Ltd提供）

10.6.4 共振和不稳定性

实际测得的失步转矩-速度曲线经常在某个特定速度的附近出现严重的下降，如图 10.20 曲线 a 所示，该曲线是在电压限制型驱动器驱动下测得的混合型步进电机的失步转矩-速度曲线。制造商并不会强调这个特征，但对于用户而言，意识到这点非常重要。

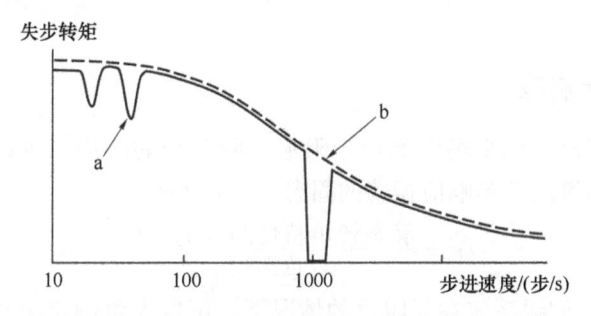

图 10.20 混合型步进电机的失步转矩-速度曲线，曲线 a 显示了低速时由共振导致的转矩骤降和在 1000 步/s 时的中频不稳定性，曲线 b 显示了安装惯性阻尼器的改进效果

要确定失步转矩骤降的幅度和对应的转速是很复杂的，这取决于电机、驱动器、运行方式和负载特性。我们在这里只对其产生的根本原因和补救措施进行介绍。

有两种不同的原因会导致失步转矩的骤降。第一种是"共振"问题，它出现在低速下，并且与单步响应的振荡特性有关。当步进速度与转子振荡的固有频率相近时，振荡就会增强，这很可能使转子无法与旋转的磁场保持同步。

第二种现象出现的原因是在一定的步进速度下，整个驱动系统可能会变成正反馈并趋于不稳定。这种不稳定性通常会在相对较高的步进速度下发生，远高于上文提到的"共振"区域。失步转矩的骤降对系统阻尼（主要在轴承中）极为敏感，而且在温暖的天气下更容易出现（图 10.20 显示在 1000 步/s 附近转矩骤降），而在低温天气时则会消失。

失步转矩-速度曲线的骤降在电机稳态运行期间最明显，但如果不需要在骤降的速度附近连续运行，则问题可能不严重。在这种情况下，通常可以在没有不利影响的情况下加速通过失步转矩的骤降区域。现在可以通过多种特殊驱动技术平滑定子的步进式磁场，或调节电源频率来抑制失步转矩的骤降，但是在步进电机开环运行时，最简单的解决方法是在电机轴上安装阻尼器，通常使用的是兰切斯特（Lanchester）型或黏滞惯性（VCID）型阻尼器。阻尼器包括一个可以牢固固定在电机轴上的轻质外壳和一个可以相对于外壳旋转的惯性负载，该惯性负载和外壳被黏性流体（VCID 型阻尼器）或摩擦盘（Lanchester 型阻尼器）隔开。每当步进电机速度发生变化时，阻尼器都会施加阻尼转矩，但是一旦电机速度达到稳定，阻尼器就不再产生阻尼转矩。通过选择合适的阻尼器，可以消除失步转矩的骤降，如图 10.20 曲线 b 所示。许多可变磁阻型步进电机的单步振荡非常严重，阻尼器通常有利于抑制单步振荡，特别对于可变磁阻型步进电机而言是必不可少的。阻尼器唯一的缺点是会增加系统的有效惯量，从而降低最大加速度。

10.7 瞬态性能

10.7.1 阶跃响应

前面已经指出，单步响应类似于阻尼二阶系统的响应。可以根据下面的公式，很容易地估算出单步响应振荡的固有频率 ω_n(rad/s)：

$$\omega_n^2 = \frac{\text{静态转矩特性曲线的斜率}}{\text{总惯量}}$$

知道 ω_n 后，假设系统在无阻尼的情况下，可以大致确定单步响应的振荡情况。但是，为了让估算更精确并计算系统稳定时间，我们需要估算阻尼比，这取决于驱动电路的类型、电机运行方式以及机械摩擦，因此阻尼比很难确定。在可变磁阻型步进电机中，阻尼比可低至 0.1，但在混合型步进电机中，阻尼比通常为 0.3~0.4。对于需要系统快速稳定的应用场合而言，这些阻尼比数值太低。

有两种补救方法，最简单的方法是安装上节提到的机械阻尼器，或者可以使用特殊的定时指令脉冲序列来实现制动，使转子在到达其新的平衡位置速度为零并且不越过该位置。该过程被称为"电子阻尼""电气制动"或"反相制动"。它在转子到达下一个平衡位置之前的某个精确时段内，对前一相重新通电。为了恰到好处地实现制动，只有在负载转矩和惯量是可预测的且不发生变化时才能使用该方法。由于这是一个开环方案，因此对微小的变化（例如每天的摩擦变化）极为敏感，这让该方案在许多情况下并不可行。

10.7.2 起动

电机从静止状态起动而不失步的速度称为"起动"或"同步"速度。对于一个给定的步进电机，起动速度取决于驱动器的类型以及负载参数。这完全符合预期，因为起动速度是衡量步进电机使转子和负载加速，直至与磁场同步的能力的参数。因此，如果增加负载转矩或负载惯量，则起动速度会降低。图 10.21 所示为各种惯量下步进电机的典型起动转矩-速度曲线。起动转矩-速度曲线表明了对于给定的负载转矩，步进电机运行的最大稳定（急转）速度远高于起动速度。（注意，通常只显示一个同步转矩，并假定其适用于所有惯量。这是因为在速度恒定时惯量并不重要。）

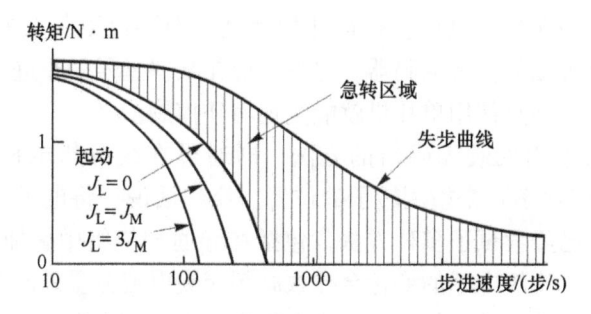

图 10.21 负载惯量对起动转矩的影响（J_M：电机惯量；J_L：负载惯量）

通常需要查阅制造商提供的数据以获得步进电机的起动速度，该速度仅适用于特定驱动器。但是，很容易对起动速度进行粗略计算。假设步进电机正在输出最大转矩，在适当考虑负载转矩和惯量的情况下计算出它能产生的加速度。如果在计算出的加速度下电机能够在单步或更短的时间内达到稳定速度，则可以起动；如果不能，则需要降低起动速度。

10.7.3 加速过程优化和闭环控制

在某些应用中，要求以最快的速度进行加速和减速，以最大程度地缩短运行时间。如果负载不变，则开环控制方法是可行的，我们将首先对其进行介绍。但是，在负载无法预测的情况下必须采用闭环控制策略，稍后将对此进行介绍。

为了获得最大的加速度，需要在加速期间以精确优化的时间间隔传递每个步进脉冲指令。为了获得最大转矩，每相绕组必须在能产生正向转矩时导通，而当其转矩为负时则必须关断。由于转矩还取决于转子位置，因此必须对动态过程进行完整的分析，计算出最佳的切换时间。这需要用到电机的静态转矩特性曲线（为定子电流的上升和下降时间提供适当的余量）和失步转矩-速度曲线，并知道负载惯量。可以通过一系列计算来预测转子位置角度与时间的关系，从中推导出两相之间的切换点。然后将加速脉冲序列预编程到控制器中，步进电机以开环方式运行。显然，这种方法仅在负载参数不变的情况下才可行，因为任何负载变化都会使计算出的最佳切换时间无效。

当负载不可预测时，可以通过采用闭环方案，并利用来自轴上编码器的位置反馈来获得更令人满意的效果。位置反馈信号表明了转子的瞬时位置，确保相绕组在正确的转子位置精确切换，以产生最大转矩。步进电机接收到一个脉冲指令后开始起动，随后的脉冲指令根据编码器信号有效地自动生成。步进电机将持续加速，直到转子转矩等于负载转矩为止，然后以该（最大）速度稳定运行，直到减速程序起动。在这段时间内，计步器会一直记录步进电机移动的步数。这种方法与我们在第 9 章中介绍的自同步电机基本相同。

闭环运行可确保步进电机获得最佳加速度，但要以更复杂的控制电路为代价，还需要在电机轴上安装编码器。但是，现在某些型号的步进电机可以安装相对便宜的编码器，并且使用单片机就能实现闭环控制。

有一种可以不用安装编码器的方法，即通过在线分析电机绕组中的信号（主要是电流的变化率）来检测转子的位置。换句话说，将电机本身作为编码器使用。科研人员已经尝试了多种方法，包括在导通相绕组中叠加高频交流电压，随着转子的移动，绕组电感的变化会导致高频交流电流分量的改变。该方法在某些电机上取得了一些成功，但尚未进行大规模的商业开发和应用，这可能是受第9章中介绍的永磁同步电机驱动方案的竞争所致。

说回到编码器，它也可以在步进电机开环运行时核对电机转过的步数。在这种情况下，编码器仅提供步进电机转过的总步数，通常在指令脉冲的产生中不起作用。但是，在某个阶段，可以将步进电机实际转过的步数与控制器发出的指令脉冲数进行比较。当两者存在误差时，表明电机转过的步数减少（或步数增加），需要通入适当的正向或反向脉冲指令进行补偿或校准。

10.8 开关磁阻电机驱动系统

开关磁阻电机驱动系统是从20世纪80年代发展起来的，与当时占主导地位的感应电机相比，开关磁阻电机在效率、功率/重量比和功率/体积比、可靠性和运行方式的灵活性等方面更具优势。永磁电机的兴起和感应电机控制策略的改进降低了开关磁阻电机的市场地位。尽管如此，由于开关磁阻电机能在静止和低速状态下输出大转矩，它还是可以凭借其性能优势占据了一部分市场。开关磁阻电机（见图10.22）及其电力电子驱动器必须作为一个整体进行设计，并在特定需

图10.22 开关磁阻电机。转子齿上没有绕组或磁铁，因此具有优越的鲁棒性（由 Nidec SR Drives Ltd 提供）

求下进行整体优化,比如在特定负载下达到最高的整体效率,最大的调速范围,最大的短时峰值转矩或最小的转矩波动(和相关的噪声)。

10.8.1 工作原理

与步进电机类似,开关磁阻(SR)电机(见图 10.23)也具有"双凸极"结构,即它在转子和定子上都具有凸起的磁极。但是,大多数开关磁阻电机的功率要比步进电机高得多,事实证明,在较大功率等级下(绕组电阻变得不那么重要),双凸极结构在电磁能量转换方面优势很大。

典型的开关磁阻电机的截面如图 10.23 所示。该电机有 12 个定子极和 8 个转子极,这种定转子极数组合被广泛采用,但其他极数组合也有不同的应用。定子的每个极上都绕有线圈,而按照常规叠压方式制作的转子上则没有绕组或永磁体。

在图 10.23 中,将 12 个线圈进行分组以形成三相绕组,并由三相变频器对每相绕组独立供电。

当按照 ABC 的相序依次对每相绕组通电时,该开关磁阻电机将沿顺时针方向旋

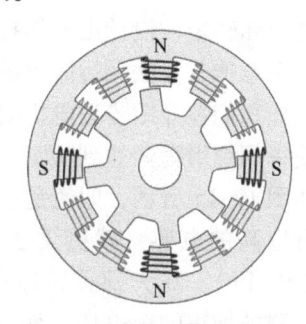

图 10.23 典型的开关磁阻电机。12 个定子极中的每个极上都绕有集中绕组,而 8 个转子极上则没有绕组或永磁体

转,而按照 ACB 的相序通电时,电机则逆时针旋转,旋转时最接近定子极的一对转子极将被吸引到与相应定子极对齐的位置。在图 10.23 中,A 相的 4 个线圈被特意标黑,每个线圈磁动势的极性由铁心上的字母 N 和 S 表示。每当新的一相绕组导通时,转子的平衡位置就会前进 15°。所以,经过一个完整的周期后(即三相中的每相绕组都通电一次),转子转过的角度为 45°。电机每旋转一圈,需要经历 8 个定子绕组供电周期,就供电频率和转速之间的关系而言,图 10.23 中的开关磁阻电机与传统的 16 极电机相同。

开关磁阻电机的结构与本章前面介绍的可变磁阻型步进电机的结构相同,但是这两种电机在设计上也存在一些重要的差异,这些差异反映了两种电机不同的用途(开关磁阻电机连续旋转,步进电机步进运行)。除此之外,两种电机转矩产生的机理完全一样。不过,步进电机起初是基于开环运行而设计的,而开关磁阻电机则被设计为自同步运行,根据安装在轴上的位置传感器获得的信号进行换相。就性能而言,在额定转速以下,开关磁阻电机都能以最大转矩连续运行。在额定转速以上,开关磁阻电机的磁通将降低,而转矩也会随转速的升高而降低。由此可见,开关磁阻电机的运行特性与其他转速控制的电机驱动系统非常相似。

10.8.2 转矩预测和转矩控制

假设磁路中的铁心是理想的，可以推导出开关磁阻电机转矩的解析公式，转矩与转子位置和绕组电流有关。然而，实际上这种分析几乎没有意义，不仅因为开关磁阻电机正常运行时，其部分磁路高度饱和，还因为除了低速运行情况，实际电流曲线与预期相差较大。

磁场高度饱和的问题使得在开关磁阻电机的设计阶段，很难准确预测电机转矩。不过，尽管存在高度的非线性关系，仍然可以根据转子位置来计算电机的磁通、电流和转矩，设计出最佳控制策略以满足特定的性能需求。不幸的是，这种复杂关系意味着无法通过简单的等效电路对开关磁阻电机的性能进行分析。

正如我们在介绍步进电机时所知道的那样，要使平均转矩最大，（原则上）最好使每相绕组瞬间达到额定电流，并在每个正转矩周期结束时瞬间降至零。但是，如图 10.15 所示，即使是小型步进电机也无法做到这一点，由于开关磁阻电机具有更高的电感，就更无法实现了，除非是低速运行并采用电流斩波控制（见图 10.17）。在大部分转速范围内，最好的办法是在"导通"周期开始时，由驱动器施加正的全电压，而（采用如图 10.17 所示电路）在"导通"结束时通过断开两个开关施加负的全电压。

这种在"导通"周期开始时提供正的全电压，在"导通"周期结束时提供负的全电压的运行方式称为"单脉冲"运行。除小型电机（比如小于1kW）外，其他电机的相电阻都可以忽略不计，因此，每相磁链的大小取决于所施加的电压和频率。

磁链（ψ）与电压之间的关系可根据法拉第定律确定，即 $v = \mathrm{d}\psi/\mathrm{d}t$。因此，采用单脉冲方波电压供电方式下的每相磁链波形是简单的三角波，如图 10.24 所示，图中显示了三相开关磁阻电机中 A 相的电压和磁链波形。（B 相和 C 相的波形与 A 相是相同的，但未在图上画出，A 相与 B 相之间相差了 1/3 个周期，A 相与 C 相之间相差了 2/3 个周期，如箭头所示。）图 10.24 的上半部分表示速度为 N 时的情况，而下半部分则表示速度为 $2N$ 时的情况。可以看出，在较高速度（高频）下，"导通"时间减半，磁通也因此减半，导致输出转矩降低。在变频器供电的感应电机驱动系统中也会出现类似的情况，唯一的区别在于，感应电机的磁通波形是正弦波而不是三角波。

要注意一个重要的事情，这些磁通的波形并不取决于转子位置，但是相应的电流波形却与转子位置有关，因为给定磁通所需的磁动势取决于磁路的等效磁阻，而磁阻会随转子位置的变化而变化。

为了在任何给定的相磁通波形情况下都能获得最大的电动转矩，磁通的上升和下降时刻必须根据转子位置进行调整。理想情况下，磁通应该仅在产生正转矩

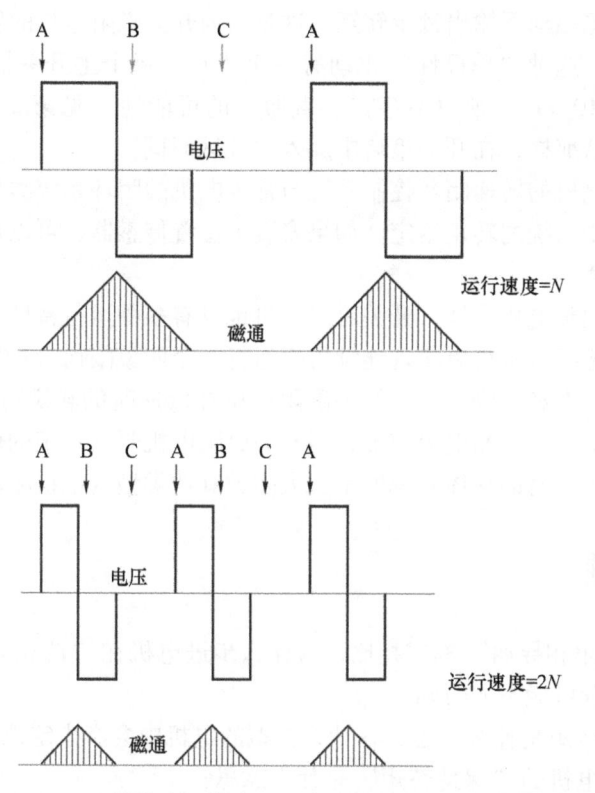

图 10.24 "单脉冲"模式下开关磁阻电机的电压和磁通波形

时才存在，在产生负转矩时为零。但考虑到磁滞效应，最好提前导通将产生正转矩的那相绕组，使该相磁通能够在产生最大转矩的位置时达到合适的大小，即使这样做会在周期的开始和结束阶段产生一定的负转矩。

转矩控制就是根据某个时刻所需的转矩在最佳转子位置导通和关断某相绕组，这可以通过实时检测转子位置（可能使用转子位置传感器○）来完成。最佳的转子位置角取决于优化目标（例如平均转矩、整体效率），这是根据以数字形式存储在控制器中的关于该特定电机的电流、磁通、转子位置和转矩等数据来确定的。因此，开关磁阻电机的转矩控制不像直流电机和感应电机驱动系统那么直接，因为直流电机的转矩与电枢电流成正比，而感应电机的转矩与转差率成正比。

10.8.3 功率变换器和驱动系统特性

开关磁阻电机和其他自同步电机之间有一个重要区别，即开关磁阻电机可以

○ 与所有驱动系统一样，尽可能避免使用位置传感器，以免增加额外成本和系统复杂性。可以基于高精度的电机模型，利用软件分析电流和电压波形来推断出转子位置。

在单极性电流源驱动下输出额定转矩。这是因为开关磁阻电机的转矩与绕组中电流的方向无关。这种"单极性"驱动有一个优点：每个主开关器件都与电机绕组串联（见图10.17），所以不存在"直通"的可能性（见第2章），也就不需要像传统变频器那样，在开关策略中加入"死区时间"。

开关磁阻电机的转速闭环控制系统与常规电机的闭环系统类似，其中转速误差作为转矩控制系统的转矩给定。如果安装了位置传感器，可以从位置信号中计算得到电机转速。

与其他自同步电机一样，开关磁阻电机也具有多种运行特性。如果驱动器是全控的，开关磁阻电机可以实现连续再生运行和全四象限运行，标准运行特性包括恒转矩、恒功率和串励特性。开关磁阻电机在低速时的转矩可能是不稳定的，除非采取特殊措施来控制电流波形，但开关磁阻电机驱动系统的优点是，它在连续低速大转矩运行时的整体效率通常比大多数其他类型的电机驱动系统更高。

10.9 习题

（1）与"单相导通"模式相比，为什么步进电机在"两相导通"模式下运行时，平衡位置可能不太明确？

（2）定位转矩是什么意思，在什么类型的电机中会产生定位转矩？

（3）步进电机的"保持转矩"是什么意思？

（4）三相可变磁阻型步进电机的静态转矩特性曲线近似为正弦曲线，额定电流下的峰值转矩为 $0.8\text{N} \cdot \text{m}$。当稳定负载转矩为 $0.25\text{N} \cdot \text{m}$ 时，试求定位误差。

（5）对于习题（4）中的步进电机，估算在恒流驱动时电机的低速失步转矩。

（6）一台步距角为 $1.8°$ 的混合型步进电机的静态转矩特性曲线可以近似为一条关于平衡位置的斜率为 $2\text{N} \cdot \text{m}/(°)$ 的直线，总惯量（电机加负载）为 $1.8 \times 10^{-3} \text{kg} \cdot \text{m}^2$。估计转子在单步运行时的振荡频率。

（7）求以下步进电机的步距角：

(a) 三相可变磁阻型步进电机，12个定子齿，8个转子齿。

(b) 四相单极混合型步进电机，50个转子齿。

（8）对于一台没有明确说明的步进电机，如何测试它是可变磁阻型还是混合型步进电机？

（9）一台两相 $1.8°$ 混合型步进电机，如果采用60Hz公共电源供电，其中一相电流与另一相电流相位相差 $90°$，则它将以什么速度运行？

（10）一位实验科学家了解到，步进电机通常会在几毫秒内完成一步。他决定用步进电机做一个显示辅助装置，他使用了一个直径约4cm、15°/步的可变磁阻型步进电机，其轴垂直安装，并在轴上固定了一个约40cm长的轻质（30g）铝制指针。当电机运行时，他非常失望地发现指针在每一次步进运动之后都会发生剧烈振荡，并需要将近2s时间才能停下来。应该如何向他解释这一现象。

答案参见附录。

第 11 章

电机/驱动器的选择

11.1 简介

在电机和驱动器的选择过程中主要存在 3 个方面的问题。首先，正如我们在前面的章节中所提到的，不同类型的电机和驱动器的特性之间有相似之处。这使得我们无法制定一套严格和快速的规则来指导用户直接针对特定应用找到最佳解决方案。其次，用户往往低估了详细说明实际需求的重要性。并且他们很少意识到，诸如稳态转矩-转速曲线、动态性能需求、负载惯量、运行方式（连续或间歇）、运行环境以及驱动系统是否需要具备再生能力等类似问题的重要性。最后，用户可能不了解相关标准和法规，会被供应商提出的问题所困扰。

本章的目的就是通过讨论这些问题来帮助用户迈出第一步。我们首先列出了在前面章节中介绍过的各种类型电机和驱动器的额定值和转速以及主要特性。然后，我们将对负载和电机运行方式进行介绍，最后就标准问题进行简要的探讨。整个选择过程涉及的内容非常广泛，甚至可以单独写一本书，但是本章的简要介绍至少可以详细说明电机驱动系统的额定参数，并帮助用户列出一个候选产品清单。

11.2 额定功率和性能

本节将用户最感兴趣也是最重要的部分整理成容易理解的 4 张表。从本书对交流驱动系统的重视程度可以明显看出，交流驱动系统现在占据了主导地位，因此只有第 1 张表是关于直流驱动系统的。交流驱动系统的内容太多，为了便于理解，我们把它分成了 3 张表进行介绍。

第 1 张表（见表 11.1）介绍了传统（有刷）直流电机驱动系统，尽管其市场份额不断减少，但仍然很重要。第 2 张表（见表 11.2——交流驱动系统）是最重要的，因为它包括目前工业驱动领域应用最广泛的由变频器供电的感应电机驱动系统和永磁无刷电机驱动系统。虽然（同步）磁阻电机没有单独列出来进行说明，但在大多数应用中它可以替代感应电机（尽管磁阻电机往往体积稍大）。近年来，凸极永磁同步电机的出现对包括汽车牵引在内的许多应用领域产生了越来越大的影响，但它的运行特性与隐极永磁电机非常相似，因此被放在一起介绍。表 11.3 介绍的主要是大型交流驱动系统，其应用场合有限，不太常见。为完整起见，尽管本书没有专门介绍过电气串级调速（Scherbius 调速）系统，但该驱动系统也被列在表 11.3 中进行介绍。在第 4 张表（见表 11.4）中列出了 3 种完全不同的驱动系统，因为它们不适合被归类在其他表中。

表 11.1 传统（有刷）直流电机驱动系统

直流电机（他励或永磁）			
驱动类型	单象限	四象限	直流斩波器
变换电路	单相或三相全（半）控晶闸管桥式电路	双单相/三相全控晶闸管桥式电路	直流斩波电路
转矩/转速范围	单向电动运行（其他方向制动）	双向电动和制动运行	二或四象限运行
转速控制	电枢电压、电流（内环）双闭环控制		
转矩控制	电枢电流闭环控制		
额定功率	10W ~ 5MW		0.5 ~ 5kW，牵引系统大于 500kW
最大功率	可达几兆瓦等级，但需要将电机的功率和速度乘积限制在 $3 \times 10^6 \text{kW} \cdot \text{r/min}$ 以下		
最低转速	转速可低至零速		
特征	他励直流电机在恒功率模式下通常高于基速运行		DC/DC 变换
	转矩快速反向		转矩平滑
市场定位	尽管直流驱动系统的市场份额在逐渐下降，但仍然是整个电机驱动市场的重要组成部分；目前主要应用于原有直流驱动系统，简单的应用场合，以及直流电机仍然具有竞争力的高功率应用场合		
	常见的低成本解决方案，适用于简单应用中的小功率驱动系统或现有电机系统的升级改造	适用于现有电机系统四象限运行的升级改造和大功率驱动系统	曾经普遍用于有刷电机伺服驱动系统（但现在被交流驱动器逐渐取代），现在仍用于一些牵引应用的升级改造

表11.2 感应、永磁无刷和电励磁同步电机驱动系统

驱动/变换器	感应电机			永磁无刷电机（隐极或凸极）		电励磁同步电机
	PWM逆变器	多电平PWM逆变器	电流源型逆变器	PWM逆变器	多电平PWM逆变器	三相全控桥
转矩/转速象限	双向电动和制动运行，通过电源侧的双变换器或直流母线斩波器和制动电阻		双向电动和制动运行	双向电动和制动运行，通过电源侧的双变换器或直流母线斩波器和制动电阻		双向电动和制动运行
转矩/转速控制方法	磁场定向（矢量）控制（或直接转矩控制），也可用简单标量（V/f）控制			磁场定向（矢量）控制（或直接转矩控制），标准情况下带有位置反馈，也可采用无传感器控制方法		与永磁无刷电机相同
典型额定功率	最高3MW（400/690V）>10MW（6600V）	4MW（400/690V）10MW（6600V）		10W～500kW，更大功率可定制		2～20MW以上（仅中压等级）
最高转速（典型）	>40000r/min	>6000r/min		>70000r/min	>10000r/min	>10000r/min
最低转速（典型）	取决于控制方式。带位置反馈，低至零速（额定转矩）；不带位置反馈，最低1Hz		标准为5Hz，可能更低	带位置反馈，低至零速（额定转矩）；不带位置反馈，最低1Hz		开环低至3Hz；闭环低至零速（额定转矩）
特征	简单、耐用，已用于感应电机			功率密度很高（凸极电机稍低），动态控制性能卓越，电机转动惯量可由供应商具体说明，电机可集成位置传感器		可用于高压等级的简单变换器，可用于高速电机
	转矩波动小，动态控制性能卓越	电机 dV/dt 较低（对于中压等级驱动器很重要）	效率高		电机 dV/dt 较低（对于中压等级驱动器很重要）	效率高，动态控制性能良好
市场定位	电压源型PWM逆变器广泛应用于不同类型的电机和负载			最常用的高性能/伺服驱动器，适用于需要平稳运行或快速加减速的精密运动场合。由于对稀土材料供应链的担忧，凸极电机的使用率在大容量市场中不断增长		大功率（>5MW）和/或高速应用领域中最常用的解决方案
	工业领域中应用最为广泛的驱动器	常用于中压等级驱动器	曾用于简单驱动系统，但在很大程度上已被PWM逆变器所取代	应用受到限制，大多用于电压低于700V的场合，多电平PWM逆变器优势不明显		

表 11.3 转差功率回收和直接变频驱动系统

	机械串级调速 （Kramer 调速）	电气串级调速 （Scherbius 调速）	交交变频器	矩阵变换器
电机类型	绕线转子感应电机		同步电机或感应电机	
变换电路	二极管桥式电路和 三相全控桥式电路	交交变频器或背 靠背 PWM 逆变器	交交变频器	矩阵变换器
转矩/转速象限	单向电动运行		双向电动和制动运行	
转矩/转速控制	磁场定向矢量控制（或直接转矩控制），也可用简单标量（V/f）控制			
额定功率	500kW～20MW	500kW～20MW	500kW～10MW 以上	50kW～2MW
典型最高转速	1470r/min	2000r/min	<30Hz	<电源频率
最低转速	900r/min（更宽的调速范围将影响其他性能，从而降低其竞争力）		0Hz	
特征	大功率经济型解决方案		没有直流母线环节	
市场定位	性能一般，主要适用于调速范围较小的应用场合，成本较低	具有机械串级调速的多数优点，且能够在同步速以上运行	适用于低速大功率的应用领域	应用于直流母线环节存在问题的少数特殊领域。新型拓扑结构可能拓展市场

表 11.4 软起动、开关磁阻电机和步进电机驱动器

	软起动器	开关磁阻电机驱动器	步进电机驱动器
电机类型	感应电机	开关磁阻电机	步进电机
变换电路	晶闸管反向并联在电机的供电回路中	特定的拓扑结构	特定的拓扑结构
运行象限	单向电动运行	通过电源侧双变换器或直流母线斩波器和制动电阻实现双向电动和制动运行	
转速控制	仅作用于起动阶段	特定的控制策略	
典型额定功率	1kW～1MW 以上	1kW～1MW 以上	10W～5kW 以上
典型最高转速	直接起动的额定转速	>10000r/min	>10000r/min
典型最低转速	不适用	0	0
特征		电机结构简单耐用	电机结构和控制策略简单
市场定位	软起动器适用于需要降低直接起动感应电机起动电流和/或需要控制起动转矩的特定应用	具有很大的起动转矩	开环位置控制系统

11.3 驱动系统特性

电机驱动器能否成功集成到系统中，取决于对其应用场合关键特性以及使用环境的了解。同时，必须选择正确的驱动器，这通常比以前更容易，因为电压源型PWM逆变器几乎适用于所有场合，且其控制特性可以方便地适配于大多数负载。然而，了解各种类型驱动系统的特性仍然很重要，表11.5简要列出了这些特性。（注意，过载数据与典型工业设备有关，但用户会从不同供应商得到不同的数据。）最后，表11.6总结了直流和交流驱动系统的优缺点，这些表中的信息具有很高的价值，有助于用户缩小选择范围。

表 11.5 常见驱动系统的特征

	直流驱动（他励）		交流驱动		
	相控	斩波	感应电机（无速度反馈的磁场定向控制）	感应电机（带速度反馈的磁场定向控制）	永磁无刷电机（凸极和隐极）（带位置反馈的磁场定向控制）
调速范围	恒转矩模式：零速到基速；恒功率模式：基速以上运行，最高4倍基速	恒转矩模式：零速到基速；恒功率模式：基速以上运行，最高4倍基速	恒转矩模式：3%~100%基速；恒功率模式：基速以上运行，最高20倍基速	恒转矩模式：零速到基速；恒功率模式：基速以上运行，最高20倍基速	恒转矩模式：零速到基速；恒功率模式：基速以上运行，最高8倍基速
制动能力	150%（第4象限运行）	150%（第4象限运行）	150%		>200%
速度环响应	10Hz	50Hz	50Hz	150Hz	>150Hz
转速控制精度（满载状态）	带精确速度反馈：0.1%~0.05%	带精确速度反馈：0.05%~0.001%	0.1%	0.001%	0.0005%
转矩/转速性能	恒转矩+弱磁	恒转矩+弱磁	恒转矩+弱磁	恒转矩+弱磁	恒转矩
起动转矩	150%（60s）	150%（60s）	150%（60s）	150%（60s）	200%（4s）
额定负载下的最低转速	零速	零速	基速的2%	零速	零速
电机防护等级	IP23	IP54/IP23	IP54	IP54	IP65
电机转动惯量	高	高（低）	中等（低）	中等（低）	低（高）
电机尺寸	大	大	中等	中等	小
冷却方式	强制风冷	强制风冷或自然冷却	自然冷却	自然冷却	自然冷却
典型的反馈装置	测速发电机或编码器	测速发电机或编码器	无	编码器	编码器

表 11.6　直流和交流驱动的优缺点

	直流驱动（他励）		交流驱动		
	相控	斩波器	感应电机（无速度反馈的磁场定向控制）	感应电机（带速度反馈的磁场定向控制）	永磁无刷电机（凸极和隐极）（带位置反馈的磁场定向控制）
主要优势	• 控制器成本低 • 技术相对简单	• 动态性能好 • 技术相对简单	• 动态性能好 • 低速时能输出额定转矩 • 起动转矩大	• 动态性能极好 • 零速时能输出额定转矩 • 标准电机（带速度反馈） • 无零转矩死区	• 动态性能优越 • 小（或大）电机转动惯量 • 电机防护等级高 • 运行平稳
主要缺点	• 100kW 以下电机昂贵 • 电刷需维护。注意：电刷寿命在低负载下会缩短 • 存在零转矩死区 • 电压下降时可能出现故障 • 驱动风机/水泵类负载可能不稳定 • 电压防护等级低 • 斩波器仅适用于中等功率等级（小于 10kW） • 再生运行需要额外的变换器		• 再生运行需要额外的变换器 • 转矩和速度环动态响应性能差	• 再生运行需要额外的变换器	• 再生运行需要额外的变换器 • 弱磁困难

11.3.1 最高转速和转速范围

最高转速和转速范围是许多驱动系统中需要考虑的重要因素。我们从第 1 章中了解到一个规律，对于给定的功率，额定转速越高，电机尺寸越小。实际上，额定转速低于几百转/分钟的电机的应用并不多，最好通过齿轮箱等机械传动装置进行减速，以获得较低的"最高"转速。

除了小型通用电机和应用于铝加工等设备的专用变频电机，转速超过 10000r/min 的电机并不常见。大多数电机的额定转速在 1500~3000r/min 之间，就电机设计而言，这个转速范围对应的电机功率/重量比很合适，这个转速范围在机械传动中也是合适的。但是，如第 1 章所述，额定转速越高，电机体积越小，因此在某些对电机尺寸有要求的场合，最好使用高速电机。

在需要控制转速的场合中，必须将稳态转速控制在一定范围内，电机的转矩-转速特性、工作制和转速控制精度是选择过程中要考虑的重要因素。在第7章中，我们介绍了其中的一些因素，特别是与电机冷却相关的因素。对于要求在整个转速范围内以恒转矩模式运行的应用场合，使用变频器供电的感应电机和同步电机或者直流电机驱动系统都是可行的，但只有采用强制风冷的直流电机驱动系统能够在非常低的转速下以额定转矩连续运行。

风机或水泵类负载（见下文）也很常见，这类负载具有较宽的转速运行范围，在低速时转矩较低。在大多数情况下，常常使用变频器供电的感应电机驱动该类负载（使用标准电机）。

转速控制精度这一参数有时会造成误解，该参数值一般以额定转速的百分比表示。因此，对于一个转速控制精度为 0.2% 且额定转速为 2000r/min 的驱动系统，当给定转速为 2000r/min 时，实际转速可能在 1996~2004r/min 之间。但是如果给定转速为 100r/min，实际转速可能在 96~104r/min 之间，这仍然符合转速控制精度的要求。

11.4 负载要求——转矩-转速特性

电机的稳态转矩-转速特性、负载相对于电机的有效惯量以及负载对动态性能的需求在不同负载情况下是很重要的。在某些极端情况下，例如在轧钢厂中，转速可能在一个很宽的范围内变化，并且当设定转速发生变化时，轧机需要非常快速地做出反应。电机在设定转速下稳定运行时，如果负载突然变化，也需要保持精准的转速。但在另一些极端情况下，例如一台大型换气扇，转速变化范围可能很小（也许为80%~100%）；不需要在给定转速下保持很高的控制精度，对电机的动态响应时间和起动时间也没有很高的要求。

全速运行时，上述两种情况所需的电机功率可能相同，看上去可以使用相同的驱动系统。但是，换气扇显然更简单，两者使用相同的驱动系统是不合适的。轧机需要使用具有转速或位置反馈的再生驱动系统，而换气扇使用简单的开环系统就可以了，即采用变频器供电的无传感器感应电机驱动系统。

尽管负载变化可能很大，但通常将其分为两大类，一般分为"恒转矩"型或"风机、水泵"类负载，我们将以恒转矩型负载为例说明如何绘制驱动电机的转矩-转速曲线。有必要对此进行详细介绍，因为这通常让用户陷入困境。

11.4.1 恒转矩负载

恒转矩负载意味着维持负载运行所需的转矩在所有速度下都相同。滚筒式起重机就是一个很好的例子，所需的转矩随吊钩上的负载变化而变化，而不随提升速度的变化而变化。图 11.1 给出了一个示例。

第 11 章 电机/驱动器的选择

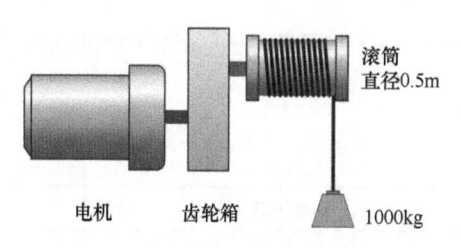

图 11.1 电动起重机——恒转矩负载

滚筒直径为 0.5m，如果最大负载（包括缆绳）为 1000kg，缆绳上的张力（mg）为 9810N，那么负载对滚筒所施加的转矩为张力×半径＝9810×0.25＝2500N·m。当速度恒定（即负载未加速）时，由电机在滚筒上提供的转矩与负载施加在滚筒上的转矩必须大小相等，方向相反。（通常省略"方向相反"的描述，因为稳态时电机和负载转矩必须起相反的作用，这是很好理解的。）

假设提升速度可以控制为最大 0.5m/s 以下的任意值，我们希望使用一台最高转速约为 1500r/min 的电机进行驱动，因为这种转速的电机很常见。提升速度 0.5m/s 对应的滚筒转速为 19r/min，可选用的合适齿轮箱的传动比为 80∶1，这样电机的最高转速应为 1520r/min。

从齿轮箱的电机侧看，负载转矩将降低为 1/80，即从 2500N·m 减少到 31N·m。我们还必须考虑齿轮箱中的摩擦，大约相当于满载转矩的 20%，因此电机最大转矩要达到 37N·m，且运行在 1520r/min 以下的任意转速时，转矩都必须达到该值。

现在我们可以绘制出驱动电机需满足的稳态转矩-转速曲线，如图 11.2 所示。

稳态时，电机功率可由转矩（N·m）和角速度（rad/s）相乘计算得出。因此，所需的电机最大连续运行功率为

$$P_{\max} = 37 \times 1520 \times \frac{2\pi}{60} = 5.9\text{kW} \tag{11.1}$$

还需要计算每秒钟在负载上做功的大小，来检验与电机功率是否大致相同。负载受力（F）为 9810N，速度（v）为 0.5m/s，因此功率（Fv）为 4.9kW。这比上面计算得到的功率小了 20%，因为这里我们忽略了齿轮箱中损失的功率。

到目前为止已经确定，需要一台能够以 1520r/min 的转速连续输出 5.9kW 功率的电机，能以最大速度提升最重的负载。然而，我们还没有考虑负载从静止加速到最大速度的情况。在加速阶段，电机转矩必须大于负载转矩，否则一旦制动器被解除，负载就会下落。电机转矩和负载转矩之间的差值越大，加速度就越大。假设要使最重的负载在 1s 内从静止加速到最大速度，并且加速度恒定。根据运动方程计算出所需的加速转矩为

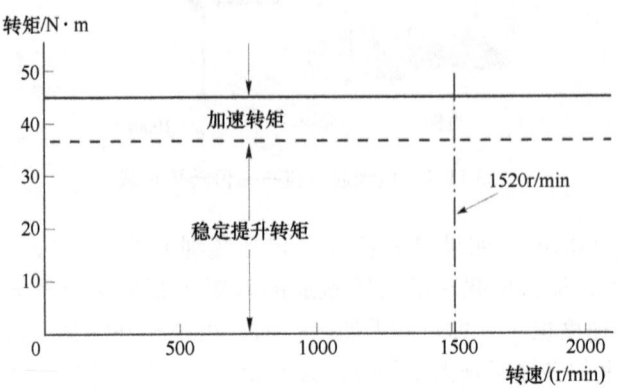

$$\text{转矩}(N \cdot m) = \text{惯量}(kg \cdot m^2) \times \text{角加速度}\left(\frac{rad}{s^2}\right) \quad (11.2)$$

图11.2 滚筒式起重机（见图11.1）对驱动电机的转矩-转速特性要求

需要把参数归算到电机侧，以此来确定电机的工作状态。首先需要知道电机轴上的有效惯量，然后计算电机的加速度，最后根据式（11.2）求出加速转矩。

有效惯量包括电机本身的惯量，滚筒、齿轮箱和钩上负载的参考惯量，参考惯量指的是在电机侧测得的系统惯量。如果齿轮箱的传动比为 $n:1$（其中 n 大于1），则低速侧的惯量 J 在高速侧就变成了 J/n^2。在本例中，负载实际上是直线运动的，而需要计算的是滚筒处负载的有效惯量。不难看出，负载似乎是固定在滚筒表面的。滚筒处负载的惯量可以使用位于半径 r 处的质量为 m 的物体惯量公式，即 $J = mr^2$ 来计算，得出滚筒处负载的惯量为 $1000 kg \times (0.25 m)^2 = 62.5 kg \cdot m^2$。

对于电机而言，负载的有效惯量为 $1/(80)^2 \times 62.5 \approx 0.01 kg \cdot m^2$。除此之外，还必须加上电机本身的惯量，通过查阅制造商提供的产品目录可以知道 5.9kW、1520r/min 的电机惯量。对于直流电机来说很简单，但对于交流电机来说，目录往往只给出工频下电机惯量的额定值，这里需要选择可提供合适转矩的电机，并考虑不同类型驱动系统的转矩-转速曲线。为了简单起见，假设我们已经找到了一台满足要求的电机，它的转子惯量为 $0.02 kg \cdot m^2$。还必须加上滚筒和齿轮箱的惯量，这需要再次计算或查阅产品目录。假设这部分的参考惯量也是 $0.02 kg \cdot m^2$。因此，总有效惯量为 $0.05 kg \cdot m^2$，其中40%是电机自身的惯量。

加速度很容易计算，已知电机转速需要在1s内从0上升至1520r/min。角加速度可以用转速增量除以所用时间得出，即

$$\left(1520 \times \frac{2\pi}{60}\right) \div 1 = 160 rad/s^2$$

现在可以根据式（11.2）计算加速转矩：

$$T = 0.05 \times 160 = 8 N \cdot m$$

因此，为了满足稳态和动态转矩要求，需要驱动系统在1520r/min以下的任意转速都能提供大小为45N·m[(37＋8)N·m]的转矩，如图11.2所示。

在起重机的应用中，运行方式可能是不可预测的，但是电机很可能大部分时间都处于匀速提升状态而不是加速状态。因此，尽管在所有速度下，都要求电机能够提供45N·m的峰值转矩，但并不会要求电机长时间提供峰值转矩，额定功率为5.9kW的驱动系统基本可以满足短时的过载需求。

还应该考虑满载下放时的情况。假设摩擦力为负载转矩（31N·m）的20%，在下降过程中，摩擦力产生的制动转矩为6.2N·m。为了防止吊钩失控，需要一个大小为31N·m的总转矩来平衡负载转矩，因此电机要提供24.8N·m的转矩。可以将该转矩称为制动转矩，这是为了在下放吊钩时防止负载失控而产生的转矩，但此时电机转矩与起吊时的转矩方向相同。电机的旋转方向是反的，根据"四象限"运行示意图（见图3.12），电机已经从第1象限移动到第4象限，功率流反向，电机处于再生运行状态，负载下降的势能被转换为电能。因此，如果需要在这种情况下运行，必须选择能够连续运行于再生模式的驱动系统。如果空钩的重量不足以让其自身下降，该驱动系统还必须能在第3象限运行，产生负转矩来驱动空钩下降。

在该示例中，转矩主要是由稳态运行时的要求决定的，而与惯量有关的加速转矩相对较小。如果要求的加速时间是0.2s而不是1s的话，需要的加速转矩就将是40N·m而不是8N·m，单就转矩要求而言，此时需要的加速转矩与稳态运行时的转矩基本相同。驱动器的额定参数取决于电机的起停频率，在这种情况下，有必要咨询驱动器制造商以确定驱动器的额定参数。

之后将介绍当负载为间歇性负载时，应该如何选择电机的额定参数，值得注意的是，如果惯量很大，存储的旋转动能$\left(\frac{1}{2}J\omega^2\right)$会变得非常大。在负载减速直至静止的过程中，存储的能量要么在电机和驱动器中消耗，要么回馈到电源。所有电机自身都具备再生运行能力，可以将动能回收并通过驱动器的内置电阻以热能形式消耗，这是一种经济的解决方案，但这种方案只有在回收的能量不多时才可行。如果存储的动能很大，驱动器必须能够将能量回馈给电源，而这会增加驱动器的成本。

就本例中的起重机而言，存储的动能为

$$\frac{1}{2} \times 0.05 \left(1520 \times \frac{2\pi}{60}\right)^2 = 633J$$

这仅仅是烧开一大杯水所需能量的1%。这么少的能量很容易被电阻吸收，但在这种情况下，我们依然采用了再生驱动器，这些能量也将回馈到电源。

11.4.2 惯量匹配

在某些应用中，惯量决定了转矩要求，因此正确选择齿轮箱的传动比很重要。在这种情况下，"惯量匹配"这个术语经常会引起混淆，因此有必要解释一下它的含义。

假设有一台给定转矩的电机，准备通过齿轮箱驱动一个惯性负载。如前文所述，齿轮箱的传动比决定了电机的有效惯量，高减速比（即负载转速远小于电机转速）将使参考惯量大大降低，反之亦然。

如果要求负载加速度达到最大，那么最佳传动比就是使负载的参考惯量等于电机的惯量。在某些应用中，包括所有类型的定位驱动系统，例如机床和照相排版等设备，对负载的加速性能要求很高。这解释了为什么在第9章中介绍的永磁无刷同步电机，不同产品可以有很多不同的惯量。（从电气角度也可以解释，为了从内阻为 R 的电源获得最大的负载功率，负载电阻必须等于 R。）

然而惯量匹配只能使负载的加速度达到最大。在很多情况下，如果根据惯量匹配标准选择齿轮箱，就无法满足其他技术需求（例如要求负载速度最大），那么就需要降低负载加速度以达到更高的负载速度。

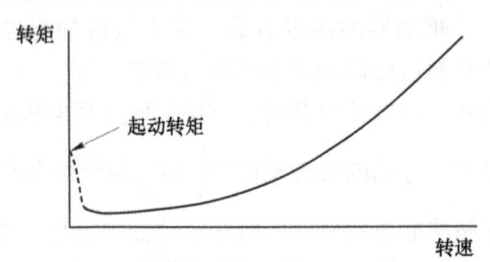

11.4.3 风机和水泵类负载

风机和水泵类负载的稳态转矩-转速特性曲线一般如图 11.3 所示。

图 11.3 风机和水泵类负载的稳态转矩-转速特性

可以近似地认为这种负载所需的转矩与转速的二次方成正比，因此功率与转速的三次方成正比。不过这种近似在低速时是不准确的，因为大多数风机和水泵类负载具有很大的静摩擦或负载起动转矩（见图11.3），在起动时必须克服这些阻力。

在考虑功率-转速关系时，恒转矩型负载与风机类负载之间存在显著差异。如果电机的额定值是在全速连续运行状态下定义的，风机类负载半速运行时的功率非常小（一般为额定功率的12%左右），而恒转矩型负载半速运行时的功率为额定功率的50%。因此，对于需要转速控制的风机类负载，可以使用变频器供电的笼型感应电机来进行驱动，它在低速、小转矩情况下，无需额外的冷却系统就能很好地运行。如果所需的加速度大小适中，则电机的转矩-转速特性在所有转速下都比负载转矩略大即可。这确定了电机在转矩-转速平面上的运行区域，可以根据该运行区域选择驱动系统。

很多以额定转速连续运行的风机，并不需要对转速进行控制，很适合由工频感应电机进行驱动。

11.5 一般应用注意事项

11.5.1 再生运行和制动

所有电机自身都具备再生运行的能力，但在采用低端基础版功率变换器的驱动系统时，一般不能连续再生运行。提供连续再生运行的成本通常很高，所以用户应该认真考虑驱动器是否确实需要具备连续再生运行的能力。

在大多数情况下，首先需要考虑的不是能量回收，而是满足特定的动态性能需求。例如，在需要快速反向的场合，必须迅速吸收动能，如前一节所述，这意味着能量要么回馈到电源（再生运行），要么被消耗掉（通常在制动电阻中）。有一点很重要，非再生驱动系统具有不对称的动态速度响应，当需要提高转速时，可以快速提供额外的动能，但是如果需要降低转速，则只能将转矩减小到零，让电机转速自然下降。

11.5.2 工作制和额定功率

这是一个复杂的问题，从本质上反映了一个事实，尽管所有电机都受到发热（温升）限制，但不同的运行方式可能最终会引起相同的温升。

一般来说，假设损耗（以及温升）随负载的二次方变化，那么可以根据一个周期内功率的方均根来选择电机。这对于大多数电机来说是一个合理的近似，尤其是当功率的变化是由负载转矩的变化而引起的，此时电机转速不变。并且与负载变化的周期相比，电机的热时间常数很长。（电机的热时间常数与任何一阶线性系统（如电阻/电容电路）的热时间常数具有相同的意思。如果电机在环境温度下起动，并在恒定负载下运行，通常需要 4~5 个热时间常数才能达到稳定的工作温度。）不同电机的热时间常数各不相同，大功率电机（如钢厂中使用的电机）的热时间常数长达一个多小时，中等功率电机为几十分钟，小型电机为几分钟，而小型步进电机的热时间常数仅有几秒钟。

下面详细说明当负载周期性变化时，电机额定功率的估算过程。假设一台恒频笼型感应电机以 4kW 的功率运行 2min，然后空载运行 2min，然后以 2kW 的功率运行 2min，再空载运行 2min，以这样 8min 为一个周期重复运行。为了选择合适的电机额定功率，我们需要算出有效功率的大小，也就是功率的方均根。图 11.4 的上半部分显示了电机运行时功率的变化情况，绘制该图的前提是忽略空载功率。"功率的二次方"如图 11.4 的下半部分所示。

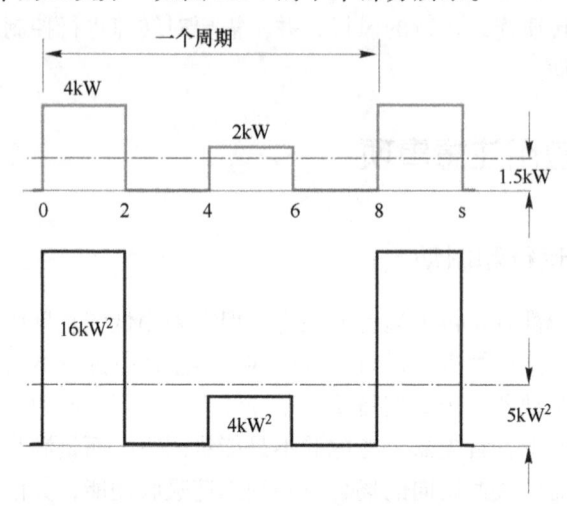

图 11.4　周期性变化负载的功率有效值计算

平均功率为 1.5kW，功率二次方的平均值为 5kW^2，因此有效功率为 $\sqrt{5}$kW，即 2.24kW。因此，额定功率为 2.24kW 的电机适用于该场合，当然，前提是它能够满足 4kW 运行时的过载转矩。因此，电机必须能够提供大小为连续额定转矩（4/2.25）倍（178%）的过载转矩，大多数感应电机都能满足该要求。

电机供应商习惯于根据给定的运行方式推荐最佳的电机类型，他们通常会将工作制划分为 8 个常见标准运行方式中的一个。就额定功率而言，最常见的分类方法包括最大连续额定功率和短时额定功率，其中电机以最大连续额定功率运行时的工作时间没有任何限制，而以短时额定功率运行时，电机从环境温度起动，只能在有限的时间内（通常为 10min、30min 或 60min）运行。在美国，NEMA 指的是电机的工作制，包括连续运行、间歇运行或特殊运行。IEC 60034-1 将工作制定义为 8 个等级 S1~S8。

需要补充一点，在转速控制应用中，电机的工作制也会影响功率变换器的选择，变换器的热时间常数比电机的热时间常数短得多。工作制在某些应用中可能非常重要，应该在转矩和转速曲线中明确说明，以避免引起后续问题。

11.5.3　防护和冷却

远洋船舶甲板上的绞盘电机所面临的恶劣环境，与办公室复印机感光鼓驱动电机舒适的工作环境相比，两者显然存在着天壤之别。前者必须防止雨水和海水进入，而后者在干燥和基本无尘的环境中工作。

对极其多样的环境进行分类是一个潜在的问题，但幸运的是，关于这个问题，已经制订了被广泛使用的国际标准。国际电工委员会（IEC）关于电机防护的标准几乎是通用的，其形式采用一个分类号，前缀是字母 IP，后缀是两个数字。第 1 个数字表示防止固体颗粒进入的防护等级，范围从 1（直径大于 50mm 的固体）到 5（灰尘），而第 2 个数字表示防水等级，范围从 1（滴水）到 5（喷水）到 8（沉入水中）。如果第 1 个或第 2 个数字为零，则表示没有保护。

电机的冷却方法也已分类，用字母 IC 加两个数字表示，第 1 个数字表示冷却装置（例如 4 表示通过电机机壳表面散热冷却），而第 2 个数字表示如何为冷却回路供能（例如 1 表示冷却风扇由电机本身驱动）。

标准工业电机中最常见的防护等级如下：直流电机 IP21 和 IP23；感应电机 IP44 和 IP54；永磁无刷同步电机 IP65 和 IP66。这些分类在美国是众所周知的，但制造商有时也会采用不太正式的名称，例如：

开放式防滴水（ODP）：带有通风孔的电机，允许外部冷却空气通过绕组。（类似于 IP23）

全封闭风扇冷却（TEFC）：冷却风扇安装在电机轴上，在运行时将空气吹到机壳上，以加强冷却效果。（类似于 IP54）

可冲洗（W）：设计用于食品加工业和其他经常暴露在冲洗、化学品、潮湿和其他恶劣环境中的电机防护。（类似于 IP65）

11.5.4 尺寸标准

关于电机尺寸的标准化问题正在改善，尽管还远未普及，但在诸如转轴直径、中心高、安装方式、接线盒位置和整体尺寸等方面，主流电机（感应电机、直流电机）的尺寸基本相同。但低功率电机尺寸的标准化程度相对较低，因为很多电机都是为特定应用定制的。

永磁无刷电机的标准化程度也很低，矛盾的是，缺乏标准被认为是这些电机创新的一个重要驱动力，特别是在机壳尺寸、安装方式和转轴尺寸方面。而感应电机的创新却因其高普及率和标准化而受到阻碍！

11.5.5 电源干扰和谐波

正如我们在 8.5 节中所看到的，大多数变频器供电的驱动系统会导致公用电源电压的失真，这会干扰其他敏感设备，尤其是在驱动系统附近的设备。我们还介绍了降低这种影响的一些办法。然而，这是一个复杂的问题，在大多数情况下，需要从系统层面考虑，而不能只考虑其中一个或几个驱动系统。这需要对供电系统，尤其是其阻抗有深入的了解。

随着更多和更大功率的驱动系统被使用，失真的问题也越来越严重，因此供电部门出台了越来越严格的规定来规范这一问题。

通常，供电部门会规定特定用户处谐波电流的最大幅值和频率范围。如果安装了驱动系统以后，供电点处的电能质量无法满足供电部门的规定，则必须同时安装适当的滤波电路。滤波电路的成本可能很高，而且它们的设计也比较复杂，因为这需要预先知道供电系统的电气特性以避免产生不必要的谐振。用户需要警惕这些问题，并确保驱动系统的供应商负责处理该问题。

测量谐波电流并不容易，在这方面，IEC 61000-4-7：2002 标准提供了有价值的指导。

11.6 习题

（1）一个基速为 1500r/min 的驱动系统，对于基速以下的所有转速控制精度规定为 0.5%。如果给定转速为 75r/min，该驱动系统在满足技术指标的条件下，能达到的最高和最低转速是多少？

（2）一台伺服电机通过齿轮箱和传动带驱动一个惯性负载。电机带有一个 12 齿的传动轮，电机和传动轮的总惯量为 0.001kg·m²。负载惯量（包括负载侧传动轮）为 0.009kg·m²。如果要使负载加速度最大，应该如何选择负载侧传动轮的齿数。

（3）假设一台电机的温升遵循指数曲线，最终温升与总损耗成正比，损耗与负载功率的二次方成正比，电机的热时间常数为 30min，如果该电机从冷态起动并过载 60%，它能运行多长时间？

（4）一台专用数控机床主轴的最大转速为 10000r/min，在所有转速下都需要输出额定转矩。峰值稳态功率约为 1200W。制造商希望使用一台直驱电机。应该如何选型，需要哪些附加信息来寻求最佳解决方案。

（5）计划购买一台变频器，用于对起重机原有的定频感应电机进行转速控制，设想在低速运行时可能出现什么问题？

（6）列出两种常规直流电机不适用的转速控制应用场合，并为每种应用场合提供一种替代方案。

（7）标准感应电机可以在短时间内提供两倍的额定负载转矩，但标准变换器的输出受其额定值限制。这种差异是由什么造成的？

（8）一个水泵驱动系统，由 50Hz 的电源供电，需要在大约 1400r/min 的转速下提供 60N·m 的转矩，并持续运行 1min，然后空载运行 5min，并以这种方式不断重复运行。

从一系列连续额定功率为 2.2kW、3kW、4kW、5.5kW、7.5kW、11kW 和

15kW 的通用笼型电机中选择一台驱动电机。所有电机在转差率为 5% 时能输出额定转矩，在转差率为 15% 时能输出 2 倍额定转矩。

选择电机的极数和额定功率，并估算电机驱动该水泵时的运行速度。

（9）一个额定功率为 50kW、额定转速为 1200r/min 的转速控制系统驱动一台大型圆形石材切割锯。当转速指令为基速时，驱动系统从静止起动，在 4s 内加速至 1180r/min，在此期间，加速度基本保持不变。驱动系统在之后 1s 内稳定在额定转速上，随后锯片将与工件接触。

估算电机和锯的总有效惯量，并在估算前先列出你必须做出的假设。估算全速下存储的动能，并与前 4s 内电机提供的能量进行比较。

（10）当习题 9 中的石材切割锯以基速空载运行时，关闭电源，转速近似线性下降，需要 20s 才能降到基速的 90%。估算摩擦转矩占电机满载转矩的百分比。请解释为什么这个结果证明了为回答习题 9 而必须做出的假设是合理的。

答案参见附录。

附录

习题答案

第1章

（1）磁动势（mmf）可以表示为线圈匝数和电流的乘积，即 mmf = 250 × 8 = 2000AT，"AT"为安匝数，但严格地说，磁动势的单位是 A。

（2）已知磁路由优质电工钢制成，这表示磁路中铁心部分的磁阻与气隙相比可以忽略不计。在这种情况下，由线圈（2000A）提供的磁动势都作用在气隙上，气隙中的磁通密度可由式（1.7）计算：

$$B = \frac{\mu_0 NI}{g} = \frac{4\pi \times 10^{-7} \times 2000}{2 \times 10^{-3}} = 1.26\text{T}$$

问题要求计算铁心中的磁通密度，正如我们在示意图（见图1.7）中看到的，除非截面积发生变化，否则磁通密度将保持不变，所以铁心中的磁通密度与气隙磁通密度是相同的，即 1.26T。

如果磁路截面积增加一倍，对磁通密度是没有影响的，因为如式（1.7）所示，气隙磁通密度只取决于磁动势和气隙的长度。然而，如果磁路截面积增加一倍，而磁通密度相同，则总磁通量将增加为原来的两倍。

换个角度思考，如果磁路截面积增加一倍，气隙的磁阻就会减半，因此对于给定的磁动势来说，磁通量会增加一倍，可以得出相同的结论。

（3）由于没有给出磁路中铁心部分的相关信息，假设磁路中的磁阻主要为气隙磁阻，忽略铁心部分的磁阻。因为题目使用"估算"一词，所以进行上述假设是合理的。如果忽略了铁心磁阻（小），磁通密度将不可避免地会稍微偏高。

如果用 R 表示 0.5mm 气隙的磁阻，由于磁阻与长度成正比，所以 1mm 气隙的磁阻就是 $2R$。两个气隙串联在一起，所以总磁阻为 $3R$。由磁路欧姆定律可知，通过两个气隙的磁通是相同的。

$$\Phi = \text{mmf}/\text{磁阻} = 1200/3R = 400/R$$

再次利用磁路欧姆定律可求出每个气隙两端的磁动势：0.5mm 气隙两端的磁动势为

$$\text{mmf} = \text{磁通} \times \text{磁阻} = \frac{400}{R} \times R = 400\text{A}$$

同样地，1mm 气隙上的磁动势为
$$mmf = 磁通 \times 磁阻 = 400/R \times 2R = 800A$$

为了求出磁通密度，可以采用式（1.7）对任意气隙进行计算。对于 1mm 气隙，其产生的磁通密度为

$$B = \frac{\mu_0 NI}{g} = \frac{4\pi \times 10^{-7} \times 800}{1 \times 10^{-3}} = 1.0T$$

（4）新的转子直径是 299.5mm 而不是 300mm，所以半径减少了 0.25mm。这表示新的气隙是 2.25mm，而不是原来的 2mm，这几乎是可以忽略不计的。然而，气隙磁阻增加了 12.5%，假设忽略铁心部分的磁阻，则磁动势必须增加 12.5% 才能保持相同的磁通密度。

励磁绕组中损耗的功率取决于电流的二次方，因此它会增加到原来的 $(1.125)^2$ 倍，即 1.27 倍。在这种情况下，损耗大幅增加，除非电机原有的冷却系统存在较大的设计裕量（即励磁绕组的运行温升远低于允许温升），否则新电机运行时肯定会超过允许温升。

如果不对电机进行其他改动，磁通密度将降低为原来的 89%。在额定电枢电压下，电机的运行转速将比额定转速提高 12.5%，通过将电枢电压降低至原来的 89% 左右，可以将电机转速维持在额定转速。在相同的满载电枢电流下，额定转矩和功率将比原来降低 11%。

如果要恢复正常性能，可以增加励磁绕组匝数（如果有空间的话）。同时，必须提高电压以保持相同的电流。

（5）通过公式 $F = BIl$ 进行计算。

(a) 所受电磁力为 $0.8 \times 4 \times 0.25 = 0.8N$。

(b) 所受电磁力为 $20 \times 0.8 \times 2 \times 0.25 = 8N$。

由于（b）中线圈总电流为 40A，是（a）中线圈总电流的 10 倍，所以电磁力也是（a）的 10 倍。

（6）为了估算转矩，首先需要计算总切向电磁力，然后乘以其作用半径。已知有 120 根导线，但只有 75% 被磁极覆盖，这意味着在任何时刻只有 75% 的导线会处于径向磁场下，即可以假设 120 根导线中有 90 根导线对转矩有贡献。并做出如下假设：如果位于 N 极下的导线携带正电流，那么位于 S 极下的导线将携带负电流，因此它们都对转矩有贡献。

作用在 1 根导线上的电磁力为 $F = BIl = 0.4 \times 50 \times 0.5 = 10N$。在计算中使用的是平均磁通密度，虽然某些导线所在位置的磁通密度可能要稍微高一些，但只要采用平均磁通密度进行计算即可。

因此，总切向力是 $90 \times 10 = 900N$。假设电磁力作用在导线的中心位置，导线直径必须小于 1cm 才能与气隙适配。如果把导线直径设为 0.8cm，电磁力的作

用半径为 15 + 0.4 = 15.4cm 或者 0.154m。因此，转矩为 $T = 力 \times 半径 = 900 \times 0.154 = 139\text{N} \cdot \text{m}$。

（7）重新绕制的励磁绕组（220V）必须能够产生与原绕组在 110V 供电时相同的磁动势。首先假设，为了实现与原绕组相同的作用，新绕组可能会消耗相同的功率。在这种情况下，如果 110V 供电时的电流是 I，则在 220V 供电时的电流将减小为 $I/2$。随后对假设进行验证，检查该思路是否正确。

如果要在电流减半的情况下产生相同的磁动势，则绕组匝数必须变为 $2N$，其中 N 是原始匝数。因为 $2N$ 匝绕组中的电流只有 $I/2$，所以原导体的截面积可以减小一半，使导线中的电流密度与原电流密度相同。这样一来，新绕组的匝数是原来的两倍，但每根导线的截面积减小了一半，因此新绕组与原绕组所占的空间相同。下面对最初的假设进行检验，新绕组消耗的功率与原绕组相同的假设是否正确。

设原绕组的电阻为 R，供电电压是 110V，因此可以计算出电流 $I = 110/R$，损耗功率为 $(110)^2/R$。

新绕组的匝数是原来的两倍，如果用相同的导线制成，其电阻将为 $2R$。但是新导线的截面积只有原来的一半，所以新绕组每匝电阻是原绕组的两倍。因此，新绕组的总电阻是 $4R$。新绕组的供电电压为 220V，因此电流为 $220/4R = 55/R$，即新电流是原电流的一半。损耗为 $220 \times 55/R = (110)^2/R$，与原绕组相同。因此，为了产生相同的磁动势，绕组需要消耗相同功率的想法是正确的。

如果新绕组要产生与原绕组相同的磁动势，需要相同用量的铜，所需空间与损耗也相同。由此可以得出结论，绕组设计的关键在于铜的用量及其工作强度（即电流密度），可以通过选择不同的绕组匝数和导线截面积来适应不同的工作电压。

（8）虽然习题 7 讨论的是励磁绕组，但相关结论同样适用于电机的所有绕组。110V 供电电机的电流是 240V 供电电机的两倍以上，因此，110V 供电电机使用的绕组线径必须更粗。除此之外，几乎没有其他任何差异。

（9）假设绕组电阻为 R，当通过恒定电流（I）时，存在连续的功率损耗 I^2R，该损耗等于电压源提供的功率。如果励磁绕组是由电阻为零的超导材料制成的，那么稳态功率损耗将为零。

瞬态过程中（当绕组首次接通时，电感将会影响电流的上升），电压源提供的能量包括在电阻中损耗的热能和磁场储能。一旦磁场建立，并且电流稳定下来，就不需要额外的能量来维持磁场。

（10）机械功率等于转矩和转速的乘积，因此，要产生相同的功率，低速电机比高速电机所需的转矩更大。电机的转矩（具有可靠冷却系统）在很大程度上取决于转子的体积，而转子的体积又与电机总体积密切相关。对于给定负载，如果将电机运行转速增大为原来的 10 倍，则电机体积将减小为原来的 1/10，因此电机的制造成本更低。高速电机用于驱动低速负载时通常需要配备减速装置，但在大多数情况下这仍然比使用低速直驱电机成本更低。

第 2 章

（1）（a）以最下方支路的电势为基准，x 点的电压将正弦变化，幅值为 20V，而 y 点的电压保持 +10V 不变。阳极电压较高的二极管将导通，另一个二极管反向偏置。因此，当 x 点电压大于 +10V 时，负载电压将跟随正弦电压波形，x 点电压小于 +10V 时负载电压则保持为 +10V，如图 Q1a 中的粗线所示。

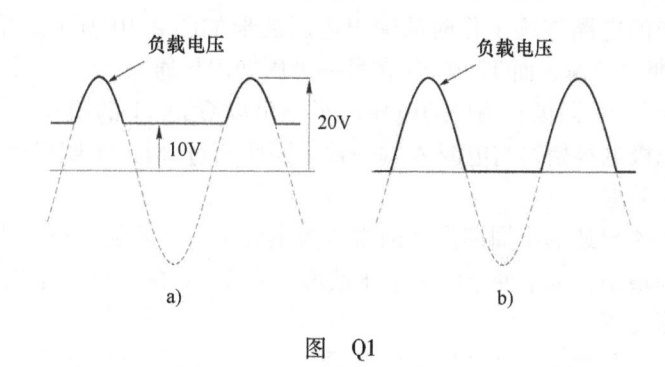

图 Q1

（b）当 V_2 的电压从 +10V 开始逐渐减小时，负载电压波形中的直线部分将逐渐向下移动，直到下降到 0 为止。在这种情况下，二极管 D2 的导通时间将随之逐渐缩短。当 V_2 的电压降为 0 时，将得到如图 Q1b 所示的波形，此时无论哪个二极管导通，该支路的电流均向上流动，再通过负载向下流回。

当 V_2 的电压变为负值时，可能会有读者认为负载电压在每个周期都将有一部分变为负值，但实际上这是不可能的。因为这时电流将向上流经负载，再向下流过二极管，而二极管只能正向（即沿箭头方向）导通。因此可以得出结论，当 V_2 的电压为负时，无论电压如何变化，二极管都不会导通，负载电压波形如图 Q1b 所示。

（c）因为二极管和电压源是串联的，所以二极管与电压源的相对位置不会改变负载电压波形。

（2）以电机作为负载，这意味着负载为阻感性负载。假设电流是连续的，那么由式（2.3）和式（2.5）可得到单相桥式全控整流器输出的平均电压为

$$V_{dc} = \frac{2\sqrt{2}}{\pi} V_{rms} \cos\alpha$$

（如果电流不连续，将无法在负载和电机参数未知的情况下确定输出电压。）

当 $\alpha = 0$ 时，输出电压将达到最大值，为 207V。此时忽略了二极管的管压

降，因此在实际中该值将更接近205V。题中"低阻抗交流电源"表明可以忽略由供电系统阻抗引起的电压降。

(3) 平均输出电压如式 (2.6) 所示，即

$$V_{dc} = V_{d0}\cos\alpha = \frac{3}{\pi}\sqrt{2}V_{rms}\cos\alpha$$

将 $V_{rms} = 415\text{V}$ 和 $V_{dc} = 300\text{V}$ 代入，得到 $\alpha = 57.6°$。

频率变化不影响平均输出电压的计算，因此输出电压不变。

(4) 这道题看似简单，但也很容易做错。无论采用何种求解方法，准确掌握基本概念并按照步骤进行求解是非常重要的。

图 2.8 中的电路连续工作时的输出电压波形如图 2.10 所示。晶闸管 T1 和 T4 在一半周期内导通，而 T2 和 T3 在另一半周期内导通。

分析晶闸管 T1 阳极和阴极的电压波形，可以看到 T1 的阳极与电源 A 端相连，所以其阳极电势始终与电源 A 端一致。因此通过分析 T1 阴极电势的变化就能画出其电压波形。

在 T1 和 T4 导通的半周期内（通常认为主要是在电源的"正"半周期），T1 导通时的压降很小。为了便于绘制电压波形，假设 T1 在"正"半周期的导通过程中导通压降为零。

在"负"半周期晶闸管 T2 和 T3 导通（导通压降可忽略不计），因此 T1 的阴极通过 T2 连接到电源 B 端，而其阳极依旧与电源 A 端相连。因此 T1 的阳极和阴极之间的电压就是电源 A、B 两端之间的电压，即电源电压 V_{AB}，所以对于"负"半周期，晶闸管 T1 的电压为电源电压。晶闸管 T1 两端的完整电压波形如图 Q4 所示。

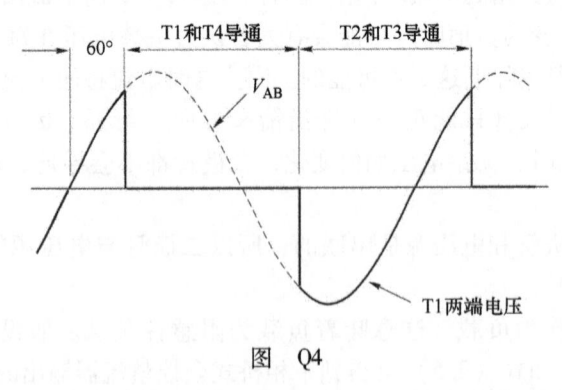

图 Q4

(5) 已知直流负载电流值为恒定的 25A。如图 2.7 所示，在 180° 的周期（"正"半周期）内，负载电流从 T1 流出并通过 T4 流回，即通过图 2.7 中的电源向上流动。在另一个 180° 的周期（"负"半周期）内，负载电流从 T2 流出，

通过 T3 流回，即通过电源向下流动。由于负载电流恒定为 25A，电源电流将为 25A 的方波，如图 Q5 所示。

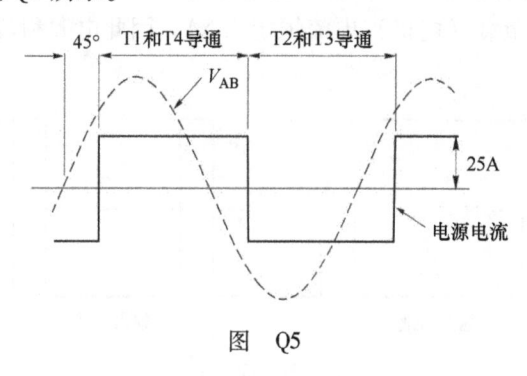

图 Q5

需要注意的是，由于忽略了电源电感（电源电感会引起"换相重叠"），电流换相在瞬间完成，电流波形为方波。事实上，电流换相需要一定的时间，所以实际电流波形为梯形波。从电网侧看，该电流波形仍有很强的非正弦性，远非理想波形。

从图中可以看出，当电源电压达到最大值时，电源功率也达到最大值，所以电源峰值功率的计算如下：

$$P_{max} = V_{max} \times 25 = 230\sqrt{2} \times 25 = 8.13 \text{kW}$$

已知器件损耗可以忽略，这意味着平均交流输入功率等于负载直流平均功率，因其电流恒定，在这种情况下很容易计算电源的平均功率，即为直流平均电压（可以根据式（2.3）和式（2.5）计算获得）乘以电流。因此，电源的平均功率计算如下：

$$P_{av} = V_{dc} \times I_{dc} = \frac{2\sqrt{2}}{\pi}(230)\cos 45° \times 25 = 3.66 \text{kW}$$

值得一提的是，如果电流恒定，可以通过直流平均电压乘以电流来计算平均功率。但如果电压和电流都随时间变化，则需要对瞬时功率（即瞬时电压和瞬时电流的乘积）进行积分，以计算每个周期的总能量，然后除以每个周期的时间以得到平均功率。

另一种方法是直接从交流侧计算平均功率，即如果电压是正弦变化的，则可以先计算电流基波分量 I_1 的有效值，然后根据 $V_{rms} I_1 \cos\varphi$ 计算平均功率，其中 φ 是电流和电压基波分量的相角。

一个幅值为 25A 的方波电流，其基波分量可以很容易地计算，即 $\frac{4}{\pi} \times 25 = 31.83$A，所以电流基波分量的有效值为 $\frac{31.83}{\sqrt{2}} = 22.51$A。因此，如上所述，平均

功率为 $230 \times 22.51 \times \cos 45° = 3.66 \text{kW}$。

(6) 平均负载电压为20V，电源电压为100V，因此可以推断晶体管有1/5个周期是导通的。负载（电机）电流恒定为5A，因此电源和负载的波形如图Q6所示。

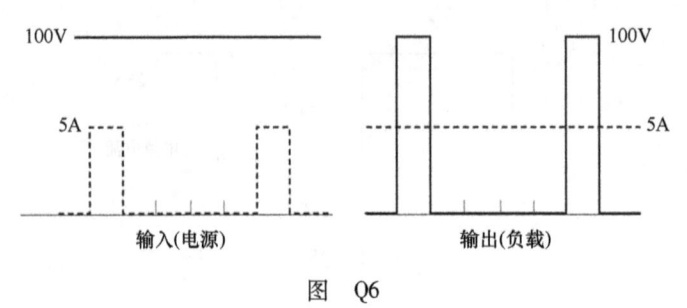

图 Q6

平均输入电流是1A，那么输入功率是 $100\text{V} \times 1\text{A} = 100\text{W}$。平均负载电压为20V，那么负载功率为 $20\text{V} \times 5\text{A} = 100\text{W}$。

为了与变压器横向对比，将重点放在输入、输出电压和输入、输出电流的平均值上。在这种情况下，斩波器类似一个理想的降压变压器，其匝数比为5:1，二次电压是一次（输入）电压的1/5，而二次电流是一次电流的5倍，而且与理想变压器一样，其输入和输出功率是相等的。

(7) 晶体管降压电路及负载的电压、电流波形如图2.4所示。因为负载电流是"几乎恒定"的，为了便于计算，可以把它视为定值。

(a) 平均负载电压为电阻和平均负载电流的乘积，即 $8 \times 5 = 40\text{V}$。电压波形本身是方波，当晶体管导通时其幅值为150V，当晶体管关断时为0，此时电流通过二极管续流。如果用 T_{on} 表示导通时间（点画线部分），用 T_{off} 表示关断时间（间隔部分），则平均电压为 $150 \times \dfrac{T_{on}}{T_{on}+T_{off}} = 40$，所以 $\dfrac{T_{on}}{T_{on}+T_{off}} = 0.267$，$\dfrac{T_{on}}{T_{off}} = 0.364$。

(b) 因为负载电流恒定，我们可以通过平均负载电压和电流相乘求得平均负载功率，即 $40 \times 5 = 200\text{W}$。

(c) 假设所有器件都是理想的，即不存在损耗，输入功率等于输出功率，为200W。验证如下，因输入电压恒定（150V），可以通过恒定的输入电压（150V）和电源平均电流相乘计算电源的平均功率。

晶体管导通时，电源电流为5A，关断时为0。所以电源平均电流为 $5 \times \dfrac{T_{on}}{T_{on}+T_{off}} = 5 \times 0.267 = 1.33\text{A}$。因此，综上所述，电源平均功率为 $150 \times 1.33 = 200\text{W}$。

(8) 下面依次对题中所述可能的答案进行分析：

- 该答案错误。由于电流没有通过开关器件向上流动的趋势，因此无需阻止电流反向流通。并且在任何情况下，MOSFET 都存在一个反向偏置的体二极管，在必要时可以允许电流反向流通。

- 该答案错误。电感不需要过电压保护，过电压更可能是由电感电流高频变化产生的。

- 该答案错误。电压源不太可能受到电流变化的影响，但是某些半导体器件需要限制电流的上升率，在这种情况下，限制电流上升率的器件是电感而非二极管。

- 该答案正确。二极管的真正作用是限制 MOSFET 两端的电压。MOSFET 两端（即漏极和源极之间）的耐压值存在上限，如果超过该值，器件将会被击穿。当负载中没有电流流过时（见图 Q8），MOSFET 承受的电压等于电源电压，器件显然能够承受电源电压。然而，真正的危险来自负载电感，下面将继续讨论负载电感带来的危险。

电感两端的电压和流过电感的电流的关系为 $v = L\dfrac{di}{dt}$，即电压大小取决于电流变化率。因此，当关断一个含有电感的电路开关时，电感电流会快速变化（即 di/dt 趋向于无穷大），此时开关两端将承受很高的电压。

例如，假设图 Q8 中没有二极管，MOSFET 导通时，2A 的电流将流过 50mH 的电感，如果此时关断 MOSFET，使电流在 $1\mu s$ 内以均匀的速率降至零，则电感两端的电压将为 100kV。根据基尔霍夫电压定律，回路各元件电压之和等于电源电压，100kV 电压几乎都会施加在 MOSFET 两端，这将导致其立即损坏。

这一问题的根源在于电感中存储的能量，其计算公式为 $E = \dfrac{1}{2}Li^2$。如果使电流瞬间减小到零，那瞬时功率将为无穷大，这显然是不可能的。解决办法是提供一条通路，将电感中存储的能量以更可控的方式释放，这也就是"飞轮"二极管（续流二极管）的作用。当开关器件关断时，续流二极管为负载电流提供了另一条通路，因此电流将在图 2.4b 所示的闭合回路中流动。起初，电流没有减少，因此电感中存储的能量没有改变，但随着能量在负载电阻上逐渐消耗，电感储能也逐渐减少，电流将呈指数衰减。"飞轮"一词源自与骑自行车的类比，骑手可以通过艰辛地踩踏板积累一定动能，然后利用存储的能量维持运动而进行休息，直到自行车在摩擦力的作用下停止。

- 这一答案只有部分正确。从上述分析可知，增加续流二极管的确是为了消耗电感储能，但事实上在二极管中消耗的能量只有一小部分（非理想的二极管），大部分储能消耗在了负载电阻和电感本身的电阻中。

（9）该题的正确答案为 100.7V，下面将给出解释并分析题中其他错误答案的由来。

如习题8的答案所述，当MOSFET关断时，续流二极管导通，负载电流向上流过二极管。为了在这种情况下确定MOSFET两端的电压，需要确定二极管阳极相对于参考地（电源下端）的电势。由于二极管上的正向压降是0.7V，所以阳极电势比阴极电势高0.7V。阴极与电源上端相连，因此其电势为100V。综上，MOSFET两端的电势差（电压）为100.7V，这是MOSFET必须承受的最大电压。

答案"99.3V"显然是因为混淆了二极管两端的电压极性；答案"0V"可能是认为在续流期间没有电流通过MOSFET，所以其电压也为0V；答案"0.7V"可能是认为在续流期间，因为负载（电阻和电感）被二极管短路，所以其两端的电压为0.7V；"取决于电感"的说法是可以理解的，但这是错误的，因为虽然电感值决定了存储能量的大小和续流时间的长短，但不管电感多大，MOSFET两端的电压都是100.7V。

第3章

在求解直流电机的相关问题时，应该始终牢记下图所示的直流电机等效电路图。

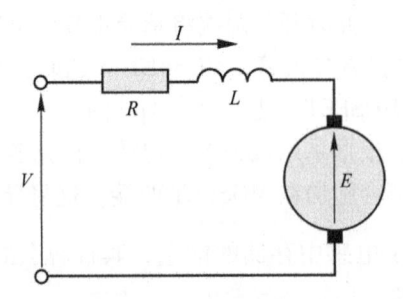

通常认为稳态运行条件下电机的电流保持不变，因此在进行计算时可以忽略电枢电感的作用。同时，除非题目特别指出，一般假设电刷压降可以忽略不计。

（1）（a）由于题目没有特别说明，假设这个问题指的是电机稳态运行转速。在此情况下，电机转速由电枢电压决定，原因如下：

当直流电机的转速稳定时，电机的电磁转矩与负载转矩大小相等，方向相反。除微小型直流电机以外，大多数直流电机运行在空载条件下的摩擦转矩很小，因此电磁转矩也将很小。而电磁转矩与电枢电流成正比，由此可知直流电机运行在空载条件下的电枢电流很小，电枢电压方程 $V = E + IR$ 中的 IR 项可以忽略不计，因此在空载条件下 V 近似等于 E。E 表示电枢中感应产生的运动电动势，与角速度（转速）成正比，即 $E = k\omega$，因此转速可由公式 $\omega = \dfrac{V}{k}$ 计算，即转速由端电压决定。

值得注意的是，大多数直流电机在负载运行时的电枢电流并不小，但 IR 项仍远小于电枢电压,所以可以认为直流电机负载运行时的转速也由端电压决定,直流电机的带载运行转速仅略低于空载运行转速。

(b) 直流电机在稳态运行时,电枢电流产生的电磁转矩必须与负载转矩大小相等,方向相反。因此在稳态运行时,负载转矩决定电枢电流。

(c)(a) 题答案表明,直流电机的稳态运行电流始终由负载转矩决定。当直流电机处于空载运行时,轴承、风扇以及电刷的摩擦会产生摩擦力,此时负载转矩为摩擦转矩。此时,摩擦转矩决定了空载电枢电流。

(d) 直流电机加载后的转速跌落由负载转矩和电枢电阻所决定。

首先考虑负载转矩的影响。对于给定的负载,当电磁转矩 T_m 等于负载转矩 T_L 时,电机转速达到稳态值。电磁转矩与电枢电流成正比,即 $T_m = kI$,因此稳态电枢电流由公式 $I = \dfrac{T_L}{k}$ 给出,即稳态电枢电流与负载转矩成正比。结合电枢电压方程 $V = E + IR$ 和电动势方程 $E = k\omega$,代入上式可推导出转速为

$$\omega = \frac{V}{k} - \frac{R}{k^2} T_L$$

该方程表明空载转速 ω_0(即 $T_L = 0$)等于 $\dfrac{V}{k}$,转速由于受到负载影响而跌落的部分为 $\dfrac{R}{k^2} T_L$。因此,转速跌落与负载转矩和电枢电阻成正比。

观察上式可发现,由加载引起的转速跌落与电机常数的二次方成反比。因此,如果减小励磁电流,例如将磁通减半,k 也由之减半,此时,直流电机在加载情况下的转速跌落将是全磁通条件下的 4 倍。这一情况已在第 3 章中讨论过,并在图 3.12 中加以说明。

小型电机比大型电机减速更快,实际上是指小型电机转速跌落相对于空载和满载转速所占的百分比比大型电机更高。这是因为在小型电机中,电枢电压方程中的 IR 项对应的端电压占比比大型电机更高。

或者也可以说,原因是"小型电机的标幺电阻更高",也就是小型电机的 $\left(\text{电枢电阻} \div \dfrac{\text{额定电压}}{\text{额定电流}}\right)$ 比值高于大型电机。

(2) 要使直流电机反转,必须通过改变电枢电流的方向或励磁电流的方向实现。在串励或并励直流电机中,最容易实现反转的方法是使磁场反向,因为励磁电流很小,所需的导线也很细。在串励电机中,励磁电流就是电枢电流,因此改变任意一个电流方向都能实现直流电机反转。

(3) 如果直流电机产生的电磁转矩超过其额定转矩,电枢电流将高于额定值,此时直流电机将过热,所以需要限制直流电机的持续转矩。如果改进原电机的冷却系统,有可能在不发生过热的情况下提高电机的额定转矩,但必须考虑到

由换向和电刷磨损引起的其他问题。

（4）以空载情况为例，直流电机在空载条件下的运动电动势 E 几乎等于端电压 V。如果磁通减小，为了维持电动势 E 不变，电枢绕组需要更快地切割被削弱的磁场。因此，磁场越弱，空载转速越高。

或者也可以使用习题 1（d）的结论，即空载转速 ω_0 等于 $\dfrac{V}{k}$，k 是电动势常数，与磁通成正比。如果磁通减小，k 也随之减小，这会导致空载转速升高。

（5） $\qquad E = V - IR = 220 - 15(0.8) = 208\text{V}$

题目中给出的条件为励磁电流"突然"（由于电感电流不能突变，"突然"指的是"与磁通减小可能引起的后续影响相比非常快"）减小了 10%，而磁通与励磁电流成正比。

磁通减小 10% 会导致运动电动势降低 10%，所以新的电动势为 $0.9 \times 208 = 187.2\text{V}$。此时电枢电流为 $I = \dfrac{220 - 187.2}{0.8} = 41\text{A}$。值得注意的是，磁通仅减小 10% 就会导致电枢电流急剧增加，从 15A 增加到 41A。

电枢电流的增大将导致电磁转矩不成比例的增大，因为磁通同时在减小。在本书中，大多数计算过程假设磁通保持不变，在这种情况下，转矩与电流成正比。但实际上转矩是磁通和电流的乘积，如果用 Φ 表示原磁通，新转矩与原转矩的比值为 $\dfrac{0.9\Phi \times 41}{\Phi \times 15} = 2.46$，增大的转矩将会使电机快速加速到更高的稳定转速。

（6）（a） $k = \dfrac{电动势}{转速} = \dfrac{110}{1500 \times \dfrac{2\pi}{60}} = 0.70\text{V}/(\text{rad/s}) = 0.70\text{N} \cdot \text{m/A}$。因此，当 $I = 10\text{A}$ 时，转矩为 $7\text{N} \cdot \text{m}$。

（b）重物所受的重力为 $F = mg = 5 \times 9.81 = 49.05\text{N}$。因此，施加在电机轴上的转矩为 $49.05 \times 0.8 = 39.24\text{N} \cdot \text{m}$。

为了保持平衡，需要在电机转子上产生一个大小相等、方向相反的转矩，因此电枢电流为 $39.24/0.70 = 56.06\text{A}$。

系统稳定性问题分析如下，在连接杆保持水平且净转矩为零的情况下，稍微改动系统中的一个参数，分析系统是否能达到新的平衡。如果稍微减小电枢电流，直流电机的负载转矩就会超过电磁转矩，重物将向下运动。此时，由于连接杆不再处于水平位置，作用在电机轴上的力的方向发生改变，重物施加的转矩减小。因此，当重物向下运动到负载转矩再次与电磁转矩相等的位置时，系统重新达到新的平衡。

但如果稍微增大电枢电流，电机转矩就会大于负载转矩，重物将向上移动。

此时，重物施加的转矩同样会减小。电磁转矩始终大于负载转矩，系统处于不稳定状态。

所以关于该系统的稳定性问题没有一个明确的答案，因为系统稳定性取决于平衡是如何被打破的。

（c）本题需要使用电枢电压方程。首先计算反电动势 $E = k\omega = 0.70 \times \left(1430 \times \frac{2\pi}{60}\right) = 104.8\text{V}$。然后利用电枢电压方程 $V = E + IR$ 计算得到 $IR = 110 - 104.8 = 5.2\text{V}$。因为 $I = 25\text{A}$，所以 $R = 0.2\Omega$。

要使直流电机维持平衡条件（即 $E = 0$），流过 0.2Ω 电阻的电流为 56A，所需电压为 $56 \times 0.2 = 11.5\text{V}$。

（d）此时电机作为发电机运行，以 110V 的电压向系统供电，产生的电动势 E 大于端电压 IR。

如果发电机以 110V 的电压向系统输入功率 3500W，此时电枢电流为 $3500/110 = 31.82\text{A}$。对应产生的电动势 $E = 110 + 31.82(0.2) = 116.4\text{V}$。对应的电机转速为 $\omega = \frac{E}{k} = \frac{116.4}{0.70} = 166.28\text{rad/s} = 1588\text{r/min}$。

对应的电磁转矩为 $31.82 \times 0.70 = 22.27\text{N} \cdot \text{m}$。

电磁功率为 $EI = 116.4 \times 31.82 = 3704\text{W}$，考虑到机械损耗为 200W，励磁损耗为 100W，所以总功率为 4004W。电机的输出功率为 3500W，所以电机效率为 $\left(\frac{3500}{4004}\right) \times 100\%$，即 87.4%。

（7）在直线运动系统中，系统做功等于力乘以位移，在旋转运动中，力的概念被转矩替代，位移也改用角度表示。所以在旋转运动中，功等于转矩乘以角度。

机械功率是做功的速率，即功/时间。所以旋转系统的机械功率等于转矩乘以角度除以时间。假定转速恒定，角度除以时间就是角速度。因此机械功率由下式给出

$$\text{功率} = \text{转矩} \times \text{角速度}, \text{即 } P = T\omega$$

结合方程 $T = kI$ 和 $E = k\omega$，可推导出 $P = T\omega = kI \times \frac{E}{k} = EI$。

（8）（a）当直流电机静止时，反电动势为零，此时如果向电机施加额定电压，电枢电流将变为 V/R_a，其中 R_a 为电枢电阻。大型直流电机的 V/R_a 通常远大于额定电流值。由于直流电机是由晶闸管变换器供电，而晶闸管无法承受如此大的电流，因此，大型直流电机起动时需要自动限制电枢电压，以此将电流限制在可接受的范围内。

（b）在空载条件下，直流电机保持稳定转速所需的转矩非常小。而电机产

生的电磁转矩与电枢电流成正比,因此空载电流很小。

电枢电流为 $I = \dfrac{V-E}{R}$,式中 V 为端电压,R 为电枢电阻,E 为直流电机中感应产生的运动电动势(反电动势)。结合上文,空载条件下的电枢电流较小,运动电动势几乎等于端电压。运动电动势与转速成正比,因此直流电机的空载转速几乎与端电压成正比。

(c) 当直流电机处于稳态运行时,其产生的电磁转矩等于负载转矩。当负载转矩增加时,电机的平衡状态将被打破,此时净转矩为负,电机开始减速。运动电动势(E)与转速成正比,所以 E 同样减小。

电枢电流为 $I = \dfrac{V-E}{R}$,其中 V 为端电压,R 为电枢电阻,E 为反电动势。当 E 减小时,电流增大,电磁转矩也增大。净减速转矩减小,因此电机减速变缓,直至减速到电磁转矩等于负载转矩时为止。在此工作点上,电机将再次达到平衡,此时稳态转速低于原稳态转速。电枢电阻越小,电机转速为了使电枢电流匹配新的负载转矩所需下降的程度就越小。

(d) 励磁绕组的电压方程为 $v = ri + L\dfrac{\mathrm{d}i}{\mathrm{d}t}$,瞬时功率方程为 $vi = i^2 R_\mathrm{f} + L_\mathrm{f} i \dfrac{\mathrm{d}i}{\mathrm{d}t}$。功率方程中的第一项表示励磁绕组电阻的铜耗,第二项表示磁场存储能量的变化率。

在直流条件下,$\dfrac{\mathrm{d}i}{\mathrm{d}t}$ 为零,因此第二项为零,这表明一旦建立了磁场,磁场存储的能量保持不变。第一项($I_\mathrm{dc}^2 R_\mathrm{f}$)代表电阻每秒产生的铜耗,该铜耗将持续消耗能量,并对机械输出功率没有贡献。如果能使励磁绕组的电阻为零(例如使用超导绕组),则励磁回路所需的输入功率将为零。

(e) 当励磁回路由直流电源供电时,除了在极短的磁通变化时间之外,磁通是恒定的,磁极中不会产生涡流,因此结构上不需要采用硅钢片叠制设计。

然而,当使用晶闸管变换器供电时,磁极中将出现一个额外的交变磁通,因此磁极需要采用硅钢片叠制而成以减小涡流损耗。

(9) 原则上,对于任何额定电压 V 和额定电流 I 的电机,都可以对其绕组进行重新绕制,使其额定电压变为 kV、额定电流变为 I/k 的规格。重新绕制的电机材料(铜和铁)用量与原电机相同,并且性能也相同(特别是具有相同的功率(VI))。

然而,在低压直流电机中,存在几个因素会导致问题复杂化。

第一个与换向器的尺寸有关。对于给定的电机,当功率确定时,其电流与电压成反比,因此低压电机的电流比高压电机更高。电刷与换向器接触的面积由其承载电流决定,因此电压越低,电流越高,电刷/换向器就越大。从设备维护的角度上来说，高压电机的优势更加明显。

第二个问题来源于电刷电压/电流的非线性特性。正常情况下，无论电流多大，电刷上的电压降仅为1V左右。在110V的电机中，1V的电刷压降完全可以接受，但当电机由电池供电时，由于此时电源电压只有几伏，1V的损失就显得格外严重。因此电源电压越高，电刷压降损失的严重程度就越轻。

第三个问题与电机驱动系统中使用的半导体开关器件的特性有关。虽然晶体管和二极管的导通压降很大程度上与电流无关（与上文提到的电刷压降类似），但是通态损耗有一小部分与电流成正比。因此，在特别强调效率的场合中，电机更适合运行在高电压、小电流状态下，而非低电压、大电流。

综合上述因素，在输出功率给定的情况下，设计者应该以降低电流为设计目标，这样给定功率越高，电机电压就越高。

(10) (a) 根据题目给出的数据可以推算出电机常数。当直流电机开路时，电枢电阻上不存在电压降，因此端电压与感应电动势相等。根据 $E = k\omega$ 可算出

$$k = \frac{220}{1500 \times \frac{2\pi}{60}} = 1.40 \text{V}/(\text{rad/s}) = 1.40 \text{N} \cdot \text{m/A}$$

在稳态条件下可以认为：如果直线运动（旋转）系统没有加速，则合力（或转矩）为零。因此需要根据绳子的拉力（见图Q10a）计算出负载转矩。

质量为 m 的重物受到两个作用力，一个是重力，方向向下，大小为 mg，另一个是绳索的拉力，方向向上，大小为 F。由于重物匀速下降，因此净合力为零，即 $F = mg = 14.27 \times 9.81 = 140 \text{N}$。

在滚筒处，拉力的作用半径为10cm，因此负载转矩为 $140 \times 0.1 = 14 \text{N} \cdot \text{m}$。由于题目未提及摩擦转矩，因此假设摩擦忽略不计，总负载转矩为 $14 \text{N} \cdot \text{m}$。

绳索在滚筒处的线速度为15m/s，滚筒的周长为 0.2π，因此滚筒和电机的转速为 $15/0.2\pi$ r/s 或 150rad/s。

由于转速恒定，加速度为零，因此电磁转矩与负载转矩大小相等，方向相反，即电磁转矩需要在150rad/s的转速下保持在 $14 \text{N} \cdot \text{m}$。

这里一直使用"电机"一词而不是电动机，是因为在此应用中电机的作用是限制负载下降，而不是驱动其下降。电机转矩的作用方向应该与负载转矩相反，图Q10b所示为考虑外部电阻时的电枢电路，该电路中电枢电流方向与电机电动势方向相同。（相比之下，如果出于某种原因需要电机驱动负载向下运动，则可以向电机施加大于电动势的电压，使电流方向与电动势方向相反，从而产生驱动转矩而不是制动转矩。）

由于转速是150rad/s，由此计算出感应电动势为 $E = k\omega = 1.4 \times 150 = 210 \text{V}$。电机转矩必须为 $14 \text{N} \cdot \text{m}$，根据公式 $T_m = kI$，算得电枢电流应为10A。

因此，电枢电路中的总电阻为 210/10 = 21Ω，电枢绕组自身电阻为 0.5Ω，所以外接电阻需为 20.5Ω。

(b) 外接电阻消耗的功率为 $I^2R = 100 \times 20.5 = 2050\text{W}$，而电枢绕组中的电阻消耗的功率为 $100 \times 0.5 = 50\text{W}$。

发电功率由机械输入功率所提供，而机械输入功率是由重物的势能转变而来。通过考虑重物下落的功率（力乘以速度），可以计算出发电机的机械输入功率，即 P_{mech} = 力 × 速度 = $140 \times 15 = 2100\text{W}$。

在这个问题中，为了简化计算，忽略了除电枢铜耗外的所有其他影响因素，但该情况还是能够代表许多现实应用，例如铁路车辆的能耗制动，动能被消耗在大型电阻器中，而电阻器通常安装在车顶以方便冷却。

第 4 章

(1) 空载条件下，直流电机的转速与电枢电压成正比，因此当转速指令值从 50% 增加到 100% 时，电枢电压将翻倍。在控制方案良好的情况下，实际转速应精确跟踪指令值，因此新的测速电压将是之前的两倍。

为了比较电枢电流，需要了解摩擦转矩随转速变化的情况。由于题目没有给出相关信息，如果假设摩擦转矩与转速无关，则空载电流与转速无关。理想情况下，空载电流应为零，在实际中，除微型电机外，空载电流很少超过额定负载电流的 1% 或 2%。

(2) 如果采用 PI 转速控制器，转速将没有稳态误差，因此加载后的电机稳定转速将恰好为空载运行时的 50%，测速电压与加载之前相同。

直流电机的转矩与电枢电流成正比，因此 100% 的负载转矩意味着电枢电流必须达到额定值。

假设在加载之前，电机中的感应电动势记为 E_1，相应的电枢电压由 $V_1 = E_1 + I_1R$ 给出，其中 I_1 是空载电流。当电机带载运行时，控制器将通过调整电枢电压使电机运行在相同的转速下，因此感应电动势大小将完全相同，负载运行时的电枢电压为 $V_2 = E_1 + I_2R$，其中 I_2 为额定负载电流。电枢电压的增加量为 $V_2 - V_1 = (I_2 - I_1)R$。在实际应用中，由于电枢电阻很小，从空载到额定负载，电压的增加量也只占额定电压的百分之几。

(3) 初始时，转速误差为 100%，因此转速控制器将饱和输出，并要求电流达到额定值，以提供最大加速度。在加速过程中，电流大小将保持为 100% 额定电流，因此转矩将保持恒定，忽略摩擦转矩，加速度也将保持恒定，因此转速将匀速上升。

转速误差放大器的输出将保持恒定，因此电流将维持在额定值，直到转速接近目标值。此时，转速控制器退出饱和并进入线性区域，随着转速平稳地接近目标值，所需电流（和转矩）逐渐减小。

在加速度保持恒定的情况下，转速呈线性增加，感应电动势 E 也随之线性增加。电枢电压 $V = E + IR$，由于在加速阶段的大部分时间内电流 I 保持恒定，因此电枢电压也会随时间线性增大，如图 Q3 所示。

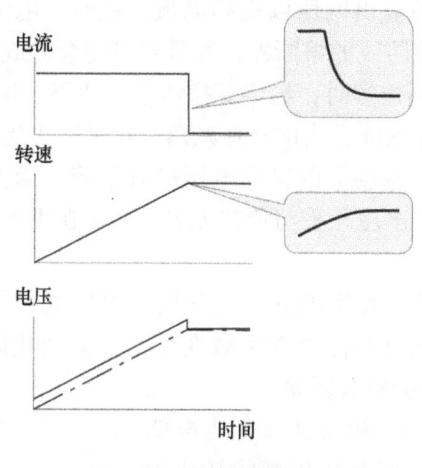

图 Q3（彩图见附页）

（4）（a）当电压下降时（这将导致电枢电压、转矩和转速下降），驱动系统将略微减小触发角，使电枢电压恢复到正常水平，从而恢复到目标转速。

良好的驱动系统将考虑供电电压发生 10% 左右变化的情况。通过调整变换器的触发角，例如 15°~20°，使电机在满载情况下能够获得所需的电枢电压。如果公共电源电压下降，可以将触发角减小到零，以保持输出电压稳定。

（b）如果转速反馈信号丢失，驱动系统将认为电机转速为零，因此在目标转速为 50% 的情况下，较大的转速误差将导致转速控制器输出饱和并调节电流达到额定值。然后，电机将以额定电流进行加速（参见习题 3 的答案），直到变换器的触发角减小至零，并且电枢电压达到允许的最大值。电机将以略高于额定转速的转速运行，从而产生较小的空载电流。

如果驱动系统包含测速失效检测电路，它可能会自动关闭，或者切换到电枢电压反馈。

（c）如果电机通过某种机械方式突然制动，则将存在较大的转速误差，转速控制器输出饱和并调节电流达到额定值。因为电机停转后没有反电动势，电流控制器会将变换器的输出电压降低到非常低的水平。当电流达到额定值且电机没有转动时，性能良好的驱动器会意识到电机出现了故障，并在最多几秒钟后停机。

（d）与（c）基本相同，只不过变换器的输出电压会更低，这取决于"短路"电阻。（大型直流电机静止时几乎可以视为短路！）

(e) 这是非常严重的问题，因为电流内环控制器的主要功能之一是保护晶闸管免受过电流的危险。在正常情况下，控制器将使 V 和 E 保持平衡，以避免电流过大。在没有电流反馈的情况下，电流控制器将检测到较大的电流误差，并立即尝试增加变换器的输出电压以提高电流。此时，电流将不可避免地迅速增大，烧毁作为最后一道防线的熔断器，并且很可能会造成部分晶闸管的损坏。

(5) 当电枢电流不连续时，给定变换器触发角下，电机的转矩-转速曲线非常差，转矩的增加会导致非常大的转速跌落。这是因为当电流不连续时，随着电流（即负载）的增大，变换器的输出电压显著下降。当负载增加并且电流变得连续时，变换器的输出电压几乎与负载无关，因此在很大的负载范围内转速可以几乎保持不变。

虽然电流不连续的不良影响在很大程度上可以通过转速闭环控制系统来解决，但当电机本身的固有特性会随负载变化而显著变化时，改善控制系统性能（特别是瞬态响应）将会更加困难。

(6) 在能耗制动中，机械能转化为电能并消耗在电阻中。再生制动将机械能转化为电能，并将其回馈到供电系统中。

(7) 晶闸管变换器的输出电压波形由一段段交流输入电源的电压波形组成，如图 Q7a 所示。理想情况下，希望直流电机的电枢电压为恒定的直流电压（由虚线表示），但实际的电枢电压波形中包含了很多"交流"成分。

相应的电枢电流波形如图 Q7b 所示。在电枢电感的作用下，电枢电流波形变得更加平滑，电感越大，电流就越平滑，如图 Q7b

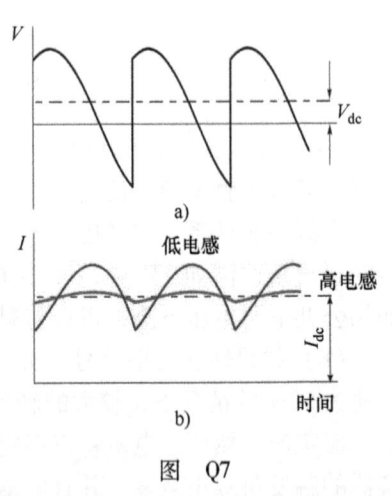

图 Q7

所示。由于转矩与电流成比例，为了使转矩脉动降至最低，电流波形应当更平滑，因此电枢电感越高越好。（熟悉交流电路的读者会用感抗 ωL 来解释电枢电感的平滑效应。电压的"交流"分量包含一系列的谐波成分（当电源频率为 50Hz 时，最低的谐波频率为 100Hz）。电抗与频率成正比，因此高频电压谐波产生的谐波电流非常小，所以电流波形看起来比电压波形平滑得多。）

为使电感 L 中的电流改变 ΔI，需要在 Δt 时间内施加电压 V，使 $V\Delta t = L\Delta I$。

在电机驱动系统中，通常希望电流内环控制器的瞬态响应尽可能快，这意味着需要施加最大电压，以最大限度地提高电流变化率，即最大限度地缩短实现给定电流变化所需的时间。从上式可以看出，电感越高，所施加电压的时间就越长，所以就电机驱动系统的瞬态响应而言，希望电感越低越好。

（8）坐标轴如图 Q8 所示，该图与题中的图形相同，只是旋转了 90°（题中该图纵坐标为转速）。

图 Q8 中标记了性能"良好"和性能"不好"的部分，在曲线性能"良好"的部分，转速随负载的变化很小，而在性能"不好"的部分，转速随负载增加而显著下降。

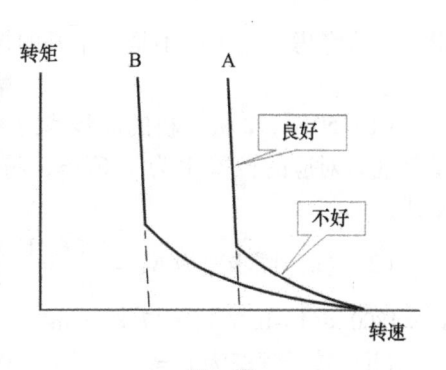

在电枢电流从不连续变为连续的临界点上，电机特性发生了突变。当电流不连续时，变换器的输出电压取决于电流大小，电流越大（即转矩越大），电压就越小，因此转速也越低。当平均电流增大到足以使电流连续时（即电流永远不会下降到零），变换器的输出电压将不再取决于电流大小，因此无论负载如何变化，电机转速几乎保持恒定。

图 Q8

由于变换器是完全可控的，所以 $\alpha = 5°$ 时的直流平均电压为 $V_{dc} = V_{do}\cos 5° \approx V_{do}$。图中没有标明坐标轴刻度，但我们注意到在电流连续区域，曲线 B 的转速大约是曲线 A 的转速的一半。因此，曲线 B 对应的直流平均电压为曲线 A 的一半，所以假设曲线 B 对应的触发角为 α_B，则 $\cos\alpha_B = 0.5$，$\alpha_B = 60°$。

通过在电枢回路中增加额外的电感，可以使电枢电流更加平滑，从而降低出现不连续电流的可能性。对电机机械特性的影响如图 Q8 中延长的虚线部分所示。

（9）（a）由于两台电机连接到同一轴上，它们的转速始终相同，因此为了共享机械功率，需要使每台电机提供的转矩与其额定功率成正比，即当原动机的转矩为额定转矩的一半时，希望另一台电机的转矩也为额定转矩的一半，依此类推。

选择 150kW 的驱动器为主驱动器，其转速外环控制器和电流内环控制器可以同时作用。100kW 的驱动器只有电流内环控制器起作用，它的电流指令值和主驱动器的电流指令值相同。

（b）电流指令信号被同时反馈给两台驱动器，因此，当主驱动器要求电机的电流达到 50% 额定电流时，从驱动器也要求电机的电流达到 50% 额定电流（尽管两台电机额定电流值可能不同）。

（c）让两台驱动器都以转速外环控制模式运行并不是一个好方案，因为除非它们完全匹配，否则很可能会相互制约。

（d）可以认为，如果将从电机的电流指令值设置为主电机的实际电流而不是指令电流，那么从电机的电流将能够更准确地跟随主电机的电流。另一方面，这也意味着，如果主电机的电流控制出现偏差，从电机的电流也会出现偏差。因此，综合考虑，这可能不是一个好的控制方案。

第5章

（1）50Hz、2极电机的同步速为3000r/min。2950r/min是2极感应电机的合适转速，对应的转差率为1.67%，符合额定负载下转差率不超过百分之几的要求。

（2）（a）同步速为 $N_S = \dfrac{120f}{p} = \dfrac{120 \times 600}{4} = 1800\text{r/min}$。实际转速为 $N = N_S(1-s) = 1800 \times (1-0.004) = 1728\text{r/min}$。

(b) 转子频率为 $f_r = sf = 0.04 \times 60 = 2.4\text{Hz}$。

(c) 对于4极感应电机，转子感应电流相对于转子的速度为

$$n_r = \dfrac{120f_r}{p} = \dfrac{120 \times 2.4}{4} = 72\text{r/min}$$

(d) 转子感应电流相对于定子的速度为 1728 + 72 = 1800r/min，说明转子感应电流相对于定子的速度为同步速。因此，尽管转子电流的频率为转差频率，但从定子侧看，转子电流的作用频率为供电频率。

（3）（a）同步速仅取决于极数和频率，所以它不受电压的影响。

(b) 气隙磁通与电压成正比，与频率成反比。因此，气隙磁通将以380/440的比例减小，即新磁通的大小将是原磁通的86.4%。

(c) 在所有转速下，转子中感应电流的大小取决于气隙磁通和转差率的大小。因此，对于任意给定的转差率，如果气隙磁通降低到86.4%，感应电流也将降低到86.4%。

(d) 转矩与转子感应电流和气隙磁通成正比，两者都已降至为原始值的86.4%。因此，转矩降低为原转矩的 $0.864^2 = 0.746$ 倍，即74.6%。这说明转矩极易受到电源电压的影响，因为转矩与端电压的二次方成正比，电压降低会使转矩显著下降。

（4）（a）笼型转子对所有极数的气隙磁通都能做出反应，因此无需修改。

(b) 6极绕线转子仅对6极气隙磁通做出反应，因此，如果将其放置在4极定子中，则每相转子绕组的合成电动势为零，感应电流为零，因此不产生转矩。（需要注意的是，转子绕组的各个线圈中都会产生感应电动势，但由于它们之间存在相位差，每相绕组中合成电动势为零。）在不改变槽设计的前提下，必须用6极绕组替换4极绕组。

（5）为了充分利用磁路，气隙磁通的大小应保持在额定值。磁通的大小取决于电压/频率比，因此该比值应保持恒定。

所以，50Hz对应的最佳电压大小为

$$\dfrac{V_{50}}{50} = \dfrac{V_{60}}{60} = \dfrac{440}{60}，即 V_{50} = 440 \times \dfrac{50}{60} = 367\text{V}$$

(6) 空载运行时，定子相绕组中的感应电动势几乎等于外加端电压，即在原电机中，绕组中每个线圈（15 匝）的感应电动势为 220V。

对于重新绕线的感应电机，若希望相同的气隙磁通能感应出 440V 的电动势，则每个线圈的匝数需要增加为原来的两倍（即 30 匝）。但在相同功率下，440V 电机的电流仅为 220V 电机电流的一半，因此可以选用更细的导线。假设电流密度相同，用来重新绕制的导线截面积仅需为原来的一半，则新导线的线经为 $1/\sqrt{2} = 0.71$mm。因此，新绕制的 30 匝线圈的总截面积与原来 15 匝线圈相同，所以可以安放在相同的槽中。

(7) 负载转矩是恒定的，电磁转矩将与负载转矩大小相等，方向相反。

假设电机以较小的转差率运行，转子感应电流与气隙磁通的大小和转差率成正比。转矩与转子感应电流和气隙磁通的乘积成正比。

气隙磁通与外加定子电压成正比，如果电压降为原来的 0.95 倍，磁通也将减小为其原始值的 0.95 倍。因此，为了产生相同的转矩，电流必须增加到原来的 1/0.95 倍或 105.3%。

转子中的感应电流与气隙磁通和转差率成正比。为了在电压降低时也能产生相同的转矩，需要将转子电流增加到其原始值的 1.053 倍。如果磁通大小保持不变，则需要将转差率增加到其原始值的 1.053 倍。但是现在磁通大小只有原来的 0.95 倍，所以转差率必须进一步增加，增加为原来的 $1.053 \times 1/0.95 = 1.108$ 倍。因此，新的转差率为 $2 \times 1.108 = 2.22\%$。

(8) 此问题的答案在本书的 5.3.5 节中已经给出。转矩是由气隙磁通和转子感应电流相互作用产生的。在低转差时，气隙磁通和转子感应电流同相位，即转子电流峰值与磁通密度峰值出现在转子表面上的同一位置。该位置是产生转矩的最佳位置，如果两者相位发生偏移，转矩将会减小，当两者相位相差 90° 时，转矩为零。

随着转差频率的增加，转子漏抗（$X_r = \omega L_r$）开始成为电机的主要阻抗（在低转差时该漏抗可以忽略不计）。随着转差率的增加，转子电流与转子感应电动势的时间相位差越来越大，这也体现在转子电流与磁通的空间相位偏差越来越大。尽管转子电流幅值随着转差率的增加而持续增大，但是因为滞后相位角的增大远远抵消了电流幅值增大的影响，所以实际上转矩是减小的。

(9) 转子直径相同的 2 极和 6 极电机的磁通分布如图 Q9 所示。假设两者的最大径向气隙磁通密度相同，那么在 2 极电机中穿过每极气隙的总磁通是 6 极电机的 3 倍。磁通从转子经气隙进入定子后，一半沿顺时针穿过定子铁心，另一半沿逆时针穿过定子铁心。如图所示，定子铁心内沿圆周方向的磁通密度峰值出现在两个磁极中心线的位置。定子铁心要保证一定的径向厚度，以确保在该磁通下定子铁心不发生饱和，因此，由于 2 极电机定子磁通是 6 极电机的 3 倍，显然 2

极电机定子铁心的厚度必须比 6 极电机厚得多。(两者厚度之比不是 3:1，因为图中没有考虑槽的存在。)

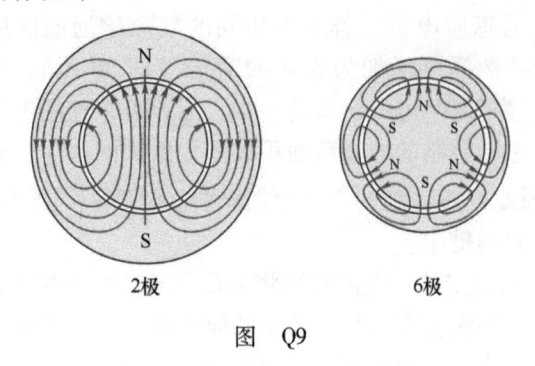

图 Q9

(10) 图 Q10 给出了磁动势波形，假设所有线圈都是 N 匝，电流为 I。

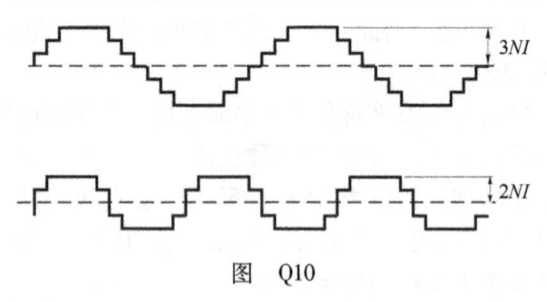

图 Q10

显然，6 极磁动势的幅值仅为 4 极磁动势幅值的 2/3，因为一般气隙磁通密度幅值接近，所以 6 极电机的励磁电流 I 必须比 4 极电机大 50%。

这个例子说明，极数越多，励磁电流就越大。由于励磁电流滞后电压 90°，而电流的"有功"分量与外加端电压相位相同。因此，对于给定功率和电压的电机，极数越多，功率因数就越低。

第 6 章

(1)(a) 任何供电系统都可以用理想电压源 V_S 与电源等效阻抗 Z_S 串联构成的等效电路表示，如图 6.1 所示。电源阻抗通常以感性为主。电源输出电压 V 通常小于 V_S，因为电源阻抗上存在电压降。阻抗压降随电流增大而增大，而在电流一定的情况下，当负载为感性时电源的阻抗压降最大。

大型感应电机在静止状态下的阻抗较低且以感性为主。当接入电源时，感应电机的起动电流将是满载电流的数倍。并且由于电机和电源阻抗都是感性的，在感应电机带感性负载运行时，电源的电压跌落将远大于负载为阻性时的电压跌落。

同一供电系统中的其他设备的供电电压将会变低，直到电机转速上升，并且从电源吸收的电流减小、电流相位与供电电压趋于同相时，其他设备的供电电压才恢复正常。

（b）如果供电系统的阻抗较高，感应电机直接起动时的电压跌落可能导致其他设备无法正常工作，或者在极端情况下电压跌落过大导致电机转矩达不到起动或加速到正常转速所需要的转矩。然而，同一电机在采用低阻抗（刚性）电源供电时能顺利起动，这是因为即使在电源电流很大的情况下，电源电压也可以保持不变。

（c）参考问题（a）和问题（b）的答案。

（d）感应电机在任意转速下产生的转矩与端电压的二次方成正比。参考问题（a）答案，感应电机在由低阻抗电源供电时，根据问题（a）答案中给出的原因，电机的起动电压将低于高阻抗电源供电时的起动电压，所以在任意转速下的电机转矩都较小，因此电机的加速度也较小，需要更长的时间才能达到给定转速。

（2）首先介绍一下三相系统的相关知识。三相系统中的线电压 V_L 为任意两线之间的电压。三相线电压幅值相同，但相位相差 120°。当电机的 3 个绕组为三角形联结时（见图 5.2），每相电压即为对应的线电压。当负载（即电机）三相对称时，三相电流大小相同，相位互差 120°，线电流为相电流的 $\sqrt{3}$ 倍。因此，三角形联结时：

$$V_L = V_{ph}$$
$$I_L = \sqrt{3} I_{ph}$$

当电机绕组为星形联结时（见图 5.2），假设（a）三相绕组对称，或者（b）电机中点与电源的中性点相连，每相电压为 $V_L/\sqrt{3}$，线电流与相电流相等。因此，对于星形联结：

$$V_L = \sqrt{3} V_{ph}$$
$$I_L = I_{ph}$$

回到问题本身，先考虑电机线电流，假设电机每相阻抗为 Z。

当电机与电源三角形联结时，每相电流 $I_{ph} = V_L/Z$，线电流 $I_L = \sqrt{3} I_{ph} = \dfrac{\sqrt{3} V_L}{Z}$ （a）

当电机各相绕组与电源星形联结时，每相电流 $I_{ph} = \dfrac{V_{ph}}{Z} = \dfrac{V_L}{\sqrt{3} Z}$，线电流 $I_L = I_{ph} = \dfrac{V_L}{\sqrt{3} Z}$ （b）

对比式（a）和（b）可知，电机绕组星形联结时的线电流为三角形联结时线电流的 1/3。对于转矩而言，转矩与相电压的二次方成正比。星形联结时相电压是线电压的 $1/\sqrt{3}$ 倍，因此星形联结时的电机转矩是三角形联结时的 1/3。

因此，无论电机采用三角形联结还是星形联结，单位线电流产生的转矩都相同。

(3) 转子导条中的感应电动势方向为轴向方向，电流沿低电阻的铜制转子导条流动，并通过转子两端的端环短接形成闭合回路（见图 5.11）。整个笼子相当于一个等电位体，因此导条与铁心之间不需要绝缘。因为铁心是由相互绝缘的冲片沿轴向叠压而成，所以铁心中不会产生轴向电流。然而，在每片冲片内部可能产生涡流，但由于冲片的电阻相对较高，因此涡流较小。

(4) 如果端部绕组没有被绝缘胶带完全缠绕，通常可以通过检查端部绕组来推断感应电机的极数。以最常见的双层绕组为例，一般可以通过观察从位于槽顶部的线圈上层边到位于槽底部的线圈下层边之间的间距来估计线圈的节距（用槽数表示）。例如，在槽数为 48 槽的定子中，如果线圈节距为 8 或 9 个槽，则几乎可以确定绕组为 4 极（极距 = 12 槽），短距线圈的节距为 2/3 或 3/4 个极距。另一种情况，若线圈节距为 18 槽，则绕组对应为 2 极（极距 = 24 槽）；若节距为 6 槽，则绕组对应为 6 极（极距 = 8 槽）。

(5) 本题可以利用同步速 N_S 关于电机极数（p）和供电频率（f）的关系表达式进行求解，$N_S = \dfrac{120f}{p}$。

(a) 如果选择 2 极电机，同步速为 $\dfrac{120 \times 60}{2} = 3600 \text{r/min}$。在转差率为 4% 的情况下，运行转速约为 3450r/min。

(b) 采用 50Hz 电源供电时，8 极电机的同步转速为 750r/min，感应电机以适当的转差率运行，运行转速约为 700r/min。

(c) 由于极数只能为偶数，所以电机的最低极数是 2，因此采用 60Hz 电源供电情况下的最高同步速为 3600r/min。

如果要求 2 极电机运行转速达到 8000r/min，就需要使用变频器以 $\dfrac{8000}{3600} \times 60 = 133 \text{Hz}$ 的频率给电机供电。如果在不与制造商确定是否安全的情况下就使用一台标准 60Hz 电机以 8000r/min 的转速运行是不合规的。如果要求标准 60Hz 电机产生同样的满载转矩，供电电压需要与电源频率成正比增加，这将导致电机产生更大的铁耗，并需要采用更高等级的绝缘材料，因此在使用电机之前需要检查这些方面是否达标。

(6) 同步速为 1800r/min，满载转差率为 $\dfrac{1800 - 1700}{1800} = 0.056$，转子效率为

（1 - 转差率）× 100 % = 94.4%，即转子损耗为 5.6%。总效率一定会低于转子效率，因为还存在定子损耗。通常定子损耗与转子损耗在同一数量级，在这种情况下，总效率约为 89%。由于定子损耗为 0.4% 的可能性非常小，所以该感应电机的满载运行效率几乎不可能高于 94%。

（7）

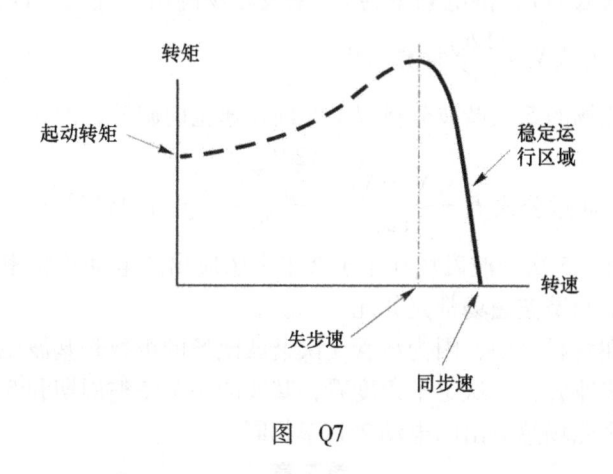

图 Q7

（8）满载转差率为 $\frac{1800 - 1740}{1800} = 0.033$

（a）当转差率较低时，笼型感应电机的转矩与转差率成正比，因此电机转矩为额定转矩的一半时，转差率为 0.033/2 = 0.0167，转速为 1800（1 - 0.0167）= 1770r/min。

（b）当转差率较低时，笼型感应电机的转矩与转差率和端电压的二次方成正比。在额定电压下，笼型感应电机产生额定转矩时对应的转差率为 0.033。因此，如果端电压降低到 0.85 倍额定电压，转差率必须增加到原转差率的 $\left(\frac{1}{0.85}\right)^2 =$ 1.384 倍，即新转差率为 1.384 × 0.0333 = 0.046，对应的运行转速为（1 - 0.046）1800 = 1717r/min。

当端电压降低到 0.85 倍额定电压时，旋转磁通的幅值也随之降低。为了使感应电机产生额定转矩，转子中的感应电流需要增大为额定电流的 1/0.85 = 1.176 倍，以补偿减少的磁通。这意味着转子电流将比额定电流高约 18%，因此转子铜耗将增加（1.18）² 即 1.38 倍。转子损耗增加 38% 会导致转子过热，因此不能长时间运行。

（9）当转差率较大时，感应电机的定子电流和转子电流很大，这会使得电机铜耗 I^2R 很大。每当感应电机运行到设定转速时，电机绕组会释放大量的热能。因此，重复起动会引起感应电机过热的问题，在高惯性负载工况下该问题特

（10）实际上，由于电机定子绕组在空间上非正弦分布，因而会产生不必要的气隙磁场空间谐波分量。例如，4极磁场的5次谐波分量指的是在产生一个4极正弦气隙磁场时额外产生的20极谐波磁场，依此类推。

假设基波极数为p，供电频率为f。基波磁场的旋转速度，即同步速（单位为r/min）可由公式$N_1 = \dfrac{120f}{P}$计算得出。

由于气隙磁场的5次谐波分量以1/5同步速正向旋转，即5次谐波磁场的速度为$N_5 = \dfrac{120f}{5p}$。通过公式$f_5 = \dfrac{N_5 \times 5p}{120} = \dfrac{\dfrac{120f}{5p} \times 5p}{120} = f$可以计算出5次谐波磁场对应的频率。因此，5次谐波磁场在定子绕组中感应出的电动势频率为基频，依此类推，所有的空间谐波磁场都是如此。

这个结果在意料之中，因为尽管5次谐波磁场的极数是基波磁场的5倍，但它只以1/5同步速旋转。从定子角度看，基波的一个完整周期和5次谐波的周期相同，因此两个磁场感应出的电动势频率相同。

第7章

（1）如果一台电机在频率为30Hz时转速为400r/min，则其极数为9。但由于电机极数必须是偶数，因此选择极数为10。对于10极电机，频率为30Hz时，同步速是360r/min；频率为75Hz时，同步速是900r/min。选择10极电机能够满足题目要求的转速范围。

（2）问题的关键在于当电源频率降低时，电压也会降低，气隙磁通密度大小保持额定值不变。在这些条件下，当转子转差速度（即相对于旋转磁场的转速）与额定状态下相同时，就会产生额定转矩。

在50Hz时，同步速为3000r/min，电机额定转速为2960r/min，因此额定转矩对应的转差速度为40r/min。在30Hz时，同步速是1800r/min，额定转矩对应的转差速度也是40r/min，所以转子转速为1760r/min。

同样，当频率为3Hz时，同步速为180r/min，转差速度为40r/min，转子转速为140r/min。

（3）因为转子情况与50Hz时相同，所以转子电流的大小也相同，即为150A。转子频率$= sf$，其中s为转差率，f为电源频率。转差率表达式如下：

$$转差率 = \dfrac{转差速度}{同步速}$$

因此，50Hz、30Hz和3Hz时的转差率分别为0.01333、0.02222和0.22222，转子频率均为0.666Hz。

由于产生额定转矩所需的转子电流与电源频率无关，因此相应的定子电流也相同。此外，由于磁通相同，励磁电流也相同，因此3种情况对应的定子总电流也相同，即为60A。

因为题目仅要求进行估算，因此忽略了铁耗。铁耗与电源频率有关，并有一个与损耗相关的电流分量。因为题中未给出损耗如何随频率变化，而且电流中的损耗分量远小于负载分量，可以忽略不计，这样可以得出相关变量的估计值。

(4) 感应电机中的磁通密度大致上与定子电压成正比，与频率成反比。当降低频率使运行转速下降时，通常需要保持磁通为额定值不变，以便充分利用磁路，并使单位转子电流产生的转矩最大。因此，为了保持磁通恒定，电压必须与频率成比例降低，使 V/f 比保持恒定。

如果与外加的定子电压相比，定子电阻压降可以忽略不计，那么磁通与 V/f 比大致成正比。这在频率较高的情况下是正确的，因为定子电压很高。但在频率较低的情况下，定子电阻压降与定子端电压大小相当，仅仅保持 V/f 比恒定会导致磁通密度低于其额定值。为了使磁通密度达到额定值，需要增大电压（即大于 V/f 比计算出的电压），也即所谓的"低频电压提升"。

(5) 除了在非常低的频率下，感应电机的磁通密度大小与端电压成正比，与频率成反比。当频率加倍而电压不变时，磁通密度大小将减半。

已知负载转矩恒定不变，在原磁通下，电机转矩与负载转矩相等时的转差速度为 $0.05N_S$。

由于转子中的感应电流分别与磁通和转差速度成正比，在磁通减半时，应将转差速度调整为原来的2倍，以获得相同的电流。由于磁通只有原来的一半，为了产生相同的转矩，需要将电流增加到原来的2倍，所以新的转差速度必须是原转差速度的4倍，即 $0.2N_S$。

新的同步速是 $2N_S$，所以新的转差率是 $0.2N_S/2N_S = 0.1$ 或 10%。

(6) 在输出额定转矩的条件下，感应电机的效率会随转速的降低而降低。

如果把额定转速下的输出功率定义为 1pu，则输入功率为 $1/0.8 = 1.25$pu，所以额定转速下的损耗为 0.25pu。由于题中没有关于损耗的详细数据，所以做以下猜测。

首先考虑在额定转矩、1/2 额定转速工况下的运行情况。合理假设在正常情况下，当转速降低时，电压随频率的降低而降低，以保持恒定的气隙磁通。负载转矩在所有转速下都是恒定的，由于磁通也是恒定的，所以定、转子电流的负载分量将是相同的，定子电流的励磁分量也是相同的。因此，在3种转速下的定子总电流是相同的。电机的运行状态与额定转速、额定转矩工况下基本相同，唯一的区别是同步速减半。所以，该工况下电机铜耗与额定工况时相同。由于转子的转差频率是不变的，转子铁耗也相同。

由于供电频率减半，定子铁耗将减小。由于速度减半，风摩损耗也将减小。

对于一台设计良好的电机，在满载情况下，负载相关的损耗（即铜耗）与其他损耗（铁耗、风摩损耗和杂散损耗）相当。假设在额定负载下，铜耗为 0.125pu。如果铁耗与频率的二次方成正比，风摩损耗与速度的二次方成正比，在转速为 1/2 额定转速时其他损耗为 0.125/4 = 0.031pu。总损耗为 0.125 + 0.031 = 0.156pu。输出功率为 0.5pu，因此效率为 0.5/0.656 = 0.76 或 76%。

在 10% 额定转速、额定转矩工况下，输出功率仅为 0.1pu，铜耗仍为 0.125pu，其他损耗非常小，可以忽略不计。效率为 0.1/0.225 = 0.44 或 44%。

本题反映出感应电机驱动恒转矩负载时，随着转速的降低，电机效率快速下降。

(7) 设计一台标准的全封闭感应电机时，在额定负载、额定转速条件下，要保证轴带风扇能够提供足够的冷却，防止温升过高。在电机低速运行时，轴带风扇的冷却效果较差，如果要求电机输出较大转矩（定、转子铜耗达到额定值），就有超过绕组绝缘允许温升的危险。

(8) 电源阻抗很高意味着当电流流过电源时，由此产生的电源阻抗压降不可忽略。这对于使用同一公共电源的其他用户来说可能无法接受，并且有可能会违反供电部门的规定。

将感应电机直接接入公共电源进行起动时，可能会产生较大的起动电流。这是因为在转差率为 1 时，电机的阻抗很小，但产生的转矩可能不大。特别是当电机转子阻抗较低时，电机可能需要很长时间才能达到额定转速，甚至可能无法产生足够的转矩完成带载起动。对于典型的高效（低电阻）电机，起动电流可能达到满载电流的 4 倍，但此时产生的起动转矩却小于额定转矩。

尽管转子电流很大，但起动转矩却很低，这是因为转子电流与气隙磁通（在空间上）相位不一致。当转子静止时，转子频率等于电源频率，因此转子漏抗较大，转子电流滞后电压接近 90°。（相反，在正常运行条件下，漏抗可以忽略不计，转子电流与磁通/电压同相位。）

对于同一台低阻抗电机，采用变频器驱动时，起动时定子的初始频率会显著低于公共电源频率，这为转子提供了理想的工作条件，从而能够产生最大转矩。此时，磁通和定、转子电流均为额定值，因此将产生额定转矩。变频器从电源中获得的输入电流为额定电流，因此不会出现电源过载的情况，但此时电机的起动转矩可能会比直接接入公共电源起动时更大。

(9) 当感应电机供电电压非正弦（例如变频器输出电压）时，电机的运行状态主要由电压的基波分量控制。在正常工作条件下，感应电机相对于基波磁场存在一个较小的转差率，其基频阻抗主要呈现为阻性。

然而，对于电压中的高频谐波而言，其转差率非常大，电机阻抗主要为由漏磁和励磁电感引起的电抗，这些电抗的大小与频率成正比，谐波电流的幅值与谐波次数成反比。因此，尽管电压谐波含量很高，但产生的电流波形谐波含量较低。

感应电机在高频下表现出来的感性特性导致电机电流波形比电压波形更加平滑，如图 7.1 所示。

第 8 章

（1）当转子磁链恒定时（例如在矢量控制中），转矩和转子电流成正比，所以转子电流将变为 15A。

（2）图中纵轴表示电机最大输出转矩，水平轴表示转速。该图表明电机在额定转速及额定转速以下运行时均可输出额定转矩，此时逆变器的输出电压最大。当电机高于额定转速运行时，V/f 比将随频率的增加而降低，进而导致磁通减小。因此，在弱磁区域，最大输出转矩与频率成反比。

（3）d 轴电流为定子电流的励磁分量，因此在负载变化时将保持恒定。q 轴电流为定子电流的转矩分量，因此负载转矩加倍时，该转矩分量也随之加倍。

（4）由于电机内部电感的存在，转子磁链的建立需要一定的时间。

（5）从图中可以看出加速度始终保持恒定，因此在加速或减速期间，电机转矩大小恒定，转差频率始终为 2Hz。

a 点：此时转子转速为最大转速的一半，如果电机以该转速稳定运行，电机的转矩将为零，因为负载摩擦忽略不计。因此，该点的稳态频率为 20Hz，由于电机正在加速，并且转差频率始终为 2Hz，因此该点的瞬时定子频率为 22Hz。

b 点：减速时转矩为负，此时转子转速大于同步速，转差频率为负，因此 b 点的瞬时定子频率为 18Hz。

c 点：转子在 c 点瞬间静止（即转速为 0），但转矩依旧为负，因此 c 点的瞬时定子频率为 2Hz，相序为负。（定子电流相序在转子转速为 2Hz 对应的同步速时发生改变，此时瞬时定子频率为零。）

d 点：与 a 点类似，频率为 22Hz，相序为负。

e 点：与 b 点类似，频率为 18Hz，相序为负。

f 点：与 c 点类似，频率为 2Hz，相序为正。

由于电机转速指令为零，电机将处于静止状态，任何使转子加速的行为都会让电机产生相反的转矩。因此，抓住并转动电机转轴的人会感到巨大的阻力。

（6）(a) 电机转矩与定子电流的转矩分量成正比，因此当转矩减半时，电流的转矩分量也减半，电流的磁通分量将保持恒定。经过简单的三角函数计算可知，定、转子磁链的夹角将变为 53.9°。

(b) 根据图 8.9 可知，该夹角大小与速度无关，因此将保持 70° 不变。

（7）用户通常无法分辨出任何区别。

第 9 章

（1）为使电机正常运行，应该保证电机的磁通始终等于其设计值。对于采用公共电源供电且功率在 1kW 以上的同步电机或感应电机，可以忽略电阻的影响，供电电压与频率的比值（V/f）决定了磁通大小。该题中，$V/f = 420/60 = 7$。当电机的运行频率为 50Hz 时，电压应该设置成 $7 \times 50 = 350V$。如果不降低供电电压，电机磁通将增加 20%，这会导致磁路变得高度饱和，磁化电流、定子铜耗和铁耗将显著增加。

（2）由于两台电机转子未联结的两端均没有伸出轴，该装置显然不是为了输出机械功率，可以推断其中一台电机作为电动机运行，并驱动另一台电机作为发电机运行。该装置实际上是一台双向调频器，可实现用 60Hz 电源向 50Hz 设备供电，反之亦然。

10 极电机运行在 50Hz 时的同步速为 600r/min，而 12 极电机运行在 60Hz 时才能达到 600r/min 的同步速。两台电机都能以电动或者发电状态运行，因此功率可以在 50Hz 和 60Hz 的系统之间双向传输。

两台电机也可以分别作为同步电机使用。在 50Hz 电源供电时，两台电机的转速分别为 500r/min 和 600r/min，当电源频率增加到 60Hz 时，转速会增加到 600r/min 和 720r/min。

（3）稳态运行时，同步电机定子绕组产生的磁场与转子同步旋转，因此从转子侧看，转子并没有"切割"磁场，因此不会产生感应电动势。只有在电机起动或负载突变时，才可能在转子电励磁绕组中产生感应电动势。在极少数情况下（例如并网运行的超大型同步电机发生故障时），才需要考虑该感应电动势带来的影响。

（4）首先应该注意的是，因为电机轴上没有机械负载，所以输出机械功率仅与风摩损耗有关，该值通常极小，所以输入功率很低，本书也总是强调输入功率是由轴上的负载决定的。

利用等效电路和相量图进一步分析。对于题中的大型电机，可以假定定子电阻忽略不计，这并不会对结果产生太大影响。

根据图 9.16 可得到如图 Q4 所示的相量图，当负载转矩减小到零并且忽略损耗时，输入功率将变为零。定子电流随转子电励磁电流变化的轨迹如图 Q4 中虚线所示。

因为输入功率为零（或极小），定子电流的有功分量几乎为零。为了简化分析，在图 Q4 中将其视为零。但是，定子电流（I）还是必须满足基尔霍夫定律（外加端电压 V 必须等于感应电动势与同步电抗两端压降之和）。因此可以看到当转子电励磁电流很小时（见图 Q4a），定子电流会很大，并且滞后于电压 90°，从电源侧看电机像一个电感。

图 Q4（彩图见附页）

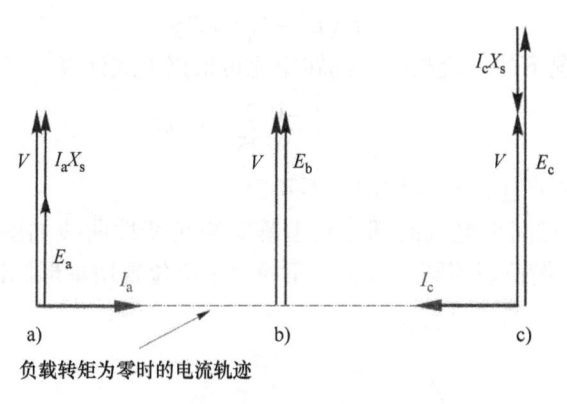

当转子电励磁（E）增加时，定子电流减小（即等效电感增大），直到当 $E=V$ 时，定子电流下降为零。E 的进一步增加将导致电流再次增大，此时电流将超前电压 90°，因此从电源侧看电机像一个电容。（在本章中解释过在这种模式下运行的同步电机（即没有任何机械功率输出）曾一度被广泛用作电力系统中的"调相机"，同步电机可等效为所需的电感或电容并对某一供电系统的功率因数进行优化。）

（5）因为题中提供的信息有限，这是一个相当模糊且具有挑战性的开放式问题，但仍然可以很容易地理解提问者的想法。注意到在最开始，图 9.5 右侧的电机处于平衡状态，之后转子磁通作用在定子导体上产生负（逆时针）转矩，该转矩与重物提供的正（顺时针）转矩大小相等且方向相反。

如果定子电流反向，电机转矩将变为正向并施加到负载上，因此转子将沿顺时针方向加速。

为了进一步讨论需要做出一些假设，首先假设电机的矩角特性曲线与其转速无关，因此电机转矩仅取决于转子位置，并且摩擦可以忽略不计。在这种情况下，电机每转一圈的平均转矩为零，只要电机转轴上仍悬挂重物，负载转矩将始终为顺时针方向。由此可见，平均加速度始终为正，因此平均速度会增加，直到某个时刻转子动能等于重物下落损失的势能。

一旦重物脱离电机转轴，如果摩擦可以忽略不计，转子将持续旋转，速度曲线取决于电机的脉振转矩。对于实际电机，摩擦转矩会使转子减速，转子最终会在零转矩稳定平衡位置附近进行类似钟摆的阻尼振荡运动。

（6）由于定子绕组会产生一个 4 极磁动势和 N-S-N-S 的磁场分布，而转子有 4 个凸极，因此有 4 个稳定平衡位置，在平衡位置上转子磁极将与定子磁场对齐。

（7）定子电流给定时的转矩表达式在 9.3.3 节中给出，即

$$T \propto \hat{I}_s^2 (L_d - L_q) \sin 2\gamma$$

假设两种情况下的电流相同,则转矩比可根据下式计算:

$$\frac{T_{new}}{T_{original}} = \frac{1 - 0.2}{1 - 0.25} = 1.067$$

因此,新电机产生的转矩增加了不到7%。

(8) 10极永磁同步电机的部分典型静态矩角特性曲线如图Q8所示,每极跨越36°。稳定平衡位置用圆点标记,不稳定平衡位置用星形标记。

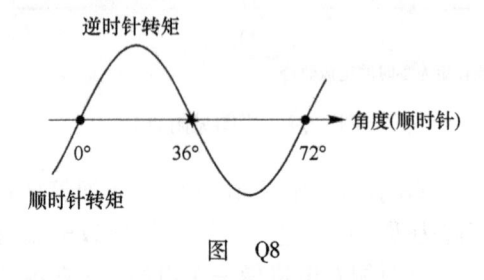

图 Q8

(a) 当偏转角小于36°释放时,转子转矩为逆时针方向,因此会向0°稳定平衡位置加速旋转,并在最终停在0°位置之前发生超调和振荡。相反,如果在36°~72°之间的任意位置释放,转子将受到顺时针转矩的作用,因此最终稳定在72°平衡位置。

(b) 从图中可以看出,逆时针最大转矩出现在±18°位置,顺时针最大转矩出现在±54°位置。

(c) 如果电流反向,矩角特性曲线的正负会发生改变,此时稳定平衡位置将位于之前的不稳定平衡位置。因此,转子将稳定在36°位置。

(9) 永磁电机的转矩取决于永磁体产生的磁场强度以及定子电流矢量相对于磁场的大小和位置。假设永磁磁场和定子(电枢)磁场在空间中呈正弦分布,9.3.2节给出的转矩表达式为

$$T \propto (\varPhi_{mag})(\varPhi_{arm}) \sin \lambda$$

式中,λ是永磁磁通与电枢磁通之间的夹角。永磁磁通是固定的,而电枢磁通与定子电流成正比,因此在转矩给定的情况下,为了使定子电流达到最小,定子电流/磁通应相对于转子进行定位,以使转矩角(λ)等于90°。当转矩角小于90°时,需要施加更大的电流才能获得相同的转矩,例如,当$\lambda = 30°$时,需要两倍的电流才能产生相同的转矩。

(10) 额定转速意味着电机电压已达到其最大(额定)值,因此我们可以假设当电机运行转速超过额定转速时,电压仍保持为额定电压。(在低于额定转速的情况下,希望V/f比保持恒定,以确保总磁通保持在其设计值。)

由于电机空载,因此一旦达到额定转速,可以忽略损耗并假设实际输入功率

为零，这意味着与电压同相的电流分量为零。在这种情况下，电流可以忽略不计，因此电流的无功分量也为零。参考图 9.14，感应电动势等于外加端电压，如图 Q10a 所示。此时电枢电流为零（因此没有电枢磁通），合成磁通由永磁体产生，并且永磁体旋转产生的感应电动势 E 等于外加端电压 V。

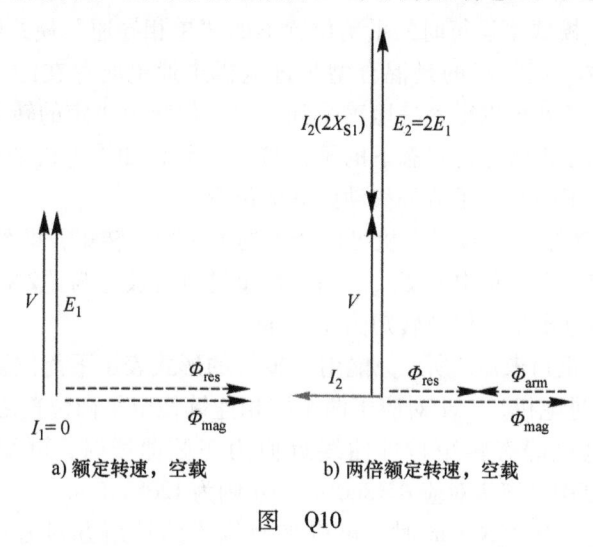

图 Q10

a) 额定转速，空载　　b) 两倍额定转速，空载

当转速变为 2 倍额定转速时，永磁磁通和电枢电压仍然保持不变。由于合成磁通会感应出与 V 相等的电动势，而感应电动势与转速（即频率）成正比，所以此时的合成磁通将是额定转速时的一半。因此，定子磁通必须与永磁磁通方向相反，并削弱一半的永磁磁通，如图 Q10b 所示。

通过时间相量图可以看到永磁磁通和定子磁通对电机产生的影响。在 2 倍额定转速下，永磁磁通将感应出额定转速时 2 倍的电动势。所以在图 Q10b 中，$E_2 = 2E_1$。定子磁通由电枢电抗两端的电压表示，在这种特殊情况下，电流（I_2）的相位和大小将自动调整，电压降 $[I_2(2X_{S1})]$ 将与 E_2 方向相反且大小为 E_2 的一半。（注意，电抗与频率成正比，因此它会随着转速的增大而增大。）

这个例子说明永磁同步电机在高于额定转速的"弱磁"区域中运行时性能不够理想。由于电机实际上处于过励状态（即感应电动势大于电源电压），电枢电流产生的磁通必须与永磁磁通相反。该弱磁电流分量不仅不产生有功功率，还会不可避免地增加定子铜耗。

第 10 章

（1）在"单相导通"模式下，平衡位置是指转子齿和定子齿（通常宽度相同）相互对齐的位置，该位置在步进电机的设计/制造阶段就已经确定，与励磁绕组电流的大小无关。

在"两相导通"模式下,转子的平衡位置将位于"单相导通"模式下的两个平衡位置之间。如果两个励磁绕组相同、电流相等,则转子平衡位置会处于两个单相平衡位置的正中间。然而在实际中,即使绕组完全相同,两相电流的大小也不太可能完全相同,平衡位置将略微靠近电流较大的那一相。因此,步进电机在"两相导通"模式下运行时的平衡位置不如"单相导通"模式明确。

(2)"定位转矩"指的是混合型步进电机未通电时存在的(较小)转矩,用手慢慢转动转子就可以很容易地感受到。由定位转矩决定的转子平衡(静止)位置与步进电机在正常运行状态下的平衡位置一致,如果电机处于未通电状态,定位转矩将有助于防止转子意外移动到其他位置。

(3)"保持转矩"是步进电机可以产生的最大静态转矩,即静态转矩特性曲线的峰值,对应图 10.10 中的 $T_{\max}$。当一台步进电机被称为"2N·m 步进电机"时,说明这台步进电机的保持转矩为 2N·m。

(4)由于步距角未知,所以只能用"步"的形式表示平衡位置误差。对于三相可变磁阻型步进电机,一步对应于两个同相连续稳定平衡位置之间角度的 1/3。因此,在已知电机静态转矩特性曲线近似为正弦曲线时,可知静态转矩 $T = 0.8\sin\theta$ N·m,其中,三步对应 $\theta=360°$,一步则为 120°。

在负载转矩为 0.25N·m 时,可得平衡位置的转矩方程为 $0.25 = 0.8\sin\theta$,此时 $\theta=18.2°$,而在理想条件下,平衡位置对应 $\theta=0°$。以"步"的形式表示,可得平衡位置误差为 18.2/120 = 0.15 步。

(5)当用理想电流源驱动步进电机时,输出转矩可以瞬间从一相的静态转矩特性曲线变换到下一相的静态转矩特性曲线上,通过调节转子滞后角的大小(见 10.5.2 节),可以控制电机产生与负载转矩大小相等、方向相反的平均转矩。假设静态转矩特性曲线为正弦曲线,当调节转子滞后角,使瞬时转矩的变化与图 Q5 中的实线保持一致时,步进电机将获得最大平均转矩。

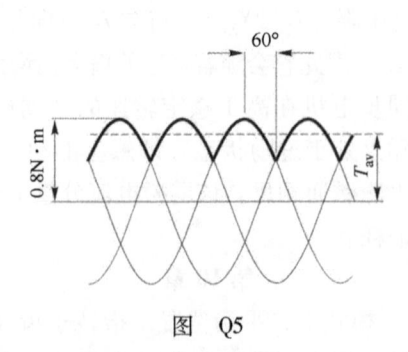

图 Q5

题目仅要求估算,注意到图中最小转矩出现在静态转矩特性曲线($0.8\sin\theta$

上的 30°位置，大小为 0.4N·m，通过观察能大致估计平均转矩在 0.6~0.7N·m 之间，经过积分计算后可知平均转矩为 0.66N·m。所以，此时步进电机的失步转矩为 0.66N·m，如果负载转矩超过该值，电机将会失步。

（6）当静态转矩特性曲线近似为直线时，转子将以单摆运动的方式振荡直至停止。如果回复转矩的表达式为 $T = -k\theta$（其中 θ 是相对平衡位置的位移角），则运动方程为 $-k\theta = J\dfrac{\mathrm{d}\omega}{\mathrm{d}t} = J\dfrac{\mathrm{d}^2\theta}{\mathrm{d}t^2}$，其解为 $\theta = A\sin\omega_n t$，其中 $\omega_n = \sqrt{\dfrac{k}{J}}$。

因此，只要知道 k（静态转矩特性曲线的斜率）和总惯量 J，就可以计算出振荡频率。使用国际单位制进行计算，将 2N·m/(°)换算成 $2 \times 180/\pi = 114.6$N·m/rad，代入上述表达式，最终可得 $\omega_n^2 = \dfrac{114.6}{1.8 \times 10^{-3}}$，$\omega_n = 252.3$rad/s，即频率略高于 40Hz。

（7）步距角的计算公式为：步距角 $= \dfrac{360°}{\text{转子齿数} \times \text{定子相数}}$。

（a）步距角为 $\dfrac{360°}{8 \times 3} = 15°$。

（b）步距角为 $\dfrac{360°}{50 \times 4} = 1.8°$。

（8）最简单的方法是在定子绕组开路的情况下转动电机转子，如果除了摩擦之外，几乎没有其他机械阻力，那么几乎可以肯定是可变磁阻型步进电机。如果明显存在一个周期性定位转矩，那必定是混合型步进电机或永磁型步进电机（本书中没有涉及永磁型步进电机）。想要更准确地判断该步进电机的类型，可以在转动转子的同时将绕组短路，如果机械阻力增加，则可以推断出电机正处于发电运行状态，电枢电流由感应电动势产生。这种机械阻力只有在电机存在永磁体时才会出现，可变磁阻型步进电机在未通电时不存在激励，所以不会产生机械阻力。

（9）在步进模式下工作时，两相混合型步进电机通常采用双极性电源供电，以 +A、-B、-A、+B、+A 的顺序依次导通各相，每个完整的导通周期对应四步。

而当采用正弦电源供电时，电机转矩波动将显著降低，转子旋转更加平滑，电机不再进行步进运动。由于转子在一个导通周期内将运动四步，在频率为 60Hz 时的步进速度是 240 步/s，而电机的步距角为 1.8°，因此电机转速将为 240 × 1.8° = 432°/s，或 72r/min。(事实上，1.8°混合型步进电机最初被作为一种公共电源供电的低速直驱电机使用，在电源频率为 60Hz 时以 72r/min 的转速旋转，而在电源频率为 50Hz 时以 60r/min 的转速旋转。在采用公共电源供电时，为了能承受更高的电压，电机绕组线径更小，匝数也更多，而其他方面则与步进模式运行的步进电机完全一致。)

(10) 应该向这位科学家解释，"步进电机通常能在几毫秒内完成一步"这一说法的前提是，步进电机工作于"典型"应用场合，即负载惯量的大小与电机转子惯量相近。

首先使用质量均匀分布物体的惯量公式来估算指针的惯量（假设指针的一端固定在转子上），即 $\frac{ML^2}{3} = 16000\text{g} \cdot \text{cm}^2$。

假设转子直径为 1.5cm，长度为 6cm，由相对密度为 7.8 的钢材制成，则其质量约为 85g。因此，转子惯量为 $\frac{85 \times (0.75)^2}{2} = 24\text{g} \cdot \text{cm}^2$。

负载惯量是转子惯量的 660 倍，这显然不是一个"典型"的应用。

此时电机起动时的加速度只有空载时的 1/660，完成单步的时间将是空载时的 $\sqrt{660}$ 倍（大约 26 倍）。可变磁阻型步进电机的摩擦阻尼很小，而此时负载惯量很大，因此阻尼系数将变得非常小，指针在静止之前必然会发生振荡。

使用黏滞惯性阻尼器可以一定程度上解决这个问题，但是由于该应用中负载惯量太大，可能很难找到合适的阻尼器。

第 11 章

(1) 当转速精度用百分比表示时，意味着电机实际运行转速将保持在额定转速下的精度百分比范围内。此时额定转速为 1500r/min，额定转速的 0.5% 为 7.5r/min。因此，当转速给定为 75r/min 时，实际转速在 82.5~67.5r/min 之间波动，此时驱动系统仍满足技术指标要求。

(2) 使负载加速度达到最大的必要条件是负载惯量（从电机侧看）等于电机惯量。在本题中负载惯量比电机惯量大 9 倍，所以需要使用变速箱来减小负载惯量以实现负载转速低于电机转速。在 11.4 节中已说明，若电机（高速）与负载（低速）的传动比为 n:1，则电机在低速侧的负载惯量将变为 $\frac{J}{n^2}$，如果要使 0.009kg·m² 的惯量等效为 0.001kg·m² 的惯量，就需要令 $\frac{1}{n^2} = \frac{1}{9}$，即 $n = 3$。由于电机侧传动齿轮为 12 齿，则负载侧的传动齿轮齿数应为 36。

(3) 首先，考虑电机满载运行，即 1pu 时，已知温升呈指数变化［实际上是指温度可由表达式 $(1 - e^{-t/T})$ 计算］，如果用 Θ_{max} 表示最终温度，那么电动机温升随时间变化的方程为

$$\Theta = \Theta_{max}(1 - e^{-t/\tau})$$

式中，τ 为热时间常数，温升曲线图如图 Q3 所示。

现在考虑电机从冷态起动到过载 60%，即 1.6pu，已知损耗与负载的二次方成正比，因此此时的损耗将是满载运行条件下的 $(1.6)^2$ 倍，即 2.56 倍。电机的

图 Q3

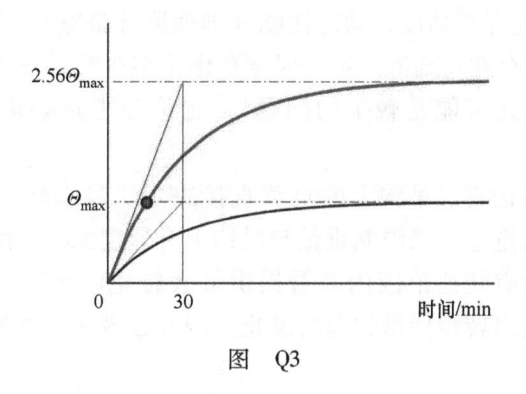

最终温升与损耗成正比，当电机运行到 60% 过载时，所达到的最终温升为 $2.56\Theta_{\max}$。在此情况下电机温升的表达式如下：

$$\Theta = 2.56\Theta_{\max}(1 - e^{-t/\tau})$$

并将其画到图 Q3 上。令 $\Theta = \Theta_{\max}$ 并求解方程，即可计算出电机最多能运行 $t = 14.9\text{min}$。

（4）题目中的信息可以为设计方案提供参考，但必须要有更详细的技术指标来帮助我们设计出最合适的解决方案。现有信息能为电机选型提供有用的指导，特别是指定使用直驱电机这一点（即无变速箱）。题目中指出需要电机在所有转速下都能够输出全转矩，已知在 10000r/min 时峰值功率约为 1200W，所以转矩约为 1.1N·m。

电机的转矩通常能反映其体积，并根据已有的资料显示，当转速为 2000r/min 时，电机输出功率只有 240W。因此，可以预估电机体积与中等大小的手持式电钻相当。

10000r/min 的最高转速偏高，一定程度上限制了电机/驱动器的选择。由于存在换向困难的问题，传统（有刷）直流电机基本无法以如此高的转速运行。一台标准的 2 极感应电机，其轴承和转子设计最多允许在 3600r/min（60Hz 电源）的转速下运行，而无法运行在 10000r/min。由变频器供电的感应电机，现有产品最高转速也仅能达到大约工频转速的两倍，因此 10000r/min 的电机是一个特殊需求。

简而言之，普通电机无法胜任这项工作，只能选用成本更高的特种电机。可以咨询电机制造商/分销商，对感应电机或永磁同步电机进行定制。无论选用哪种类型的电机，所使用的驱动器都将是类似的，或者也可以使用能够同时适用于两种类型电机的通用驱动器。电机运行频率不会成为其限制因素。

与电机选型有关的其他信息包括：安装尺寸要求（是短粗型电机还是细长型电机）；电机转速保持精度；动态性能（即速度环带宽）；失速保护要求；运行环境要求（是否存在切削液？环境温度范围是多少？）；安装和联结装置（对于直驱电机来说，这可能是棘手的问题），也许除上述要求外还需要更多的信息。

(5) 就起重机而言，吊钩上的负载直接决定了稳态转矩。起重机规定了吊钩可承受的最大重量，该限制重量与吊钩上升速度无关。因此，电机在包括起动过程在内的所有转速范围内都需提供最大转矩。此外，在抱闸即将松开时，电机就需要输出转矩使吊钩保持静止，因此在零速时电机也需要提供最大转矩。

当使用变频器进行转速控制时，可以控制电机以较低的转速驱动最大负载，此时变频器向电机中通入最大电流以产生最大转矩。在这种情况下，电机损耗会很高，但由于转速低，轴带风扇的冷却效果会比全速时差得多，长时间运行会导致电机过热。解决办法是额外安装冷却风机，或使用更大功率等级的电机。

(6) 传统（有刷）直流电机不适用的两个转速控制应用示例如下：

(a) 在环境中存在爆炸性危险气体的应用场合，因为换向器的火花可能会引起火灾。这在采矿行业十分常见，而使用变频器驱动的感应电机风险较小（不过电机也必须安装防爆外壳）。（安装有防爆外壳的直流电机也是可以使用的，但价格过于昂贵。）

(b) 任何需要定期维护的应用，如海上无人设备。传统直流电机需要定期检查和更换电刷，因此变频器驱动的感应电机在这种情况下再次成为首选。

(7) 感应电机的额定值主要由绝缘材料的温升决定，其大小取决于绝缘材料的寿命和冷却方式。电机在长时间额定运行后，温度最终将稳定在一个可接受的范围内。

但由于电机本身具有提供更大转矩（在这种情况下冷却系统与增加的损耗不再匹配）的能力，因此在设计阶段会考虑允许电机工作在短时过载模式，在该模式下即使电机温升超过稳态满载允许值，也不会对绝缘造成严重危害。并且铜和铁的热容量很高，电机热时间常数从小电机的几秒到大电机的几分钟不等。因此，电机可以承受短暂（时长通常远低于热时间常数）的过载。

变频器中的热问题与之类似，但物理维度和时间尺度截然不同。在电力电子变换器中半导体最易发生故障，特别是开关器件和二极管中的有源结区。虽然导通压降较低（一般在1V左右），但器件的内部功耗可达数十或数百瓦，具体数值取决于电流大小。这种损耗产生在比热极低的微型半导体中，因此功率密度很高。为了将满载温升限制在安全水平，需要进行充分散热（通常使用散热器）。然而，半导体的热时间常数比电机的热时间常数要小得多，如果驱动器需要突然增大电流向电机提供过载功率，半导体将在几毫秒内损坏。

与驱动器供应商讨论潜在应用的可能性十分重要，如果用户希望 N kW 感应电机能够在两倍的额定负载下运行（即使在短时间内），那么需要购买一台额定功率为 $2N$ kW 的驱动器。

(8) 这个问题涉及在间歇运行状态下工作的电机额定值，在 11.5.2 节中有过介绍。一般根据电机运行功率的有效值来进行选型，假设损耗（温升）与负载的二次方成正比。

首先估算有效输出功率。电机带载运行 1min，转矩为 60N·m，转速为 1400r/min，故输出功率为 $P_{out} = 60 \times 1400 \times 2\pi/60 = 8800$ W，即 8.8kW。5min 后电机进入空载运行状态，输出功率为零。因此，功率二次方图如图 Q8 所示。

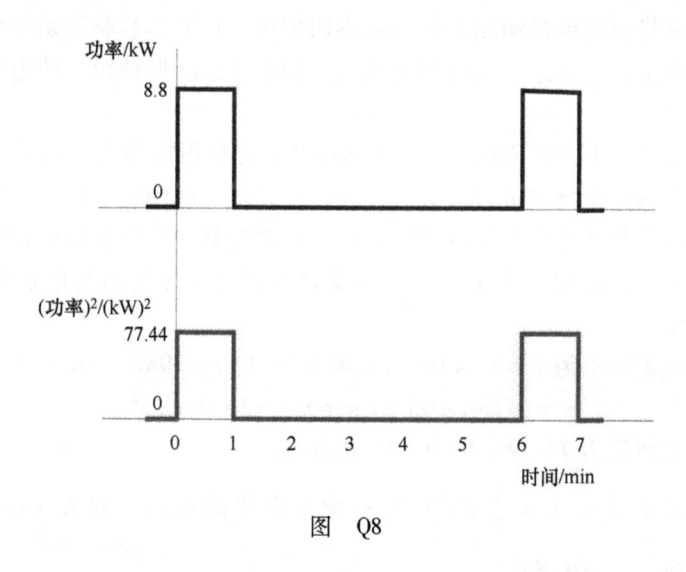

图 Q8

功率二次方图的均值为：均值 $= (77.44 \times 1 + 0 \times 5)/6 = 12.9 (kW)^2$，所以方均根为 3.6kW。

该类型电机的热时间常数比运行周期长，因此可以选用额定功率（连续运行）为 4kW 的电机。

此外，需要确定该电机在带载运行的 1min 时间内是否能够产生足够的转矩，即 60N·m。已知最大输出转矩是满载转矩的两倍，可以用输出功率除以转速来计算满载转矩。由于电源频率为 50Hz，在此选择 4 极电机（同步速为 1500r/min），给定满载转差率约为 5%，假设满载转速为 1500×0.95，即 1425r/min，足够接近期望转速。所以 4kW 电机的额定转矩为 $T_{f-1}=4000/(1425\times2\pi/60)=26.8\text{N}\cdot\text{m}$，最大输出转矩为 $2\times26.8=53.6\text{N}\cdot\text{m}$。而这不能满足 $60\text{N}\cdot\text{m}$ 的要求，因此 4kW 电机不合适，需要选择 5.5kW 规格的电机。

5.5kW 电机的满载转矩为 $36.8\text{N}\cdot\text{m}$，其峰值转矩接近 $74\text{N}\cdot\text{m}$，大于 $60\text{N}\cdot\text{m}$，可留有一定裕量。

在转速为 1425r/min，即转差速度为 75r/min 时，额定转矩为 $36.8\text{N}\cdot\text{m}$，并以此估计转矩为 $60\text{N}\cdot\text{m}$ 时的电机运行转速。首先假设转矩与转差速度成正比，转矩为 $60\text{N}\cdot\text{m}$ 时的转差速度为 $s=60/36.9\times75=122\text{r/min}$，此时电机转速为 $1500-122=1378\text{r/min}$。观察额定转矩和最大输出转矩之间的区域，由于转矩-转速曲线的斜率减小（见图 5.25），所以转矩为 $60\text{N}\cdot\text{m}$ 时的电机转差速度会大于 122r/min，大约在 140r/min，也就是说电机转速约为 1360r/min，能够满足要求。

（9）当转速指令为 100% 阶跃信号（非斜坡信号），且电机处于静止状态时，驱动系统将控制电机输出全转矩以尽快加速。在大多数驱动系统中，通常会保持全转矩输出，直至速度接近目标速度，然后才会降低转矩，使电机平稳地接近最终速度。

在电机加速到 1180r/min 之前，加速度几乎保持恒定不变，这意味着净转矩保持不变。在估算系统惯量时需要利用动力学方程，即转矩 = 转动惯量×角加速度。虽然可以借此计算出电机的额定转矩，并假定其在运行过程中保持不变，但目前无法知道摩擦转矩的大小，所以需要合理假设摩擦转矩与电机转矩相比很小，可以忽略。

电机的额定转矩为 $T=50\times10^3/(1200\times2\pi/60)=398\text{N}\cdot\text{m}$。

角加速度为 $d\omega/dt=(1180-0)\times2\pi/60/4=30.9\text{rad/s}^2$。

因此转动惯量为 $J=398/30.9=12.9\text{kg}\cdot\text{m}^2$。

可以使用表达式 $E=\frac{1}{2}J\omega^2$ 计算全速下电机的动能，即 $E=1/2\times12.9\times(1200\times2\pi/60)^2=101.85\text{kJ}$。

以 1180r/min 的转速重复上面的计算，可以得出驱动系统在前 4s 内需要提供的能量。当电机以恒转矩加速时，转速随时间线性增加，可计算出电机的输出功率（功率 = 转矩×转速，转矩是常数）。在这种情况下驱动系统前 4s 内的平均功率等于第 4s 时刻瞬时功率的一半，第 4s 的瞬时功率为 $1180/1200\times50=49.17\text{kW}$。因此前 4s 的平均功率为 $0.5\times49.17=24.58\text{kW}$。驱动系统所提供的能量为平均功率×时间，即 $24.58\text{kW}\times4\text{s}=98.33\text{kJ}$。额外的 3.5kJ 为电机在转速从 1180r/min 增加到 1200r/min 的最后运行阶段获得的额外动能。在此期间，转速控制器不会饱和，随着电机接近最终转速，转矩将逐渐减小。

(10) 当电机（见习题9）完全断电时，唯一的转矩为摩擦转矩，已知总转动惯量，如果进一步知道负加速度就可以估计出摩擦转矩。转速在 20s 内从 1200r/min 下降到 1080r/min，因此角加速度为（1200 – 1080）× 2π/60/20 = 0.63rad/s²。已知额定转矩所对应的加速度为 30.9rad/s²，可以将摩擦转矩的大小表示为额定转矩的分数形式，0.63/30.9 = 0.02。换句话说，摩擦转矩仅为满载转矩的2%，这也验证了习题9的回答中忽略摩擦转矩是合理的。

Electric Motors and Drives: Fundamentals, Types and Applications, Fifth Edition
Austin Hughes, Bill Drury
ISBN: 9780081026151

Copyright © 2019 Elsevier Ltd. All rights reserved.

Authorized Chinese translation published by China Machine Press

《电机及其驱动：基本原理、类型与应用（原书第5版）》（刘晓 译）
ISBN：978-7-111-77928-5

Copyright © Elsevier Ltd. and China Machine Press. All rights reserved.

No part of this publication may be reproduced or transmitted in any form or by any means, electronic or mechanical, including photocopying, recording, or any information storage and retrieval system, without permission in writing from Elsevier (Singapore) Pte Ltd. Details on how to seek permission, further information about the Elsevier's permissions policies and arrangements with organizations such as the Copyright Clearance Center and the Copyright Licensing Agency, can be found at our website: www.elsevier.com/permissions.

This book and the individual contributions contained in it are protected under copyright by Elsevier Ltd. and China Machine Press (other than as may be noted herein).

This edition of Electric Motors and Drives: Fundaments, Types and Applications is Published by China Machine Press under arrangement with ELSEVIER LTD.

This edition is authorized for sale in the Chinese mainland (excluding Hong Kong SAR, Macao SAR and Taiwan). Unauthorized export of this edition is a violation of the Copyright Act. Violation of this Law is subject to Civil and Criminal Penalties.

本版由 ELSEVIER LTD. 授权机械工业出版社在中国大陆地区（不包括香港、澳门特别行政区及台湾地区）出版发行。

本版仅限在中国大陆地区（不包括香港、澳门特别行政区及台湾地区）出版及标价销售。未经许可之出口，视为违反著作权法，将受民事及刑事法律之制裁。

本书封底贴有 Elsevier 防伪标签，无标签者不得销售。

注意

本书涉及领域的知识和实践标准在不断变化。新的研究和经验拓展我们的理解，因此须对研究方法、专业实践或医疗方法作出调整。从业者和研究人员必须始终依靠自身经验和知识来评估和使用本书中提到的所有信息、方法、化合物或本书中描述的实验。在使用这些信息或方法时，他们应注意自身和他人的安全，包括注意他们负有专业责任的当事人的安全。在法律允许的最大范围内，爱思唯尔、译文的原文作者、原文编辑及原文内容提供者均不对因产品责任、疏忽或其他人身或财产伤害及/或损失承担责任，亦不对由于使用或操作文中提到的方法、产品、说明或思想而导致的人身或财产伤害及/或损失承担责任。

北京市版权局著作权合同登记 图字：01-2020-5615号。

图书在版编目（CIP）数据

电机及其驱动：基本原理、类型与应用：原书第5版／（英）奥斯汀·休斯（Austin Hughes），（英）比尔·德鲁里（Bill Drury）著；刘晓译. -- 北京：机械工业出版社，2025.4. --（电机工程经典书系）. -- ISBN 978-7-111-77928-5

Ⅰ．TM3

中国国家版本馆 CIP 数据核字第 2025ZB2091 号

机械工业出版社（北京市百万庄大街22号　邮政编码100037）
策划编辑：刘星宁　　　　　　责任编辑：刘星宁　闻洪庆
责任校对：龚思文　陈　越　　封面设计：马精明
责任印制：张　博
固安县铭成印刷有限公司印刷
2025 年 7 月第 1 版第 1 次印刷
169mm×239mm・25.5 印张・2 插页・495 千字
标准书号：ISBN 978-7-111-77928-5
定价：139.00 元

电话服务　　　　　　　　　网络服务
客服电话：010-88361066　　机　工　官　网：www.cmpbook.com
　　　　　010-88379833　　机　工　官　博：weibo.com/cmp1952
　　　　　010-68326294　　金　书　网：www.golden-book.com
封底无防伪标均为盗版　　　机工教育服务网：www.cmpedu.com

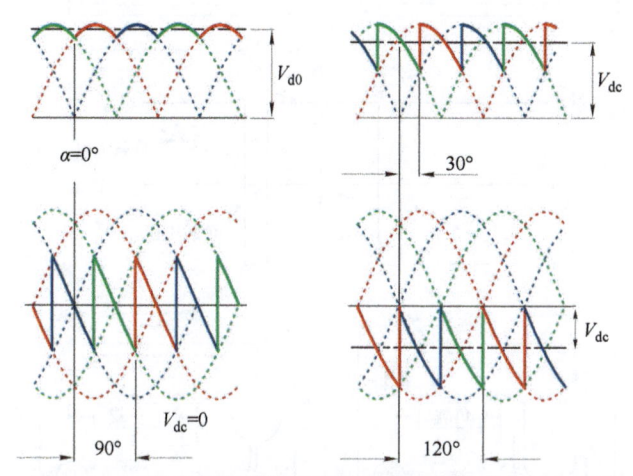

图 2.13 三相全控晶闸管整流器带感性负载（电机）时的输出电压波形，触发角在 0°～120° 之间变化。水平线表示平均直流电压，$\alpha = 90°$ 时除外，其平均直流电压为零

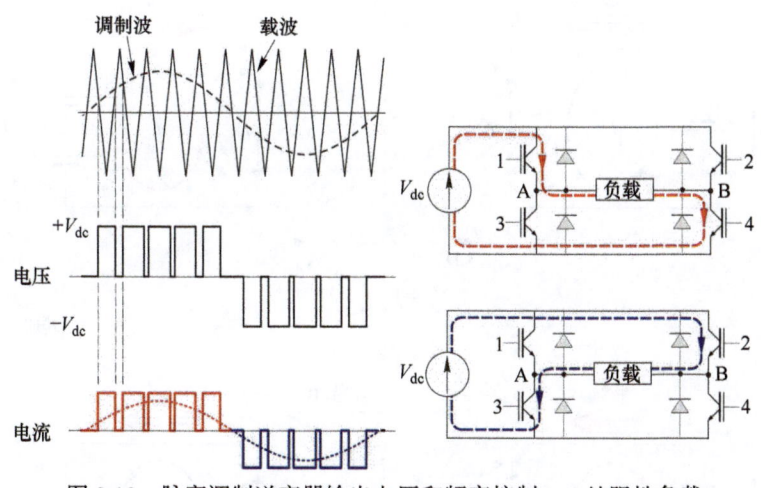

图 2.18 脉宽调制逆变器输出电压和频率控制——纯阻性负载

图 2.20 单相桥的换相过程

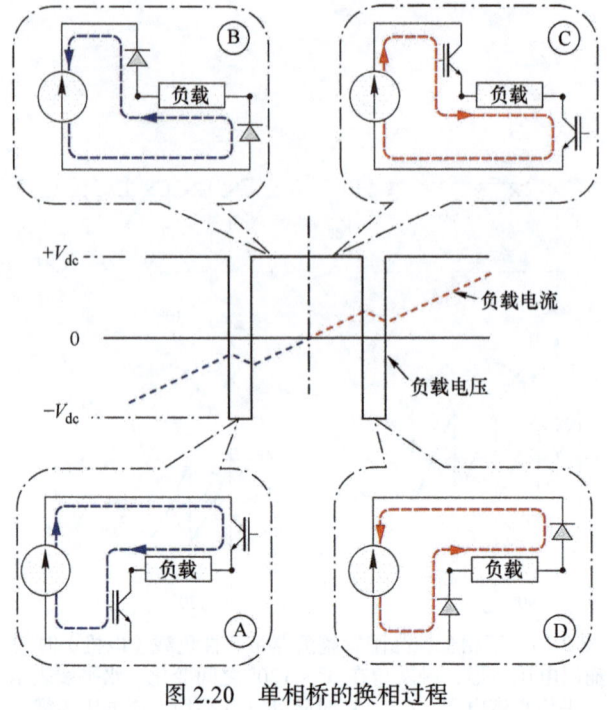

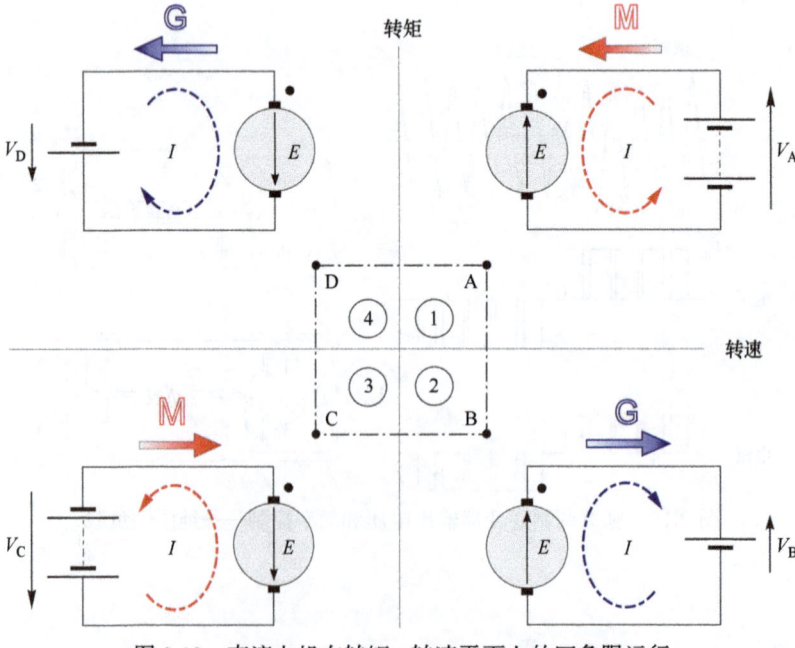

图 3.12 直流电机在转矩-转速平面上的四象限运行

4极
a)

6极
b)

图 5.7 36 槽定子三相双层绕组排布展开图。a）4 极绕组（每极每相槽数为 3），b）6 极绕组（每极每相槽数为 2）

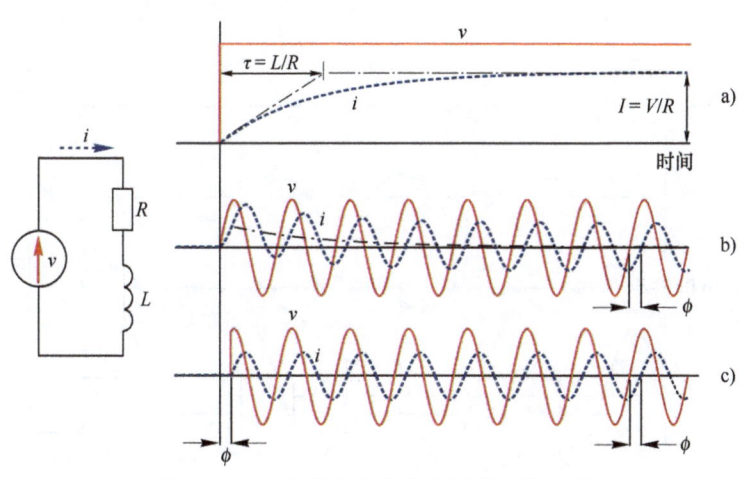

图 8.4 R-L 串联电路稳态之间的过渡过程

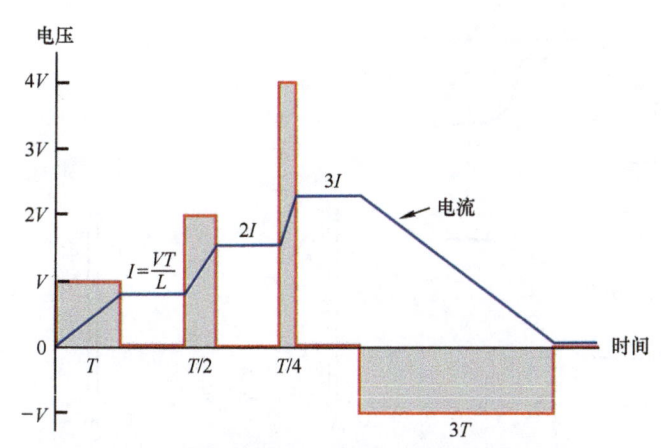

图 8.10 纯电感施加阶跃电压的电流响应曲线（红色为所加电压，蓝色为电流响应）

图 9.39　12 槽 10 极三相绕组

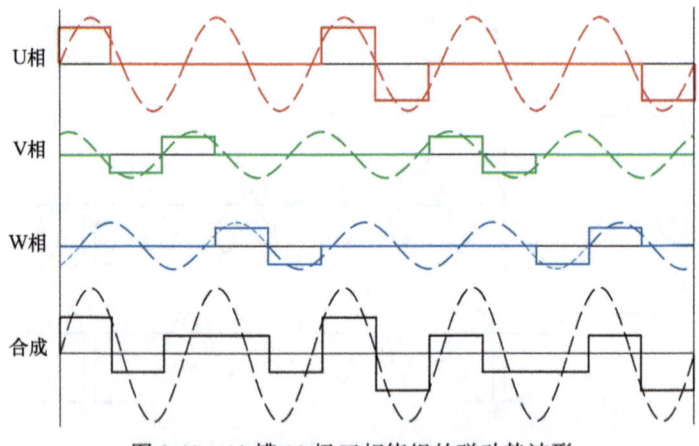

图 9.40　12 槽 10 极三相绕组的磁动势波形

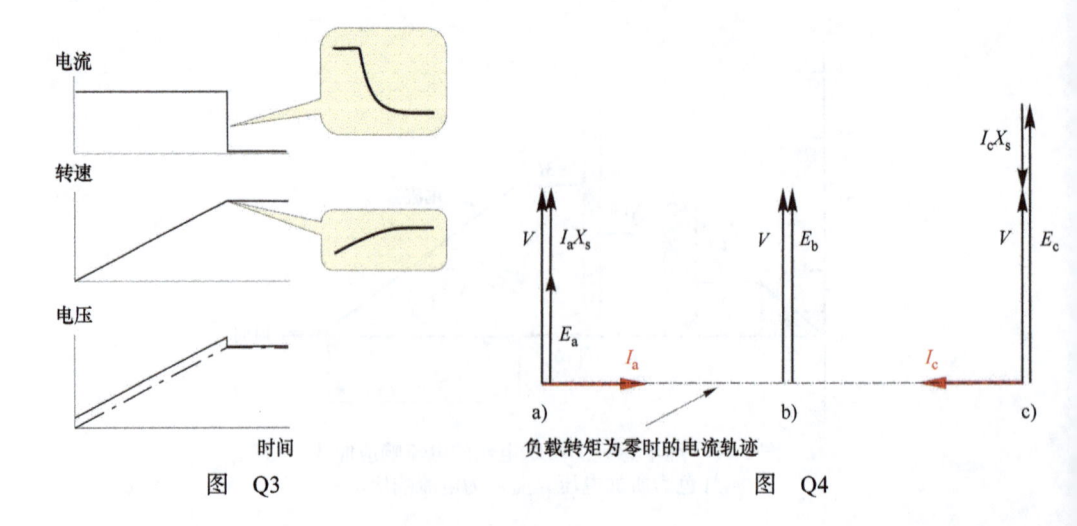

图　Q3

负载转矩为零时的电流轨迹

图　Q4